U0287377

国家社会科学基金重大项目（14ZDB145）资助

采煤沉陷区"生态-经济-社会"多维关系演化与调控

程 桦 等 著

科学出版社

北 京

内 容 简 介

本书针对我国采煤沉陷区普遍面临的"生态-经济-社会"问题,围绕其多维关系演化规律及调控机制,进行了系统研究。介绍了我国采煤沉陷区基本情况及主要特征,研究了采煤沉陷区"生态-经济-社会"系统的多维关系及演化规律,分析了我国东、西部采煤沉陷区"生态-经济-社会"多维系统的差异。研究了采煤沉陷区生态风险与生态环境可持续利用,分别提出了生态与社会环境约束下采煤沉陷区经济发展转型的模式选择及实现路径,以及生态与经济发展约束下采煤沉陷区社会运行风险及其治理机制。在此基础上,构建了采煤沉陷区"生态-经济-社会"协调发展的调控目标与机制。

本书内容涉及文、理、工跨学科交叉,可作为矿业学科、生态学科、经济学科、社会学科的科研人员、高校教师和相关专业的研究生,以及能源规划管理、环境治理与生态修复、经济调控与政策研究等领域的工程技术与管理人员的参考书。

图书在版编目(CIP)数据

采煤沉陷区"生态-经济-社会"多维关系演化与调控/程桦等著. —北京:科学出版社,2021.10

ISBN 978-7-03-069996-1

Ⅰ. ①采… Ⅱ. ①程… Ⅲ. ①煤矿开采-采空区-研究 Ⅳ. ①TD82

中国版本图书馆 CIP 数据核字(2021)第 203641 号

责任编辑:蒋　芳/责任校对:杨聪敏
责任印制:张　伟/封面设计:许　瑞

科 学 出 版 社 出版
北京东黄城根北街 16 号
邮政编码:100717
http://www.sciencep.com
北京建宏印刷有限公司 印刷
科学出版社发行　各地新华书店经销

*

2021 年 10 月第 一 版　开本:787×1092　1/16
2022 年 1 月第二次印刷　印张:24 1/4
字数:550 000

定价:249.00 元
(如有印装质量问题,我社负责调换)

本书作者名单

程　桦　田淑英　周立志
范和生　郑刘根　刘　辉
曾贤刚　谭　婧　朱晓峻

序

随着我国经济社会的快速发展，对能源的需求日益增大。由于我国"贫油、少气、相对富煤"的能源结构赋存特点，以煤为主的能源结构将长期存在。煤炭井工开采引发的大面积地表沉陷，严重破坏了矿区生态平衡和人类生存空间，大片良田荒废，大量农民失地待业，深层次社会矛盾激化。

采煤沉陷区综合治理是一个世界性难题，该问题的解决对推动我国"五位一体"建设具有重要战略意义。当前，我国正处于社会转型期，各种社会矛盾交织复杂，沉陷区生态、经济、社会三大子系统已耦合形成了一个不可割裂的集合体，注定了沉陷区的治理不能局限在该三个子系统内部考量。忽视其他系统的干扰，孤立地就生态、经济、社会问题研究得出的策略，难以取得预期效果。因此，选择复合体多维关系的视角，开展对采煤沉陷区"生态-经济-社会"多维关系演化规律及调控机制研究，是破解我国面临的采煤沉陷区综合治理世界性难题的一项迫在眉睫的重大课题。

以安徽大学程桦教授为学术带头人的采煤沉陷区生态修复综合治理研究团队，在国家社会科学基金重大项目的资助下，针对我国采煤沉陷区存在的一系列"生态-经济-社会"问题开展研究。从复合系统的视角解析各子系统之间、子系统内部的多维关系，揭示了多维关系的演化规律；从生态、经济、社会三维视角，分析了解决采煤沉陷区生态、经济和社会问题的对策；从综合视角设计出采煤沉陷区"生态-经济-社会"多维关系的调控机制。研究成果填补了采煤沉陷区"生态-经济-社会"各子系统间多维关系研究的空白，形成了文、理、工跨学科协同研究的范式；突破了对采煤沉陷区生态风险与经济转型的现有认知模式，开拓了全新的"生态-经济-社会"复合体研究视角；首次探明生态与经济约束下的采煤沉陷区社会治理风险及机制，丰富发展了社会生态学和经济社会学的内涵与方法；建构了基于多维关系的采煤沉陷区"生态-经济-社会"协调发展的调控机制，拓展了公共政策学和经济法学的意涵和学术边界。

鉴此，我谨向读者推荐此书，希望对有关学者和科技工作人员今后的工作有所借鉴。

中国工程院院士

2020 年 11 月

前　言

党的十八大提出统筹推进"五位一体"总体布局，必须牢固树立并切实贯彻创新、协调、绿色、开放、共享的五大发展理念。生态、经济、社会的和谐是我国可持续发展的重要保障。随着我国经济的快速发展，能源需求量日益增大。由于我国"富煤、贫油、少气"的能源自然赋存特点，以煤炭为主要能源的现状将长期存在。一方面我国煤炭资源高强度开采促进了地方经济发展，另一方面大面积地表沉陷破坏了当地的生态平衡和人类生存空间，导致耕地丧失、生态系统紊乱、农矿矛盾加剧，引发一系列深刻的生态、经济、社会问题，严重威胁矿区"生态-经济-社会"复合体的可持续发展。

煤炭资源开采导致矿区原有的生态系统、经济系统、社会系统均发生颠覆性的破坏，采煤沉陷区综合治理成为一个世界性难题。沉陷区生态、经济、社会三大子系统是一个不可割裂的复合体，孤立地就生态、经济、社会单一问题研究得出的策略，无法取得预期效果。因此，选择复合体多维关系的视角，开展对采煤沉陷区"生态-经济-社会"多维关系演化规律及调控机制研究，以破解我国面临的采煤沉陷区综合治理世界性难题。

本书基于采煤沉陷区治理问题的复杂性和系统性，构建了"生态-经济-社会"三位一体研究框架，揭示出采煤沉陷区"生态-经济-社会"多维关系演化规律，厘清了"生态-经济-社会"多维关系调控机理，提出了采煤沉陷区生态风险防控策略、经济发展转型路径和社会治理模式，建构了沉陷区多维关系协调发展的宏观调控机制。东部高潜水位和西部干旱/半干旱两类沉陷区典型案例的实证研究，为实践十八大提出的"五位一体"建设，特别是为采煤沉陷区的综合治理提供了理论支撑和实践指引。

本书以采煤沉陷区"生态-经济-社会"复合系统为研究对象，遵循系统论的思想和方法，基于"理论—现实—解读—政策"的逻辑框架，按照"多维关系解析—三维视角探索—综合视角调控"这一线索展开研究。首先，从复合系统的视角解析各子系统之间、子系统内部的多维关系，揭示多维关系的演化规律。然后，从生态、经济、社会三维视角，在生态学中的生态修复理论、经济学中的产业理论、社会学中的社会结构理论、风险社会理论等指导下，分析解决采煤沉陷区生态问题、经济问题和社会问题的对策。最后，运用协调发展理论、多目标管理理论、生态公共品理论、管制理论、产权理论、财政投资理论、绩效评价理论等，从综合视角设计出采煤沉陷区"生态-经济-社会"多维关系的调控机制。全书分为七章，第一章绪论，第二章概念界定与理论基础，第三章采煤沉陷区"生态-经济-社会"的多维关系与演化规律，第四章采煤沉陷区生态风险与生态环境可持续利用，第五章生态与社会约束下的采煤沉陷区经济发展转型，第六章生态与经济约束下的采煤沉陷区社会风险及治理，第七章采煤沉陷区"生态-经济-社会"协调发展的调控机制研究。

本书是安徽大学牵头完成的国家社会科学基金重大项目"采煤沉陷区'生态-经济-社会'多维关系演化规律及调控机制研究"（14ZDB145）成果的系统总结，是集体智慧的结晶。借此机会，对项目研究团队成员方杏村、吴鹏、姜春露、程艳妹、刘晨跃、唐惠敏、任彩凤、刘凯强、徐杰芳、张琪、孙垂强、郑欣、林希萌、郭阳、蒯洋、刘霞等做出的研究贡献，表示由衷的感谢。

由于作者学识有限，本书内容涉及众多学科，难免存在疏漏、缺陷和错误，恳请广大同行专家和读者多加批评指正。

程 桦

2020 年 11 月

目　录

图 目 录

表 目 录

第一章 绪 论

第一节 采煤沉陷区"生态-经济-社会"问题研究背景与意义

随着我国经济建设的快速发展和城市转型升级，中国对能源的需求日益增大。我国"富煤、贫油、少气"的能源结构赋存特点，决定了经济发展依赖的一次能源仍以煤炭为主，较长一段时期内难以改变。国际能源组织和 *Statistical Review of World Energy 2013* 数据表明，我国煤炭开采以井工法为主，因开采成本较高，很少采用采场充填方法控制上覆地层变形，煤层开采引发的地面沉陷严重破坏了当地的生态平衡。以半干旱地区产煤大省山西省为例，截至 2017 年，煤炭沉陷区面积多达 4000 km²，在这片面积巨大、生态环境恶化的沉陷区内，很多地方是"有房不能住、有地不能种、有水不能饮和生活难保障"的特困区，受灾人口达 230 万人。又如，位于高潜水位的安徽省两淮地区，采煤沉陷区面积达 410 km²，水深 0～20 m，并以 20 km²/a 以上速度增加，特别是地处淮河中段的淮南矿区，地势低洼，地表沉降导致淮河流域中段水系紊乱；两淮煤矿矿井水的排放恶化了水环境质量，淮河流域中段"水多、水少、水脏"问题日益突出；开采沉陷严重破坏了两淮矿区人类生存空间，大片良田荒废，数万农民失地待业。近三年来，两淮矿区搬迁村庄 351 个，涉及 71 885 户，266 287 人，村庄搬迁矛盾重重，工农关系日益紧张，深层次社会矛盾剧增。

采煤沉陷区不仅对当地生态环境造成了严重破坏，而且还导致当地经济受创、居民搬迁，从而引发深刻的社会问题。本书所涉主题——采煤沉陷区"生态-经济-社会"多维关系及演化规律问题，本质上是关于资源型区域各子系统的协调发展问题，即在揭示采煤沉陷区发生机理及演变规律的基础上，运用系统论的理论，将生态、经济、社会视为由各自子系统构成的总系统，通过子系统与总系统，以及子系统相互间及其内部组成要素间的协调，使系统及其内部构成要素之间的关系不断朝着理想状态演进。

由于地质采矿条件的不同，我国煤炭资源开采造成的地表沉陷规律不尽相同，由此造成的地表生态环境损害状况亦不相同，因此"生态-环境-社会"系统演变规律仍待进一步研究。

以两淮矿区为代表的东部高潜水位矿区是全国重要的粮油生产基地，也是淮河流域生态环境治理的重点地区。大规模的煤炭资源开采造成了大面积的地面沉陷。目前，安徽两淮矿区沉陷深度在 1.5 m 以上的地面面积达到 120 km² 以上，最大沉陷深度达 21.3 m。两淮矿区沉陷面积以 20 km²/a 以上的速度递增，到 2020 年两淮矿区沉陷面积达到 600 km²以上。两淮煤矿沉陷区具有区域代表性和特殊性，具体体现在：①多煤层开采、叠加沉降，沉陷面积大，积水深，稳沉时间长，治理难度大。②两淮矿区地处全国重要的粮油生产基地，村庄密集，人口密度大，沉陷导致大片农田被毁，人地矛盾突出，社会问题加剧。③两淮矿区潜水位高，沉陷使原有的陆地生态系统逐渐演变为以水生生态系统为主的水-陆复合生态系统,改变了水-土-生物原有的生态关系与景观格局。④两淮矿区地处淮河流域,大面积沉降引起的地表水系紊乱、水土流失加剧、水质恶化,使两淮区域"水多、水少、水脏"问题日益突出。

以神东矿区为代表的西部矿区多处于干旱半干旱区,生态脆弱。对人类生产活动响应十分敏感的神东矿区位于晋陕蒙接壤处,煤炭储量是全国煤炭保有储量的四分之一,居世界八大煤田第三位。其主要土壤类型为风积沙,抗侵蚀、水土保持等能力很差,加上蒸发量大、降雨量少等特点,导致原有的生态系统较为脆弱。现代化高强度作业的矿区已经对地表覆盖产生了极大的负面影响。矿区开采中,地表形成大量的地裂缝和采空塌陷区,植被根系被破坏且地表土壤物理化学性质改变,矿区水土流失等进一步恶化。矿区采动对地表植被的破坏到一定程度时将很难恢复,进而有可能扩展为风沙覆盖区。

为此,开展"采煤沉陷区'生态-经济-社会'多维关系演化规律及调控机制研究",具有重要的理论和现实意义。

1)实施国家生态文明战略的需要

煤炭是我国重要的一次能源,2019年在我国能源生产和利用结构中占57.7%左右,开采现象将长期存在。随着工业快速发展和城市转型升级,我国对能源的需求越来越大。党的十八大明确提出了加强生态文明建设,但采煤沉陷所引发的生态危机是对我国生态安全的巨大挑战。因此,亟须加强对采煤沉陷区治理与发展的理论与调控机制研究,为满足能源开发需求前提下保障生态文明战略实施提供决策支撑。

2)推动经济转型、实现绿色发展的需要

经济发展是地区发展的重要基础,资源环境与基础设施又是经济发展的必备条件。采煤沉陷区经济发展基础受创,百废待兴,如何实现经济重振;搬迁区如何根据资源禀赋、地理区位与劳动力特征,规划经济发展蓝图;如何发展结构优化、技术先进、清洁安全、附加值高、吸纳就业能力强的现代产业体系;经济发展方式如何由不可持续性向可持续性转变,由粗放型向集约型转变,由高碳经济型向低碳经济型转变,由忽略环境型向环境友好型转变等,一系列现实问题都亟待研究破解。

3)解决民生问题、化解社会矛盾的需要

采煤沉陷对矿区人民的生产资料和生命财产安全造成了严重威胁:农田林地被毁,基础设施及住宅等建筑物开裂甚至倒塌,农民失地后生活生产环境恶劣。特别是在粮油生产基地,村庄密集,人口密度大,问题更为严重(例如安徽两淮矿区,采煤沉陷导致大片良田荒废,数万农民失地待业)。但由于我国相关法律法规不健全,缺少合理的赔偿依据,只能采取协商赔偿,致使拆迁安置、就业社保都得不到有效的财力支持,沉陷区因此矛盾迭起:能源保障与粮食安全的矛盾、地下开采与地上建设的矛盾、外部效应与补偿不力的矛盾、移民安置与社保滞后的矛盾。结果群众上访频发,社会维稳艰难。可见,研究控制复合体演变风险的有效策略,解决沉陷区的民生问题,确保社会稳定,已成燃眉之急。

4)立足均衡发展、促进区域公平的需要

采煤沉陷区主要分布在煤炭资源集中的地区,而我国煤炭资源分布的总体格局是西、中部多,东部少:主要分布在山西、内蒙古、陕西、新疆等省(自治区),其次是贵州、宁夏、安徽、云南、河南、黑龙江等省（自治区）。这些地区为我国经济与社会发展提供了重要的能源基础，又恰恰是经济欠发达、社会事业发展相对落后的地区。长期以来煤炭资源的公共定价没有包含开采产生的生态环境损害等外部成本，是其落后的重要原因之一，这反映出区域间的极度不公平。因此，探索科学的制度保障，为国家扶持这些地区发展的方式选择及财力投入提供科学依据，也是促进区域公平的迫切需要。

第二节 采煤沉陷区"生态-经济-社会"问题研究现状

一、国内外研究现状

长久以来，由于煤炭资源开采造成地面沉陷的情况在诸多国家都有所展现。采煤区地面沉陷问题凸显着工业化进程给当地环境带来的一连串问题。为此，国家开始对采煤沉陷区开展综合治理，有关采煤沉陷区治理研究也随之兴起。当前国内外关于采煤沉陷区治理的研究主要从以下方面展开。

1. 关于采煤沉陷区内"生态-经济-社会"多维关系及其演化规律的相关研究

采煤沉陷区"生态-经济-社会"多维关系的演化规律研究属于理论层面的基础性研究，对沉陷区综合治理、实现可持续发展具有宏观指导意义。回顾文献，可以发现相关研究呈现从开采沉陷的生态、经济、社会的"单一影响"研究转向"生态-经济-社会"三维关联研究，主要理论主张也从生态环境修复转向生态、经济、社会三者协同、整合调控。关于开采沉陷所产生的生态、经济、社会的影响研究，可以首先从各子环节切入。

生态影响方面，采煤沉陷区的环境影响分为对土地环境、水生环境、陆地生态系统的影响，生态修复则包括土地复垦、植被恢复、水体恢复与开发（滕刚，2014），而且沉陷区生态系统内在的子系统也是相互影响、彼此关联的，例如水环境的修复，就可以采用水资源综合开发模式，实现沉陷区蓄水、供水、湿地构造共同开发与利用（刘佳，2010）。经济影响方面，主要涵盖沉陷区产业转型、绿色发展、生态农业、工业园建设等。基于循环经济的视角，沉陷区应大力发展循环经济，变废为宝，实现可持续发展（石静儒，2010）。社会影响方面，主要表现为失地农民补偿与安置，居民外迁对原有社会结构的影响，土地复垦机制等。沉陷区失地农民采煤的权益保障制度不够完善，使得失地农民"无地可种、无业可就、无保可享"，成为城乡边缘性群体，严重影响到农村社会稳定与经济发展（范和生和白琪，2018）。例如针对牧区生活生产实际，要加强对北方牧区采煤沉陷区农牧民生产生活问题研究，通过政府帮助、煤炭企业补偿解决牧民生活问题（王宇龙，2012）。还要联系区域实际情况，对采煤塌陷地的数量、分布进行汇总，参照现行标准和法律法规，对征地补偿标准是否得当、农民的利益是否得到保障进行评价（李庆强和苗伟，2011）。王巧妮等（2008）则指出我国采煤塌陷区土地复垦配套法律、法规不健全，缺乏有效的复垦组织模式，复垦费机制、复垦理论研究等存在着不少弊端。

关于"生态-经济-社会"三维关系研究。人类社会是一类以人的行为为主导、自然环境为依托、资源流动为命脉、社会文化为经络的社会-经济-自然复合生态系统，包括自然子系统、经济子系统和社会子系统（马世骏和王如松，1984）。因此，基于经济社会和资源环境协调发展的视角，需要从资源、环境与经济协调发展复杂系统的结构特征入手，分析各子系统之间内在协调机制及系统发展问题（乌兰，2007b）。复合生态系统理论的核心是生态整合，通过结构整合和功能整合，协调三个子系统及其内部组分的关系，使三个子系统的耦合关系和谐有序，实现人类社会经济与环境间复合生态关系的可持续发展（王如松和欧阳志云，2012）。相应的，采煤沉陷区"生态-经济-社会"系统也是一个复合生态系统，其三个子系统之间在时间、空间、数量、结构、秩序方面的生态耦合关系和相互作用机制决定了复合生态系统的发展与演替方向（李雪松等，2019）。

国内对于采煤沉陷区的相关研究，王芸（2009）从住房问题为切入点，通过对导致住房问题的原因进行分析，对比采煤沉陷区住房保障与其他地区住房保障的异同点，参考过往经验，设计了一套采煤沉陷区住房保障制度。许悦（2011）分析了采煤沉陷区的居民安置与水库居民安置、拆迁居民安置、征地居民安置等安置模式的区别，提出了一种采煤沉陷区棚户居民安置的新模式。鲁连胜（1997）介绍了唐山市在采煤沉陷区治理上结合当地具体环境所采取的治理方案。孔改红和李富平（2006）强调了一种科学的治理体系对于采煤沉陷区治理的重要作用，建议以国家土地资源部门为核心，联合采煤区企业和采煤区政府，进行积极有效的沟通与协调，充分利用资金，引导多方面的社会力量进入采煤沉陷区的治理工作之中。杜朴（2008）提出了一种综合治理采煤沉陷区的方法，即利用矿山废弃物回填进行复垦的治理方案。孙晓舟（2010）阐述了淮南市进行采煤沉陷区治理的具体实践，其主要的实践工作有采煤沉陷区居民搬迁安置工作、采煤沉陷区土地回填复垦工作、采煤沉陷区土地治理后建设工作、采煤沉陷区治理权与使用权绑定工作、采煤沉陷区居民安置与治理工作。李凤明（2011）深刻讨论了采煤沉陷区可采用的各种治理技术，每种技术的特点与适用情形，并总结出在我国具有广泛适用度的四种治理技术：农业复垦、建筑复垦、景观复垦、开采物回填。同年，罗开莎等（2011）学者对采煤沉陷区中矿业相关资源的同步利用率进行了分析，通过对选取的三种主要相关资源：水资源、土地资源、煤炭资源的分析研究，给出了同步利用三种资源进行综合开发的新模式，即综合利用采煤沉陷区蓄水，解决采煤用水供应，同时开发采煤沉陷区湿地湖泊资源，缓解淮南地区的用水压力。胡振琪等（2020）针对煤炭资源开发过程中形成的采煤沉陷、露天采场、固体废弃物堆积等损毁对象，以及由此产生的耕地损失、环境恶化、空气污染、矿-地冲突等矿区生态环境与社会问题，改变原有的"末端治理"理念，提出煤矿生态环境"边开采边修复"理念、技术以及实现路径。综合各学者的研究成果可知，采煤沉陷区的治理工作需要投入大量的资金，综合多方面的资源，经过相当长的时间才能得到一定的效果。这些就要求不仅是政府单方面进行投入，实施治理工作，每个在采矿区经营的企业都要参与到采矿区治理的工作中，将治理作为企业日常工作的一部分。

2. 关于采煤沉陷区生态安全与可持续利用方面的相关研究

对采煤沉陷区生态安全与可持续利用层面的研究起源于对资源型城市建设的关注，伴随着资源型城市的发展，对于资源型城市的研究也在持续进行，从20世纪90年代中期开始，对于资源型城市的相关研究，更多地聚焦在可持续发展这个课题，可持续发展的原则与理念，不断地应用到资源型城市的研究之中，得到了大量有价值的研究成果。

国外学者对于资源型城市可持续发展问题的研究起步较早，与市民就业、社区发展等相关的社会问题是国外学者主要的关注点。国内学者对于资源型城市可持续发展问题的研究相对比较晚，但是开展得比较全面，也取得了丰富的研究成果。其中，李秀果和赵宇空（1990）对于矿业城市的发展结构进行了研究，是我国最早的相关研究文章。夏永祥和沈滨（1998）在研究结果中给出了两种解决我国资源型城市发展问题的建议，既要能够做到延长资源开采期，延缓资源的枯竭期；又要能够对资源枯竭期的各种问题做好准备，加以防范和应对，避免问题集中爆发。贺艳（2000）、李秀春（2009）等先后深入地讨论了资源型城市可持续发展需要采取的路径与对策。鲍寿柏等（2000）专门研究了资源型城市转型发展的相关问题。黄溶冰和赵谦（2008）、李绍平（2009）等从财政角度深入研究了资源型城市进行可持续发展的可能性。秦晓伟（2009）等通过研究给出了资源型城市可持续发展的金融策略。徐向峰等（2008）从社会保障制度的角度分析了资源型城市可持续发展的相关问题与对策。陈旭升（2003）、吴文洁和程雪松（2009）综合探讨了对于资源型城市可持续发展问题建模的指标体系。李博等（2019）基于2006~2016年中国环渤海地区28个地级资源型城市数据，采用熵权TOPSIS方法合理评价其城市可持续发展能力。

采煤沉陷引起的生态风险问题，削弱了经济的可持续发展能力，造成了大量生态难民，影响了社会安定，已成为当前社会关注的焦点。对于煤矿区环境污染的影响评价工作，国内学者系统总结了国内外生态安全评价研究的现状及趋势，概括了生态安全的定义，阐明了生态安全的特点及生态安全评价的作用，探讨了采煤塌陷区生态安全评价的研究目的、意义以及研究内容，简单说明了采煤塌陷区的构成，分析了采煤塌陷对区域生态安全的影响（齐艳领，2005）。并从实证角度探讨设计了具体的评价指标体系，研究了开采沉陷对耕地损坏的评价指标体系（李树志等，2007）。

近年来，生态修复的焦点集中于沉陷区生态恢复与经济恢复结合进行研究。针对农村采煤塌陷区的实际情况，结合我国建设社会主义新农村的战略目标，将塌陷区治理与新农村建设有机结合，以实现塌陷区经济的恢复（赵计伟等，2010）。李凤明（2011）认为采煤沉陷区治理技术的一个发展趋势是集关闭煤矿的塌陷地植被、水环境、工业垃圾堆积为一体的综合生态修复再造，是资源枯竭型矿区社会实现可持续发展的迫切需要。这也表明沉陷区的生态经济协调发展策略应当要考虑自然条件、发展潜力以及城市发展的长期目标，凸显沉陷区生态优势和鲜明个性。陈军（2018）认为应通过国家和地方立法，平衡资源利用、环境保护和生态修复等方面的复杂关系，并通过维系权利义务关系的稳定，来推动采煤沉陷区生态修复和地方环境法治建设。

3. 关于采煤沉陷区经济发展转型方面的相关研究

国外关于资源型城市转型问题研究较早，可以追溯到Innis（1933）的开创性研究。早期研究更多地侧重对单个城市的讨论，通常分析人口特征、城市布局以及城市发展中出现的社会问题，试图寻找造成城市不稳定的原因。Robinson（1962）则较为全面地分析了加拿大的资源型城市。

随后国外对于资源型城市的研究也从单一目标研究转变为关注区域实证和规范研究，通常利用区域发展理论、城市规划学等理论，相关学说的发展速度较快。Bradbury和Stcmartin（1983）则通过依附和欠发展理论来解释加拿大资源型城市的发展历程，并分析了对应阶段中呈现的社会特点。

而在20世纪80年代后，Hayter和Barnes（1990）和Randall和Geoff（1996）等更多地侧重从经济结构、劳动力市场、经济全球化等视角研究对资源型城市的影响，多涉及劳动力市场分割理论、经济结构调整理论等。而随后国外关于资源型城市转型的研究更多地针对可持续发展、城市化以及城市生态学等问题。

国内对于资源型城市转型问题的研究还是集中于以单个城市为主。张米尔（2003）则主要以盘锦市作为研究对象，对其在未来的产业结构转型方向进行了讨论，就资源型城市转型提出了政策建议。刘艳军等（2007）则主要研究了东北产业结构演变过程中的城市互动机制与历程，提出通过结合振兴东北战略并促进区域内产业结构的调整与联动，加速城市化进程以及产业调整过程。董小香（2006）则主要以焦作市为研究对象，通过利用城市化响应模型研究了焦作市产业结构的转变，并对其产业结构调整的过程提出相关建议政策。赵敬民（2006）则主要从产业结构演变和城市化联动的视角讨论泰安市问题，他提出两者并没有形成好的联动关系，认为泰安市的产业结构调整应该与城市化进行相互动。徐秋实（2006）则重点从产业结构演变与城市空间结构变化的视角研究了榆林市，研究发现城市的空间结构变化深受产业发展的影响，而城市的空间结构也对产业调整方向有所作用。杨青山等（2004）则构建了东北地区城市化和产业结构演变的关系模型。吴冲（2008）则主要研究了煤炭资源城市的产业结构从形成到后期的全程演变规律。金贤锋等（2010）则在资源利用和空间结构框架下又引入了生态环境变化，研究了铜陵市资源型城市发展与产业链拓展间的相关联系。王亮等（2011）则主要以克拉玛依为研究对象，研究了石油资源型城市转型的规律，分析了其产业结构转变的方向，认为城市转型过程中应注重产业结构调整与城市体系建设，并积极地吸取国外先进城市的布局经验。孙天阳等（2020）基于资源枯竭型城市扶助政策背景，考察了中国资源枯竭型城市的转型升级和民生保障情况，资源枯竭型城市扶助政策促进了中西部地区、森林工业和石油类型资源枯竭型城市的人均GDP和就业率，推动了地区产业升级。

部分学者则更多地研究了城市转型中的应对措施。沈镭和程静（1998）提出资源型城市的转变不能脱离本身长处，而应通过优势转化策略实现新经济驱动的建设，通过利用有效的市场机制促进要素的流动，加速资源型城市的演化进程。张秀生和陈先勇（2002）则指出资源型城市的转型应从多维度入手，如相关产业政策的支持、人力资源的培养、市场机制的改革以及连续产业的培育等。

此外，国内外学者针对煤炭资源型区域的经济发展转型研究，主要集中于转型模式的探讨。

1）基于循环经济模式的发展转型

煤炭资源型区域的经济发展转型研究主要结合循环经济的内涵，从微观技术、宏观产业两个层面探讨经济转型的基本原理和实现路径。在产业发展层面，学界研究呈现出煤炭产业链的生态化、循环经济发展模式、产业政策设计三个方面的热点。煤炭产业链的生态化应遵循循环经济的"减量化、再利用、再循环"的原则,形成"资源—产品—再生资源"回馈式流程,规划构建煤炭开发到产业延伸的循环链(石静儒,2010);通过构建煤炭生产生态链网,可以实现煤炭产业的循环生产,可供选择的煤炭生态产业链包括:煤-电-化产业链、煤-焦-化产业链、煤-电-建产业链、煤矸石-土地复垦-土地资源产业链、矿井水-水处理站-供水产业链(贺改梅,2007)。综上所述,煤炭经济绿色化的途径可以概括为:煤炭清洁开采是实施循环经济的基础,煤炭资源综合利用是实施循环经济的核心,延长煤炭企业生产链是煤炭行业实施循环经济的方向。

就资源型城市产业发展而言,通过对资源型城市产业发展实行集约化、绿色化转型和链网集成,构建"集约-绿色-链网"发展模式,使资源开发利用做到低开采、高利用、低排放,实现资源-产品-再生资源-再生产品的循环式发展(云光中,2012)。产业政策设计方面,煤炭产业循环发展的政策体系包括提出规划引领、政策引导、技术助推、法律规范、体制保障(林伟丽,2008),并需要依靠经济、法律、行政和政策等手段的协作与配合,加强政府引导作用,注重加强煤炭产业的技术和管理创新,兼顾生态恢复和环境保护(王柳松等,2010)。

2)基于绿色发展模式的发展转型

国外相关学者首先对绿色发展问题展开了系列研究,一是实施产业调整策略,对高耗能产业进行补贴,发展绿色产业,改造传统产业,推进产业多样化发展;二是实施企业组织结构层面上的调整,走集约化经营模式的道路;三是对工人进行转岗培训。

国内一些研究主要关注绿色转型概念和绿色转型模型的问题。刘纯彬和张晨(2009)认为绿色转型要着眼于政府、产业和企业视角,以形成经济、社会、资本和环境效益一体化的发展模式。孙毅(2012)则主要基于可持续发展的理论,立足于生态和经济协调的角度,以绿色技术创新为动力,构建绿色制度体系,推动产业结构绿色化。煤炭产业的绿色发展问题,重点在于产业链的延伸,形成多元化的产业格局(王柳松等,2010)。而高保彬等(2018)更是从采煤沉陷区入手,认为治理体制应从政策和制度建设出发,以生态恢复和绿色采煤技术为重点,开展综合治理,推进矿山环境恢复治理和矿区土地的复垦。

3)基于可持续发展模式的发展转型

乌兰(2007a)从矿区宏观协调和微观管理层面来探讨实现矿区环境管理创新的战略发展模式和管理创新路径。曹孜(2013)针对资源禀赋和管理水平差异,对每个区域提出不同的应对方案:东北煤炭型城市需要重视科技和制度问题,中部地区重在进行产业转型,西部煤炭型城市应更加注重基础设施投入,以内蒙古为代表的新兴煤炭地区则需要加大环保力度。

4)关于采煤沉陷区社会治理机制方面的相关研究

国内的一些学者对于采煤沉陷区社会治理问题也越来越关注。采煤塌陷引发了一系列生态环境问题及深层次经济社会矛盾:①采煤使土地塌陷严重,严重影响粮食产量;②地形地貌遭到破坏,影响了自然景观;③植被遭到破坏,影响了生态平衡;④地下水下降明显,水质受到污染;⑤塌陷区导致江河断流,地下水枯竭;⑥居住环境受到危害,影响了群众生活（王福琴，2010）。上述问题的解决是一项历时长远、涉及国计民生的大事，需要各级政府部门完善相关政策，创新治理举措，形成综合治理的合力，才能有效加快治理步伐，造福塌陷区群众。当前，政府部门关注的主要社会问题则是失地农民搬迁和补偿问题，有学者对徐州市采煤塌陷地的数量、分布以及采煤塌陷区的征收进行汇总分析，并重点研究了征地补偿标准和农民利益保障等问题（王佳洁和鞠军，2011）。路颖等（2018）发现煤炭工业的显著发展带来经济繁荣的同时，也裹挟着生态的、社会的风险。为了实践社会可持续发展的道路，基于"生态-经济-社会"互动模式，对采煤沉陷引起的一系列社会问题及其演化规律进行分析，着重把握民主治理机制的建立与完善，实现采煤沉陷区社会治理运行方式的常态化。

针对国内采煤沉陷区日益突出的社会问题，国内学者提出以淮南市为代表的"集中式搬迁、发展式安置、开发式治理"的治理思路和"泉大模式""后湖模式""鑫森模式"三种治理模式及多项切实可行的措施（孙功，2013）。

4. 有关采煤沉陷区"生态-经济-社会"协调发展及调控机制的相关研究

煤矿区域集煤炭资源开采、利用与土地资源占用与破坏为一体，是资源、环境与人口矛盾相对集中显现的区域之一。欧美各主要能源开采国煤矿多是露天开采，采矿与复垦相关法案较为完善，在开采过程中非常注重边开采，边复垦，相关法律明确规定了复垦规划、复垦方向、资金渠道等复垦具体措施是企业申报开矿计划，获得开矿许可的必备内容。采矿用地是私人企业租用，复垦后主要由矿主进行管理使用，体现了谁开采、谁治理、谁受益的基本原则。生态修复投入巨大，且生态环境具有公共品的性质，很多国家同时采用财政手段给予支持。美国 EPA 管理的超级基金以及复垦基金就是用于清理废弃矿场以及后续复垦措施得以实施的资金保障。

关于协调发展指标体系的构建问题，Mitra 等（1999）指出经济、社会和环境平衡发展的重要性。Kielenniva（2012）从社会、环境、经济三维度共选取 28 个指标，对北欧国家芬兰展开全面评价。Santos 和 Zaratan（1997）指出新技术煤炭产业可持续发展的重要影响。同时 Stokey（1998）也指出技术是一把双刃剑，过度使用可能会损害生态环境。Robert（2013）又提出技术、生产方式和经济发展方式的根本性转变可以促进经济、社会和环境的综合发展。

关于资源型城市协调发展方向问题，大致分为两类。一类是探讨它们之间的相同点，如赵天石等（2001）尝试找寻协调发展方法。张以诚（1998）指出了目前煤炭城市协调发展面临的主要问题，并提出了应对策略。蒋建权等（2000）发现结构调整和环境治理是东北煤矿城市实现协调发展的瓶颈。姚平等（2008）却发现技术创新才真正是煤炭城市突破约束和实现协调的客观要求。另一类研究是对单一的资源型城市展开协调发展评价。如方锦文（2010）对佛山市的社会-经济-环境协调度进行了有效测算，陈妍（2018）主要分析了东北资源型城市转型中的协调演化问题，张玉泽等（2016）则主要关注山东省协调发展和空间格局演化问题。具体到采煤沉陷区的协调发展，1979 年原煤炭工业部首次把煤炭开采和所产生的环境问题进行综合考虑，并着手采取技术措施修复损害。1989年我国又颁布了《土地复垦规定》，开始立足于法律层面推动采煤沉陷区的协调发展。

此外，关于评价方法探讨，张凯（2004）认为协调发展的内涵包括经济社会发展不能超过生态可承载力、实现生态效应的同时获得经济和社会的利益最大化以及必须依赖经济的持续稳定增长来全面提高人们物质生活水平。黄焕春和运迎霞（2011）以城市群为研究载体，构建了经济、社会、环境的协调发展评价体系。廖重斌（1996）则主要通过资源和社会两个子系统探究协调发展水平。吴跃明和郎东锋（1996）基于多目标优化思想，设计出经济-环境系统协调度模型。洪开荣（2013）定量测算了我国中部地区的协调发展度。更进一步地，孙龙涛（2012）通过在指标体系中加入循环经济特征来对铜陵市展开评价研究。赵倩楠和李世平（2015）主要选取煤炭资源大省山西省的 5 个煤炭城市，构建出生态环境协调发展指标体系并展开全面分析。彭博等（2017）加入耦合协调度模型测算出各区域的协调状态及其演化特征。张秀娟和刘力（2020）构建复合系统耦合协调绿色发展状况的评价指标体系，在比较分析各子系统及其综合发展评价指数的基础之上，进行了 R/S 趋势的全面预测。

那么，资源型城市的协调性发展依赖于哪些因素呢？金建国和李玉辉（2005）提出主要在于政府服务职能的创新。周敏等（2007）主要是从解决再就业问题入手，认为职业培训和法制建设能够提高再就业，进而推进资源型城市的协调发展。杨承玥等（2020）从双向视角探究了资源型城市生态文明与旅游发展协调互动关系。选择典型资源型城市——六盘水市为研究案例，发现六盘水市 2000～2017 年生态文明建设与旅游发展协调性整体呈现上升态势，二者存在互馈耦合的一般特征且表现出明显的旅游产业发展对区域生态文明建设的优势支撑效应。建议从统筹生态文明与旅游发展步伐、促进生态文明建设与旅游发展部门协同合作等两方面促进二者协调发展。上述研究成果为本书的顺利开展提供了理论、方法以及数据来源参考。

最终归结于采煤沉陷区"生态-经济-社会"调控机制的相关研究，在我国，沉陷区协调发展的实现机制主要以依赖于生态农业、土地复垦利用等方式。沉陷区生态-经济关联的现实途径有种植和养殖结合模式、粉煤灰充填覆土造林模式（刘慧萍，2010）。国内对采煤沉陷区综合调控机制研究起步较晚。近年来，相关研究成果集中于制度建设和规划管理等方面。有学者认为政府可以建立专项基金，用于生态恢复和生态治理，对于土地复垦，提倡预交保证金、建立储备金以及鼓励公众参与制（于左 等，2009）；从资金管理制度、复垦土地产权、建立沉陷地复垦市场体系、完善政策法规着手，完善采煤沉陷地复垦投资机制，继而保证和促进沉陷地的生态恢复工作不断开展（汪红 等，2008）。总的来说，需要完善采煤沉陷区生态修复和协调发展的制度体系（吕玉梅，2010）。马立强（2013）从技术角度、利用模式以及区域规划等三个维度对国外采煤塌陷区的再生利用研究现状做了梳理，从再生利用指导思想、景观重建以及利用模式三个维度对我国采煤塌陷区的复垦与再生利用进行了深入研究。

二、采煤沉陷区"生态-经济-社会"面临的问题

面对我国采煤沉陷区的发展现实，采煤沉陷区问题已成为生态学界、经济学界、社会学界、规划学界、管理学界等最为关注的问题之一，研究成果颇丰。这些成果对于我们认识和理解采煤沉陷区的形成、演变、沉陷区的生态环境发展、经济发展以及社会运

行机制等提供了重要的理论依据。但是从现有文献中也不难发现，它们大多着眼于对现状及问题的直观反映，从生态或经济或社会等方面进行比较独立的研究，从思考维度来说，可以归结于"单维关系"的发展思路。总结现有采煤沉陷区的研究文献，我们认为研究至少存在以下不足：其一是对采煤沉陷区"生态–经济–社会"系统的交互作用机制缺乏研究。其二是对采煤沉陷区的生态安全与可持续发展问题关注不够，国内外对生态安全与可持续发展方面的研究主要集中于区域农业、土地资源、大江大河流域以及城市生态安全评价等方面，对采煤沉陷区鲜有涉及。其三是对采煤沉陷区经济发展转型的系统研究相对欠缺。目前对采煤沉陷区治理的研究集中于如何在现行社会体制框架内通过技术措施解决煤炭开采所带来的环境问题，对采煤沉陷区社会问题治理的探讨较少，未能挖掘问题背后深层次的运行机制。其四是对采煤沉陷区治理的研究主要集中于科学技术手段，而对沉陷区社会治理机制探讨不够。其五是针对采煤沉陷区"生态–经济–社会"的协调发展，尚未形成系统完整的调控机制。

现有文献对采煤沉陷区"生态–经济–社会"各子系统之间的交互关系研究尚有待深入，对采煤沉陷区的生态风险与可持续发展问题的关注还有待加强，对采煤沉陷区经济发展转型的研究还需要进一步系统化，对采煤沉陷区的社会治理机制探讨还尚未形成体系，更未能站在系统的高度来梳理采煤沉陷区"生态–经济–社会"协调发展的思路和调控机制。综上所述，对我国采煤沉陷区的研究多从采煤沉陷的生态影响及修复、经济问题、社会问题单一角度开展研究，鲜有将其作为一个复合体进行跨学科综合研究的成果，对政策法规等问题研究依然不够系统深入，对策建议尚缺乏针对性和可操作性，亟待在国内外研究现状的基础上，针对上述问题开展新的跨学科研究。因此，本书将基于系统论的视野和思路，综合运用矿山工程、生态学、经济学、社会学和法学等学科的相关理论和方法，在揭示采煤沉陷区"生态–经济–社会"交互关系演变规律的基础上，针对采煤沉陷区的现存问题，将在以下三个方面进行拓展：首先，在问题选择上，本书基于中外结合的视野，紧扣当下中国实际，在学界首次系统地、深入地将采煤沉陷区"生态–经济–社会"多维关系作为研究对象，系统地探讨"生态–经济–社会"多维关系的演化规律及调控机制。其次，在学术观点方面，本书认为，采煤沉陷区不是一座"孤立的岛"，而是与地方社会经济发展、城市化进程等有着密切联系。这种联系和相互影响组成了采煤沉陷区"生态–经济–社会"复合系统，其可持续发展需要对各子系统进行协调和调控。而像其他复合生态系统一样，各子系统之间具有复杂的结构关系和相互作用机制，也存在一定的演化规律。因此，对采煤沉陷区"生态–经济–社会"多维关系进行解析，揭示其演化规律是本书研究的重要基础。最后，在研究方法和分析工具方面，本书基于系统论和复合生态系统理论，建立起采煤沉陷区"生态–经济–社会"系统的概念模型，建立子系统结构多维关系环，从复合系统的结构入手解析其生态子系统、经济子系统和社会子系统的多维关系和相互作用机制。

第三节　研究内容

鉴于我国问题比较突出的采煤沉陷区主要集中在东部高潜水位和西部干旱半干旱地区，因此，我们选取这两类典型采煤沉陷区"生态-经济-社会"复合体作为研究对象，着眼于"理论篇—现实篇—解读篇—政策篇"的逻辑结构，围绕其多维关系演化规律及调控机制，重点研究以下内容。

1）采煤沉陷区"生态-经济-社会"系统的多维关系及演化规律

以安徽两淮矿区高潜水位和内蒙古鄂尔多斯矿区干旱/半干旱两类采煤沉陷区为典型案例，研究煤层赋存特征、地质条件、开采方法对采煤沉陷区形成的影响，揭示沉陷区形成对生态环境影响的演变规律；研究沉陷区生态与经济、社会之间的非线性关系，分析"生态-经济-社会"系统结构，厘清其多维关系；甄别系统多维关系失衡的风险因素，探究该系统多维关系变化的动力机制及演化规律。

2）采煤沉陷区生态风险与生态环境可持续利用研究

分析采煤沉陷区生态环境现状，认识其变化特点；识别采煤扰动和开采沉陷过程对生态环境子系统影响的驱动因子；分析采煤沉陷区生态环境的压力和承载力，构建生态风险评估指标体系和评估模型；探索环境管理体系、生态恢复体系、生态保护补偿体系和生态功能区规划，研究采煤沉陷区生态安全格局；选定若干生态环境治理的案例，分析探讨其环境、生态可持续发展路径，提出我国典型采煤沉陷区生态环境综合治理和可持续发展的模式。

3）生态与社会环境约束下，采煤沉陷区经济发展转型的模式选择及实现路径

从经济总量和产业结构两方面分析采煤沉陷区的经济发展现状及存在的问题，基于资源禀赋、生态环境演变、人力资源、政策法规等角度剖析制约当地经济可持续发展的主要因素，探寻在生态资源与社会环境双重约束下，具有区域特色的采煤沉陷区"生态-经济-社会"良性互动的绿色经济发展模式与路径；基于供给约束、需求变动、政策制度等因素，提出实现沉陷区绿色发展所需保障体系的基本框架。

4）生态与经济发展约束下，采煤沉陷区社会运行风险及其治理机制

由"生态-经济-社会"多维关系视角切入，对采煤沉陷区社会运行的嬗变历程与现实样态进行深入考察与全面描述，对其主要社会关系进行结构-功能分析，系统归纳社会运行过程中呈现的主要风险及其类型学意义；借鉴社会治理前沿成果，构建采煤沉陷区社会运行风险评估体系与社会治理机制，并对社会治理保障体系展开深度探讨。

5）采煤沉陷区"生态-经济-社会"协调发展的调控目标与机制

设定采煤沉陷区"生态-经济-社会"系统多维关系的调控目标；从实践层面深入剖析采煤沉陷区多维关系所呈现的主要矛盾及矛盾的主要方面，从理论层面明确多维关系的调控机理；根据现状、调控目标和调控机理，综合运用各类调控手段，明确调控主体，构建科学可行的调控机制——既包括政策范畴，又包括法律范畴，还包括管理范畴。

第四节　研究方法与技术路线

既要研究采煤沉陷区"生态-经济-社会"多维关系的特点、影响因素及其演化规律，以回答"是什么"和"为什么"的问题，又要研究采煤沉陷区"生态-经济-社会"多维协调发展的调控机制，以回答"应该怎么办"的问题。围绕选定的研究对象和拟定的研究内容，将主要采取以下研究方法：

针对采煤沉陷区"生态-经济-社会"多维关系及演化规律的研究，将以复合系统、系统论、系统动力学等理论为指导，采用文献研究、案例分析、实地调查与访谈、遥感影像、风险分解和辨识等方法和手段。

针对采煤沉陷区生态风险与生态环境可持续利用的研究，将主要采用需求量分析、驱动因子的识别、压力和承载力分析、生态风险评价指标体系构建、生态风险评估模型建立、生态风险预警分析和案例分析等方法和手段。

针对生态与社会环境约束下的采煤沉陷区经济发展转型的研究，主要是通过构建采煤沉陷区"生态-经济-社会"复合系统动力学模型，来明确采煤沉陷区经济转型的生态和社会约束。在构建采煤沉陷区城市转型评价的指标体系基础上，利用熵值法对采煤沉陷区经济转型绩效进行科学评价。最终利用 EVS 模型对淮南市经济转型潜力进行科学分析，以明确淮南市经济转型的路径选择，并提出淮南市经济转型战略选择的政策建议。

针对生态与经济环境约束下的采煤沉陷区社会风险及治理的研究，具体采用了社会网络分析法、PEST 分析法、文献法和调查法（问卷法、访谈法、参与观察法）等研究方法和手段。

针对采煤沉陷区"生态-经济-社会"协调发展的调控机制的研究，本书将综合运用文献研究和案例研究方法，查阅与采煤沉陷区协调发展主题相关的国内外文献和案例，开展文献研究、述评，为本书深入开展提供理论支持和深入推进的可能。具体而言，运用经验分析与规范分析相结合，理清采煤沉陷区三维系统相互协调的运行机理，制定符合协调发展诉求的、合理可行的调控目标。采用文本分析与定量分析相结合，对采煤沉陷区相关政策文本进行系统性整理和分类，并对其开展统计分析；运用协调发展度、计量经济模型等工具定量评价政策实施效果，为调控机制设计提供现实依据。实施实证分析与理论分析相结合，依据采煤沉陷区相关政策定量分析的结论，结合财政和法律等相关领域理论，从公共政策、制度法制化和政府管制与绩效管理三个维度设计采煤沉陷区三维系统协调发展的可行路径，搭建调控机制框架。最终综合运用定量与定性分析、理论和实证分析、规范和经验分析方法，分析采煤沉陷区协调发展调控机制框架中的公共政策的引导机制、制度法制化的保障机制和政府管制的引导机制设计的需求和存在的主要问题，全方位设计合理、有效和可操作的采煤沉陷区三维系统协调发展的调控机制。

基于此，本书的总体框架结构和技术路线图如图 1.1 所示。

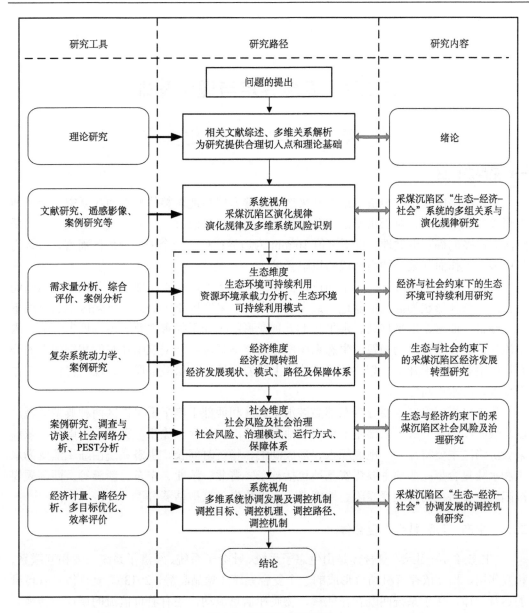

图 1.1 研究技术路线图

第二章　概念界定与理论基础

第一节　概念界定

一、采煤沉陷区

采煤沉陷区是指煤炭资源地下开采造成上覆岩层与地表整体变形而在采空区上方地表形成的沉陷区域。对于水平煤层单一矩形工作面开采而言，一般在地表形成一个比采空区大得多的椭圆形盆地，以下沉值 10 mm 为边界；对于一个采区或矿区而言，可认为是由多个工作面开采叠加而形成的塌陷区域。

采煤沉陷区主要特征：①空间位置在采空区正上方，与工作面走向和倾向方向两侧对称；②整体形状为椭圆形盆地，最大下沉点位于采空区正中央；③沉陷区地表呈现下沉、倾斜、曲率、水平移动、水平变形五种变形；④开采损害主要表现为地表沉陷、水土流失、建（构）筑物损毁、生态系统服务功能下降等。开采沉陷在时间和空间上的分布规律主要取决于开采计划、开采方法、上覆岩层性质、松散层厚度、煤层特性、工作面范围、潜水位高度等。

我国采煤沉陷区主要分为东部高潜水位矿区和西部干旱半干旱矿区两种典型类型。以胡焕庸线为分界线，东部主要煤炭基地包括两淮、鲁西、徐州、冀中、河南等，东部采煤沉陷区主要特征为：地表积水、形成湖泊、稳沉时间长、生态系统由陆生演变为水生和水陆复合型；西部主要煤炭基地包括神东、晋北、陕北、宁东、新疆等，西部采煤沉陷区主要特征为：地表塌陷、地裂缝、水土流失、植被枯萎等。

二、"生态-经济-社会"复合体

"生态-经济-社会"复合体是由生态子系统、社会子系统、经济子系统三者相互联系、相互作用、相互依存有机结合形成的一个复合系统（党晶晶等，2013）。复合体具有自身的运行规律，各子系统间既存在能量、物质和信息流动，还有着价值流的循环与转换。生态经济系统不是纯粹的自然生态系统和人类社会系统，人类的经济系统需要依赖于自然生态系统来生存和发展，因此包含了自然要素和劳动力要素，二者之间相互作用创造出社会财富，不仅完成了自然再生产，也完成了经济再生产，最终取得生态、经济和社会的协调发展。采煤沉陷区是一类独特的生态经济社会复合体，土地资源、煤炭资源是人类社会赖以生存和发展的自然资源，煤炭开采引发的地表沉陷，造成土地丧失，改变了生态子系统、经济子系统和社会子系统的固有运行模式，导致生态经济社会复合体的重构以及系统中多维度变量的演化。

三、"生态-经济-社会"多维关系

"生态-经济-社会"多维关系共有三个层次的内涵。"生态-经济-社会"多维关系的第一层内涵，是基于生态、经济和社会的单维视角。其中，生态维度指的是在经济发展和社会稳定约束下采煤沉陷区的生态资源环境问题，包括资源利用和环境承载等方面；经济维度指的是在生态资源环境约束和社会稳定诉求下采煤沉陷区的经济发展问题，包括经济转型和发展路径等方面；社会维度指的是在生态资源环境约束和经济发展要求下采煤沉陷区面临的社会风险和社会问题。

"生态-经济-社会"多维关系的第二层内涵基于生态、经济和社会两两构成的二维视角，分别形成"生态-经济"、"生态-社会"和"经济-社会"三个复合系统。其中，"生态-经济"二维系统指的是采煤沉陷区生态环境和经济发展之间的相互影响和相互作用，"生态-社会"二维系统指的是采煤沉陷区生态环境和社会稳定之间的相互作用和协调关系，"经济-社会"二维系统指的是采煤沉陷区经济发展与社会稳定之间的协调与发展关系。

"生态-经济-社会"多维关系的第三层内涵，是生态、经济和社会三个维度相互影响、相互制约和相互协调的三维复合系统。该层内涵是"生态-经济-社会"多维关系第一和第二层内涵的深入和升华，通过生态资源环境、经济发展与转型、社会稳定三个维度的相互影响和相互作用，实现采煤沉陷区的协调高质量发展。将"生态-经济-社会"多维关系的三个层次的内涵融入报告研究的"总-分-总"研究框架中，各层次内涵与研究内容安排的关系如图 2.1 所示。

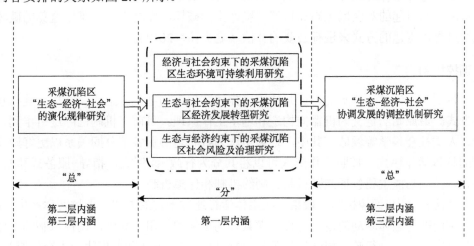

图 2.1　"生态-经济-社会"多维关系内涵与研究内容安排

四、演化规律

"演化"一词最早起源于生物学领域，指的是生物在自然选择过程中出现的简单到复杂进化或者是复杂到简单的退化，所强调的是生物演化思维。随着"演化"的生物思

维向社会思维转变,"演化"一词逐渐被地质学、经济学、哲学、社会学等学科使用(朱富强,2016)。广义的"演化规律"一词可以理解为事物发展过程中所表现出来的规律的总和,包括演化主体、演化内容、演化阶段、演化结果所呈现出的发生机制与内在机理。本书所论述的"演化规律"实则指的是狭义上的,即采煤沉陷区内"生态-经济-社会"多维关系的演化规律,因此"演化规律"与"生态-经济-社会"多维关系密不可分。

国外煤矿区治理的研究不但有较长的历史,而且已形成较成熟的理论与方法,美国Damody 等(1989)、苏联 Quither(1986)、澳大利亚 Ham(1987)、英国 Selman(1986)对因煤炭开采造成耕地的破坏研究认为开采沉陷的影响包括土壤侵蚀、地表排水沟系统破坏、积水、农作物减产等。从 20 世纪 70 年代起,德国传统煤矿工业区——鲁尔区,由德国政府、北莱茵州政府、鲁尔区各市、县部门和大中型企业共同提出了多项区域景观规划项目,区域未来的创新发展(ZIN)、区域景观规划、Emscher 国际景观公园设计(IBA)、采矿区和工业废弃地的重新利用与规划等,经过近 30 年的努力,鲁尔区的环境和景观得到了根本的改善,产业结构和农业结构得到完善,农村的基础设施也达到了和城市相同的发展水平。目前,国外的研究重点关注矿产资源开发的生态补偿标准。Annandale(2000)等对具体生态建设项目生态补偿金的区域分配问题进行了深入研究。结果显示,生态补偿金标准的制定及分配必须充分考虑到生态功能的累积效应以及各种生态功能间的相互联系及交互作用,只有这样,生态补偿金的投入才能取得更好的效果。CuPerus 和 Canters(1996)对大型建设项目的生态破坏及生态补偿标准进行了研究,认为在制定生态补偿标准额度时,首先考虑的应是激励建设项目尽量避免或减少由于其开发建设活动而引起的对区域生态和自然环境产生的破坏,而对于一些难以避免的破坏则可以通过异地重建的方式来进行必要的补偿(寇大伟,2017)。

五、调控机制

"机制"一词源于希腊文,最开始用来描述物理运动过程的组成、结构及其相互作用的方式。最原始的定义为机器的构造和基本工作原理。目前,机制已广泛引申到自然科学、人文社会科学等领域。其中,社会学认为机制是协调各部分间关系以更好地发挥效用的具体运作模式。按照运作形式可以将其分为行政-计划式、指导-服务式和监督-服务式,按照功能主要包括激励机制、制约机制和保障机制。

在经济社会中,调控机制一般指调控主体运行通过一定的方式对调控客体产生影响,随着时空的变化整体联动的逻辑过程,尤其强调主体的作用。其中,调控机制的主体既可以是官方(立法、行政、司法等机关),也可以是非官方(利益集团、大众传媒)。因此,调控机制的内容应该包括调控机制的目标和对象、基本内容和方式以及基本内容与最终目标间的关系。

本书的目的是实现采煤沉陷区"生态-经济-社会"三大系统协调发展。鉴于此,本书调控机制的界定是在借鉴相关学者研究的基础上提出的,即调控机制是随着时间变化,以政府为主导,由企业、社会公众等共同参与的主体在单个系统内部、两个系统之间以及整个系统中按照实际情况建立公共政策、法律法规、考评监督等方面的制度,使其遵循一定的运行方式和体系，形成具有规律的运动过程，从而保证采煤沉陷区的生态-经济-社会之间良性循环、高质量发展。本书界定的调控机制的实质是通过构建一个采煤沉陷区的资源平衡动态系统，达到资源的合理配置，实现生态效益、经济效益和社会效益的最大化，从而促进采煤沉陷区的高质量发展。

第二节　主要理论基础

一、系统动力学理论

（一）系统动力学的概念

系统动力学（system dynamics，SD）是由美国麻省理工学院（MIT）的福瑞斯特（J. W. Forestr）教授创造的一门以控制论、信息论、决策论等有关理论为理论基础，专门分析研究系统反馈互动作用过程的理论，也是一门认识系统问题和解决系统问题的综合学科（窦睿音等，2019）。

系统动力学认为，系统并不仅仅是一些事物的简单集合，而是一个由一组相互连接的要素构成的、能够实现某个目标的整体。任何一个系统都包括三种构成要件：要素、连接、功能或目标。

从系统方法论来说，系统动力学是结构的方法、功能的方法和历史的方法的统一。系统具有适应性、动态性、目的性，并可以自组织、自我保护与演进。可见，系统既有外在的整体性，也有一套内在的机制来保持其整体性。系统会产生各种变化，对各种事件做出反应，对各种错误或不足进行修补、改善和调整，以实现其目标，并生存下去。

（二）系统动力学的发展过程

系统动力学的发展过程可以概括为如下几个阶段。

1）奠定基础阶段（20 世纪 50 年代初期～60 年代初期）

系统动力学源于工业生产领域，福瑞斯特教授应用工业动力学的方法研究了产销匹配过程中的库存控制、生产调节、劳动用工等问题。1961 年，福瑞斯特教授出版了第一部《工业动力学》专著（1961）。本书系统地总结了他的研究成果，为系统动力学的发展奠定了基础。随着工业动力学的发展和完善，工业动力学的理论和方法逐渐应用于社会、经济、管理、科技、生态等诸多领域。

2）理论形成和发展阶段（20 世纪 60 年代末～80 年代末）

《工业动力学》一书出版后，"工业动力学"这一新学科逐渐为人们所认识。在其后二十几年的发展过程中，人们在经济发展、社会问题研究、环境污染等多个领域中研究了系统动力学的应用问题并在此基础上进一步完善了系统动力学的理论和方法，为其以后发展奠定了坚实的基础。20 世纪 70 年代初，福瑞斯特教授用系统动力学方法建立了"世界模型"并向罗马俱乐部提交了题为《增长的极限》的研究报告。该报告引起了很大的反响，引导了人类思想的改变，并引起了激烈的争论，尽管争论双方的观点大相径庭，但在使用系统动力学方法建立世界模型这一点上是没有分歧的。

3）理论发展和多学科综合应用阶段（20世纪80年代开始到现在）

20世纪80年代，在理论研究方面，耗散结构、结构稳定性分析与突变理论对系统动力学产生了重大影响，使得系统动力学在系统演化方面更具科学性。在应用研究方面，现阶段系统动力学在世界范围内得到了广泛的传播，其应用范围也从经济、社会和环境领域扩展到企业管理、公司战略、人体健康和航天工程等方面（刘小茜等，2018）。

（三）系统动力学基本原理

系统动力学对系统问题的研究，是基于系统内在行为模式与结构间紧密的依赖关系，通过建立数学模型，逐步发掘出产生变化形态的因果关系。下面从系统动力学的结构、系统行为的动态性和系统的运作出发来陈述系统动力学的基本原理。

根据系统动力学理论，系统不仅仅是一组简单的事物，而且是由一组相互关联的元素组成的整体，这些元素可以达到一定的目标。任何系统都包括三种元素：要素、联系、功能或目标。元素之间存在多重联系是许多元素成为有机系统的原因。

一个系统的要素很容易找到，因为它们大多数都是可见和有形的东西。在系统联系方面，系统中的一些连接是真实的物质流，而许多连接是信息流。也就是说，在各种信号系统中，影响决策和行动的许多连接都是通过信息流来操作的。信息整合系统，对系统的运行有着重要的影响。

系统具有自适应性、动态性和针对性，具有自组织、自保护和进化能力。可见，系统既有外在的完整性，又有保持其完整性的内在机制。尽管许多系统本身可能是由各种无生命的元素组成的，但系统会产生各种变化，对各种事件作出反应、修复、改进和调整各种错误或缺陷，以达其目标并蓬勃生存。系统可以自组织，并且通常通过局部分解进行自我修复，它们具有很强的适应性，并且许多系统还可以自我进化和进化以生成其他新系统。

人们要想更好地理解复杂系统的行为，就必须了解系统各种存量和流量的动态特征，即它们随着时间的推移而产生的各种行为变化，而存量是系统变化的历史记录。存量的变化通常是缓慢的，即使是在流入或流出突然变化的情况下。因此，存量可以作为系统的延迟、缓冲或减震器。因此，可以说存量的变化决定了系统的动态变化率。存量会随着时间而变化，而促使它变化的是"流量"。所谓流量，就是一段时间内改变的局面。为了增加存量，可以增加流入量或减少流出量。

如果系统中流量和存量的变化表明系统在变化，那么反馈的存在就是系统变化的动力机制。从系统思维的角度看，我们的世界可以看作各种存量的组合。围绕这些存量，有各种存量调整机制，后者主要以各种流量为代表。这意味着系统思考者将世界视为各种"反馈过程"的组合。

如果存量快速上涨，大幅下跌，或者不管周围的形势如何变化存量维持在一定的区间内，我们可以肯定地说，系统中有一个控制机制，它正在发挥作用。换句话说，如果你看到某个行为持续了一段时间，那么一定有一种机制导致了这种行为，该机制由反馈回路控制。当存量的变化影响相关的流入或流出时，就会形成一个反馈回路。反馈回路是一个闭合的因果链。从一定的存量出发，根据存量的现状，通过一系列的决策、规则或动作，影响与存量相关的流程，进而改变存量。

二、开采沉陷理论

（一）概述

煤炭资源被采出后，采空区周边的岩体应力平衡被打破，在应力平衡重新分布的过程中，岩体和地表产生连续的移动变形，该现象称为开采沉陷。从开采沉陷学的任务可以看出，矿山开采沉陷学属于典型的边缘学科，属于测量工程、工程地质、工程力学、采矿工程、岩土工程等多个学科的交叉和融合。

大量案例表明：开采沉陷给人类带来很大危害，因此，世界各主要产煤国的矿山技术人员越来越重视对开采沉陷的研究。俄罗斯、波兰、德国和英国等对开采沉陷的理论及预测控制技术都进行了深入的研究，做了大量试验研究工作，并取得了丰硕成果（赵洪修，2006）。

我国开采沉陷研究始于20世纪50年代，在开滦、峰峰等矿区开展地表移动变形监测工作，通过大量的地表移动实测数据统计分析，基本掌握了两矿区的地表移动规律，形成了一系列的地表移动沉陷预计方法（郭文兵等，2004；刘辉等，2014）。

随着我国经济建设的快速发展，煤炭行业开采规模不断扩大，相应也推动开采沉陷学科不断发展，近些年在一些特殊地质采矿条件下的地表沉陷机理、沉陷控制方面获得长足发展。实时总结这些新技术、新方法对推动我国开采沉陷学科发展具有重要意义。

（二）开采沉陷一般规律

1. 岩层与地表移动变形过程

煤炭资源被开采后，在上覆岩层载荷下，岩体向下移动变形；当承载应力超过岩体强度后，岩体发生破断，跨落到采空区；上覆岩层向下移动变形，随着工作面推进，采动变形范围不断扩大，当达到一定程度，移动变形发育到地表。开采沉陷受诸多因素影响，如采深、采厚、开采防范等因素。开采沉陷的形式有地表移动变形、裂缝、台阶和塌陷坑，如图2.2、图2.3所示。

图2.2　采动引起的地表裂缝

图2.3　采动引起的塌陷坑

地表移动变形是一个复杂的非线性动态过程，一般当工作面推进长度为采深的 1/4～1/2 时，地表开始下沉，随着工作面推进，采空区面积不断增大，地表影响范围不断扩大，地表下沉也随之增大，当采空区的尺寸增大移动程度后，盆地范围继续扩大，但最大下沉值不再增加。工作面停采后，地表仍延续一段时间，才会稳定。

2. 地表沉陷主断面移动变形规律

最大下沉值位于采空区正上方，从中心向盆地边缘下沉值逐渐变小，下沉曲线关于采空区中心对称。从下沉盆地边缘到拐点位置倾斜曲线渐增，在最大下沉点处倾斜曲线为零。曲率曲线从下沉盆地边缘先增大然后减小，在采空区中央达到最小值，如图 2.4 所示。

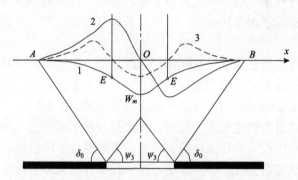

图 2.4　非充分采动时主断面内地表移动和变形分布规律

1—下沉曲线；2—倾斜曲线；3—曲率曲线

（三）开采沉陷预测理论

开采沉陷预测根据地质采矿条件和沉陷预计参数，预计岩层与地表受采动的影响程度。大规模的矿产资源被采出，给环境带来了一系列的消极影响，甚至引发了重大的地质灾害事故。只有准确地预计矿山开采引起的地表移动与变形，才能对环境的破坏提前做出评估，为开发后的矿山环境保护和综合治理提供依据。

通常按建立预计方法的途径，地表移动变形预计的方法可分为：①基于实测资料的经验方法；②理论模拟方法；③影响函数法。

1. 经验公式法

经验公式法只需通过大量的沉陷实测资料就可以汇总成一系列移动变形的曲线或者函数形式即可。经验公式法主要分为典型曲线法和剖面函数法。俄国学者在 20 世纪 30 年代就开始将地表移动的直接实测数据——主断面下沉和水平移动建立预计方法。中国、英国、美国等学者也曾建立过相应的矿区典型曲线来预计本地区。1973 年，Brauner 在系统总结了大量剖面函数的基础上（表 2.1），提出了一个半无限开采剖面函数的一般形式，在公式中引入了临界半径和拐点偏移距等参数，为后面沉陷预测做了很好的铺垫。经验法虽然预计精度高，但是其适用范围有着很大的局限性，只能应用于矿区矩形工作面的沉陷预计情况。

表 2.1　常用剖面函数

提出者（时间）	剖面函数
Авершин（1947）	$W(x) = W_{max}(1 - \dfrac{x}{\pi l})\exp(\pi \dfrac{x}{l})$
Knothe（1953）	$W(x) = \dfrac{1}{2}W_{max}(1 + \mathrm{erf}(\pi \dfrac{x}{R}))$
Martos（1958）	$W(x) = W_{max}\exp(-\dfrac{x^2}{2l^2})$
Hoffman（1964）	$W(x) = W_{max}\sin^2[\dfrac{\pi}{4}(1 + \dfrac{x}{R})]$
唐山所（1963）	$W(x) = W_{max}\exp[-a(x/L)^b]$
何国清等（1981）	$W(x) = W_{max}\exp[-\dfrac{1}{d}(c - \dfrac{x}{H})^p]$
吴戈等（1981）	$W(x) = W_{max}\exp[-a(c - \dfrac{x}{H})^b]$

2. 影响函数法

影响函数法是介于经验公式法与力学理论法之间的一种方法。我国学者刘宝琛、廖国华在正态分布的影响函数的基础上进一步发展，建立概率积分法，并成为我国矿区应用最为广泛的方法之一。常用影响函数如表 2.2 所示。

表 2.2　常用影响函数

提出者（时间）	影响函数
Bals （1932～1933）	$f(x) = \dfrac{R^2\tan^3\gamma}{\pi\{\sin\gamma\cos\gamma + [\dfrac{\pi}{2} - \gamma]\}x(x^2 + R^2\tan^2\gamma)^2}$
Beyer（1945）	$f(x) = \dfrac{3}{\pi B^2}[1 - (\dfrac{x}{R})^2]^2$
Sann（1949）	$f(x) = \dfrac{\sqrt[n]{2}}{\pi R\Gamma(\dfrac{1}{2n})x}\exp[-4(\dfrac{x}{R})^{2n}]$
Kothe（1957） Litwiniszyn（1957） 刘宝琛和廖国华（1965）	$f(x) = \dfrac{1}{R^2}\exp[-\pi(\dfrac{x}{R})^2]$
Kochmanski（1959）	$f(x) = \dfrac{n}{2\pi r_0^2\Gamma(\dfrac{2}{n})}\exp(-x)^n$

3. 模拟方法

开采沉陷地表移动观测站的监测往往测量周期长，耗费较多的人力与物力，难以直观便捷地对岩体内部运动进行监测，为了弥补现场实测的缺陷，模拟方法常用于开采沉陷规律研究。模拟方法分为相似材料模拟法和数值模拟法。

相似材料模拟法是一种以相似理论为基础,通过建立相似模型来研究矿山开采上覆岩层及地表移动规律的实验研究方法,具有灵活性和直观性等优点,可以有效地弥补现场测量的限制。数值模拟法已成为研究矿山开采层移动规律的重要手段,对于一些没有解析解的岩土问题,可以通过计算机迭代运算获得准确的数值解,具有可视化、可重复性、成本低及获取数据丰富等优点。

三、压力状态响应理论

(一)PSR 模型的背景

随着社会经济的发展,人类和自然的关系向更深更广的空间拓展,人类社会系统、经济系统和生态系统的耦合程度不断增大,人类社会的需求和生态环境的承载矛盾变得更加尖锐,如何通过社会经济压力、生态环境的承载能力评估生态风险,制定保障生态安全的策略,走可持续发展的道路,一直成为人们关注的热点。

压力(stress)作为人为社会和生态环境系统交互作用界面的一个概念,最早是在 20 世纪 50 年代引入,用于描述影响人类福利的外界作用。20 世纪 60 年代末将其拓展到有害和潜在有害环境压力对个体的影响,其结果是对压力作用的感受、评估和反应。

随着经济发展面临的问题,联合国统计局(United Nations Statistical Office)于 20 世纪 70 年代中期发展了环境统计的框架,并与加拿大统计局联合建立了压力-响应环境统计系统(stress-response environmental statistical system,STRESS),通过环境压力和环境响应的概念,评估环境状态变化。

压力-响应框架对全球环境报告产生深刻影响,20 世纪 90 年代经济合作与发展组织(OECD)发展了压力-环境状态-社会经济效应-政策响应(pressure-state of the environment-socioeconomic consequences-policy response)途径,用于研究环境问题的框架体系。联合国可持续发展委员会(UNCSD)及环境规划署(UNEP)采用驱动力(压力)-状态-响应(driving(pressure)-state-response)(DSR 或 PSR)模型生态系统对健康安全进行评估。

(二)PSR 模型内容及其意义

PSR 模型包括压力、状态和响应三类层级指标。压力指标用来表征人类社会经济活动对环境的作用;状态指标是指具体特定时间环境状态和环境变化情况,主要是用来表征生态系统与自然环境状况,以及人类生活健康质量;响应指标指社会和人类对于环境问题所做出的反应。

PSR 模型体现了人类与环境之间的相互作用关系的逻辑框架结构,其目的在于帮助人们了解人类生存。社会发展及资源获取过程中各行为压力,对资源存量及环境质量现状所造成的影响,以及自然和环境状态的变化,从而影响决策部门制定相关环境保护政策、经济调整影响人类社会的经济活动和行为生活。

PSR 模型很好地回答了可持续发展的三个基本问题:发生了什么、为何发生和如何做。也因此广受国内外专家学者推崇,在农业可持续发展评价、区域环境可持续发展、环境保护投资分析等指标体系研究中得到广泛应用,对于社会可持续发展和缓解生态环境安全问题具有重要作用和意义，同时对推进生态文明建设战略也具有指导意义。

（三）PSR 模型的局限性和拓展

1. PSR 模型的局限性

在"生态-经济-社会"复合系统中，PSR 模型的压力指标既要考虑人为的环境压力，也要考虑非人为的自然压力，诸如洪涝、干旱、地震、地表沉陷、滑坡、疫病暴发等极端条件下的自然事件。人类活动同时也直接影响自然过程，人口和经济增长往往加速诱发自然事件的发生，但人为影响和自然过程往往难以加以区分。具有多维关系的系统中压力和响应二类指标的因果关系难以一一对应，特定的响应往往不能归因为特定的压力，因此通过 PSR 分析的途径精准实施公共政策和决策较为困难。对于自然生态系统来说，一些较低程度的扰动可能有利于生态系统的健康。对于"生态-经济-社会"复合系统来说，同样的一些压力在不同的子系统中有不同的意义。例如采煤深陷的振动导致地表沉陷和土地丧失，造成农民的经济损失，产生社会矛盾。而在高潜水位地区采煤沉陷形成了湿地生态系统，改善了微气候。因此，识别这些环境压力的利与弊十分重要。

人为社会的可持续发展需要兼顾人类社会的福利和生态系统健康，避免对环境造成影响的压力。评估环境状态、自然过程时，需要多维度地监测数据，包括人类社会状况、生态系统状况、人为活动特征等。

2. PSR 模型的发展

Burkhard 和 Müller 在压力、状态、响应模型（图 2.5（a））基础上，提出一个改进的驱动力-压力-状态-影响-响应模型（图 2.5（b）），有利于更好地识别和描述人类社会-生态环境系统的互相作用及过程。模型包括驱动力、压力、状态、影响、响应五个指标，与 PSR 模型相比较，增加了驱动力和影响两个指标。驱动力是自然或人为诱发的引起变化或导致系统行为的各种因素，区分为直接驱动力和间接驱动力，前者对系统具有明确影响，后者通过改变系统中的一个或多个间接驱动力起作用。典型的直接驱动力包括人们对商品和服务、健康、平安、教育等的需求，间接驱动力包括人口发展、经济和社会状况、环境状况或政治状况等。适宜的驱动力指标必须可以描述与社会经济条件和力量密切相关的现象，可以作为评估系统压力类型和程度的依据。对于影响指标来说，环境状况的变化会影响人类生活的环境，诸如健康和福利，以及经济条件等重要社会因素都与环境保障密切相关。例如，土壤和水的污染会导致严重的疾病和昂贵的修复成本。可利用土地的退化导致生态系统服务（如商品生产、自然过程管理）的减少，从而降低了社会和经济价值。

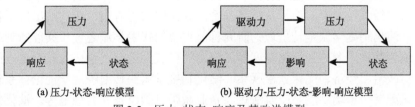

(a) 压力-状态-响应模型　　　(b) 驱动力-压力-状态-影响-响应模型

图 2.5　压力-状态-响应及其改进模型

（四）PSR 模型在生态安全评价中的应用

生态安全是在不破坏现有生态环境的前提下，获得人们生产和生活的来源。生态安全的问题是物质资源的掠夺和生态退化的综合性问题，是生态胁迫、生态风险逐渐演变的结果，并且生态安全的演变主要受人类活动的影响。广义的生态安全包括自然生态安全、经济生态安全和社会生态安全。生态安全能够反映出生态系统在受到一定程度的破坏后仍然能够为人类提供保障的能力，所以对生态系统的健康程度、持续提供物质来源的能力和生态环境承载力进行定量评价，即生态安全评价。

PSR 模型是从社会、经济和生态三个方面出发，揭示既相互区别又相互联系的三维指标关系，为生态安全指标体系构建提供一种逻辑基础。之后改进的驱动力-压力-状态-影响-响应（DPSIR）模型等一系列相关评价指标体系的模型，完善并进一步补充了生态安全评价的指标选取理论及方法，生态安全评价指标体系逻辑基础也愈加广泛应用于各个领域。

王奎峰等（2014）利用 PSR 模型，结合山东半岛区域的社会、经济和环境特点，选取 25 项代表指标构建了山东半岛生态环境承载力评价指标体系，综合运用层次分析法（AHP）、模糊数学综合评价法对山东半岛 6 个城市 2009 及 2012 年度的生态环境承载力做出分析和评价。曾琬童（2018）综合了 2011～2015 年湖南省土地资源、社会经济和环境发展现状，基于 PSR 模型，从社会、经济和环境等三个方面构建湖南省土地生态安全评价指标体系，利用熵值赋权法确定各指标权重并结合综合指数法，对该区域土地生态安全状况进行了有效评估。

随着"生态–经济–社会"复合系统的大尺度和多维度大数据完善和建立，全面系统的生态安全指标体系和基准值的建立，将使得 PSR 概念模型对于生态安全评价更加精准。

四、经济转型理论

（一）经济转型基本理论

经济转型理论的研究最初来源于国外学者从计划经济转向为市场经济的思考，最初学者的研究更偏向于制度变迁，但是随着研究的深入，转型的理论内涵也逐渐丰富，除了制度的更替之外，经济关系的改变、分配方式、市场主体之间的关系也都纳入到了研究范畴中来。

经济转型理论目前主要分为 2 个学派：华盛顿共识和演化制度学派，华盛顿共识以新自由主义思想为基础，强调转型中要有自由的市场价格，政府要能够稳定宏观局势，并且在市场体制内强调产权的私有化。华盛顿共识的理论被广泛运用到了波兰、俄罗斯等东欧国家的经济转型中，但是从结果来看，其作用相对有限，在实践出现了很多预期外的问题。演化制度学派是转型理论研究目前主要的代表学派之一，其以新制度经济学与演化理论为基础。罗兰是演化制度学派理论的代表人之一，他认为转型是一门综合学科，需要与政治、经济、文化紧密联系，演化制度学派的转型经济学理论体系包括市场资源的优化配置、市场制度与政府法规、企业激励机制以及社会规范等。演化制度学派认为转型的结果是不确定性的。

在经济转型理论的研究中，一个重要研究范畴就是如何选择经济转型的路径，比如中国为代表的渐进式转型方式，即在不放弃社会制度的前提下，以转型为目标逐步摸索推进，在不断的过渡中达到转型目标的方式；俄罗斯为代表的希望在一段时间内切换成一个截然不同的经济体制的更偏于激进的"休克"转型方式等。

从经济转型的理论体系看来，转型完成的标志是形成了市场经济的制度，能够稳步支持经济发展，维护市场竞争，具有良好的经济发展基础和经济结构。从这个角度上来看，我国目前还处于经济转型的进程中。

（二）经济转型理论下的采煤沉陷区经济转型

采煤沉陷区的经济转型立足于经济转型的基本理论，从概念上来说，采煤沉陷区的经济转型主要指的是采煤沉陷区在城市发展过程中，为了摆脱对于单一资源依赖，避免城市进入衰退，确保城市不断发展而实现的发展方式的转变过程。这种转变既可以是渐进式的，也可以是休克式的，其过程涉及政治制度、经济结构、社会发展和环境保护等各方面因素，既有对于资源依赖型经济结构的调整，也有社会保障和劳动力水平的提升，还有环境破坏的治理和环境的保护。

目前我国采煤沉陷区的经济转型更偏向于演化制度学派的转型方式，在转型过程中，个人、企业、政府都是重要的参与者。从个人角度而言，其生活环境的变化、职业包括收入都会受到经济转型影响，是转型的最直接的利益相关者。对于企业而言，转型意味着是经营方向、发展定位、资源投入、甚至于内部机制的变化，能否发展下去。对于政府而言，转型需要政策的改变和资金的投入，政府是制度建立者和政策的管理者，也是转型的主导者。转型的最终结果取决于个人、企业和政府在代表各自利益过程中的相互协调和演化发展。

（三）产业结构理论与采煤沉陷区经济转型

1. 产业结构基本理论

产业结构是经济发展过程中对于资源的配置方式，在经济发展和转型过程中，由于资源的再分配，就会带来产业结构的调整。

产业结构理论的思想最早源于英国经济学家配第，他发现产业结构的不同是各国收入水平和经济发展水平出现差异的原因。随后在魁奈、亚当·斯密、库兹涅兹等人的建设下，产业结构理论逐渐趋于成熟。根据产业结构理论，经济学家将国民经济部门进行了第一产业、第二产业、第三产业的划分。

1940 年，英国经济学家科林·克拉克在吸收配第思想的基础上，总结了劳动力和产业结构变化的规律即随着区域经济发展水平的提高，劳动力将从农业向制造业和上游服务业转移，第一产业的比重会越来越小，第二、第三产业所占的比重会越来越大，这一结论被称为"配第-克拉克定理"。

在产业结构调整中，二元结构转换理论、非均衡增长理论和主导部门理论对我国产业结构调整具有重要影响。根据二元结构理论,由于工农业部门之间劳动生产率的巨大差异,工业发展可以从农业获得无限的廉价劳动力供给,直到工农业劳动的边际生产率相等。根据赫希曼的不平衡增长理论,发展中国家的资本是有限的、稀缺的,因此社会资本和生产资本之间的资源配置是相互替代的,这导致了经济增长路径的不平衡。

产业结构理论还包含了产业演化的规律,在产业演化的过程中,产业结构的转型与工业的发展阶段息息相关,同时在主导产业的更替中产业演化具有依次替代和可塑性,虽然产业发展阶段不能直接实现跨越升级,但是各个产业阶段所经历的时间是可以缩短的。

2. 产业结构理论下的采煤沉陷区经济转型

产业结构理论下的采煤沉陷区经济转型主要是对于煤炭主导产业的调整。即如何发展出新的主导产业替代原来所依赖的煤炭产业。在产业结构的主导产业理论中,煤炭主导产业是属于原料挖掘的基础重工业,属于主导产业的第二个发展阶段,后续还将向加工业、第三产业、新兴产业方向发展。

在发展主导产业,实现阶段升级的过程中,首先要根据产业结构理论对主导产业进行选择,选取产业带动作用大,地区具有比较优势的产业。同时由于资源的有限性,需要对目标的产业进行扶持;根据产业演化的理论,打好前一阶段产业发展的基础,也能够为接替产业发展提供支持,加快产业结构转型的速度。

(四)可持续发展理论与采煤沉陷区经济转型

1. 可持续发展理论

可持续发展理论来源于人类发展过程对于自身发展历程的反思,即环境能否承载得了无所限制的增长,人类与自然的发展如何相适应和协调。可持续发展理论从 20 世纪80 年代正式提出以来,最初主要使用于生态学领域,但是在发展过程中概念不断延伸,目前已经广泛地被运用到了经济学和社会学的概念中去。

可持续发展理论要求的基本内容包括三点:满足人类基本需要,不影响人类正常的生活的发展;限制对于未来持续性发展的危害行为,一旦限制被突破,就意味着未来的资源和发展受到损害;实现公平,既包括代内的,各个国家之间的公平,也包括代际的不同世代之间的公平性,保障自身的需求,同时也对未来负起责任。

在可持续发展理论的内涵中,经济增长、生态和谐与社会公平是三个密不可分的综合体。在经济方面,可持续发展和经济增长并不冲突,其核心追求的是经济增长的质量,需要抵制的是三高的粗放经济发展方式,而追求科技与技术进步带动的集约式发展;在生态方面,可持续发展强调发展要与自然承载力相协调,不突破环境的制约,实现约束下的持续发展;在社会方面,可持续发展谋求社会公平和全面进步,即使在不同的发展目标和发展状态下,也能够追求生活质量的改善,创造出平等自由的社会环境。

可持续发展的思想目前普遍被世界上各个国家所接受,要实现可持续发展的内涵,必须遵循可持续发展的公平性、持续性和共同性的实践原则,要求各方利益体在时间尺度上达成一致，沟通和协调资源的分配和利用，在有限的承载力内最大限度地提升发展效率。

2. 可持续发展理论下的采煤沉陷区经济转型

采煤沉陷区要在生态环境约束下实现转型，其发展目标是与可持续发展理论内涵相一致的，即能够满足基本的经济发展需求，又不突破生态环境约束，以不危害现有的环境和后代的资源为前提，保障社会的公平。

可持续发展思想对于经济转型的借鉴作用在于，在经济发展中不单单考虑经济增长的数量，而是将对资源的消耗和潜在的环境损害都纳入到统计中去，利用绿色 GDP 度量城市的发展速度。同时在经济核算中引入可持续收入的概念，考虑存量资本不减少的状况下的收入水平，这种思想对于资源枯竭城市的核算具有重要意义。

在目前采煤沉陷区的经济转型中，要实现可持续的发展，对于城市的管理体制上要求建立可持续的综合管理机制，完善可持续发展有关法规，推进可持续发展的立法和实施，同时在科技水平的支持下，提高资源利用效率，并且在可持续的实施过程中广泛引入公众参与和监督，加强民众对于可持续发展的理解。只有在转型中充分考虑社会、制度、环境、经济等各方面因素，才能够实现可持续发展的目标。

（五）生命周期理论

1. 生命周期理论

生命周期理论最早来源于生物学的角度，即描述一个生命体的生长规律，从经历初生、发展、成熟、衰退到灭亡的过程。

生命周期理论在发展过程中，从生命体逐渐延展到了非生命的产品。哈佛大学教授雷蒙德·弗农在发表《产品周期中的国际投资与国际贸易》时首次提出了产品的生命周期理论，其理论认为，产品在被引入市场环境后，和人的生命周期一样，会有初生、发展、成熟和衰退的过程。而与人的生命周期不同的一点在于，产品的生命周期在不同的国家发生的时间和过程并不相同，这是由各个国家产品的技术和竞争水平不同所导致的。

随后产品周期的理论内涵进一步扩大，延展到了企业，1959 年马森·海尔瑞使用了生命周期的观点来看待企业，其观点认为，企业管理能力的不足导致了其发展过程中会像生命体一样出现停滞、衰败等现象。随后哥德纳等在理论上继续深化，发现企业周期有着和其他生命理论不一样的特殊性：首先，企业的生命周期不可预测。一个企业从初生到最终的破产既可能只经历数十年，也可能经历几个世纪。其次，企业在它的生命周期中可能会经历一个停滞阶段，既不进步也不后退，这是生命体的生命周期所没有的。再次，对于企业来说，最终的衰败不是不可避免的，企业能够通过兼并重组、企业改革等方式实现新生，重新开始一个新的生命周期。

产业生命周期理论是对生命周期理论上的进一步发展，其理论内涵和产品的生命周期理论以及企业的生命周期理论都有所联系，其发展历程和之前的生命发展周期理论类似，主要包括四个阶段：初生期、成长期、成熟期、衰退期，但是与其他理论不同的一点在于，在产业周期的末端，产业周期的生长曲线会分化成两种情况：一种是产业维持成熟期，产业进入稳态；另一种是产业进入衰退期，产业逐步消亡。同时产业周期和企业周期具有相似的特点：在产业周期的最后阶段，产业可能通过顺应市场需求、转变产品及生产方法等手段，进入到一个新的产业周期中去，这种转变就是产业转型阶段。

2. 生命周期理论下的采煤沉陷区转型

对于采煤沉陷区来说，其生命周期始于工业化初期，在国家煤炭资源的需求下产业初步发展，增长缓慢，随着工业化的深入，煤炭产业链逐渐形成，其煤炭开采速度加快，行业迅速成长，并且趋于成熟。目前，采煤沉陷区的煤炭采掘行业已经走过了成长和成熟期，并未进入产业的稳定期，而是伴随煤炭资源的枯竭进入了衰退期，若不进行产业转型，则产业要无可避免在衰退中逐步消亡，对城市的发展造成巨大的影响。从产业生命周期的理论角度来看，产业周期的演变会受到政府的干预影响，要实现产业的成功转型，一方面在于要求产业顺应外部环境发展的需求，另一方面也要求政府对产业的转型提供足够的支持和引导。

五、风险社会理论

关于"风险"内涵的界定，大致可归为两种：一是将风险看成一种可能性、不确定性，二是将风险看成一种损失性后果。社会风险与风险社会是学术界非常流行的两个概念，从人类认识史上看，风险、社会风险、风险社会这些概念出现在不同时期。社会风险研究所涉及的学科领域包括社会学、政治学、经济学和心理学，其中以社会学为主，其中最核心的"风险""危机"与"社会风险"一起构成社会风险研究的基本概念。广义上的社会风险，将经济、政治、文化都包括在内，除了个体的疾病、死亡、失业、意外事故和财产损失等之外，其他均属于社会风险。狭义的社会风险则将风险看成与政治、经济、文化并列的系统，即专指社会系统的风险。

关于"风险社会理论"，该理论由乌尔里希·贝克在《风险社会》一书提出。风险社会理论其实是一种现代性理论（安东尼·吉登斯，2000），"风险社会"其实是对贝尔所谓"后工业社会"的另一种质性把握。贝克认为，风险社会相对于工业社会至少呈现出如下新特征：其一，风险社会的风险是不可控制的。在现代社会，风险是普遍存在的。其二，财富"生产-分配"与风险"生产-分配"之间的关系发生了转变。在工业社会中，财富"生产-分配"的逻辑支配着风险"生产-分配"的逻辑；在风险社会中，风险"生产-分配"的逻辑代替了财富"生产-分配"的逻辑成为社会分层和政治分化的基准。其三，风险平等性的背后掩藏着新的不平等。风险社会的风险分配大致遵循着平等的原则，即"贫困是等级制的，化学烟雾是民主的"。但是这种平等的背后并不能遮蔽因风险而产生的新的不平等。由于风险的分配和增长，不同社会群体成员遭受的社会风险程度也各有差异，社会风险地位应运而生。同时，风险也产生了新的国际不平等，首先是发展中国家和工业化国家的不平等；其次是工业化国家间的不平等。正如贝克所言，"世界范围内的平等的风险状况不会掩盖那些风险造成的苦痛中新的社会不平等。这些不平等特别集中地表现在那些风险地位和阶级地位相互交叠的地方——这同时也是国际范围内发生的。"

贝克不仅将风险社会视为第一现代性所导致的"现代性后果",它还蕴含着超越第一现代性的可能性,这就指向了他所谓的"反思性的现代性",即一种"既远离后现代性又超越古典现代性"的方案（安东尼·吉登斯,1998）。在贝克看来,所谓反思性的现代性,即"创造性地（自我）毁灭真正一个时代——工业社会时代——的可能性"。在这里,"工业社会变化悄无声息地在未经计划的情况下紧随着正常、自主的现代化过程而来,社会秩序和经济秩序完好无损,这种社会变化意味着现代性的激进化,这种激进化打破了工业社会的前提并开辟了通向另一种现代性的道路"（包亚明,2001）。因此,"如果说简单（或正统）现代化归根到底意味着由工业社会形态对传统社会形态首先进行抽离,接着进行重新嵌合,那么反思性现代化意味着由另一种现代性对工业社会形态首先进行抽离,接着进行创新嵌合"。在贝克那里,现代性的反思性"以一种既非人们意愿,亦非人们预期的方式,暗中削弱着第一现代性的根基,并改变着它的参照标准",最终达致与风险社会相适应的第二现代性（赵延东,2007）。

风险社会所处历史背景是全球化时代,占据主导地位的是各种全球性风险与危机,风险在全球范围内展开,从而对整个人类共同利益存在着威胁。应对和规避风险就不再是区域的或个别的任务而成为全球共同的历史事件（庄友刚,2005）。

综合以上论述,无论是基于客观主义的立场,还是主观主义立场,风险社会理论家们都试图表明,在后工业社会与全球化的时代背景下,关注风险、应对风险已成为社会发展不可回避的现实。

本书把风险界定为损失（害）的不确定性,包括两层含义,即损失产生的可能性与不确定性,以及损失性的后果。书中所指的社会风险是由人们的社会活动造成的,涉及社会的各个领域,对经济发展、生态环境保护等方面都产生了不同程度的负面影响。采煤沉陷区作为工业化畸形发展的恶果之一,其治理及背后的维稳问题一直是社会各界广泛关注的重大风险点。在工业化转型的今天,一方面,许多类似采煤沉陷的危险和破坏已经发生,因此风险具有现实性;但另一方面,风险对社会的推动力在于对未来风险的预期,因此风险又具有非现实的不可调控性。

六、协调发展理论

协调是系统内要素之间相互协同、配合、促进、和谐、一致的一种状态,而发展是用来反映事物运动变化的概念,是系统内要素或系统不断更新的过程,既要有量的增加,也要有质的提高。因此,协调发展不仅仅是经济总量上的增长,还应该包括经济结构的升级、社会的进步、生态环境的改善等在内的整体发展,是系统内各要素相互联系,相互影响,彼此配合而达成动态统一的一种过程。协调发展具有以下特征:一是协调发展必须尊重客观规律;二是协调发展必须在资源环境承载能力范围内;三是协调发展系统中各系统内部与系统之间必须实现多层次、全方位的协调;四是协调发展系统中整体效应要大于各单个系统效应的和;五是协调发展需要在时空维度上呈现出一定的层次性、运动性和规律性。

协调发展的思想在中西方古代文化中均有所体现,如"物竞天择适者生存""天人合一"等。早期的协调发展理论诞生于马克思的《资本论》，其中的协调发展理论对理解资本主义社会总资本的运行机制和资本主义的生产方式等问题都有重要的指导作用，揭示了人类社会协调发展的科学思想（许毅，2017）。

20世纪中叶以来，人类社会面临更为严重的经济、社会与环境问题，协调发展理论开始盛行。在可持续发展理论备受关注并不断完善的过程中，协调发展理论的提出是对人地关系的进一步思考。虽然目前学者们对协调发展理论还没有形成统一的共识，但是可以简单地理解为与协调发展有关的所有思想、理论和方法的集合。协调发展理论主要强调有效的、共同的、持续的整体进步与发展，协调发展理论不是简单的平均主义或者平均发展，而是公平的、动态的、多样化的发展理论，其重点在于系统内要素之间或者系统之间的相互协同、相互促进。协调发展理论的实现路径与解决措施必须既要考虑子系统内部利益，也要综合考虑系统之间利益，更要考虑整体利益，还要有效地解决这一过程中出现的各种矛盾与冲突，在由静态个体向整体动态的升级过程中达到一种融洽的平衡。协调发展理论的最终目的是实现系统内部和系统间稳定的、共同的、持续的时间和空间上的演变，以及共同的、有效的、和谐的量变与质变，不断地向更理想的状态发展，进而达到当前技术水平下最优的协调发展水平。

随着绿色发展、生态文明理念的不断深入，协调发展理论的应用不断扩大，具有广泛的实用性。党的十八大以来，习近平总书记提出了一系列关于协调发展的重要思想，其中，在推进经济建设的同时，必须更加重视补上社会建设和生态文明建设的短板，更加重视精神文明建设，强调硬实力和软实力协调发展等，从空间维度推进区域协调发展，从经济建设、政治建设、文化建设、社会建设和生态文明建设等角度推动高效益融合协调发展格局的形成（李伟，2017）。

生态、经济、社会三大子系统构成了一个具有多重关联关系的动态复合系统，每个子系统既可以独立运作，也可以合成为一个整体的复合大系统。从图2.6可以看出，生态、经济、社会各系统之间既有相互促进，又有相互制约的方面。其中，生态系统主要提供经济与社会文明建设所需要的环境支持，而经济系统又是生态与社会系统改善的物质基础，同时也是造成社会发展停滞、生态破坏的主要原因；社会发展的加快，人口规模的扩大也会对生态系统和经济系统带来压力，增加了对基础设施建设的需求以及环境的承载力。因此，生态、经济、社会三大系统之间相互作用、相互促进、相互制约，实现协调发展成为区域经济社会发展的重要途径和根本要求。

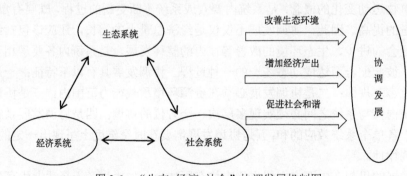

图2.6 "生态-经济-社会"协调发展机制图

　　本书协调发展理论应用到采煤沉陷区"生态–经济–社会"协调发展研究中。首先，从协调发展的视角，对采煤沉陷区"生态–经济–社会"各子系统的相互作用关系进行分系统研究，从整体上揭示采煤沉陷区"生态–经济–社会"多维关系及其演化规律，并根据演化规律判断我国典型采煤沉陷区所面临的系统风险；其次，分别从生态、经济、社会三个维度，分析各自存在的问题及问题的根源，站在多维关系的视角下探索解决各子系统问题的路径及保障体系；最后，又站在总系统全局的角度，根据三大子系统之间的耦合关系，探索多维关系的调控机理，寻找调控的着力点，并综合运用各类调控手段，构建科学可行的调控机制。

第三章 采煤沉陷区"生态-经济-社会"的多维关系与演化规律

本章将基于对采煤沉陷区"生态-经济-社会"多维关系的解析，在明晰采煤沉陷区形成机理和生态环境治理的基础之上，从二维和三维关系视角解读采煤沉陷区多维关系的演化规律，最终通过识别煤炭资源型城市系统风险因素，构建系统发展协调度警度测度模型来完成对采煤沉陷区"生态-经济-社会"演化规律的研究。

第一节 采煤沉陷区的形成机理与特征

一、研究区概况

从全国煤炭资源分布来看，共有23个省份151个县（市、区）分布有采煤沉陷区；从地质采矿条件来看，东西部煤炭基地有着本质的区别，其中，东部矿区有高潜水位、埋藏深、地质结构复杂等特点，而西部矿区的主要特征为埋藏浅、地质条件简单、开采强度高等。因此，本书分别选取两淮高潜水位采煤沉陷区和鄂尔多斯干旱半干旱采煤沉陷区为研究区域。

（一）两淮采煤沉陷区简介

安徽两淮煤矿沉陷区位于我国重点治理的"三河"之一——淮河流域，村庄密集，人口密度大（为全国七大江河流域之首），是全国重要的粮油生产基地，也是安徽省生态脆弱区（崔秀萍等，2015）。两淮矿区是我国14个亿吨级煤炭和6大煤电生产基地之一，包括淮北和淮南两大矿区，淮北矿区位于安徽省西北部，淮南矿区位于安徽省中北部。两淮矿区地处华东腹地，煤炭储量丰富，开采条件及矿井建设的外部条件好。其中，淮河以北，从西到东，分布了谢桥矿、张集矿、顾北矿、顾桥矿、丁集矿、朱集矿、潘四矿、潘三矿、潘一矿、潘二矿和后备资源区，淮河以南主要包括：新庄孜矿、谢一矿、李一矿、李嘴孜矿。

（二）鄂尔多斯采煤沉陷区简介

神府-东胜（以下简称神东）煤田是目前我国已探明储量最大的煤田，与美国阿巴拉契亚煤田、波德河煤田，德国鲁尔煤田，俄罗斯库兹巴斯煤田、顿巴斯煤田，波兰西里西亚煤田并称世界七大煤田。地处晋、陕、内蒙古三省（自治区），总储量可达1万亿t，占全国探明储量的30%以上。

神东矿区属于神东煤田的一部分，地跨陕西省榆林市北部、内蒙古自治区鄂尔多斯市南部和山西省保德县,矿区南北长 38～90 km,东西宽 35～55 km,井田面积约为 3481 km²,整体产能超过 2 亿 t,拥有大柳塔、榆家梁、补连塔、上湾等大型现代化生产矿井累计 19 个。

(三)我国采煤沉陷区现状

1. 我国煤炭产量

由图 3.1 可知,2006～2016 年煤炭产量从 2.57 Gt 增长到 3.41 Gt,其中,2013 年煤炭产量达到最大值 3.97 Gt,全国 2006～2016 年累计原煤总产量 37.49 Gt。前 10 名省(区)2006～2016 年累计采煤量如图 3.2 所示。

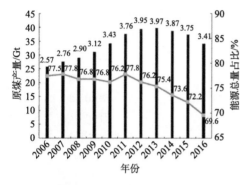

图 3.1　2006～2016 年煤炭产量及其煤炭　　　图 3.2　前 10 名省(自治区)年累计采煤量
　　　　　与能源总量占比

我国煤炭生产以井工开采为主,2015 年井工开采产量 3.43 Gt,占总产量 3.75 Gt 的 91.5%。 2006～2016 年井工开采累计采煤量与总采煤量相比多在 90%以上。

2. 全国采煤沉陷区基本情况

对我国近 100 个原国家统配煤矿的统计资料汇总发现,71 个煤矿采煤塌陷区面积 4000 km²,其他近 30 个原国家统配煤矿和地方煤矿合计的塌陷区面积至少 4000 km²,采煤塌陷区面积总计可达 8000 km²。采煤沉陷区与累计采出煤量相关,常用万 t 塌陷率表示,一般为 24 km²/万 t。

我国共有 23 个省(自治区、直辖市)151 个县(市、区)分布有采煤沉陷区,形成采煤沉陷区面积 20000 km²,部分资源型城市塌陷面积超过了城市总面积的 10%。全国前 40 名重点采煤沉陷县(市、区)如表 3.1 所示。目前,我国采煤沉陷区涉及城乡建设用地 4500～5000 km²,涉及人口 2000 万左右,其中,山西省采煤沉陷区受灾人口约为 230 万。

综上全国沉陷区情况分析,我国采煤沉陷区东西部沉陷区规律差异巨大,所以以东部两淮高潜水位采煤沉陷区、西部神东干旱半干旱采煤沉陷区为研究区域。

表 3.1　全国前 40 名重点采煤沉陷县（市、区）

排名	县（市、区）	排名	县（市、区）
1	淮南凤台	21	平顶山新华
2	淮北濉溪	22	郑州新密
3	淮南潘集	23	曲靖富源
4	宿州墉桥	24	阜阳颍东
5	唐山古冶	25	淮北杜集
6	商丘永城	26	淮北烈山
7	济宁任城	27	淮南八公山
8	济宁微山	28	淮南谢家集
9	济宁兖州	29	邯郸磁县
10	济宁邹城	30	邯郸峰峰
11	枣庄滕州	31	邯郸武安
12	阜阳颍上	32	唐山丰南
13	徐州沛县	33	唐山丰润
14	泰安新泰	34	唐山路南
15	大同南郊	35	邢台内丘
16	吕梁柳林	36	邢台沙河
17	阳泉矿区	37	济宁高新
18	张家口蔚县	38	济宁嘉祥
19	重庆巫山	39	济宁汶上
20	平顶山卫东	40	泰安肥城

二、两淮采煤沉陷区开采沉陷规律和环境影响

（一）厚松散层下重复开采地表移动规律

1. 地表实测研究

现阶段淮南矿区的开采重心转移至淮河以北的潘谢煤田，其中顾桥矿位于潘谢煤田西南部，为厚松散层下开采中厚～特厚煤层的大型矿井。本书研究的顾桥煤矿 1117（1）首采面与正上方约 70 m 的 1117（3）复采面为垂向重复开采，1117（1）工作面走向长约 2615 m，倾向长约 245 m，主采煤层 11-2 煤层，煤层平均厚度 3.1 m，其顶板主要由泥岩、砂质泥岩及中、细砂岩等组成；1117（3）复采工作面走向长约 2900 m，倾向长约 240 m，主采煤层 13-1 煤层，煤层平均厚度 3.5 m，两煤层平均倾角 5°，为近水平煤层。上覆松散层平均厚度 430 m。具有开采深度大、煤层厚、煤层倾角小等特点。

在国家科技支撑计划课题"大型能源基地生态修复技术与示范"（2012BAC10B00）的共同资助下，在淮南矿区布设了现场观测站，获取了地表变形监测数据，分析了地表沉陷规律，研发了生态环境治理技术。

在两个工作面上方布设了地表移动观测站，观测站在地表移动盆地主断面上采用十

字线布置，点平均间距 30 m，走向线累计布设 96 点，倾向线累计布设 76 点，如图 3.3 所示。根据地表移动观测结果，分别绘制首采及复采工作面完成后的地表最终下沉曲线，如图 3.4 所示，地表变形移动参数如表 3.2 所示。

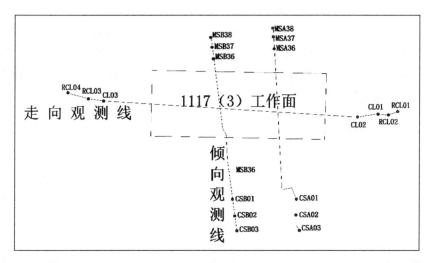

图 3.3　地表移动观测站示意图

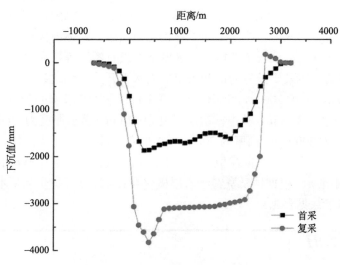

图 3.4　工作面走向下沉曲线图

表 3.2　工作面实测地表变形移动参数表

工作面	下沉系数 q	水平移动系数 b	影响半径正切 $\tan\beta$	边界角 δ_0
首采	1.14	0.444	2.23	54°50′
复采	1.356	0.44	3.67	56°49′

由以上数据可以看出，厚松散层下开采地表移动符合常规地质采矿条件的一般规律，但地表下沉系数大于 1，且复采时不断增大，而水平移动系数基本稳定，$\tan\beta$、边界角 δ_0

逐渐增大；受到厚松散层物理力学性质的影响，地表下沉持续时间更长，移动盆地收敛缓慢，地表活跃期持续时间 4 个月。

这里指出了重复采动条件下地表变形的一般规律，但受现场条件的限制，未能揭示多次重复开采的地表变形规律，缺少地质采矿条件对地表变形影响的定量分析。鉴于此，本书采用 FLAC3D 软件建立了数值计算模型（樊占文等，2014）。

为了研究厚松散层下多煤层重复开采对地表移动的影响，结合淮南矿区地质采矿条件，在分析顾桥煤矿重复开采地表移动规律的基础上，运用 FLAC3D 软件建立数值模拟模型，研究了重复开采地表变形规律，并建立了地表变形参数与采动次数之间的关系模型。

2. 数值模拟实验研究

在开采沉陷预计中建立地表移动观测站，可以通过观测获得大量的第一手资料，从而掌握开采沉陷的规律，但是建立观测站具有工作量大、易受外界条件的影响等缺点，因此采用显式有限差分法的 FLAC3D 软件进行数值模拟，与实测研究相比，数值模拟具有更强的适用性，已广泛应用于开采沉陷预计中。

1）模型模拟方案及边界条件

为了研究重复开采对地表变形的影响，采用 FLAC3D 软件，针对相同工作面尺寸、相同煤层间距及上覆岩性相同的理想条件，建立了 5 次开采的数值模拟模型。模型采用位移边界条件：模型横向、纵向和底部固定，顶部为自由边界条件。在分析计算过程中，仅考虑岩体自重引起的应力，即模型处于静止应力状态。岩体内部初始应力状态取决于上覆岩层的质量和性质，顶板全部垮落，区域下方没有断层等特殊地质构造。

根据模拟目的选定采矿条件为：开采煤层为水平开采，为达到充分采动，设计的工作面长度为 2000 m，宽度 200 m，开采煤层厚度 3.3 m，开采深度分别为 467.3 m、520.6 m、573.9 m、627.2 m 和 680.5 m，其中松散层厚度为 414 m，覆岩厚度为 50 m。模型的长度为 3000 m、宽度为 2000 m、高度为 700 m，水平方向每 25 m 一个网格，垂直方向按岩层厚度、单元格大小不同，数值模型如图 3.5 所示。根据上覆岩层材料的力学特征，采用莫尔-库伦屈服准则。根据地质资料经岩层概化合并，建立了与实际基本吻合的数值模型，选取的模拟参数见表 3.3。

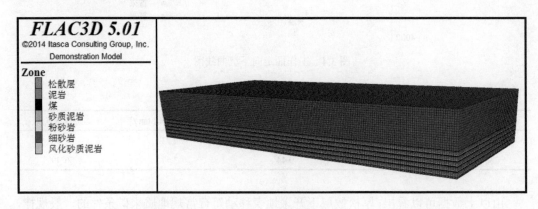

图 3.5　数值模型

表 3.3　数值模拟的岩石力学参数

岩层名称	体积模量/GPa	剪切模量/GPa	内聚力/MPa	内摩擦角/(°)	抗拉强度/MPa	密度/(kg/m³)
松散层	0.0016	0.0025	0.2	15	0.015	1800
细砂岩	10.92	3.72	2.1	43	4.93	2690
风化砂质泥岩	7.94	6.31	2.93	35	2.19	2547
砂质泥岩	1.95	1.25	1.03	35	1.68	2571
粉砂岩	16.04	5.62	3.47	43	4.86	2558
煤	1.9	0.93	2.0	27	0.28	1400
泥岩	3.94	2.6	0.68	30	1.59	2463

2）重复采动的岩体力学参数修正

煤层被开采后，上覆岩层因应力失去平衡而产生冒落带、断裂带和弯曲带，从而使上覆岩层的力学性质产生变化，因此在煤层被开采后需要对上覆岩层的力学参数进行修正，模型中的冒落带、断裂带高度可根据采厚及采深利用经验公式计算。经计算可得，冒落带的高度约为 11 m，断裂带的高度约为 46 m。模型的煤层间距为 50 m，因此下煤层的开采对上煤层的影响不大。为了使模型的计算更加符合实际情况，需要根据冒落带及断裂带的高度对岩层的力学参数进行修正。

3）数值模拟结果及分析

（1）地表下沉规律

由数值模拟结果得到的工作面走向下沉值，依次对重复开采后的地表下沉值进行绘制得出下沉曲线，如图 3.6 所示。从图 3.6 可知重复开采的地表下沉曲线分布规律与一般

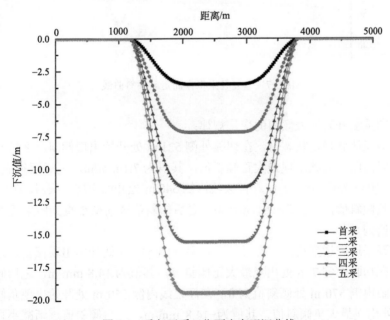

图 3.6　重复开采工作面走向下沉曲线

条件下开采引起的地表下沉分布规律基本一致，由于工作面走向为超充分采动，所以下沉盆地的底部呈现平底状，下沉曲线是关于采空区中点对称且曲线是连续渐变的，说明模拟结果可靠；随着开采的进程，地表的下沉量增大，当工作面推进 500 m 的时候地表下沉量达到最大值，重复开采时地表下沉极值在增加，但增加的幅度在减小，每次开采占最终下沉量的百分比分别为 17.9%、36.8%、57.8%、78.9%和100%；随着重复开采次数的增加，地表下沉盆地边缘越来越陡峭，下沉盆地的范围会略有扩大。

（2）倾斜变形规律

地表上相邻的两点在竖直方向上的下沉值的差与这两点水平距离的比值称为地表倾斜值。地表倾斜值的意义是表示出了地表移动区域沿着某一方向上的坡度。重复开采工作面走向倾斜曲线如图 3.7 所示。

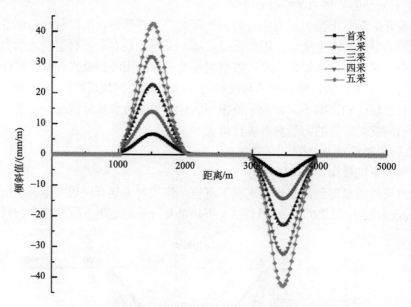

图 3.7 重复开采工作面走向倾斜曲线

走向方向重复开采地表倾斜的变化规律：

①首采地表达到稳定状态时，在切眼外侧 521 m 处开始出现倾斜，之后倾斜值逐渐增大，在切眼内侧 7 m 处出现最大正倾斜值，其值为 7.1 mm/m，之后倾斜值逐渐减小，在切眼内侧 620 m 处倾斜值为 0，在停采线内侧 540 m 处开始出现负倾斜，在停采线 33 m 处出现最大负倾斜值，其值为-7.1 mm/m，之后倾斜值逐渐减小直到停采线外侧 460 m 处地表倾斜值为 0。

②二次开采地表达到稳定状态时，在切眼外侧 546 m 处开始出现倾斜，之后倾斜值逐渐增大，在切眼内侧 7 m 处出现最大正倾斜值，其值为 14.8 mm/m，之后倾斜值逐渐减小，在切眼内侧 570 m 处倾斜值为 0，在停采线内侧 550 m 处开始出现负倾斜，在停采线 33 m 处出现最大负倾斜值，其值为-14.8 mm/m，之后倾斜值逐渐减小直到停采线外侧 459 m 处地表倾斜值为 0。

③三次开采地表达到稳定状态时，在切眼外侧 543 m 处开始出现倾斜，之后倾斜值逐渐增大，在切眼内侧 7 m 处出现最大正倾斜值，其值为 24.0 mm/m，之后倾斜值逐渐减小，在切眼内侧 550 m 处倾斜值为 0，在停采线内侧 545 m 处开始出现负倾斜，在停采线 33 m 处出现最大负倾斜值，其值为−24.1 mm/m，之后倾斜值逐渐减小直到停采线外侧 455 m 处地表倾斜值为 0。

④四次开采地表达到稳定状态时，在切眼外侧 522 m 处开始出现倾斜，之后倾斜值逐渐增大，在切眼内侧 7 m 处出现最大正倾斜值，其值为 33.7 mm/m，之后倾斜值逐渐减小，在切眼内侧 540 m 处倾斜值为 0，在停采线内侧 555 m 处开始出现负倾斜，在停采线 13 m 处出现最大负倾斜值，其值为−33.8 mm/m，之后倾斜值逐渐减小直到停采线外侧 452 m 处地表倾斜值为 0。

⑤五次开采地表达到稳定状态时，在切眼外侧 523 m 处开始出现倾斜，之后倾斜值逐渐增大，在切眼内侧 7 m 处出现最大正倾斜值，其值为 44.6 mm/m，之后倾斜值逐渐减小，在切眼内侧 535 m 处倾斜值为 0，在停采线内侧 540 m 处开始出现负倾斜，在停采线 13 m 处出现最大负倾斜值，其值为−44.6 mm/m，之后倾斜值逐渐减小直到停采线外侧 450 m 处地表倾斜值为 0。

（3）曲率变形规律

地表曲率变形反映观测线断面上的弯曲程度为相邻两条线段倾斜的差与这两条线段的中点的水平距离的比值称为曲率。由数值模拟结果计算得到的工作面走向曲率值，依次对五次开采后的地表曲率值进行绘制得出曲率曲线（图3.8）。

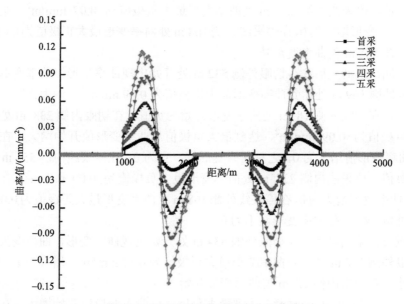

图 3.8　重复开采工作面走向曲率曲线

走向方向重复开采地表曲率的变化规律如下：

①经过首次采动之后，在切眼外侧 521 m 处开始出现曲率变形，曲率变形值开始增大，在切眼外侧 194 m 处达到曲率变形最大正极值为 0.02 mm/m^2，增大到第一个极值之

后开始减小，在切眼内侧 30 m 处曲率变形开始为负值，在切眼内侧 258 m 处达到曲率变形最大负极值为-0.02 mm/m²，达到最大负极值后曲率变形值开始增大，在切眼内侧 640 m 处曲率变形值增大为 0，之后曲率变形值一直为 0，在停采线内侧 540 m 处曲率变形值出现负值，停采线内侧 249 m 处曲率变形最大负极值为-0.02 mm/m²，在停采线内侧 30 m 处曲率变形增大为 0，在停采线外侧 193 m 处曲率变形最大正极值为 0.02 mm/m²，在停采线外侧 525 m 处曲率变形减小为 0。

②经过二次采动之后，在切眼外侧 526 m 处开始出现曲率变形，曲率变形值开始增大，在切眼外侧 194 m 处达到曲率变形最大正极值为 0.04 mm/m²，增大到第一个极值之后开始减小，在切眼内侧 26 m 处曲率变形开始为负值，在切眼内侧 233 m 处达到曲率变形最大负极值为-0.04 mm/m²，达到最大负极值后曲率变形值开始增大，在切眼内侧 590 m 处曲率变形值增大为 0，之后曲率变形值一直为 0，在停采线内侧 544 m 处曲率变形值出现负值，停采线内侧 234 m 处曲率变形最大负极值为-0.04 mm/m²，在停采线内侧 30 m 处曲率变形增大为 0，在停采线外侧 193 m 处曲率变形最大正极值为 0.04 mm/m²，在停采线外侧 532 m 处曲率变形减小为 0。

③经过三次采动之后，在切眼外侧 529 m 处开始出现曲率变形，曲率变形值开始增大，在切眼外侧 169 m 处达到曲率变形最大正极值为 0.06 mm/m²，增大到第一个极值之后开始减小，在切眼内侧 30 m 处曲率变形开始为负值，在切眼内侧 258 m 处达到曲率变形最大负极值为-0.07 mm/m²，达到最大负极值后曲率变形值开始增大，在切眼内侧 570 m 处曲率变形值增大为 0，之后曲率变形值一直为 0，在停采线内侧 552 m 处曲率变形值出现负值，停采线内侧 234 m 处曲率变形最大负极值为-0.07 mm/m²，在停采线内侧 30 m 处曲率变形增大为 0，在停采线外侧 168 m 处曲率变形最大正极值为 0.06 mm/m²，在停采线外侧 538 m 处曲率变形减小为 0。

④经过四次采动之后，在切眼外侧 532 m 处开始出现曲率变形，曲率变形值开始增大，在切眼外侧 169 m 处达到曲率变形最大正极值为 0.09 mm/m²，增大到第一个极值之后开始减小，在切眼内侧 18 m 处曲率变形开始为负值，在切眼内侧 233 m 处达到曲率变形最大负极值为-0.09 mm/m²，达到最大负极值后曲率变形值开始增大，在切眼内侧 550 m 处曲率变形值增大为 0，之后曲率变形值一直为 0，在停采线内侧 556 m 处曲率变形值出现负值，停采线内侧 234 m 处曲率变形最大负极值为-0.09 mm/m²，在停采线内侧 30 m 处曲率变形增大为 0，在停采线外侧 168 m 处曲率变形最大正极值为 0.09 mm/m²，在停采线外侧 541 m 处曲率变形减小为 0。

⑤经过五次采动之后，在切眼外侧 534 m 处开始出现曲率变形，曲率变形值开始增大，在切眼外侧 246 m 处达到曲率变形最大正极值为 0.11 mm/m²，增大到第一个极值之后开始减小，在切眼内侧 22 m 处曲率变形开始为负值，在切眼内侧 183 m 处达到曲率变形最大负极值为-0.14 mm/m²，达到最大负极值后曲率变形值开始增大，在切眼内侧 545 m 处曲率变形值增大为 0，之后曲率变形值一直为 0，在停采线内侧 552 m 处曲率变形值出现负值，停采线内侧 184 m 处曲率变形最大负极值为-0.14 mm/m²，在停采线内侧 30 m 处曲率变形增大为 0，在停采线外侧 143 m 处曲率变形最大正极值为 0.11 mm/m²，在停采线外侧 543 m 处曲率变形减小为 0。

　　在重复采动过程中地表的曲率变形规律与首次开采的曲率变形规律基本相同，每次开采时的曲率变形极值都有所增大。

（4）地表水平移动规律

　　由数值模拟结果得到的工作面走向水平移动值，依次对开采后的地表水平移动值进行绘制得出水平移动曲线，如图 3.9 所示，可得出走向方向重复开采水平移动值的变化规律。

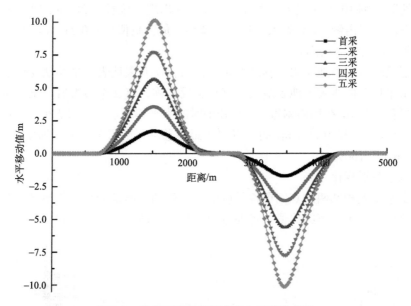

图 3.9　重复开采工作面走向水平移动曲线

　　①在首次开采后，水平移动在切眼外侧 780 m 处开始出现并逐渐增大，在切眼内侧 32 m 处水平移动值达到最大为 1.808 m，在达到最值之后沿着走向方向水平移动值开始减小，在切眼内侧 990 m 处水平移动值为 0，并出现一段长为约 22 m 的水平移动值为 0 的区域，在停采线内侧 33 m 处水平移动值减小至最大负值为–1.813 m，在停采线外侧 778 m 处水平移动值增大为 0。

　　②在二次开采后，水平移动在切眼外侧 785 m 处开始出现并逐渐增大，在切眼内侧 7 m 处水平移动值达到最大为 3.566 m，在达到最值之后沿着走向方向水平移动值开始减小，在切眼内侧 994 m 处水平移动值为 0，并出现一段长为约 24 m 的水平移动值为 0 的区域，在停采线内侧 8 m 处水平移动值减小至最大负值为–3.724 m，在停采线外侧 785 m 处水平移动值增大为 0。

　　③在三次开采后，水平移动在切眼外侧 789 m 处开始出现并逐渐增大，在切眼内侧 7 m 处水平移动值达到最大为 5.626 m，在达到最值之后沿着走向方向水平移动值开始减小，在切眼内侧 997 m 处水平移动值为 0，并出现一段长为约 24 m 的水平移动值为 0 的区域，在停采线内侧 8 m 处水平移动值减小至最大负值为–5.789 m，在停采线外侧 788 m 处水平移动值增大为 0。

　　④在四次开采后，水平移动在切眼外侧 792 m 处开始出现并逐渐增大，在切眼内侧

7 m 处水平移动值达到最大为 7.735 m，在达到最值之后沿着走向方向水平移动值开始减小，在切眼内侧 999 m 处水平移动值为 0，并出现一段长为约 26 m 的水平移动值为 0 的区域，在停采线内侧 8 m 处水平移动值减小至最大负值为−8.160 m，在停采线外侧 793 m 处水平移动值增大为 0。

⑤在五次开采后，水平移动在切眼外侧 795 m 处开始出现并逐渐增大，在切眼内侧 32 m 处水平移动值达到最大为 10.120 m，在达到最值之后沿着走向方向水平移动值开始减小，在切眼内侧 1011 m 处水平移动值为 0，并出现一段长为 30 m 的水平移动值为 0 的区域，在停采线内侧 33 m 处水平移动值减小至最大负值为−10.247 m，在停采线外侧 794 m 处水平移动值增大为 0。

在重复采动过程中地表水平移动变化规律与首次开采地表水平移动变化规律基本相似，地表水平移动曲线关于地表最大下沉点呈反对称，有 2 个最大值一正一负，最大下沉点处水平移动为 0，在切眼附近，重复开采时的水平移动值达到最大值，分别为 1.813、3.724、5.789、8.160 和 10.247 m，每次开采占最终移动量的百分比分别为 17.7%、36.3%、56.5%、79.6%和100%。

（5）水平变形规律

水平变形反映相邻两测点间单位长度的水平移动差值指的是相邻地表的两点水平移动之差与这两点水平距离的比值。走向方向重复开采地表水平变形的变化规律如图 3.10 所示。

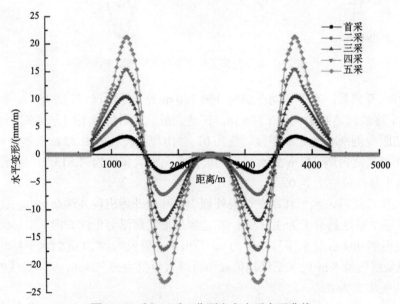

图 3.10　重复开采工作面走向水平变形曲线

①经过首次开采，在切眼外侧 802 m 处开始出现水平变形，符号为正，是拉伸变形，随着工作面的推进，拉伸水平变形值缓慢小幅地增大，在切眼外侧 269 m 处出现了第一次正水平变形的极值，为 3.4 mm/m，过了第一次正极值处，水平变形值先是缓慢减小，接着急剧减小，在切眼内侧 14 m 处减小至 0，接着以极大的速度继续减小，这时负号为

负，属于压缩变形，随着工作面的继续推进，在切眼内侧 309 m 处第一次达到负水平变形的极值，为-3.4 mm/m，接着负水平变形值开始急剧减小，在切眼内侧 1012 m 处减小至 0，过了第二次水平变形 0 处，随后水平变形值再一次为负，在停采线内侧 335 m 处第二次达到负水平变形的极值，为-3.4 mm/m，随后负水平变形值开始减小，在停采线内侧 50 m 处减小至 0，接着重新开始出现拉伸变形，且增大速度很快，在停采线外侧 268 m 处达到第二次正水平变形的极值，为 3.4 mm/m，之后水平变形值减小至停采线外侧 780 m 处，为 0。

②经过二次开采，在切眼外侧 807 m 处开始出现水平变形，是拉伸变形，随着工作面的推进，拉伸水平变形值缓慢小幅地增大，在切眼外侧 269 m 处出现了第一次正水平变形的极值，为 7.3 mm/m，过了第一次正极值处，水平变形值先是缓慢减小，接着急剧减小，在切眼处减小至 0，接着以极大的速度继续减小，属于压缩变形，随着工作面的继续推进，在切眼内侧 283 m 处第一次达到负水平变形的极值，为-7.3 mm/m，接着负水平变形值开始急剧减小，在切眼内侧 987 m 处减小至 0，过了第二次水平变形 0 处，随后水平变形值再一次为负，在停采线内侧 310 m 处第二次达到负水平变形的极值，为-7.3 mm/m，随后负水平变形值开始减小，在停采线内侧 25 m 处减小至 0，接着重新开始出现拉伸变形，且增大速度很快，在停采线外侧 268 m 处达到第二次正水平变形的极值，为 7.3 mm/m，之后水平变形值减小至停采线外侧 786 m 处，为 0。

③经过三次开采，在切眼外侧 812 m 处开始出现水平变形，是拉伸变形，随着工作面的推进，拉伸水平变形值缓慢小幅地增大，在切眼外侧 269 m 处出现了第一次正水平变形的极值，为 12.2 mm/m，过了第一次正极值处，水平变形值先是缓慢减小，接着急剧减小，在切眼外侧 2 m 处减小至 0，接着以极大的速度继续减小，属于压缩变形，随着工作面的继续推进，在切眼内侧 283 m 处第一次达到负水平变形的极值，为-12.2 mm/m，接着负水平变形值开始急剧减小，在切眼内侧 960 m 处减小至 0，过了第二次水平变形 0 处，随后水平变形值再一次为负，在停采线内侧 310 m 处第二次达到负水平变形的极值，为-12.2 mm/m，随后负水平变形值开始减小，在停采线内侧 28 m 处减小至 0，接着重新开始出现拉伸变形，且增大速度很快，在停采线外侧 243 m 处达到第二次正水平变形的极值，为 12.2 mm/m，之后水平变形值减小至停采线外侧 789 m 处，为 0。

④经过四次开采，在切眼外侧 816 m 处开始出现水平变形，是拉伸变形，随着工作面的推进，拉伸水平变形值缓慢小幅地增大，在切眼外侧 269 m 处出现了第一次正水平变形的极值，为 18.1 mm/m，过了第一次正极值处，水平变形值先是缓慢减小，接着急剧减小，在切眼外侧 4 m 处减小至 0，接着以极大的速度继续减小，属于压缩变形，随着工作面的继续推进，在切眼内侧 283 m 处第一次达到负水平变形的极值，为-18.1 mm/m，接着负水平变形值开始急剧减小，在切眼内侧 930 m 处减小至 0，过了第二次水平变形 0 处，随后水平变形值再一次为负，在停采线内侧 310 m 处第二次达到负水平变形的极值，为-18.1 mm/m，随后负水平变形值开始减小，在停采线内侧 30 m 处减小至 0，接着重新开始出现拉伸变形，且增大速度很快，在停采线外侧 243 m 处达到第二次正水平变形的极值，为 18.1 mm/m，之后水平变形值减小至停采线外侧 791 m 处，为 0。

⑤经过五次开采，在切眼外侧 818 m 处开始出现水平变形，是拉伸变形，随着工作

面的推进，拉伸水平变形值缓慢小幅地增大，在切眼外侧 269 m 处出现了第一次正水平变形的极值，为 23.0 mm/m，过了第一次正极值处，水平变形值先是缓慢减小，接着急剧减小，在切眼内侧 20 m 处减小至 0，接着以极大的速度继续减小，属于压缩变形，随着工作面的继续推进，在切眼内侧 283 m 处第一次达到负水平变形的极值，为-23.0 mm/m，接着负水平变形值开始急剧减小，在切眼内侧 720 m 处减小至 0，过了第二次水平变形 0 处，随后水平变形值再一次为负，在停采线内侧 310 m 处第二次达到负水平变形的极值，为-23.0 mm/m，随后负水平变形值开始减小，在停采线内侧 40 m 处减小至 0，接着重新开始出现拉伸变形，且增大速度很快，在停采线外侧 243 m 处达到第二次正水平变形的极值，为 23.0 mm/m，之后水平变形值减小至停采线外侧 793 m 处，为 0。

在重复采动过程中地表水平变形变化规律与首次开采地表水平变形变化规律基本相似，重复开采时水平变形值增大。

3. 采动次数对地表变形参数的影响

1）地表下沉系数变化规律

下沉系数 q 是指在充分采动的条件下，开采煤层时地表产生的最大下沉值与煤层采厚的比值。在开采沉陷预计中，地表下沉系数对地表沉陷预计精度的影响至关重要，其取值的准确性直接影响到地表移动和变形预计结果的精度。根据模拟结果，绘制下沉系数与采动次数之间关系如图 3.11 所示。

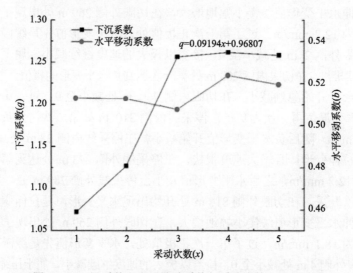

图 3.11　下沉系数和水平移动系数与采动次数之间关系图

由图 3.11 可以看出：厚松散层初次开采时地表下沉系数大于 1，达到 1.072，随着重复开采次数的增加，地表的下沉次数呈现增大的趋势，在第三次复采时达到最大值 1.262，在经过三次复采后随着复采次数的增加，地表下沉系数不再增加，而是趋于稳定值。对下沉系数与采动次数小于 3 次之间的关系进行拟合处理，得到了下沉系数 q 与采动次数 x 之间的关系如式（3-1）所示：

$$q = 0.09194x + 0.96807 \tag{3-1}$$

2）地表水平移动系数变化规律

水平移动系数 b 是指在走向方向达到充分采动，水平煤层开采时走向主断面的地表最大水平移动值与该面上地表最大下沉值之比。水平移动系数是概率积分法开采沉陷预测不可或缺的重要参数之一，其取值的准确性对于精确获取矿区地表移动变形预计结果具有决定性作用。根据模拟结果，绘制水平移动系数与采动次数之间关系如图 3.11 所示。

从图 3.11 可以看出，水平移动系数与采动次数之间无明显的相关关系，每次开采时水平移动系数分别为 0.512、0.513、0.508、0.524 和 0.519，随着开采次数的增加地表的水平移动系数变化不大且与采动次数之间没有明显的关系。

3）主要影响角正切变化规律

主要影响角正切 $\tan\beta$ 指开采工作面的平均采深 H_0 与主要影响半径 r 之比。它是表示移动与变形范围的主要参数，可以根据 $\tan\beta$ 准确确定下沉盆地边界具范围，在相同的开采深度条件下，$\tan\beta$ 越大，地表移动范围相对越小，下沉盆地越集中。根据模拟结果，绘制 $\tan\beta$ 与采动次数之间关系如图 3.12 所示。

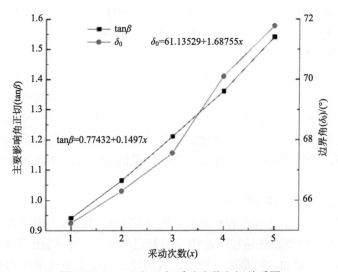

图 3.12　$\tan\beta$ 和 δ_0 与采动次数之间关系图

从图 3.12 可以看出，$\tan\beta$ 与采动次数之间呈线性关系，随着采动次数的增加，$\tan\beta$ 由初次采动时的 0.94 逐渐增大到 5 次采动时的 1.54，$\tan\beta$ 增大的主要原因是重复采动时开采的深度增加，而主要影响半径略有减小，导致了 $\tan\beta$ 的增大，由此可见，随着采动次数的增加，地表移动盆地范围影响不大。

经过线性回归计算，相关性分析，主要影响角正切 $\tan\beta$ 与采动次数 x 之间的关系如式（3-2）所示：

$$\tan\beta = 0.77432 + 0.1497x \tag{3-2}$$

4）边界角变化规律

边界角 δ_0 是地表移动盆地主断面上盆地边界点至采空区边界的连线与水平线在煤

柱一侧的夹角,其是表征地表移动盆地影响范围的重要参数之一,根据边界角值可以确定地下开采对地表的影响范围,在保护煤柱的留设、矿区采动损害范围的划定及岩移观测站的设计等方面有着重要的作用。根据模拟结果,绘制边界角与采动次数之间关系图如图 3.12 所示。

从图 3.12 可以看出,边界角与采动次数之间呈线性关系,首采时边界角为 65.24°,最终边界角为 71.78°,重复采动时地表移动盆地的增大量小于采深的增大量导致了边界角的增大。

经过线性回归计算,相关性分析,走向边界角 δ_0 与采动次数 x 之间的关系如式(3-3)所示:

$$\delta_0 = 61.13529 + 1.68755 x \tag{3-3}$$

$$R^2 = 0.967$$

4. 厚松散层下重复开采地表变形影响因素分析

从上述实测数据和数值模拟结果来看,厚松散层重复开采条件下地表移动变形规律与非厚松散层矿区的规律明显不同,其中最大区别在于下沉系数的变化规律。与常规地质采矿条件下开采相比,地表变形主要受到以下因素的影响。

1)岩土体物理力学性质的影响

厚松散层下开采的地表沉陷由基岩沉降、松散层土体压实沉降 2 部分组成,相比常规重复采动下沉系数增大的机理,厚松散层下更加复杂,影响因素更多。一方面,覆岩破断引起上覆岩土体的整体变形;另一方面,松散层具有强度低、孔隙大等特点,导致地表产生叠加变形,因此,初次采动地表下沉往往大于 1。从数值模拟结果可以看出,每次重复采动时,松散层沉降分量分别占总沉降量的 25.13%、26.02%、28.53%、31.3%和 33.2%。

2)重复开采导致厚松散层土体逐渐压实

松散层较厚、基岩相对薄而容易破断,隔离层也易遭破坏,而当重复采动达到一定次数后,无论是覆岩中裂隙还是松散层中空隙都已经压密,可释放的下沉空间已经很小,故地表下沉系数不再增加,而是趋于稳定,说明厚松散层土体逐渐压实是导致下沉系数先增大后趋于稳定的主要原因。

3)松散层失水沉降对地表下沉的影响

不仅仅是覆岩裂隙再次发育,采空区空隙进一步被压密,导致下沉空间增大,地表下沉系数增大,而且有松散层裂隙增大,进一步失水压密固结产生的下沉空间,使得松散层中含水地层中水向岩层渗流、大量的潜水流向采空区以及采前的人工疏干,造成水体流失,原本松散层中土体孔隙率较大,在失水后压密以及固结使得地表进一步下沉。

4)采深增大导致地表边界角逐渐增大

重复采动过后,边界角、主要影响角正切都比首次采动后的角值有所增大,说明地表移动范围相比单独开采多个煤层地表移动范围叠加影响将减小。这是由于重复采动仅仅是加剧了上覆岩层裂隙的发育以及岩层的破断,而破碎的岩体难以在水平方向将移动变形值进一步传播，扩散影响能力减小。在达到充分采动条件后，地表移动盆地边界不再扩大，而采深逐渐加大，因此，边界角呈现线性增大的趋势。

（二）两淮高潜水位采煤沉陷区生态环境影响及治理

1. 开采沉陷对生态环境的影响

伴随着高潜水位厚松散层下煤层被相继开采，矿区地表环境将逐步产生变化，由原先的陆生生态逐渐转变为水生生态。根据前期研究的上述相关因素与地表沉陷的关系，利用所开发的地表沉陷预计分析软件，可对矿区开采沉陷生态环境灾害进行动态分析评价。

淮南潘集矿是典型的高潜水位厚松散层多煤层矿区，松散层平均厚度 370 m，含煤层 13 层。潘集矿后湖治理区是受多煤层开采影响的非稳沉沉陷区，利用预计软件进行不同开采阶段的地表沉陷预计，并根据下沉等值线按不同下沉值进行沉陷生态环境灾害影响程度分区。

1）单煤层开采地表沉陷生态环境灾害分析

第一煤层 1 号工作面走向长 360 m，倾向斜长 300 m，倾角 5°，平均采深 370 m。沿走向开采，自开切眼掘进到起动距时，地表开始下沉，随后，下沉值和沉陷区范围逐渐增大。当地下潜水位平均深度 0.5 m 时，工作面推进到 180 m 时，地表沉陷淹没区面积为 101 亩（1 亩≈666.667 m²），最大水深为 0.5 m。工作面继续推进时，地表沉降值和沉陷区范围继续增大。工作面推进到 360 m 时，地表沉陷淹没区面积为 231 亩，最大水深为 1.0 m。

2）多煤层重复开采地表沉陷生态环境灾害分析

第二煤层 8 号工作面走向长 520 m，倾向斜长 260 m，倾角 7°，平均采深 450 m。沿走向开采。第二煤层的 8 号工作面开采时，其上部的第一煤层 1 号工作面已开采完毕。随着 8 号工作面的重复采动，地表重新发生下沉，与第一煤层开采时产生的沉降发生叠加，使沉陷区范围沉降量增大。8 号工作面收作时，其上方地面沉陷值最大达到 2.8 m。重复开采时叠加沉降产生的地表沉陷淹没区面积进一步增大到 438 亩，最大水深达到 2.3 m。

3）煤层群开采地表沉陷生态环境灾害评价

多煤层多工作面开采，使地表沉陷在空间分布和时间分布上均呈现出动态变化特征。地表生态环境也逐渐由陆地生态向水生生态发生动态演化，当地表下沉产生积水后，原先陆地生态环境遭到破坏，致使陆生动植物无法生存，地表污染物扩散。

潘集矿后湖治理区第一煤层开采后，产生超过 4000 亩的沉陷区，其中积水区超过 1100 亩。沉陷区内非淹没区为生态环境变化轻微区，该区内仍然以陆地生态形式，但原有土壤持水持肥能力将发生变化，原先地表径流水系也将改变。沉陷区内非淹没区经过治理后仍然可以基本保持原先的生态体系和农作物生产方式。

沉陷区内淹没区的生态环境则发生巨大改变，原先的陆地生态完全破坏，水稻、小麦等农作物无法生产。由于积水区未形成新的生态平衡，使得水体污染无法自我净化、富营养化严重，积水区不能被利用，造成资源浪费。根据淹没区积水深度分布的不同，构建与不同水深相适应的新水生生态环境是沉陷区生态修复的主要途径。修复生态的同时结合不同积水深度，发展适当的水生作物和水产动物既能促进生态环境的优化，也能产生一定的经济效益。潘集矿后湖治理区第一煤层开采后，按积水深度的不同，将其分为三个区，即：非淹没区（无积水）、浅水区（水深≤1 m）、深水区（水深>1 m）。

后湖治理区属于多煤层开采影响沉陷区，第一煤层开采后，地表产生沉陷并逐渐趋于稳定。然而，当下一煤层继续开采时，该稳定即被打破，地表将继续产生沉降，使原先的沉陷范围和沉降量进一步增大。因此，第一煤层被形采后沉降并没有永久稳定，因而称该区域为非稳沉区。

非稳沉区地表生态环境随地下煤层的开采而处在动态的变化当中，前期的非淹没区可能变为积水区，浅水区会变成深水区。由此而产生的变化致使前期刚建立的生态平衡被再次破坏，造成大量的经济损失和资源浪费。

非稳沉区生态环境修复治理必须根据矿区开采计划，依据开采沉陷预测的结果进行长远规划和动态调整，使生态环境在矿的后续开采中保持可持续的平衡，也能使沉陷区获得持续的最大化的经济效益。

多工作面煤层群开采，使地表沉陷在空间和时间分布上呈现动态变化，与之相伴随的是矿区地表生态环境的持续被破坏，由原先的陆地生态逐渐演变为水生生态。非稳沉矿区地表生态环境是随地下煤层开采而变化的，建立井上井下联动机制，利用井下开采对地表沉降的影响规律建立地表沉陷预测系统，依据开采沉陷时空分布规律制定矿区生态环境修复治理方案是治理矿区生态环境灾害的可持续方法。

2. 高潜水位沉陷区生态环境治理关键技术

采煤沉陷积水区是东部高潜水位矿区开采沉陷造成的一种典型的地质灾害。东部矿区普遍具有储量大、多煤层、高潜水位、地表叠加沉降等特点，开采造成地表大量土地资源丧失，原有耕地破坏，地表形成大面积塌陷坑，历经几十年重复开采，大片开采沉陷区形成地表塌陷塘，地表原有耕地、道路、村庄等被淹没，塌陷区原有生态系统发生不可逆的破坏。动态沉陷形成的生态系统服务功能低下，导致生态环境恶化，大量沉陷区土地撂荒，社会问题突出，严重影响了沉陷区可持续发展。大量沉陷区土地亟须复垦和开发利用。

常规沉陷区土地复垦和生态环境治理一般采用以下两种方式：一种是通过采用"表土翻出-深部充填-表层覆土"的传统土地复垦模式，另一种是在积水区进行水生养殖、人工湿地构建等模式。普遍面临成本较高、工艺复杂、生物结构单一、水体富营养化严重、土地撂荒等技术难题。

本书通过全面优化沉陷区结构分布，实现了水土综合利用，提供一种工艺简单、成本低廉、高效全面进行采煤沉陷积水区生态环境综合治理的方法，其技术原创性主要体现在：

①因地制宜利用现有环境，构建分区治理方案，避免了采煤沉陷区的土地复垦，打破了传统治理模式，降低了沉陷区治理成本，提高了沉陷区治理效率，并产生了巨大的经济效益。

②根据采煤沉陷积水区特点，进行全方位立体式生态农业重构。以设施蔬菜和立体

苗木种植改善土壤质量，拦截和吸收沉陷区污染物，减少水土流失；以浮叶植物、挺水植物、水生动物构建完整的水域食物链，降低水土富营养化程度，净化沉陷水体环境。通过科学布置动植物养殖方案，进一步优化生态系统结构，提高生态系统服务功能。

③提出了高潜水位采煤沉陷区边采边治的动态治理模式，可根据地表沉陷和积水情况，及时调整种养殖结构，有效解决了高潜水位矿区多煤层开采的地表沉陷周期长、治理难度大、土地撂荒等治理难题。

采煤沉陷积水区生态农业综合开发利用方案如图3.13所示。

图3.13　高潜水位采煤沉陷区生态农业综合开发利用示意图

具体步骤如下：

①将需要构建生态农业的采煤沉陷积水区进行区域划分，根据沉陷积水区的实际情况将沉陷积水区划分为平整地区域、斜坡区域和蓄水区，其中地势平坦区域为平整地区域，斜坡区域为平整地区域与沉陷积水区水面之间的坡地，蓄水区为沉陷积水区含水区域，包括浅水区和深水区，其中水深0.5 m以内的区域为浅水区，水深超过0.5 m的区域为深水区。

②在沉陷区平整地区域范围内对土地进行充填复垦，并改造湿地，进行土壤改良使其成为耕地，在耕地区域搭建可拆卸大棚，从而使耕地一年四季均实施蔬菜栽培。

③调整蓄水区的水位高度，并在蓄水区水位处的斜坡区域上修建边坡护岸，边坡护岸即为斜坡区域坡底；将边坡护岸到平整地区域之间的斜坡区域根据高度平分为三部分，在坡顶1/3范围内沿地形等高线以交错的品字形模式种植乔木，在坡中1/3范围内，沿地形等高线以交错的品字形模式种植灌木，在坡底靠近水面的1/3范围内，沿地形等高线以播撒种植的模式种植牧草，如图3.14所示。

④在蓄水区的浅水区种植水生蔬菜，在深水区饲养水生生物。建立以沉水植物为主、浮叶和挺水植物为辅的水生植物群落，引入鱼蟹等消费者，随着动态沉陷、水深增加，构建的沉水植物群落发挥建群种的作用，促进了生物群落的演替，提高湿地生态系统服务功能，实现了边沉边治理，如图3.15所示。

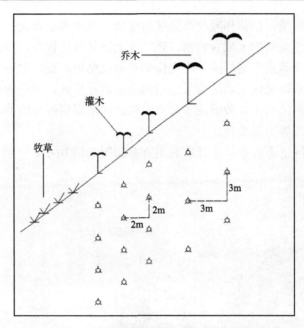

图 3.14　斜坡地立体苗木种植结构

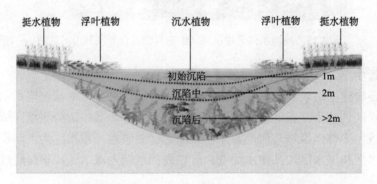

图 3.15　沉陷积水区"边沉边治理"技术原理

该技术优势体现在以下几个方面：

①成本低，效率高。构建的生态农业综合利用技术，充分考虑高潜水位采煤沉陷区地形地貌条件，因地制宜进行改造，在地表沉陷各阶段均可实施，主要成本集中在农业作物、林业植被、水生动植物品种的选购，合理避免了传统沉陷区复垦工程中的二次取土、土壤重构等环节，能够有效解决工艺复杂、周期长、成本较高等技术难题。

②经济效益明显。通过合理统筹设施农业、水生蔬菜、生态渔业等种养殖技术，重点关注沉陷区综合治理后的产品输出，形成了完整的沉陷区治理产业链，为沉陷区失地农民提供了二次就业机会，经济收益较沉陷前单一的农业产品更加客观。

③生态环境明显改善。沉陷区环境破坏一直是困扰土地复垦的关键技术难点，对改善生态环境进行科技攻关，通过设施农业改善土壤质量，以立体苗木种植减少水土流失，采用水生植物和生态渔业混养技术改善水质，针对高潜水位采煤沉陷区地形地貌特征，重新构建水陆复合生态系统，可有效改善生态环境，增加生态系统服务功能。

项目实施前后生态环境治理效果如图3.16所示。

(a) 治理前　　　　　　　　　　　　　　　　(b) 治理后

图3.16　治理前后对照图

三、鄂尔多斯采煤沉陷区开采沉陷规律和环境影响

（一）高强度开采地表移动规律

本书以大柳塔煤矿22201、52304两个工作面为研究对象，分别布置了地表移动观测站。其中：22201工作面位于大柳塔井田南部二盘区，大柳塔镇王渠沟南侧，东邻22202工作面，西侧为22201旺采区，北侧为2-2煤火烧边界。地面有输电线朱大1、2回线路，大苏1回线路，地表建筑有砖厂彩钢房约20间，地表最大高程1206.6 m，最小高程1182.9 m。工作面长643 m，宽349 m，煤层平均煤厚3.95 m，平均埋深72.5 m，煤层倾角1°～3°。地表大部为第四系松散层覆盖，平均厚度12.0 m，基岩主要由粉砂岩、细砂岩、砂质泥岩组成，平均厚度60.5 m（陈凯，2019）。

52304工作面地面位置位于大柳塔矿井田的东南区域三盘区，西部为六盘区变电所，北部为王家渠村，南部为月牙渠露天采坑，地表起伏较大，地面标高1154.8～1269.9 m。南侧为设计52303工作面，西侧靠近5-2煤辅运大巷，东侧靠近井田边界未开发实煤体。工作面长4547.6 m，宽301 m，煤层平均厚度6.94 m，煤层倾角1°～3°，平均埋深235.0 m。地表大部为第四系松散沉积物覆盖，平均厚度30.0 m，上覆基岩主要由粉砂岩、细砂岩组成，平均厚度205.0 m。

在国家科技支撑计划课题"大型能源基地生态修复技术与示范"（2012BAC10B00）共同资助下，以神东矿区为研究基地，布设了现场观测站，获取了地表变形和地裂缝发育监测数据，研究了开采沉陷机理和规律，研发了神东矿区生态环境治理技术。

1. 地表移动观测

为了研究地表移动规律，在工作面上布置了一条走向观测线和一条倾向观测线，点平均间距20 m。其中，22201工作面走向线累计布设27个点，分别为Z1～Z27；倾向线累计布设33个点，分别为Q1～Q33，如图3.17所示。52304工作面走向线观测点间距20 m，倾向线观测点间距25 m。走向线总长度980 m，累计布设观测点50个，分别为Z1～Z50；

倾向线总长度 650 m，累计布设观测点 26 个，分别为 Q1～Q26，如图 3.18 所示。

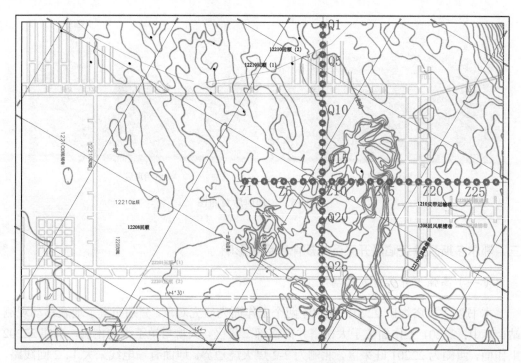

图 3.17　22201 工作面地表移动观测站布置图

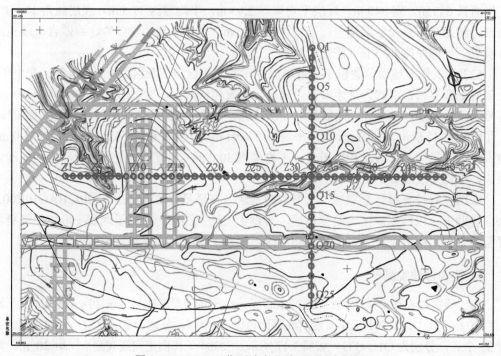

图 3.18　52304 工作面地表移动观测站布置图

2. 地表移动规律分析

22201 工作面的实测地表最大变形值，如表 3.4 所示，具体包括：最大下沉 W_0、最大倾斜 i_0、最大曲率 K_0、最大水平移动 U_0、最大水平变形 ε_0；表 3.5 给出了地表移动变形概率积分法参数，包括：下沉系数 q、水平移动系数 b、主要影响角正切 $\tan\beta$、开采影响传播角 θ_0、拐点偏距 s_0，以及综合边界角 δ_0、综合移动角 δ、稳定裂缝角 δ'' 三个角量参数。此外，表 3.6 给出了 52304 工作面实测地表最大变形值，表 3.7 给出了地表移动变形参数。

表 3.4 22201 工作面的实测地表最大变形值

观测线	W_0/mm	i_0/（mm/m）	K_0/（mm/m^2）	U_0/mm	ε_0/（mm/m）
走向线	2780	65.6	−2.85	−751	−28.4
倾向线	2833	57.2	2.18	−603	35.5

表 3.5 22201 工作面的地表移动变形参数

q	b	$\tan\beta$	θ_0/（°）	s_0/m	δ_0/（°）	δ/（°）	δ''/（°）
0.76	0.21	1.55	88.1	18	50.8	67.3	72.1

表 3.6 52304 工作面的实测地表最大变形值

观测线	W/mm	i/（mm/m）	K/（mm/m^2）	U/mm	ε/（mm/m）
走向线	4403	59	1.1	749	26.1
倾向线	4268	52	1.5	1127	20.1

表 3.7 52304 工作面的地表移动变形参数

q	b	$\tan\beta$	θ/（°）	s_0/m	δ_0/（°）	δ/（°）	δ''/（°）
0.67	0.24	2.25	88.2	47	53.7	63.7	69.4

由以上数据可以看出，干旱半干旱矿区煤层开采地表移动具有以下规律：

①随着工作面的逐渐推进，地表各类变形值逐渐增大，当地表稳定后，最终走向方向为半无限开采，倾向方向为下沉盆地，两个方向均达到充分采动。

②由于受到沟壑地形影响，采动引起地表滑移，其中，凸型地貌处下沉量减小，以该点为中心，地表向两侧滑移，如倾向线超充分采动区域内 370 m 处；凹型地貌下沉量增大，以该点为中心，两侧地表向中间滑移，如走向线超充分采动区域内 160 m 处。

③从变形曲线可以看出，地表为非连续变形，变形曲线出现跳跃，并产生大量裂缝。

3. 采动地裂缝发育规律

1）采动地裂缝动态监测

为了研究采动地裂缝动态发育规律，分别在 22201 和 52304 工作面布置了采动地裂缝动态监测点，分别监测裂缝发育的宽度、落差和深度。累计布设动态监测点 58 个，共监测 23 期，监测周期为 3，共获取监测数据 125 个。

由于探地雷达能够根据电磁波在不同介质中的差异性而呈现不同的信号反射信息，从而准确探测地下目标的分布形态和特征，为了研究采动地裂缝的地下扩展状态和发育深度，采用 GPR 技术对地裂缝进行了探测，如图 3.19 所示。

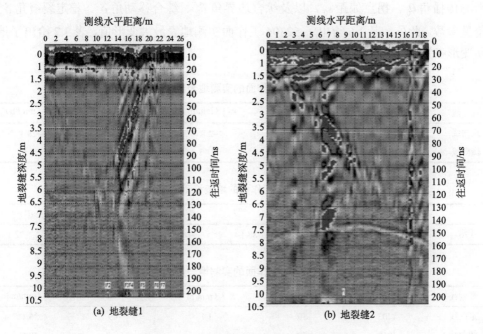

图 3.19　GPR 地裂缝发育信息提取结果

2）地裂缝动态发育过程分析

通过对工作面上方发育的地裂缝进行持续动态监测，获取了裂缝自开裂到增大直至完全闭合的全部阶段。

通过监测，可以看出采动过程中的临时性裂缝发育具有以下动态规律：

①裂缝类型。包括拉伸型裂缝、塌陷型裂缝、滑动型地裂缝。在地表拉伸变形的影响下，22201 和 52304 工作面在超前于工作面开采前方地表均有拉伸型裂缝发育。受到各自不同地质采矿条件的影响，超前角分别为 85.19° 和 88.71°；在工作面正上方大量塌陷型裂缝发育，地表出现台阶状下沉，且随着工作面的逐渐推进，大部分裂缝逐渐愈合；由于受到局部典型黄土沟壑地形的影响，采动引起坡体滑移且在局部破断，坡体上伴随有滑动型地裂缝发育。

②裂缝动态发育过程。从图 3.20 可看出，地裂缝发育呈现的特征：随工作面的推进，地裂缝经历了"开裂–扩展–闭合"完整发育过程，表征裂缝发育的宽度、落差和深度 3 个基本要素均呈现先增大后减小的规律；从时间尺度看，动态裂缝发育周期为 15 d，扩展期和闭合期经历时间基本上相等，符合采动过程中的临时性裂缝发育一般规律。

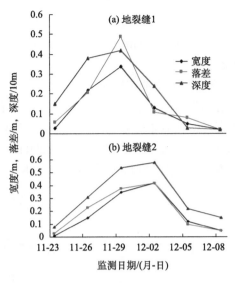

图 3.20　采动地裂缝动态发育曲线

3）地裂缝发育深度与宽度、落差的关系

通过上述监测，掌握了采动过程中的地裂缝动态发育规律，为了研究采动地裂缝的深度扩展规律，通过对裂缝动态监测数据进行了回归分析，可得出裂缝深度与宽度、落差之间存在以下关系：

$$H_1 = 13.081W + 0.7197 \tag{3-4}$$

$$H_1 = 1.45\ln h + 5.576 \tag{3-5}$$

式中，H_1 为裂缝深度，m；W 为裂缝宽度，m；h 为裂缝落差，m。

回归关系图分别如图 3.21、图 3.22 所示，采动地裂缝发育深度具有以下规律：

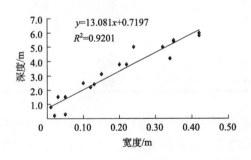

图 3.21　地裂缝深度与宽度之间的关系

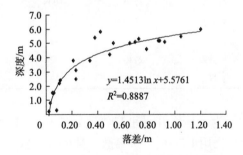

图 3.22　地裂缝发育深度与落差之间的关系

①裂缝发育深度与宽度之间存在线性增大的正比例关系，地表宽度越大，裂缝发育越深，符合地裂缝发育的一般规律。数据相关系数 R^2 为 0.9201，回归效果较好；回归方程比例系数为 13.081，即宽度每增加 1 mm，深度增加 0.13 m，地表轻微开裂时（宽度趋近于 0），裂缝已开始纵向扩展，扩展深度约 0.7 m，监测到的最大宽度为 0.42 m，此时裂缝扩展深度为 6.1 m。

②裂缝发育深度与落差之间存在明显的对数关系，数据相关系数 R^2 为 0.8887。从图

3.22 可以看出，当裂缝落差从 0 开始增大到 0.5 m 时，深度扩展速率较快，平均为 12.32，即落差每增加 1 mm，深度平均增加 0.12 m；当落差大于 0.5 m 时，深度随落差的增大速率减缓，并逐渐呈现稳定趋势。

4）滑动型地裂缝发育规律数值模拟实验

为了研究采动引起的滑动型地裂缝动态发育规律，以及地表沟谷对滑动型裂缝发育的影响，以神东矿区大柳塔煤矿地质采矿条件为原型，建立了沟谷条件下开采的滑动型地裂缝发育实验模型（图3.23）。其中，工作面开采尺寸为 200 m，黄土层平均厚度为 30 m，覆岩厚度为 50 m，煤岩体及黄土层物理力学性质见表 3.8，计算采用莫尔-库仑屈服准则。

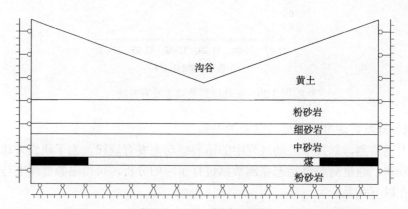

图 3.23　滑动型地裂缝模型

表 3.8　煤岩体物理力学参数

岩性	密度/（kg/m³）	弹性模量/GPa	黏聚力/MPa	内摩擦角/（°）	泊松比	抗拉强度/MPa
黄土	1760	0.008	0.027	25	0.34	0.008
粉砂岩	2580	23	2.7	41	0.18	3.33
细砂岩	2640	42	2.6	48	0.25	4.28
中砂岩	2730	52	2.4	52	0.33	5.27
煤	1370	13	1.3	33	0.30	2.45

为了研究开采引起"覆岩破断-坡体滑移-表土开裂"的滑动型地裂缝空间发育规律，采用 UDEC 二维离散元数值模拟软件分别建立了滑动型裂缝动态发育模型、沟谷坡度模型、沟谷位置模型 3 种数值模拟方案。

①动态发育模型：以工作面每推进 25 m（1/8D，D 为工作面尺寸）为例，研究滑动型地裂缝动态发育过程。

②沟谷坡度模型：以沟谷平均坡度分别为 10°、20°、30°、40°、50°为例，研究不同沟谷坡度条件下开采的地裂缝发育规律。

③沟谷位置模型：以沟谷中心距采空区边界的距离分别为 0、0.1D、0.2D、0.3D、0.4D、0.5D 为例，研究不同沟谷位置条件下开采的滑动型地裂缝发育规律。

5）滑动型地裂缝发育规律结果分析

根据模拟计算结果，在工作面推进不同距离时的覆岩破坏、沟谷两侧坡体滑移、滑动型地裂缝的形成及发育情况如图3.24所示。

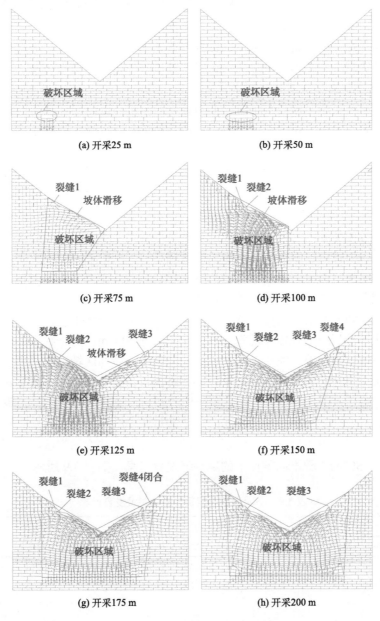

图3.24　滑动型地裂缝动态发育过程

由关键层理论可知，在采场上覆岩层活动中起主要的控制作用的岩层即为关键层。从图3.24可以看出，沟谷下开采形成的滑动型地裂缝发育分为以下4个阶段：

①累积期：工作面开采初期，当工作面推进至1/4D时，基本顶以关键层的形式支撑

整体上覆岩层，地表变形较小，坡体滑移量不足以造成局部破断而形成滑动型裂缝，该阶段为裂缝产生的累积期。具体表现为：当工作面推进 25 m 时，基本顶未破断，覆岩稳定，如图 3.24（a）所示；推进 50 m 时，基本顶呈现弯曲下沉，以砌体梁的形式支撑上覆岩层，破坏区域仅限于采空区，尚未波及上覆岩层即地表坡体，如图 3.24（b）所示。

②形成期：随着工作面的推进，当工作面推进至 1/2D（即沟谷中心）时，关键层破断，上覆岩层与地表受到整体破坏，左侧坡体开始向沟谷中心滑移，坡体破断并开始形成裂缝。具体表现为：工作面推进 75 m 时，基本顶垮落，关键层破断，上覆岩层及左侧坡体产生整体滑移，地表开裂产生首条裂缝，记为裂缝 1，如图 3.24（c）所示；工作面推进 100 m（1/2D，即工作面推进至沟谷中心）时，左侧坡体继续滑移，第 2 条裂缝开始发育，如图 3.24（d）所示。此时破坏区域仅涉及沟谷左侧坡体，而右侧坡体未受影响。

③动态发展期：随着工作面继续推进，坡体继续滑移，受到覆岩破断与坡体滑移的耦合影响，采空区后方坡体上部分裂缝受到挤压，并开始愈合，前方裂缝继续发展，此过程为滑动型裂缝的动态发展期，破坏区域涉及覆岩与两侧坡体。具体表现为：推进 125 m 时，右侧坡体开始滑移，超前于工作面开采进度形成第 3 条裂缝，如图 3.24（e）所示；推进 150 m 时，右侧坡体继续滑移，裂缝 3 继续增大，同时上部坡体发生破断，并产生第 4 条裂缝，如图 3.24（f）所示；推进 175 m 时，裂缝 4 下侧坡体趋于稳定，上侧坡体继续滑移，裂缝 3 基本稳定，裂缝 4 闭合，如图 3.24（g）所示。

④稳定期：随着开采的结束，覆岩及坡体趋于稳定，坡体下方裂缝愈合，最终两侧坡体上形成永久性裂缝。具体表现为：当工作面推进 200 m，开采结束，两侧坡体基本稳定，最终在坡体上两侧形成 3 条永久性滑动型裂缝，破坏区域以沟谷中心对称，如图 3.24（h）所示。其中，裂缝 1 规模较小，不予考虑，裂缝 2 与裂缝 3 基本对称。左侧坡体上裂缝 2 宽度 1.7 m，落差 2.2 m，裂缝距 27.5 m，裂缝角 76.3°；右侧坡体上裂缝 3 发育宽度 2.1 m，落差 1.8 m，裂缝距 24.7 m，裂缝角 77.7°。

本模型采用沟谷中心位于工作面正上方时，改变沟谷坡度的方法，分别得到了沟谷坡度 β 为 10°～50°的 5 种不同条件下的地裂缝发育信息，如表 3.9 所示。

表 3.9　不同沟谷坡度条件的地裂缝发育信息

$\beta/(°)$	d/m			$\alpha/(°)$		
	左侧	右侧	平均	左侧	右侧	平均
10	13.8	12.6	13.2	79.6	80.8	80.2
20	21.9	20.9	21.4	77.0	77.6	77.3
30	28.9	30.5	29.7	74.3	73.1	73.7
40	27.5	24.7	26.1	76.3	77.7	77.0
50	17.5	18.9	18.2	84.7	84.1	84.4

根据模拟实验结果，可以得出沟谷坡度的变化对滑动型地裂缝的影响呈现以下规律：
① 随着沟谷坡度的增大，两侧坡体滑移规模越来越大，裂缝距 d 恒为正值，裂缝角

α 均小于 90°，说明裂缝发育位置均偏向采空区一侧。

② 以工作面为中心，在左右两侧坡体上均有滑动型地裂缝发育，发育位置以沟谷中心基本对称。

③ 滑动型裂缝距呈现先增大后减小的趋势，裂缝角呈先减小后增大的趋势，沟谷坡度为 30° 时裂缝距的极大值为 29.7 m，裂缝角的极小值为 73.1°。

本模型采用工作面位置不变，改变沟谷中心的方法，分别得到了沟谷中心距采空区边界的距离为 0~0.5D 的六种不同条件下的地裂缝发育信息。

根据实验结果及表 3.10 可以看出，沟谷位置的变化对滑动型地裂缝发育有以下规律：

① 当沟谷中心位于采空区左侧边界时，左侧坡体受采动影响较小，开采不足以引起左侧坡体滑移，未见地裂缝发育。

② 随着沟谷中心由采空区边界逐渐移动到采空区中心，左侧坡体上滑动型裂缝发育越来越明显，发育位置由煤柱一侧逐渐偏向采空区一侧，距离为 0.2D 时，裂缝发育位置在采空区边界正上方，裂缝角接近 90°。

③ 右侧坡体上滑动型裂缝距采空区边界的距离逐渐减小，即滑动型裂缝距由 38.1 m 减小至 24.7 m，但与采空区边界的相对位置基本不变，裂缝角变化范围为 76.7°~78.1°，平均为 77.5°。

表 3.10 不同沟谷位置条件的地裂缝发育信息

距离	左侧		右侧	
	d/m	α/ (°)	d/m	α/ (°)
0	—	—	38.1	77.3
0.1D	−26.2	104.9	39.2	76.7
0.2D	−2.0	91.2	35.3	77.6
0.3D	10.6	84.4	31.9	77.4
0.4D	12.0	84.1	28.0	78.1
0.5D	27.5	76.3	24.7	77.7

注："−"表示裂缝偏向煤柱一侧，反之，偏向采空区一侧。

4. 沟谷对滑动型地裂缝的影响分析

基于以上数值模拟结果可以发现，滑动型地裂缝受地表沟谷坡度、位置影响较大，经回归分析，得到滑动型地裂缝与沟谷坡度、位置之间的关系模型。

1）沟谷坡度对滑动型地裂缝的影响

对表 3.10 中数据进行相关分析以及回归计算，即可得到滑动型裂缝角、裂缝距与地表沟谷坡度之间的关系模型，如图 3.25、图 3.26 所示。

$$d = -0.0315\beta^2 + 2.037\beta - 4.74 \quad (3\text{-}6)$$

$$\alpha = 0.0196\beta^2 - 1.0976\beta + 89.84 \quad (3\text{-}7)$$

式中，d 为滑动型裂缝距（m）；α 为滑动型裂缝角（°）；β 为沟谷坡度（°）。

从以上图表可以看出，不同沟谷坡度对滑动型地裂缝的影响如下：

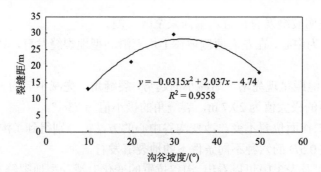

图 3.25　滑动型裂缝距与沟谷坡度之间的关系

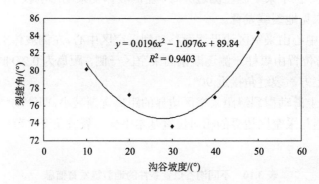

图 3.26　滑动型裂缝角与沟谷坡度之间的关系

①当沟谷坡度 β 在 10°～50°之间变化时，滑动型裂缝距、裂缝角均与沟谷坡度之间存在二次多项式关系。随着沟谷坡度的增大，裂缝距先增大后减小，同时裂缝角先减小后增大，其发育位置均偏向采空区一侧，裂缝距恒为正值，裂缝角均小于 90°。

②对式求极限，即可得到滑动型裂缝角的极小值：$\alpha_{min} = 74.5°$，此时 $\beta = 28.0°$，即当地表沟谷坡度为 28.0°时，滑动型裂缝角为最小，以该极值为中心，抛物线两侧对称。根据裂缝距与裂缝角之间的关系，即可求算出滑动型裂缝距，以此即可准确预测出滑动型地裂缝的发育位置。

③当地表沟谷坡度为 0°时，即 $\beta = 0$，则裂缝角 $\alpha = 89.84°$，裂缝距趋近于 0。即当工作面地表为平地时，采动引起的坡体滑移分量消失，地表发育为台阶式塌陷型裂缝，其发育位置接近采空区边界。在该模型中，基本顶即为关键层，采动引起基本顶破断的同时，上覆岩层即地表整体塌陷，从而发育为塌陷型裂缝，裂缝发育位置为采空区边界正上方，符合开采引起塌陷型地裂缝中基本顶以上无关键层的情况。

2）沟谷位置对滑动型地裂缝的影响

对表 3.10 中数据进行回归分析，即可得到滑动型裂缝距、裂缝角与沟谷位置之间的关系模型。

$$d = 121.4L / D - 32.04 \tag{3-8}$$

$$\alpha = -64.3L / D + 107.47 \tag{3-9}$$

式中，L 为沟谷中心距采空区边界的水平距离（m）；D 为工作面尺寸（m）。

从图 3.27、图 3.28 可以看出：

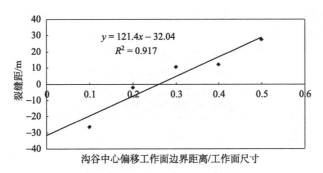

图 3.27　滑动型裂缝距与沟谷位置之间的关系

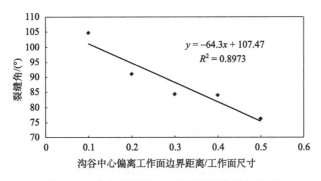

图 3.28　滑动型裂缝角与沟谷位置之间的关系

①随着沟谷位置的变化，滑动型裂缝距、裂缝角与沟谷中心距采空区边界的距离和工作面尺寸之比分别呈线性增大、线性减小的关系，线性系数分别为 121.4、–64.3。

②当 $L/D=0$ 时，$d=-32.04$ m，$\alpha=107.47°$，即当沟谷中心位于采空区边界正上方时，地裂缝发育位置在煤柱一侧，距采空区边界的距离为 32.04 m；随着沟谷中心逐渐偏移至采空区中心，地裂缝发育位置逐渐由煤柱一侧转至采空区一侧。

③若令裂缝距 $d=0$ 或裂缝角 $\alpha=90°$，可得 $L=0.27D$。即当沟谷中心距采空区边界的水平距离为 0.27 倍（约为 1/4 D）的工作面尺寸时，滑动型地裂缝发育位置位于采空区边界正上方；当 $L>0.27D$ 时，裂缝距 $d>0$，裂缝角 $\alpha<90°$，即滑动型裂缝发育位置偏向采空区一侧；当 $L<0.27D$ 时，$d<0$，$\alpha>90°$，即滑动型裂缝发育位置偏向采空区一侧。

（二）沉陷区耕地保水与土壤改良技术

研究区地处陕西、山西、内蒙古三省（自治区）交界处，属于黄土丘陵沟壑地貌，主要特点是地形破碎，千沟万壑，以梁峁状丘陵为主，沟壑密度 2～7 km/km²，沟道深度 100～300 m，多呈"U"形或"V"形，沟壑面积大，沟间地与沟谷地的面积比约为 4∶6。煤炭开采对该区的地表地貌有严重影响，导致地表植被破坏、地面塌陷、地裂缝等环境问题，加剧矿区土壤水土流失和养分流失。

"适种作物筛选-土壤肥力诊断-均衡养分施肥-保水保肥缓释"土壤综合改良技术体系，综合了在采矿扰动下从作物-土壤-施肥-保水保肥的集成技术，对于改良干旱矿区土壤具有科学的指导意义。

"适种作物筛选-土壤肥力诊断-均衡养分施肥-保水保肥缓释"土壤综合改良技术体系主要由四种技术组成（图3.29），其技术核心内容详述如下：

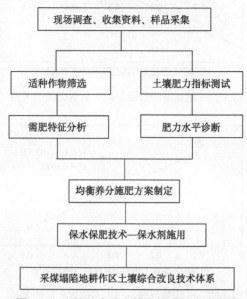

图3.29　土壤综合改良技术体系组成流程图

1）适种作物筛选技术

根据气候条件、土著物种、土壤质量、地形地貌、耕作制度等立地条件调查与分析，首先确定研究区适种作物种类，并以适种作物增产增收为目标制定土壤改良方案。作物筛选方法：首先调查当地的土著作物种类，再以气候适宜性为关键控制条件，兼顾土壤改良，通过田间种植实验，通过测试作物产量、土壤肥力指标与理化指标，最后筛选出适合研究区干旱条件、沙质土壤的适种作物种类。

2）土壤肥力诊断技术

农业生产过程中，常常会碰到土壤障碍因子、养分不平衡、缺素病症等问题，严重影响了现代农业的发展。在适种作物种类确定的基础上，进行作物需肥规律分析，结合土壤各项养分指标含量分析，考虑采矿扰动对土壤肥力影响特征，充分剖析矿区开采活动对土壤营养的特异性响应，进行土壤肥力特异性评价，诊断扰动条件下土壤肥力水平。

3）均衡养分施肥技术

依据全素施肥技术，根据适种作物种类、土壤肥力特异性诊断结果和作物需肥特征，科学制定施肥方法，通过理论计算确定氮、磷、钾、有机肥等的合理配比，以达到增产增收、持续提高土壤质量的效果。

4）保水保肥缓释技术

研究区土壤类型为黄土，具有湿陷性，加之采煤塌陷产生的地裂缝，导致养分容易流失，并具有持续性。针对这些特点，增施保水剂可以有效起到保水保肥缓释的作用。通过室内模拟实验确定不同保水剂的保水性能参数和对土壤养分的保持效果，采用层次分析法筛选适宜保水剂类型，通过计算确定保水剂的施用方法，达到保水保肥、营养缓释的效果。

综上所述，通过对东部两淮高潜水位矿区和西部神东干旱半干旱矿区两种典型地质采矿条件的研究，揭示了采煤沉陷区形成的一般规律。

①首先是单一工作面开采导致覆岩破断及地表变形，在地表形成一个比采空区大得多的沉陷盆地，相邻工作面或多煤层开采导致地表沉陷进一步加剧；在开采过程中含水层中的水资源排出和渗漏导致地下水资源减少或枯竭，同时地表沉陷导致地表水和浅层地下水流失，东部高潜水位矿区表现为地表积水严重，西部干旱矿区土地损害加剧；开采沉陷导致植被枯萎、水土流失、地表塌陷等一系列生态环境问题，从而形成采煤沉陷区（戴华阳等，2013）。

②以两淮矿区厚松散层下开采地质采矿条件为研究对象，基于地表实测数据，结合FLAC3D计算机数值模拟技术，揭示了重复开采地表变形规律，研究了采动次数对地表变形参数的影响，分析了地表移动主要影响因素，研发了沉陷区生态环境治理关键技术。研究表明：a.厚松散层下地表移动变形基本符合一般地质采矿条件下开采规律，即地表下沉曲线和水平移动曲线关于采空区中心呈对称和反对称关系，重复开采时随着开采次数的增加地表下沉盆地变得陡峭，下沉盆地范围略有增大。b.重复采动对地表移动影响较大，地表变形随采动次数的增加而加大。下沉值在工作面的中心位置达到最大；水平移动值在工作面边缘处达到最大，工作面中心无水平移动发生；水平变形出现两次正极值和两次负极值；重复采动倾斜的变化规律相似，均有正负倾斜极值各一处；模拟结果中出现两次曲率负极值和曲率正极值，极值出现在地表移动盆地的边缘和中部地带。c.厚松散层初次开采时地表下沉系数大于1，前三次采动的下沉系数呈线性增大，在经过三次复采后随着复采次数的增加，地表下沉系数不再增加，逐渐趋于稳定；水平移动系数与采动次数之间无明显的相关关系；历经重复采动后，边界角、主要影响角正切与采动次数之间呈线性正相关关系。d.地表变形主要受到厚松散层被逐渐压实以及松散层失水沉降的影响。在采空区边缘的顶板有应力降低区，在采空区边缘出现应力集中，采空区外侧的煤体处于应力增高区，影响深度有增大。e.针对高潜水位采煤沉陷区特点，研发了"平整地设施蔬菜-斜坡地立体苗木-浅水区水生植被-深水区健康水产"生态环境治理关键技术。

③以神东干旱半干旱矿区地质采矿条件为研究对象，基于现场观测及UDEC数值模拟技术，研究了地表变形规律，以及采动地裂缝发育规律，分析了开采沉陷对地表植被的影响，研发了采动地裂缝综合治理技术。研究表明：a.由于受到高强度煤层开采与沟壑地形影响，西部干旱半干旱矿区浅埋煤层开采引起地表滑移，其中，凸型地貌处下沉量减小，以该点为中心，地表向两侧滑移，凹型地貌下沉量增大，以该点为中心，两侧地表向中间滑移。b.从地表变形曲线可以看出，地表为非连续变形，变形曲线出现跳跃，并产生大量裂缝。在形态上，采动地裂缝平面分布规律呈"C"形，与基本顶的"O"形圈破断形态形似，剖面形态为楔形，地表开口大，随深度的增大而减小，到一定深度尖

灭。c.地裂缝发育呈现动态性，一般超前于工作面开采而提前发育，随着工作面的推进，工作面正上方的裂缝先增大后减小，并在地表沉陷稳定后一段时期内愈合，而边界处发育为永久性裂缝；在沟谷下开采时，受沟谷地形的影响，裂缝发育方向大致与地形等高线平行，坡体上发育最充分，至沟底逐渐消失。

④地裂缝的存在主要影响迟效养分在剖面 0～60 cm 深度上的分布和速效养分在剖面 0～40 cm 深度上的分布。地裂缝剖面的地表养分更容易向地下深处迁移，说明采煤引起的地裂缝会加剧矿区地表养分的流失，造成土地的进一步贫瘠。

⑤基于超高水材料基本性能测试的基础上，将超高水材料引入到地裂缝充填治理中，研制了适合野外作业的超高水材料地裂缝充填系统，该系统具有操作简单、方便实用、自动化程度高、充填密实等技术优点。提出了采用超高水材料进行"深部充填-表层覆土-植被建设"的地裂缝治理三步法，为西部矿区生态建设及治理提供了理论依据及技术参考。

第二节 采煤沉陷区"生态-经济-社会"系统的多维关系解析

煤炭资源型城市"生态-经济-社会"多维关系协调发展研究，本质上是关于资源型区域各子系统的协调发展问题，即在揭示煤炭资源型城市多维关系演化的基础上，将生态、经济、社会视为由各自子系统构成的总系统，通过子系统与总系统，以及子系统相互间及其内部组成要素间的协调，使系统及其内部构成要素之间的关系不断朝着理想状态演进。

一、"生态-经济-社会"系统结构

采煤沉陷区"生态-经济-社会"系统作为一个开放系统，由四大子系统构成，即煤炭开采子系统、经济子系统、生态环境子系统和社会子系统（如图 3.30 所示）。"生态-

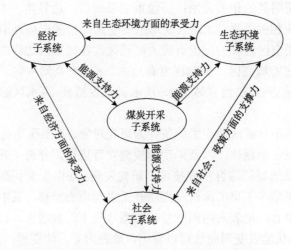

图 3.30 系统之间及内部各要素相互作用图

经济-社会"系统中任何一个子系统及构成要素的变化都会对其他子系统产生影响，从而使整个大系统的结构与功能发生改变。只有把握住各构成要素对整个系统的影响和彼此之间的关系，才能制定出科学合理的能源发展战略，实现系统的协调可持续发展。

（一）总体结构

采煤沉陷区"生态-经济-社会"系统不仅包括能源、生态、经济、社会环境等子系统，而且还包括各子系统的连接关系，即"生态-经济-社会"系统反馈及调控关系，使其成为一个整体。"生态-经济-社会"系统虽可以独立地进行分析，但它绝不是一个封闭的系统，不能离开国民经济这个大系统去分析，必须考虑"生态-经济-社会"系统各个环节之间、"生态-经济-社会"系统和国民经济各部门之间的相互关系（如图 3.31 所示）。

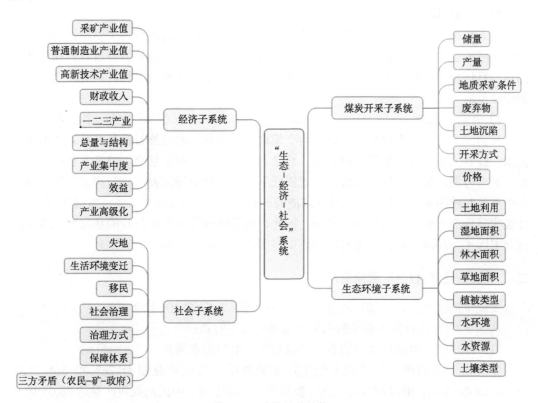

图 3.31　系统总体结构

（二）子系统结构

各子系统内部构成概述如下：

1）煤炭开采子系统

煤炭是我国能源重要组成部分，是经济发展的基础，是"能源-经济-环境"系统的重要子系统。煤炭开采子系统由储量、产量、价格、地质采矿条件、废弃物、土地沉陷、开采方式等要素限制及支撑。该系统以能源消费总量作为状态变量，能源消费总量由GDP增长率和能源消费增长率来决定，从而将经济子系统和煤炭开采子系统相连接；而产业耗能所产生的污染物排放又将该系统与生态环境承载子系统耦合，因此，煤炭开采子系统为该系统的基础。

2）经济子系统

经济子系统是最大的一个子系统，在整个系统中居于主导地位。经济子系统为整个"生态-经济-社会"系统提供来自经济方面的强大动力，经济发展是居民生活改善以及社会发展的前提和基础，缺乏经济的持续增长，整个系统将失去存在的意义。当然，这里所说的经济增长并非不考虑其他因素的过分增长，也绝不是为了生态保护而限制财富积累的"零增长"。经济增长应该是在某一相应的阶段内，用财富的积累和经济规模的扩大来满足人们在自控、自律等约束条件下的合理需求。

3）生态环境子系统

生态环境子系统是指由煤炭资源开采造成生态环境承载力改变为主要特征的一系列连锁反应的总和。在一定的范围内环境具有自我修复的特点，能够维持自我的稳定性，然而一旦环境遭受破坏走出了这个范围就会对系统产生永久性的破坏，并会产生一系列的连锁反应。

4）社会子系统

社会子系统包括人口与技术进步两个模块。社会发展的最终目标是满足人类的各种需求，提高人类的生活质量。但人口的数量和质量，一方面是社会、经济发展的激励因素；另一方面，如果人口基数过大，素质低下，又是社会经济发展、能源消耗和环境改善的重要制约因素。只有人口的发展同能源的合理使用、环境保护、经济发展相互协调，才能实现提高人们生活质量这一目标。因此，该系统体现的是它自身的状态变化以及通过技术因子与经济发展、能源利用和环境等因素间的内在联系。

二、"生态-经济-社会"因果关系

采煤沉陷区"生态-经济-社会"复合系统的因果关系如图3.32所示。

从图3.32可以看出该系统的因果关系具有以下特点：

（1）经济社会发展对煤炭的需求是该系统产生的根本因素。

煤炭资源占我国一次性能源的生产和消费结构的比重分别为76%和66%。*BP Statistical Review of World Energy 2019* 数据表明，2018年，中国的煤炭产量达36.05亿t，占世界总量的45.7%，中国的煤炭消费量为34.23亿t，占世界总量的24.7%。煤炭是我国使用最普遍、最经济、最基础的能源，对经济社会发展提供了重要的原料支撑。

（2）煤炭资源开采是导致一系列生态环境和社会问题的直接诱因。

井下煤炭资源采出后，地表宏观范围内呈现出下沉盆地，严重威胁到地面建（构）筑物的使用安全，同时煤矿开采产生的废水、废气和固体废物给矿区周边环境、地表河流、农田植被以及人民生活带来严重的危害。我国中东部煤矿区人口稠密，地下煤炭资源开发与地面建设矛盾突出，将采煤沉陷区开发为建设用地是破解城市建设用地瓶颈制约的有效途径，目前长壁开采区建设利用技术相对成熟。我国西部水资源缺乏，植被稀

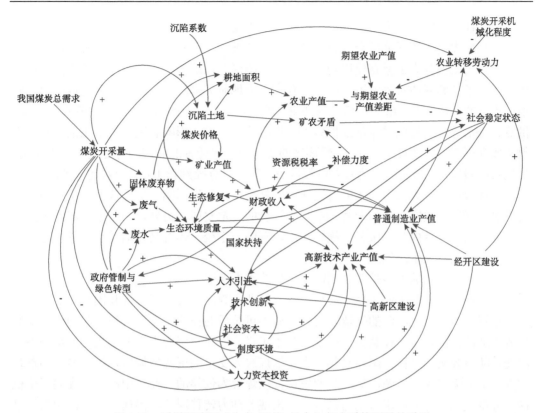

图 3.32　采煤沉陷区"生态-经济-社会"复合系统因果关系图

少，生态环境脆弱，实现煤炭开采、水资源保护与生态环境安全协调发展是西部煤炭开发需解决的关键技术问题之一，近些年我国将岩层移动理论、地下水动力学、生态保护等理论和方法应用于保水采煤领域。伴随煤炭开采技术进步及矿区生态修复技术的研发，我国初步形成了资源开发与生态环境保护统筹协调发展的采煤技术体系。

（3）煤炭开采与生态环境间的矛盾是经济可持续发展的主要障碍。

煤炭资源的大规模开发对我国经济建设和社会发展起到了重要的支撑作用，但也引发了土地资源损毁、土壤污染、水污染、大气污染、生物多样性丧失、生态景观破坏等一系列的生态环境问题。煤炭露天开采必须砍伐植物和剥离表土，削减植被类型，降低植被覆盖率，加剧水土流失，造成大面积的土地荒漠化。地下开采常导致地表沉陷、裂缝，影响土地耕作和植被生长，从而引发地貌和景观生态的改变。此外，煤炭开采会产生大量废弃矸石，废石堆或尾矿散发的有毒有害气体将污染大气环境。煤矸石的风化、自燃、淋滤、矿区粉尘、废气的沉降以及矿井水、洗煤废水、生活污水等的排放使得各种有害元素通过各种水力联系（导水砂层、地层裂隙、河流等）发生污染转移，造成矿区及其周边地区的水污染和土壤污染，生态系统退化，农作物减产，甚至威胁人类健康。在我国高潜水位矿区，煤矿开采造成的塌陷区常年积水或季节性积水，使其原来的陆生环境逐渐演变为水生环境，生态环境严重退化。

（4）社会矛盾的产生是采煤沉陷区面临的主要社会问题。

大规模煤炭资源开采后会导致土地破碎、植被破坏、基础设施受损以及农田被毁，使土地失去或部分失去原有使用功能；采煤沉陷区存在地表下沉现象，地表下沉使周边居民居住条件和周边农牧民民房破坏，存在重大地质灾害隐患。采煤沉陷区内土地受到不同程度的破坏，建设用地损坏较为严重，矿区内成千上万的居民住宅受到影响，供水、供热、排水等管网设施需经常维护修养，道路下沉严重，影响居民的正常生活，农民不得不放弃原有居住地被迫搬家，生活环境的变迁会对搬迁者的财产和身心健康产生影响，当地居民搬迁后，增加迁入地的人口数量与密度并且分配到新土地，会对迁入地的土地、经济、环境产生较大压力，还会对搬迁地的社会治安产生影响，加大政府的工作力度，引发农民-矿区-政府之间的矛盾，不利于社会的稳定发展。另外，由于采煤沉陷区重生产、轻生活，区域内公共服务设施较落后，医院、学校、体育文化活动场所等设施较缺乏，严重影响居民生活生产。

（5）产业结构的调整是关系到国计民生的重大课题。

采矿业归于采掘工业，属于典型的第二产业，煤炭资源的开采在我国采矿业中占据重要位置，对于国民经济的飞速发展发挥着不可替代的作用，在过去很长时间里，煤炭资源创造的经济价值不计其数，在未来几十年里，以煤炭资源为主的一次能源结构不会改变，随着煤炭的勘探，国内兴起了大量以煤炭为支撑的资源型城市，这些城市的财政收入大部分来自煤炭资源，第二产业发达，以煤炭为依靠的产业集中高效。煤炭开采机械化程度越高，开采所用劳动力越少，会出现劳动力转移现象。当前，我国能源政策坚持煤电去产能。研究采煤沉陷区"生态-经济-社会"之间的相互关系有助于实现三者的协调发展。

（6）"煤炭开采-生态失衡-经济投入-社会稳定"是采煤沉陷区可持续发展的必由之路。

煤炭开采造成了土地塌陷，缩减了可以有效利用的土地面积，增加了多片水域，破坏了原有的生态平衡；开采过程中遗留的废弃物污染了空气和水资源，对生态环境造成负面影响。土地面积的减少限制了开发区的发展规划，多类企业发展受到土地的制约，收益降低；空气、水资源的污染也影响了农作物的增收，产量减少；为了建设资源节约型、环境友好型社会，地方政府需要投入大量资金治理煤炭沉陷区的生态环境，在国家坚持煤电去产能的政策下，煤炭需求减少，价格降低，煤炭沉陷区地方财政收入减少，地方经济发展无法有效反补生态环境；此外，用于经济发展和高层次人才引进的资金将会减少；煤炭开采导致的多类生态环境的破坏共同制约着开发区的经济发展。经济发展减速导致煤炭沉陷区居民收入减少、就业岗位减少，失业人数增加、劳动力流失加剧、居民异地搬迁实施困难、人均可用耕地面积减少，农作物减产，社会不安定因素增加，影响人民的生活水平和社会稳定。不仅经济发展会影响高层次人才的引进，负面的社会系统也无法为高层次人才提供稳定、舒适、良好的科研环境，制约着科研人才的引进。人才是第一资源，创新是第一动力，没有足够的人才引进，就无法为采煤沉陷区经济发展持续注入创新动力，无法确保多类环境污染型、煤炭资源开发型企业向高新技术型、绿色型企业全面转型升级，进一步制约了地方经济发展。负面的社会因素也会加剧人口流失，打破了采煤沉陷区原有的人与自然和谐相处的局面，对生态环境有一定的影响。

综上可见，采煤沉陷区"生态-经济-社会"三者之间彼此相互联系、相互影响、相互制约。

第三节 采煤沉陷区"生态-经济-社会"系统多维关系演化规律

耦合最早是在物理学中提出的，后来被广泛地应用于多种科研领域。协调是系统或系统要素之间健康发展的关系和趋势。协调度是度量系统或者系统之间的要素之间的持续共生发展，表征了系统逐渐向有序方向的进化（姜磊等，2017）。本书有二维系统和三维系统的协调发展评价及分析，因此分别选用二元系统耦合和三元系统耦合模型进行分析。

一、耦合模型

（一）二元系统耦合

二元系统耦合度模型是使用较为广泛的模型，其主要的计算过程如下：

$$C = \left\{ S_1 \times S_2 \Big/ \left[(S_1 + S_2)/2 \right]^2 \right\}^K \tag{3-10}$$

其中，C 代表耦合协调度（0,1]，K 是调节因子（$K \geqslant 2$），此处为两个子系统的耦合协调度，取 $K = 1$。在 S_1 和 S_2 的总和为常数的情况下，C 表示两者之间的耦合协调发展水平。

$$D = \sqrt{C \times T} \tag{3-11}$$

$$T = \alpha S_1 + \beta S_2 \tag{3-12}$$

其中，D 是协调发展度，T 反映了两个子系统的总体效应和水平，α 和 β 分别代表两个子系统对城市的协调发展贡献，此处 α、β 均取 1/2。

（二）三元系统耦合

三元系统耦合参照以下模型计算，首先，设定三系统协调度的离差系数为

$$C' = \sqrt{\frac{1}{2}\left[\left(S_1 - \frac{W}{3}\right)^2 + \left(S_2 - \frac{W}{3}\right)^2 + \left(S_3 - \frac{W}{3}\right)^2 \right] \Big/ \left(\frac{W}{3}\right)^2} \tag{3-13}$$

其中，$W = S_1 + S_2 + S_3$；经推导简化得

$$C' = \sqrt{3\left[1 - \frac{3(S_1 S_2 + S_1 S_3 + S_2 S_3)}{S_1 + S_2 + S_3} \right]} = \sqrt{3(1-C)} \tag{3-14}$$

由此设定三元系统协调度为

$$C' = 3(S_1 S_2 + S_1 S_3 + S_2 S_3)/(S_1 + S_2 + S_3) \tag{3-15}$$

依据二元系统耦合协调发展度模型，可以进一步设定三元系统的发展度模型如下（α、β、λ 取值均为 1/3）：

$$T' = \alpha S_1 + \beta S_2 + \lambda S_3 \tag{3-16}$$

$$D' = \sqrt{C \times T} \tag{3-17}$$

协调发展评价分类标准见表 3.11。

表 3.11　协调发展评价分类标准

类型	D 取值范围	分类型
协调发展类	0.9～1.0	优质协调发展类
	0.8～0.9	良好协调发展类
	0.7～0.8	中级协调发展类
过渡发展类	0.6～0.7	初级协调发展类
	0.5～0.6	勉强协调发展类
	0.4～0.5	濒临失调发展类
失调衰退类	0.3～0.4	轻度失调衰退类
	0.2～0.3	中度失调衰退类
	0.1～0.2	严重失调衰退类
	0～0.1	极度失调衰退类

（三）二维耦合过程模型模拟

区域的二维耦合演变过程是 2 个子系统的耦合与相悖的矛盾运动过程，任意 2 个子系统之间的优化耦合都是解决 2 个子系统之间相悖态势、实现区域二维系统之间的资源高效合理利用的有效途径，因此需先解析二维系统的耦合过程和演变规律。

二维系统耦合过程可通过两个子系统及其互动过程的定量化来表述。根据"一般系统论中系统演化"的思想构建"二维系统耦合过程模型"。以 X 和 Y 分别表示 2 个系统的总量，$X(t)$ 和 $Y(t)$ 分别表示时间 t 时 2 个系统的总量，$\dfrac{\mathrm{d}X(t)}{\mathrm{d}t}$ 和 $\dfrac{\mathrm{d}Y(t)}{\mathrm{d}t}$ 分别表示时间 t 时 2 个系统的演化速度。由于 2 个系统的演化会受到彼此发展的限制，各自演化为"S"形曲线，因而 2 个系统的演化满足组合"S"形发展机制，在二维平面上分析 2 个系统演化速度 V 的变化，以 $V_X = \dfrac{\mathrm{d}X(t)}{\mathrm{d}t}$ 和 $V_Y = \dfrac{\mathrm{d}Y(t)}{\mathrm{d}t}$ 分别为横纵坐标，由于 2 个系统的演化速度往往不同，因此 V 的变化轨迹为椭圆形，如图 3.33 所示。即 $\tan\theta = \dfrac{V_Y}{V_X}$，$\theta = \arctan\dfrac{V_Y}{V_X}$。

式中 θ 为二维系统的耦合度，可用来判断二者之间的耦合态势。在一个演化周期中，整个系统会经历"互动发展—系统退化—系统分解—系统再生"的过程：

①$0° \leqslant \theta < 90°$，即在第一象限内，区域二维系统处于互动发展阶段。$\theta = 0°$ 是二维系统发展的起点；$0° < \theta < 45°$，二维系统协调发展，X 子系统发展的速度在 Y 子系统能提供的发展空间之内；$\theta = 45°$，二维系统的发展速度相等，处于协调发展的最佳点位；$45° \leqslant \theta < 90°$，$X$ 系统发展受 Y 系统的制约，Y 系统为满足 X 系统的发展需要，增长速度超过 X 系统。

②$90° < \theta < 180°$，即在第二象限内，区域二维系统处于退化阶段。X 系统的发展开始出现负增长，经济发展减速，整个系统为一个熵增的过程。

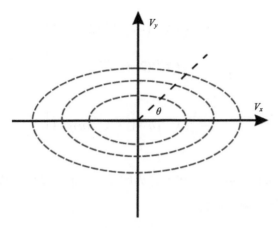

图 3.33 X、Y 系统耦合过程示意图

③180°≤θ<270°，即在第三象限内区域，区域二维系统处于分解阶段。θ=180°，Y系统增长速度为 0；随着 θ 值增加，系统加速瓦解，θ=225°是二维系统的崩溃点；θ>225°，X 系统衰退的速度开始低于 Y 系统的衰退速度。

④270°≤θ<360°，即在第四象限内，区域二维系统处于再生阶段。通过 2 个系统的自组织，耦合过程达到新的平衡点，Y 系统开始正向演化，X 系统衰退的速度减缓，系统进入新的演化周期。

（四）灰色预测模型

为了揭示系统耦合协调发展变化趋势，首先拟采用灰色预测模型进行预测分析相关因素对系统的影响程度（即关联序）的大小，然后根据数据检验的结果建立 GM（1，1）模型。以上关于东部两淮高潜水位矿区和西部神东干旱矿区两种典型地质采矿条件的研究揭示了采煤沉陷区形成的一般规律：东部高潜水位矿区表现为地表积水严重，西部干旱矿区土地损害加剧。开采沉陷导致植被枯萎、水土流失、地表塌陷等一系列生态环境问题，从而形成采煤沉陷区，将沉陷区的主要影响因素作为灰色模型预测的数据、参数，使得模型更加准确。

一般情况下，GM（1,1）的建模和计算过程是同步进行的，分为以下几个步骤：

①收集原始数列

$$X^{(0)} = \left\{ X^{(0)}(1), X^{(0)}(2), \cdots, X^{(0)}(n) \right\} \tag{3-18}$$

②对原始数列进行累加生成

$$AGOx^{(0)} = X^{(1)} = \left\{ X^{(1)}(1), X^{(1)}(2), \cdots, X^{(1)}(n) \right\}，即 X^{(1)}(1) = X^{(0)}(1)，X^{(1)}(n)$$

$$= X^{(0)}(n) + X^{(0)}(n-1), (n = 2,3,4,\cdots,n) \tag{3-19}$$

③构造矩阵 B，Y_N

$$Y_N = [X^{(0)}(2), X^{(0)}(3), \cdots, X^{(0)}(n)]^{\mathrm{T}} \tag{3-20}$$

$$B = \begin{bmatrix} -\dfrac{1}{2}(X^{(1)}(1)+X^{(1)}(2)) & 1 \\ -\dfrac{1}{2}(X^{(1)}(2)+X^{(1)}(3)) & 1 \\ \vdots & \vdots \\ -\dfrac{1}{2}(X^{(1)}(n-1)+X^{(1)}(n)) & 1 \end{bmatrix} \qquad (3\text{-}21)$$

④计算发展系数

$\hat{a} = (B^T B)^{-1} B^T Y_N = [a \quad u]^T$，它代表行为序列估计值的发展态势。

⑤将所求的 $\hat{a}$ 值代入响应函数

$$\hat{X}^{(1)}(i+1) = [X^{(1)}(1) - \frac{u}{a}]e^{-ai} + \frac{u}{a} \qquad (3\text{-}22)$$

⑥对 $\hat{X}^{(1)}(i+1)$ 式进行求导还原成为预测模型

$$\hat{X}^{(0)}(i+1) = -a[X^{(0)}(1) - \frac{u}{a}]e^{-ai} \qquad (3\text{-}23)$$

⑦对求得的模型进行精度检验

即通过计算原始值和模型值之间的残差百分比：记 0 阶残差为 $w^{(0)} = X^{(0)}(i) - \hat{X}^{(0)}(i), (i=1,2,\cdots,i)$，计算原始序列和残差序列的标准差分别记为 S_1 和 S_2，根据以上结果计算后验差检查比值 c 和小误概率 p 值，即 $\begin{cases} c = S_2/S_1 \\ p = p\{w^{(0)}(i) - \overline{w}^{(0)} < 0.6754 S_1\} \end{cases}$，灰色系统预测精度等级标准见表 3.12。

表 3.12 预测精度等级表

等级	优	良	中	差
c	$c \leq 0.35$	$0.35 < c \leq 0.5$	$0.5 < c \leq 0.65$	$0.65 < c$
p	$0.95 \leq p$	$0.8 \leq p < 0.95$	$0.7 \leq p < 0.8$	$p < 0.7$

注：c 是 S_1/S_2，叫均方差比值，就是行为序列的方差比残差的方差；p 是小误差概率。

⑧当预测精度等级较高时，可利用 $\hat{X}^{(0)}(i+1)$ 模型进行预测；否则，需建立残差模型对该模型进行修正，消除误差，也可用两次的拟合参数提高精度。

二、二维关系演化规律

（一）"经济-社会"耦合协调关系

本书拟以高潜水位采煤典型地区淮南市、淮北市和干旱半干旱采煤典型地区鄂尔多斯市为考察对象，研究揭示我国典型采煤沉陷区"生态-经济-社会"多维关系的本质特征和变化趋势，以把握我国采煤沉陷区"生态-经济-社会"多维关系的演变规律性。

1. 耦合协调度

淮南市经济和社会子系统耦合协调发展度的趋势，如表 3.13 所示。2002～2016 年，经济和社会子系统都有了较明显的进步：总体来看，经济和社会子系统为同向发展。耦合度 C_1 值从 2002 年的 0.8973 变为 2016 年的 0.9939，变化不大；相对来说，耦合协调度 D_1 值变化较大，从 2002 年 0.1868 上升到了 2016 年 0.4737，经历了"严重失调—中度失调—轻度失调—濒临失调"的变化过程。虽目前仍处于濒临失调阶段，但已从失调衰退类逐渐向过渡发展类发展，总体发展趋势良好。这说明在此发展阶段，经济和社会的协调发展的重要性得到了重视，可持续发展得到了支持。在 2004 年之后为社会滞后型发展，这说明在此阶段，经济子系统快速发展的过程中可能未能保持社会子系统稳定的发展水平。

表 3.13　淮南市"经济-社会"协调发展情况

年份	$S_{经济}$	$S_{社会}$	C_1	T_1	D_1	耦合协调类型
2002	0.0264	0.0514	0.8973	0.0389	0.1868	严重失调经济滞后型
2003	0.0416	0.0566	0.9767	0.0491	0.2191	中度失调经济滞后型
2004	0.0368	0.0298	0.9890	0.0333	0.1815	严重失调社会滞后型
2005	0.0473	0.0422	0.9967	0.0447	0.2112	
2006	0.0651	0.0574	0.9960	0.0612	0.2469	中度失调社会滞后型
2007	0.0752	0.0708	0.9991	0.0730	0.2701	
2008	0.0931	0.0854	0.9981	0.0893	0.2985	
2009	0.1100	0.0989	0.9972	0.1044	0.3227	
2010	0.1309	0.1172	0.9970	0.1241	0.3517	轻度失调社会滞后型
2011	0.1715	0.1417	0.9910	0.1566	0.3939	
2012	0.2077	0.1667	0.9880	0.1872	0.4301	
2013	0.2400	0.1878	0.9851	0.2139	0.4590	
2014	0.2260	0.1723	0.9818	0.1991	0.4422	濒临失调社会滞后型
2015	0.2278	0.1967	0.9946	0.2123	0.4595	
2016	0.2434	0.2082	0.9939	0.2258	0.4737	

淮北市经济和社会子系统耦合协调发展度的趋势，如表 3.14 所示。2002～2016 年，经济和社会子系统耦合协调发展度整体呈现上升趋势。耦合度 C_2 值从 2002 年的 0.9518 变为 2016 年的 0.8965，变化不大；相对来说，耦合协调度 D_2 值变化较大，从 2002 年 0.1896 上升到了 2016 年 0.4971，经历了"严重失调-中度失调-轻度失调-濒临失调"的变化过程。虽目前仍处于濒临失调阶段，但已从失调衰退类逐渐向过渡发展类发展，总体发展趋势良好。这说明在此发展阶段，经济子系统的发展带动了社会子系统的发展，耦合协调水平不断提高。在 2010 年之后为社会滞后型发展，这说明在此阶段，社会子系统发展水平未能与经济子系统保持同步。

表 3.14 淮北市"经济-社会"协调发展情况

年份	$S_{经济}$	$S_{社会}$	C_2	T_2	D_2	耦合协调类型
2002	0.0295	0.0460	0.9518	0.0378	0.1896	严重失调经济滞后型
2003	0.0368	0.0523	0.9697	0.0446	0.2079	
2004	0.0335	0.0661	0.8928	0.0498	0.2108	中度失调经济滞后型
2005	0.0565	0.0732	0.9835	0.0648	0.2525	
2006	0.0722	0.0820	0.9960	0.0771	0.2771	
2007	0.0882	0.1277	0.9666	0.1079	0.3230	
2008	0.1013	0.1146	0.9962	0.1079	0.3279	轻度失调经济滞后型
2009	0.1192	0.1275	0.9989	0.1233	0.3510	
2010	0.1748	0.1337	0.9822	0.1542	0.3892	轻度失调社会滞后型
2011	0.2035	0.1476	0.9747	0.1755	0.4136	
2012	0.2643	0.1603	0.9400	0.2123	0.4467	
2013	0.2808	0.1836	0.9563	0.2322	0.4712	濒临失调社会滞后型
2014	0.3074	0.1715	0.9195	0.2395	0.4692	
2015	0.2957	0.1885	0.9510	0.2421	0.4799	
2016	0.3643	0.1870	0.8965	0.2757	0.4971	

如图 3.34 所示,淮北市的"经济-社会"协调发展度自 2004 年起始终高于淮南市,更快进入下一发展阶段。虽然淮南市经济和社会子系统的年均发展速度(0.0145、0.0105)较淮北市(0.0223、0.0094)较为均衡,但淮北市的经济子系统的快速发展带动了协调发展度的增加。且 2004 年之后,淮南市的社会子系统一直处于滞后状态,也限制了"经济-社会"的协调发展。

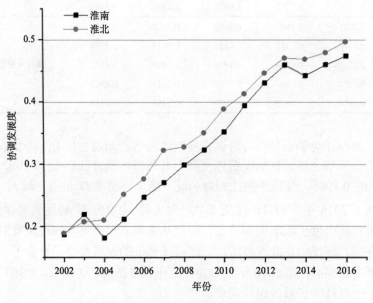

图 3.34 淮南、淮北"经济-社会"协调发展度

鄂尔多斯市经济和社会子系统耦合协调发展度的趋势,如表3.15和图3.35所示。可以看出,鄂尔多斯市经济-社会系统耦合协调度呈快速增长趋势,耦合度C_3值从2003年的0.2157变为2017年的0.9982,变化较大;协调发展度D_3值从2003年的0.1105上升到2017年的0.5225,经历了"严重失调-中度失调-轻度失调-濒临失调-勉强协调"的变化过程,目前已走出失调衰退阶段,处于勉强协调发展阶段,总体发展前景较好。自20世纪西部大开发和能源西部战略实施以来,鄂尔多斯市迎来了黄金发展期,经济总量一度成为内蒙古自治区首位,经济-社会系统也得到了迅速发展,协调发展水平不断提高。从2010年开始经济子系统的迅速发展使该二维系统演变成社会滞后型发展,社会子系统的发展水平未能与经济子系统的发展水平保持匹配。

表3.15　鄂尔多斯市"经济-社会"协调发展情况

年份	$S_{经济}$	$S_{社会}$	C_3	T_3	D_3	耦合协调类型
2003	0.0065	0.1067	0.2157	0.0566	0.1105	严重失调经济滞后型
2004	0.0426	0.1239	0.7615	0.0833	0.2518	中度失调经济滞后型
2005	0.0601	0.1180	0.8942	0.0890	0.2822	
2006	0.0766	0.1188	0.9534	0.0977	0.3052	
2007	0.1037	0.1246	0.9916	0.1142	0.3365	轻度失调经济滞后型
2008	0.1220	0.1317	0.9985	0.1268	0.3559	
2009	0.1341	0.1458	0.9982	0.1399	0.3738	
2010	0.1711	0.1508	0.9960	0.1610	0.4004	
2011	0.2161	0.1726	0.9875	0.1944	0.4381	
2012	0.2313	0.2002	0.9948	0.2157	0.4633	濒临失调社会滞后型
2013	0.2686	0.2250	0.9921	0.2469	0.4949	
2014	0.2670	0.2231	0.9920	0.2451	0.4931	
2015	0.2808	0.2347	0.9920	0.2578	0.5057	
2016	0.2887	0.2350	0.9895	0.2618	0.5090	勉强协调社会滞后型
2017	0.2851	0.2619	0.9982	0.2735	0.5225	

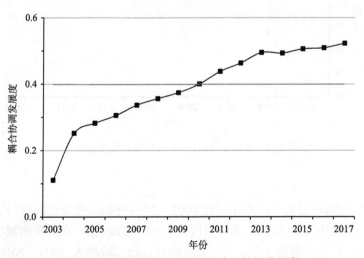

图3.35　鄂尔多斯市"经济-社会"协调发展度

2. 耦合过程分析

1）淮南市

淮南市的"经济-社会"二维系统在 2002～2016 年耦合度均处于[0°，45°）区间内如表 3.16 所示，整体上经济子系统和社会子系统处于互动协调发展阶段，并逐渐趋向协调发展最佳点位，在此期间，经济子系统逐渐为社会子系统提供了充足的发展空间，社会子系统需进一步发展，匹配经济子系统的发展达到最佳耦合状态。二者的耦合度发展速度逐渐降低，如图 3.36 所示，前一阶段经济子系统和社会子系统的耦合发展速度逐渐上升，后期社会子系统的相对落后的发展水平，不足以匹配相对高水平发展的经济子系统，因而影响了耦合度指数变化的速度，此时应当注重社会子系统发展水平的提高，以匹配经济子系统的发展。

表 3.16　淮南市"经济-社会"耦合度指数变化

时间	2002	2003	2004	2005	2006	2007	2008	2009
θ	23.30	25.56	27.50	29.18	30.65	31.94	33.09	34.11

时间	2010	2011	2012	2013	2014	2015	2016
θ	35.03	35.86	36.61	37.29	37.91	38.48	39.00

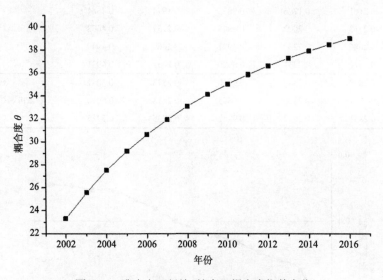

图 3.36　淮南市"经济-社会"耦合度指数变化

2）淮北市

淮北市的"经济-社会"二维系统在2002～2016 年耦合度变化跨度较大，整体上可分为 2 个阶段，如表 3.17 所示。第一阶段为 2002～2003 年，在此期间耦合度指数逐渐趋向最佳发展点位，二者处于互动协调发展阶段；第二阶段为 2004～2016 年，此阶段

θ >45°，社会子系统的发展速度逐渐降低，无法同经济子系统的发展速度相匹配，社会子系统需进一步发展。耦合度发展速度先增后减，如图 3.37 所示，前一阶段经济子系统相对较高的发展水平使二者的耦合达到了新的平衡点，为社会子系统提供发展空间，由于社会子系统发展速度逐渐降低，逐渐演变成为社会滞后型发展，影响了耦合度指数变化的速度，导致整个演化周期时间的延长。此时应当注意经济子系统稳定发展的同时，提高社会子系统的发展水平。

表 3.17 淮北市"经济-社会"耦合度指数变化

时间	2002	2003	2004	2005	2006	2007	2008	2009
θ	36.17	42.64	48.44	53.56	58.05	61.97	65.39	68.39

时间	2010	2011	2012	2013	2014	2015	2016
θ	71.02	73.34	75.39	77.21	78.84	80.30	81.62

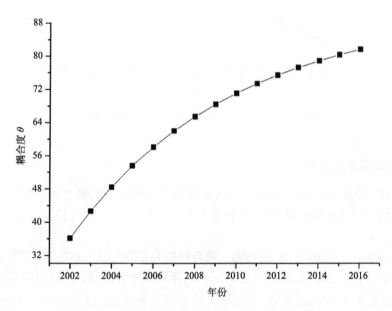

图 3.37 淮北市"经济-社会"耦合度指数变化

3）鄂尔多斯市

鄂尔多斯市的"经济-社会"二维系统在 2003～2017 年耦合度均处于[0°，90°）区间内，如表 3.18 和图 3.38 所示，整体上经济子系统和社会子系统处于互动协调发展阶段，可分为两个阶段。第一阶段为 2003～2014 年，θ <45°，二维系统协调发展，在此期间耦合度指数逐渐增加趋向最佳发展点位；第二阶段为 2015～2017 年，此阶段 θ >45°，社会制约了经济发展速度，社会系统为满足经济发展需要，增长速度必须超过经济发展速度。

表 3.18　鄂尔多斯市"经济–社会"耦合度指数变化

时间	2003	2004	2005	2006	2007	2008	2009	2010
θ	8.86	11.19	13.69	16.35	19.20	22.22	25.42	28.80
时间	2011	2012	2013	2014	2015	2016	2017	
θ	32.34	36.03	39.84	43.74	47.71	51.70	55.67	

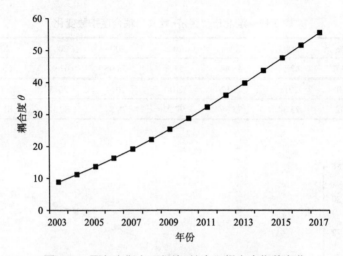

图 3.38　鄂尔多斯市"经济–社会"耦合度指数变化

3. 耦合协调关系预测

以淮南市、淮北市、鄂尔多斯市"经济–社会"二维系统的耦合协调发展度数据为基准，通过 GM（1，1）模型对"经济–社会"2017～2021 年的耦合协调发展度进行预测。

1）淮南市

经计算得到 a=−0.0694，u=0.1893，拟合模型为 $\hat{x}^{(0)}(k+1)=0.2023e^{0.0694k}$，对模型精度进行评价，评价结果 c=0.2347<0.35，p=1，预测精度等级优，即该模拟结果可以进行数据预测。根据表 3.19 数据可知，若无重大政策或其他变化，以当前发展趋势而言，"经济–社会"二维系统在 2017 年可进入勉强协调发展，2018 年可进入初级协调发展，2020 年可进入中级协调发展类，发展趋势良好。

表 3.19　淮南市"经济–社会"耦合协调发展 2017～2021 年预测值

时间	2017	2018	2019	2020	2021
D	0.5726	0.6137	0.6578	0.7051	0.7557

2）淮北市

经计算得到 a=−0.0633，u=0.2163，拟合模型为 $\hat{x}^{(0)}(k+1)=0.2283e^{0.0633k}$，对模型精度进行评价，评价结果 c=0.2236<0.35，p=1，预测精度等级优，即该模拟结果可以进行

数据预测。根据表 3.20 数据可知，若无重大政策或其他变化，以当前发展趋势而言，"经济-社会"二维系统在 2017 年可进入勉强协调发展，2018 年可进入初级协调发展，2020年可进入中级协调发展类，发展趋势良好。

表 3.20　淮北市"经济-社会"耦合协调发展 2017～2021 年预测值

时间	2017	2018	2019	2020	2021
D	0.5899	0.6285	0.6696	0.7133	0.7599

3）鄂尔多斯市

经计算得出 $a=-0.0513$，$u=0.2749$，拟合模型为 $\hat{x}^{(0)}(k+1)=0.2805e^{0.0513k}$，对模型精度进行评价，评价结果 $c=0.1929<0.35$，$p=1$，预测精度等级优，即该模拟结果可以进行数据预测。根据表 3.21 数据可知，若无重大政策或其他变化，以当前发展趋势而言，"经济-社会"二维系统在 2021 年可进入中级协调发展类。

表 3.21　鄂尔多斯市"经济-社会"耦合协调发展 2018～2022 年预测值

时间	2018	2019	2020	2021	2022
D	0.6058	0.6376	0.6712	0.7066	0.7438

（二）"生态-社会"耦合协调关系

1. 耦合协调度

淮南市生态和社会子系统耦合协调发展度的趋势，如表 3.22 所示。2002～2016 年，生态和社会子系统都有了较明显的进步：总体来看，生态和社会子系统为同向发展。耦合度 C_4 值从 2002 年的 0.7120 变为 2016 年的 0.9939，变化较为明显；相对来说，耦合协调度 D_4 值变化较大，从 2002 年 0.2809 上升到 2016 年 0.4737，经历了"中度失调-轻度失调-濒临失调"的变化过程。虽目前仍处于濒临失调阶段，但已从失调衰退类逐渐向过渡发展类发展，总体发展趋势良好。在 2011 年之后为生态滞后型发展，这说明在此阶段，着力发展社会子系统的过程中可能未能保持生态子系统稳定的发展水平。

表 3.22　淮南市"生态-社会"协调发展情况

年份	$S_{生态}$	$S_{社会}$	C_4	T_4	D_4	耦合协调类型
2002	0.1704	0.0514	0.7120	0.1109	0.2809	
2003	0.1741	0.0566	0.7409	0.1154	0.2924	
2004	0.1799	0.0298	0.4879	0.1049	0.2262	中度失调社会滞后型
2005	0.2022	0.0422	0.5711	0.1222	0.2642	
2006	0.1218	0.0574	0.8707	0.0896	0.2793	
2007	0.0879	0.0708	0.9884	0.0794	0.2801	

年份	$S_{生态}$	$S_{社会}$	C_4	T_4	D_4	耦合协调类型
2008	0.1134	0.0854	0.9802	0.0994	0.3122	
2009	0.1006	0.0989	0.9999	0.0997	0.3158	轻度失调社会滞后型
2010	0.1255	0.1172	0.9989	0.1214	0.3482	
2011	0.1121	0.1417	0.9864	0.1269	0.3538	
2012	0.1038	0.1667	0.9459	0.1353	0.3577	轻度失调生态滞后型
2013	0.1167	0.1878	0.9454	0.1522	0.3794	
2014	0.1479	0.1723	0.9942	0.1601	0.3990	
2015	0.1870	0.1967	0.9994	0.1919	0.4379	濒临失调生态滞后型
2016	0.2434	0.2082	0.9939	0.2258	0.4737	

淮北市生态和社会子系统耦合协调发展度的趋势,如表3.23所示。2002~2016年,生态和社会子系统都有了较明显的进步:总体来看,生态和社会子系统为同向发展。耦合度C_5值从2002年的0.8074变为2016年的0.9985,变化较为明显;相对来说,耦合协调度D_5值变化较大,从2002年0.2574上升到2016年0.4408,经历了"中度失调-轻度失调-濒临失调"的变化过程。虽目前仍处于濒临失调阶段,但已从失调衰退类逐渐向过渡发展类发展,总体发展趋势良好。在2009~2012年为生态滞后型发展,这说明在研究时间跨度内,社会子系统的发展水平尚需提高。

表3.23　淮北市"生态-社会"协调发展情况

年份	$S_{生态}$	$S_{社会}$	C_5	T_5	D_5	耦合协调类型
2002	0.1181	0.0460	0.8074	0.0821	0.2574	
2003	0.1337	0.0523	0.8088	0.0930	0.2743	中度失调社会滞后型
2004	0.1268	0.0661	0.9009	0.0964	0.2947	
2005	0.1602	0.0732	0.8609	0.1167	0.3170	
2006	0.1046	0.0820	0.9853	0.0933	0.3032	轻度失调社会滞后型
2007	0.1377	0.1277	0.9986	0.1327	0.3640	
2008	0.1352	0.1146	0.9932	0.1249	0.3523	
2009	0.0938	0.1275	0.9768	0.1106	0.3287	
2010	0.0933	0.1337	0.9684	0.1135	0.3315	轻度失调生态滞后型
2011	0.0981	0.1476	0.9594	0.1229	0.3433	
2012	0.1011	0.1603	0.9488	0.1307	0.3522	
2013	0.1939	0.1836	0.9993	0.1888	0.4343	
2014	0.1844	0.1715	0.9987	0.1779	0.4216	濒临失调社会滞后型
2015	0.1570	0.1885	0.9917	0.1728	0.4139	
2016	0.2021	0.1870	0.9985	0.1946	0.4408	

总体而言,淮南市的"生态-社会"协调发展度自2004年起发展更为稳定,而淮北市波动较为明显。淮南市生态和社会子系统的年均发展速度(0.0049、0.0105)和淮北市

（0.0056、0.0094）都不够均衡，但淮南市的社会子系统的快速稳定发展带动了协调发展度的增加，淮北市 2007～2012 年社会和生态子系统发展水平都有不同程度的降低，而2009～2012 年协调发展度的上升是因为二者发展水平都较低造成的高协调度，之后的 2次拐点都是因为生态子系统发展水平的增加和降低，如图 3.39 所示。

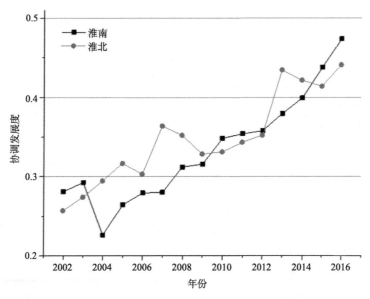

图 3.39　淮南、淮北"生态–社会"协调发展度

鄂尔多斯市生态和社会子系统耦合协调发展度的趋势，如图 3.40 和表 3.24 所示。2003～2017 年，生态和社会子系统耦合协调发展度呈缓慢波动上升趋势，耦合度 C_6 值从 2003 年的 0.9827 变为 2017 年的 0.9257，变化不大；耦合协调度 D_6 值从 2003 年的 0.3475上升到 2017 年的 0.4365，从轻度失调衰退转变为濒临失调发展阶段，发展速度较为缓慢，说明在发展过程中社会与生态系统没有为生态–社会协调发展提供足够的支持与动力。从

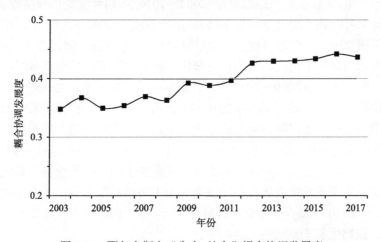

图 3.40　鄂尔多斯市"生态–社会"耦合协调发展度

表 3.24　鄂尔多斯市"生态-社会"协调发展情况

年份	$S_{生态}$	$S_{社会}$	C_6	T_6	D_6	耦合协调类型
2003	0.1390	0.1067	0.9827	0.1229	0.3475	
2004	0.1473	0.1240	0.9926	0.1356	0.3669	
2005	0.1263	0.1180	0.9988	0.1222	0.3493	轻度失调社会滞后型
2006	0.1320	0.1188	0.9972	0.1254	0.3536	
2007	0.1501	0.1246	0.9914	0.1374	0.3690	
2008	0.1314	0.1317	0.9999	0.1315	0.3627	轻度失调生态滞后型
2009	0.1628	0.1458	0.9970	0.1543	0.3923	轻度失调社会滞后型
2010	0.1502	0.1508	0.9999	0.1505	0.3880	轻度失调生态滞后型
2011	0.1446	0.1726	0.9922	0.1586	0.3967	
2012	0.1664	0.2002	0.9915	0.1833	0.4263	
2013	0.1563	0.2249	0.9676	0.1907	0.4295	
2014	0.1581	0.2231	0.9709	0.1906	0.4302	濒临失调生态滞后型
2015	0.1569	0.2347	0.9605	0.1958	0.4337	
2016	0.1669	0.2350	0.9713	0.2009	0.4417	
2017	0.1497	0.2619	0.9257	0.2058	0.4365	

2010 年开始，社会子系统的快速发展和生态子系统发展水平的降低使该二维系统演变成为生态滞后型发展，这说明在此阶段，社会子系统快速发展的过程中，生态子系统的发展水平未能与社会子系统的发展水平保持匹配。

2. 耦合过程分析

1）淮南市

淮南市的"生态-社会"二维系统在 2002～2016 年耦合度变化跨度较大，呈"S"形发展，整体上可分为 3 个阶段（表 3.25）。第一阶段为 2002～2008 年，在此期间耦合度指数处于第四象限，"生态-社会"二维系统处于再生阶段，通过 2 个系统的自组织，生态系统逐渐达到新的平衡点，开始正向演化，社会系统衰退的速度减缓，系统进入新的演化周期；第二阶段为 2009～2014 年，在此期间二者处于互动协调发展阶段，并逐渐趋向协调发展最佳点位；第三阶段为 2016 年，此阶段 $\theta > 45°$，社会子系统的发展受生态子系统资源量的制约发展减缓，生态子系统为满足社会子系统的发展需要，需进一步发展。耦合度发展速度先增后减（图 3.41），前一阶段生态子系统相对较高的发展水平使二者的耦合达到了新的平衡点，为社会子系统提供发展空间，随着社会子系统发展水平的进步，逐渐消耗生态子系统内部资源，演变成为生态滞后型发展，影响了耦合度指数变化的速度，导致 2016 年耦合度指数远离最佳发展点位，此时应当注意在社会子系统稳定发展的同时，提高生态子系统的发展水平。

表 3.25　淮南市"生态-社会"耦合度指数变化

时间	2002	2003	2004	2005	2006	2007	2008	2009
θ	−76.60	−71.82	−65.53	−57.11	−45.88	−31.52	−14.96	1.36

时间	2010	2011	2012	2013	2014	2015	2016	
θ	15.22	25.93	33.94	39.94	44.51	48.06	50.88	

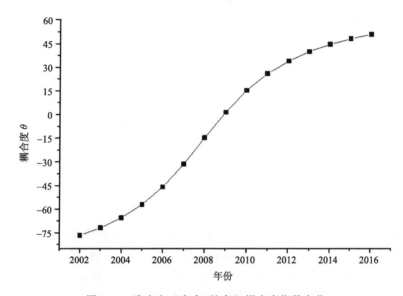

图 3.41　淮南市"生态-社会"耦合度指数变化

2）淮北市

淮北市的"生态-社会"二维系统在 2002～2016 年耦合度变化跨度较大，呈"S"形发展，整体上可分为 2 个阶段（表 3.26）。第一阶段为 2002～2004 年，在此期间二者处于互动协调发展阶段，并逐渐趋向协调发展最佳点位；第二阶段为 2005～2016 年，此阶段 $\theta > 45°$，社会子系统逐渐降低的发展速度无法同生态子系统的发展速度相互匹配，需进一步发展。耦合度发展速度先增后减（图 3.42），前一阶段生态子系统相对较高的发展为社会子系统提供了充足的发展空间，但由于社会子系统发展速度逐渐降低，最终演变成为社会滞后型发展，影响了耦合度指数变化的速度，导致 2005 年耦合度指数远离最佳发展点位，此时应当注意提高社会子系统的发展水平。

表 3.26　淮北市"生态-社会"耦合度指数变化

时间	2002	2003	2004	2005	2006	2007	2008	2009
θ	39.84	41.04	45.00	51.03	57.91	64.49	70.09	74.56

时间	2010	2011	2012	2013	2014	2015	2016	
θ	78.02	80.66	82.67	84.22	85.43	86.37	87.12	

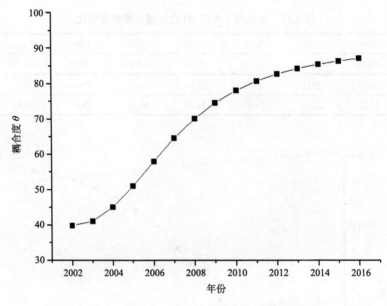

图 3.42　淮北市"生态-社会"耦合度指数变化

3）鄂尔多斯市

鄂尔多斯市的"生态-社会"二维系统在 2003～2017 年耦合度均处于（-90°，-45°）区间内，变化呈现抛物线型发展，如图 3.43 和表 3.27 所示，区域二维系统处于再生阶段，通过生态与社会子系统的自组织，耦合过程达到新的平衡点，社会子系统开始正向演化，生态子系统衰退的速度减缓，系统进入新的演化周期。

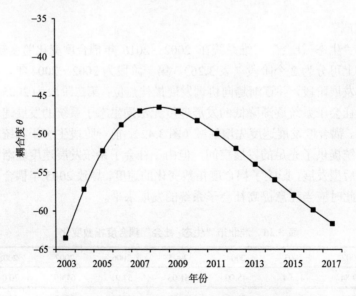

图 3.43　鄂尔多斯市"生态-社会"耦合度指数

表 3.27 鄂尔多斯市"生态-社会"耦合度指数

时间	2003	2004	2005	2006	2007	2008	2009	2010
θ	−63.48	−57.17	−52.17	−48.80	−46.99	−46.51	−47.03	−48.26
时间	2011	2012	2013	2014	2015	2016	2017	
θ	−49.93	−51.86	−53.90	−55.94	−57.94	−59.83	−61.61	

3. 耦合协调关系预测

以淮南市、淮北市、鄂尔多斯市"生态-社会"二维系统的耦合协调发展度数据为基准,通过 GM(1,1)模型对"生态-社会"的耦合协调发展度进行预测。

1)淮南市

经计算得到 a=−0.0453,u=0.2269,拟合模型为 $\hat{x}^{(0)}(k+1)=0.2397\mathrm{e}^{0.0453k}$,对模型精度进行评价,评价结果 c=0.2557<0.35,p=0.9333>0.8,预测精度等级良,即该模拟结果可以进行数据预测。根据表 3.28 数据可知,若无重大政策或其他变化,以当前发展趋势而言,"生态-社会"二维系统在 2019 年可进入勉强协调发展,2021 年尚未能进入初级协调发展类,发展较缓慢。

表 3.28 淮南市"生态-社会"耦合协调发展 2017~2021 年预测值

时间	2017	2018	2019	2020	2021
D	0.4731	0.4951	0.5180	0.5421	0.5672

2)淮北市

经计算得到 a=−0.0328,u=0.2712,拟合模型为 $\hat{x}^{(0)}(k+1)=0.2797\mathrm{e}^{0.0328k}$,对模型精度进行评价,评价结果 c=0.3687>0.35,p=1>0.8,预测精度等级良,即该模拟结果可以进行数据预测。根据表 3.29 数据可知,若无重大政策或其他变化,以当前发展趋势而言,"生态-社会"二维系统在 2020 年可进入勉强协调发展,2021 年尚未能进入初级协调发展类,发展较缓慢。

表 3.29 淮北市"生态-社会"耦合协调发展 2017~2021 年预测值

时间	2017	2018	2019	2020	2021
D	0.4576	0.4729	0.4887	0.5050	0.5218

3)鄂尔多斯市

经计算得出 a=−0.0194,u=0.3400,拟合模型为 $\hat{x}^{(0)}(k+1)=0.3468\mathrm{e}^{0.0194k}$,对模型精度进行评价,评价结果 c=0.2919<0.35,p=1>0.8,预测精度等级良,即该模拟结果可以进行数据预测。根据表 3.30 数据可知,若无重大政策或其他变化,以当前发展趋势而言,"生态-社会"二维系统在 2022 年可进入勉强协调发展。

表 3.30　鄂尔多斯市"生态-社会"耦合协调发展 2018～2022 年预测值

时间	2018	2019	2020	2021	2022
D	0.4636	0.4727	0.4819	0.4913	0.5009

（三）"经济-生态"耦合协调关系

1. 耦合协调度

淮南市经济和生态子系统耦合协调发展度的趋势，如表 3.31 所示。2002～2016 年，经济和生态子系统都有了较明显的进步：总体来看，经济和生态子系统为同向发展。耦合度 C_7 值从 2002 年的 0.4651 变为 2016 年的 0.9836，变化明显；耦合协调度 D_7 从 2002 年 0.2139 上升到了 2016 年 0.4607，经历了"中度失调-轻度失调-濒临失调"的变化过程。虽目前仍处于濒临失调阶段，但已从失调衰退类逐渐向过渡发展类发展，总体发展趋势良好。在 2008 年之后，由于环境现状准则层发展水平明显降低造成生态滞后型发展，这说明在此阶段，生态子系统对整体协调发展的推动作用未得到重视。

表 3.31　淮南市"经济-生态"协调发展情况

年份	$S_{经济}$	$S_{生态}$	C_7	T_7	D_7	耦合协调类型
2002	0.0264	0.1704	0.4651	0.0984	0.2139	
2003	0.0416	0.1741	0.6231	0.1079	0.2592	
2004	0.0368	0.1799	0.5639	0.1084	0.2472	中度失调经济滞后型
2005	0.0473	0.2022	0.6147	0.1248	0.2769	
2006	0.0651	0.1218	0.9079	0.0934	0.2912	
2007	0.0752	0.0879	0.9940	0.0816	0.2847	
2008	0.0931	0.1134	0.9904	0.1033	0.3198	
2009	0.1100	0.1006	0.9980	0.1053	0.3242	
2010	0.1309	0.1255	0.9995	0.1282	0.3580	
2011	0.1715	0.1121	0.9562	0.1418	0.3682	轻度失调生态滞后型
2012	0.2077	0.1038	0.8887	0.1558	0.3721	
2013	0.2400	0.1167	0.8804	0.1783	0.3962	
2014	0.2260	0.1479	0.9564	0.1869	0.4228	
2015	0.2278	0.1870	0.9903	0.2074	0.4532	濒临失调生态滞后型
2016	0.2434	0.1881	0.9836	0.2158	0.4607	

淮北市生态和经济子系统耦合协调发展度的趋势，如表 3.32 所示。2002～2016 年，经济和生态子系统都有了较明显的进步：总体来看，经济和社会子系统为同向发展。耦合度 C_8 值从 2002 年的 0.6393 变为 2016 年的 0.9180，变化明显；耦合协调度 D_8 值从 2002 年 0.2171 上升到了 2016 年 0.5099，经历了"中度失调-轻度失调-濒临失调-勉强协调"的变化过程，最先进入勉强协调发展类。虽目前仍处于勉强协调阶段，但已从失调衰退类逐渐向过渡发展类发展，总体发展趋势良好。在 2009 年之后为生态滞后型发展，说明在此阶段，生态子系统对整体协调发展的推动作用未得到重视。

表 **3.32**　淮北市"经济-生态"协调发展情况

年份	$S_{经济}$	$S_{生态}$	C_8	T_8	D_8	耦合协调类型
2002	0.0295	0.1181	0.6393	0.0738	0.2171	
2003	0.0368	0.1337	0.6774	0.0852	0.2403	
2004	0.0335	0.1268	0.6611	0.0801	0.2302	中度失调经济滞后型
2005	0.0565	0.1602	0.7710	0.1084	0.2890	
2006	0.0722	0.1046	0.9665	0.0884	0.2923	
2007	0.0882	0.1377	0.9520	0.1130	0.3279	轻度失调经济滞后型
2008	0.1013	0.1352	0.9793	0.1182	0.3403	
2009	0.1192	0.0938	0.9858	0.1065	0.3240	
2010	0.1748	0.0933	0.9075	0.1341	0.3488	轻度失调生态滞后型
2011	0.2035	0.0981	0.8779	0.1508	0.3638	
2012	0.2643	0.1011	0.8007	0.1827	0.3825	
2013	0.2808	0.1939	0.9665	0.2373	0.4789	
2014	0.3074	0.1844	0.9374	0.2459	0.4801	濒临失调生态滞后型
2015	0.2957	0.1570	0.9061	0.2264	0.4529	
2016	0.3643	0.2021	0.9180	0.2832	0.5099	勉强协调生态滞后型

　　相对而言，淮南市的"生态-经济"协调发展度更为稳定。淮南市生态和社会子系统的年均发展速度（0.0145、0.0012）和淮北市（0.0223、0.0056）都不均衡，但淮南市的经济和生态子系统的协调度更稳定，因而协调发展度也会较为稳定。淮北市 2009～2013年协调发展度的上升是经济快速发展带动的增长，之后出现的拐点同是因为生态子系统发展水平的降低，如图 3.44 所示。

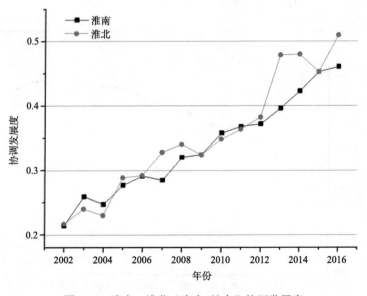

图 3.44　淮南、淮北"生态-社会"协调发展度

鄂尔多斯市经济和生态子系统耦合协调发展度的趋势，如表 3.33 和图 3.45 所示。2003~2017 年，经济和生态子系统都有了较明显的进步，总体来看，经济和生态子系统为同向发展。耦合度 C_9 从 2003 年的 0.1701 变为 2017 年的 0.9031，变化明显；耦合协调度 D_9 从 2003 年的 0.1112 增大到 2017 年的 0.4431，经历了"严重失调-中度失调-轻度失调-濒临失调"的变化过程。虽目前仍处于濒临失调阶段，但已从失调衰退类逐渐向过渡发展类发展，总体发展趋势良好。在 2010 年之前为生态滞后型发展，说明在此阶段，生态子系统对整体协调发展的推动作用未得到重视。

表 3.33　鄂尔多斯市"经济-生态"协调发展情况

年份	$S_{经济}$	$S_{生态}$	C_9	T_9	D_9	耦合协调类型
2003	0.0065	0.1390	0.1701	0.0728	0.1112	严重失调经济滞后型
2004	0.0426	0.1473	0.6961	0.0950	0.2571	中度失调经济滞后型
2005	0.0601	0.1263	0.8737	0.0932	0.2854	
2006	0.0766	0.1320	0.9295	0.1043	0.3114	轻度失调经济滞后型
2007	0.1037	0.1501	0.9667	0.1269	0.3502	
2008	0.1220	0.1314	0.9986	0.1267	0.3556	
2009	0.1341	0.1628	0.9906	0.1484	0.3835	
2010	0.1711	0.1502	0.9958	0.1607	0.4000	濒临失调生态滞后型
2011	0.2161	0.1446	0.9606	0.1803	0.4162	
2012	0.2313	0.1664	0.9734	0.1988	0.4399	
2013	0.2688	0.1563	0.9300	0.2125	0.4446	
2014	0.2670	0.1581	0.9343	0.2126	0.4456	
2015	0.2808	0.1569	0.9199	0.2189	0.4487	
2016	0.2887	0.1669	0.9285	0.2278	0.4599	
2017	0.2851	0.1497	0.9031	0.2174	0.4431	

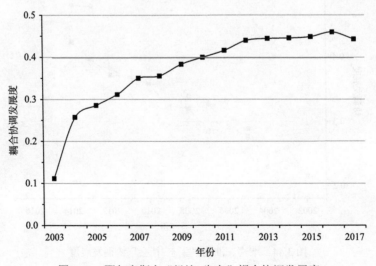

图 3.45　鄂尔多斯市"经济-生态"耦合协调发展度

2. 耦合过程分析

1）淮南市

淮南市的"经济-生态"二维系统在 2002~2016 年耦合度变化跨度较大，呈"S"形发展，整体上可分为 2 个阶段（表 3.34）。第一阶段为 2002~2008 年，在此期间耦合度指数处于第四象限，"经济-生态"二维系统处于再生阶段，通过 2 个系统的自组织，生态系统逐渐达到新的平衡点，开始正向演化，经济系统衰退的速度减缓，系统进入新的演化周期；第二阶段为 2009~2016 年，在此期间二者处于互动协调发展阶段，并逐渐趋向协调发展最佳点位。耦合度发展速度先增后减（图 3.46），前期随着生态子系统相对较高的发展水平达到了新的平衡点，为经济子系统提供发展空间，经济的快速发展在资源供给和环境调节能力的控制之内；随着经济子系统的进一步发展，生态子系统的发展水平逐渐无法与之匹配，因而对耦合度指数变化的速度造成了影响，此时应当注重生态子系统发展水平的提高。

表 3.34　淮南市"经济-生态"耦合度指数变化

时间	2002	2003	2004	2005	2006	2007	2008	2009
θ	−61.05	−55.53	−48.84	−40.82	−31.43	−20.92	−9.88	0.92

时间	2010	2011	2012	2013	2014	2015	2016
θ	10.80	19.37	26.57	32.52	37.43	41.50	44.88

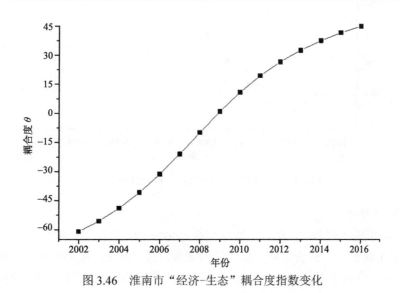

图 3.46　淮南市"经济-生态"耦合度指数变化

2）淮北市

淮北市的"经济-生态"二维系统在 2002~2016 年耦合度变化跨度较大，呈"S"形发展，整体上可分为 3 个阶段（表 3.35）。第一阶段为 2002~2004 年，在此期间，由于生态子系统和经济子系统发展水平的不稳定和降低，造成了耦合过程的逆向演化；第二阶段为 2005~2006 年，在此期间二者处于互动协调发展阶段，并逐渐趋向协调发展最佳点位；第三阶段为 2007～2016 年，生态子系统为经济的发展提供了充足的发展空间，而经济子系统较低的发展速度无法同生态子系统的发展速度相互匹配，需进一步发展。耦合度发展速度先减后增，如图 3.47 所示，前期生态子系统为经济子系统提供发展空间，经济的快速发展在资源供给和环境调节能力的控制之内；而经济子系统的发展速度较慢，因而对耦合度指数变化的速度造成了影响，此时应当注重经济子系统发展水平的提高。

表 3.35　淮北市"经济-生态"耦合度指数变化

时间	2002	2003	2004	2005	2006	2007	2008	2009
θ	48.78	43.39	41.56	42.39	44.85	48.13	51.67	55.12
时间	2010	2011	2012	2013	2014	2015	2016	
θ	58.32	61.20	63.75	65.98	67.94	69.65	71.16	

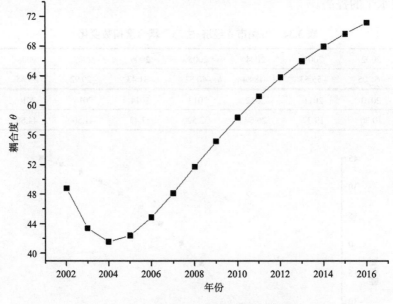

图 3.47　淮北市"经济-生态"耦合度指数变化

3）鄂尔多斯市

鄂尔多斯市的"经济-生态"二维系统在 2003～2017 年耦合度处于再生阶段，如表 3.36 和图 3.48 所示，耦合度指数位于第四象限，通过两个系统的自组织，耦合过程达到新的平衡点，生态子系统复苏，经济子系统衰退的速度减缓，系统进入新的演化周期。

表 3.36　鄂尔多斯市"经济-生态"耦合度指数

时间	2003	2004	2005	2006	2007	2008	2009	2010
θ	−72.64	−72.95	−72.59	−71.47	−69.53	−66.70	−62.96	−58.36
时间	2011	2012	2013	2014	2015	2016	2017	
θ	−53.03	−47.19	−41.16	−35.23	−29.67	−24.66	−20.25	

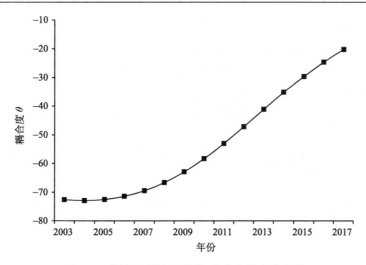

图 3.48 鄂尔多斯市"经济-生态"耦合度指数

3. 耦合协调关系预测

以淮南市、淮北市、鄂尔多斯市"经济-生态"二维系统的耦合协调发展度数据为基准，通过 GM（1，1）模型对"经济-生态"的耦合协调发展度进行预测。

1）淮南市

经计算得到 $a=-0.0486$，$u=0.2306$，拟合模型为 $\hat{x}^{(0)}(k+1)=0.2410e^{0.0486k}$，对模型精度进行评价，评价结果 $c=0.1157<0.35$，$p=1$，预测精度等级优，即该模拟结果可以进行数据预测。根据表 3.37 数据可知，若无重大政策或其他变化，以当前发展趋势而言，"经济-生态"二维系统在 2018 年可进入濒临失调发展，2021 年可进入初级协调发展类，发展趋势良好。

表 3.37 淮南市"经济-生态"耦合协调发展 2017～2021 年预测值

时间	2017	2018	2019	2020	2021
D	0.4994	0.5243	0.5503	0.5777	0.6065

2）淮北市

经计算得到 $a=-0.0572$，$u=0.2235$，拟合模型为 $\hat{x}^{(0)}(k+1)=0.2359e^{0.0572k}$，对模型精度进行评价，评价结果 $c=0.2355<0.35$，$p=1$，预测精度等级优，即该模拟结果可以进行数据预测。根据表 3.38 数据可知，若无重大政策或其他变化，以当前发展趋势而言，"经济-生态"二维系统在 2019 年可进入初级协调发展，发展趋势良好。

表 3.38 淮北市"经济-生态"耦合协调发展 2017～2021 年预测值

时间	2017	2018	2019	2020	2021
D	0.5562	0.5889	0.6236	0.6603	0.6991

3）鄂尔多斯市

经计算得出 $a=-0.0369$，$u=0.2931$，拟合模型为 $\hat{x}^{(0)}(k+1)=0.2972\mathrm{e}^{0.0369k}$，对模型精度进行评价，评价结果 $c=0.2592<0.35$，$p=1$，预测精度等级优，即该模拟结果可以进行数据预测。根据表 3.39 数据可知，若无重大政策或其他变化，以当前发展趋势而言，"经济-生态"二维系统在 2018 年可进入勉强协调发展类。

表 3.39　鄂尔多斯市"经济-生态"耦合协调发展 2018～2022 年预测值

时间	2018	2019	2020	2021	2022
D	0.5172	0.5367	0.5569	0.5778	0.5996

三、三维关系演化规律

（一）耦合协调度

淮南市"生态-经济-社会"三维关系耦合协调发展度的趋势，如表3.40所示。2002～2016 年，三个子系统都有了较明显的进步，从总体来看三个子系统为同向发展。耦合度 C_{10} 值从 2002 年的 0.7118 变为 2016 年的 0.9943，变化明显，耦合协调度 D_{10} 值从 2002年 0.2426 上升到了 2016 年 0.4605，经历了"中度失调-轻度失调-濒临失调"的变化过程。虽目前仍处于濒临失调阶段，但已从失调衰退类逐渐向过渡调和类发展，总体发展趋势良好。在 2011 年之后为生态滞后型发展应当引起重视。

表 3.40　淮南市"生态-经济-社会"协调发展情况

年份	$S_{经济}$	$S_{社会}$	$S_{生态}$	C_{10}	T_{10}	D_{10}	耦合协调类型
2002	0.0264	0.0514	0.1704	0.7118	0.0827	0.2426	中度失调经济滞后型
2003	0.0416	0.0566	0.1741	0.7873	0.0908	0.2674	
2004	0.0368	0.0298	0.1799	0.6458	0.0822	0.2304	中度失调社会滞后型
2005	0.0473	0.0422	0.2022	0.7083	0.0972	0.2624	
2006	0.0651	0.0574	0.1218	0.9377	0.0814	0.2763	
2007	0.0752	0.0708	0.0879	0.9957	0.0780	0.2787	
2008	0.0931	0.0854	0.1134	0.9927	0.0973	0.3108	轻度失调社会滞后型
2009	0.1100	0.0989	0.1006	0.9989	0.1032	0.3210	
2010	0.1309	0.1172	0.1255	0.9990	0.1245	0.3527	
2011	0.1715	0.1417	0.1121	0.9854	0.1418	0.3737	轻度失调生态滞后型
2012	0.2077	0.1667	0.1038	0.9640	0.1594	0.3920	
2013	0.2400	0.1878	0.1167	0.9612	0.1815	0.4176	濒临失调生态滞后型
2014	0.2260	0.1723	0.1479	0.9840	0.1821	0.4233	
2015	0.2278	0.1967	0.1870	0.9964	0.2039	0.4507	
2016	0.2434	0.2082	0.1704	0.9943	0.2132	0.4605	

　　淮北市"生态–经济–社会"三维关系耦合协调发展度的趋势，如表3.41所示。2002～2016年间，经济和社会子系统都有了较明显的进步，从总体来看经济和社会子系统为同向发展。耦合度C_{11}值从2002年的0.8223变为2016年的0.9484，变化明显，耦合协调度D_{11}值从2002年0.2303上升到了2016年0.4882，经历了"中度失调–轻度失调–濒临失调"的变化过程。虽目前仍处于濒临失调阶段，但已从失调衰退类逐渐向过渡调和类发展，总体发展趋势良好。2002～2011年由经济滞后发展成为生态滞后，进入过渡发展阶段后，社会子系统发展水平比生态系统的稳定。

表 3.41　淮北市"生态–经济–社会"协调发展情况

年份	$S_{经济}$	$S_{社会}$	$S_{生态}$	C_{11}	T_{11}	D_{11}	耦合协调类型
2002	0.0295	0.0460	0.1181	0.8223	0.0645	0.2303	
2003	0.0368	0.0523	0.1337	0.8365	0.0743	0.2493	
2004	0.0335	0.0661	0.1268	0.8687	0.0754	0.2560	中度失调经济滞后型
2005	0.0565	0.0732	0.1602	0.8893	0.0966	0.2931	
2006	0.0722	0.0820	0.1046	0.9876	0.0863	0.2919	
2007	0.0882	0.1277	0.1377	0.9836	0.1179	0.3405	轻度失调经济滞后型
2008	0.1013	0.1146	0.1352	0.9929	0.1170	0.3409	
2009	0.1192	0.1275	0.0938	0.9920	0.1135	0.3355	
2010	0.1748	0.1337	0.0933	0.9691	0.1339	0.3603	轻度失调生态滞后型
2011	0.2035	0.1476	0.0981	0.9587	0.1497	0.3789	
2012	0.2643	0.1603	0.1011	0.9259	0.1752	0.4028	濒临失调生态滞后型
2013	0.2808	0.1836	0.1939	0.9803	0.2194	0.4638	濒临失调社会滞后型
2014	0.3074	0.1715	0.1844	0.9616	0.2211	0.4611	
2015	0.2957	0.1885	0.1570	0.9614	0.2138	0.4533	濒临失调生态滞后型
2016	0.3643	0.1870	0.2021	0.9484	0.2512	0.4882	濒临失调社会滞后型

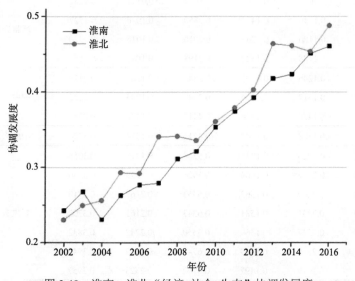

图 3.49　淮南、淮北"经济–社会–生态"协调发展度

相对而言，淮南市的"生态-经济-社会"协调发展度虽大多低于淮北市，但其发展更为稳定。两地生态子系统发展都不够稳定，但淮南市的生态子系统与另外两个之间的耦合度能较淮北市稳定增长，对整体协调发展没有造成显著影响，由于各子系统的低水平发展降低了三维系统的协调发展度，如图 3.49 所示。

鄂尔多斯市"生态-经济-社会"三维关系耦合协调发展度的趋势，如图 3.50 和表 3.42 所示。可以发现，2003～2017 年间，三个子系统都有了较明显的进步，耦合度值 C_{12} 从 2003 年的 0.1954 变为 2017 年的 0.6742，变化明显；耦合协调发展度呈逐年平稳上升趋势，D_{12} 从 2003 年的 0.1282 上升到了 2017 年的 0.3957，经历了"严重失调-中

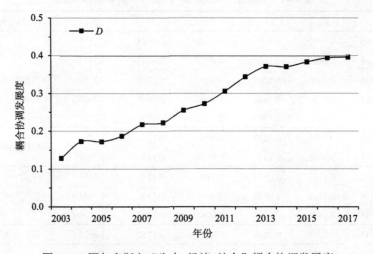

图 3.50　鄂尔多斯市"生态-经济-社会"耦合协调发展度

表 3.42　鄂尔多斯市"生态-经济-社会"协调发展情况

年份	$S_{经济}$	$S_{社会}$	$S_{生态}$	C_{12}	T_{12}	D_{12}	耦合协调类型
2003	0.0065	0.1067	0.1390	0.1954	0.0841	0.1282	
2004	0.0426	0.1240	0.1473	0.2850	0.1046	0.1727	严重失调经济滞后型
2005	0.0601	0.1180	0.1263	0.2916	0.1015	0.1720	
2006	0.0766	0.1188	0.1320	0.3198	0.1091	0.1868	
2007	0.1037	0.1246	0.1501	0.3742	0.1261	0.2173	
2008	0.1220	0.1317	0.1314	0.3848	0.1283	0.2222	中度失调经济滞后型
2009	0.1341	0.1458	0.1628	0.4413	0.1476	0.2552	
2010	0.1711	0.1508	0.1502	0.4713	0.1574	0.2724	中度失调生态滞后型
2011	0.2161	0.1726	0.1446	0.5260	0.1778	0.3058	
2012	0.2313	0.2002	0.1664	0.5926	0.1993	0.3436	
2013	0.2688	0.2249	0.1563	0.6353	0.2167	0.3710	
2014	0.2670	0.2231	0.1581	0.6343	0.2161	0.3702	轻度失调生态滞后型
2015	0.2808	0.2347	0.1569	0.6550	0.2242	0.3832	
2016	0.2887	0.2350	0.1669	0.6743	0.2302	0.3940	
2017	0.2851	0.2619	0.1497	0.6742	0.2323	0.3957	

度失调-轻度失调"的变化过程,目前仍处于轻度失调阶段。三维系统的耦合协调发展从经济滞后型转变为生态滞后型,随着经济和社会子系统的发展,生态子系统内部资源的消耗和污染物排放等因素,导致生态子系统无法与另外两个子系统保持同步发展,应当引起重视。

（二）耦合协调关系预测

以淮南市、淮北市、鄂尔多斯市"生态-经济-社会"二维系统的耦合协调发展度数据为基准,通过 GM（1，1）模型对"生态-经济-社会"的耦合协调发展度进行预测。

1. 淮南市

经计算得到 $a=-0.0525$，$u=0.2203$，拟合模型为 $\hat{x}^{(0)}(k+1)=0.2330e^{0.0525k}$，对模型精度进行评价,评价结果 $c=0.1816<0.35$，$p=1$，预测精度等级优,即该模拟结果可以进行数据预测。根据表 3.43 数据可知,若无重大政策或其他变化,以当前发展趋势而言,"生态-经济-社会"三维系统在 2017 年可进入勉强协调发展类,2021 年可进入初级协调发展,发展趋势良好。

表 3.43　淮南市"生态-经济-社会"耦合协调发展 2017～2021 年预测值

时间	2017	2018	2019	2020	2021
D	0.5119	0.5395	0.5686	0.5992	0.6315

综合来看,淮南市的协调发展水平中,二维系统的耦合协调发展中,"经济-社会"之间的协调发展情况较好,另外两者较差皆因为生态子系统无法持续性地为经济和社会的发展提供重组的资源和环境方面的支撑,符合发展水平分析中生态子系统的发展情况,再次证明需加强对淮南市生态子系统发展的投入。

2. 淮北市

经计算得到 $a=-0.0506$，$u=0.2400$，拟合模型为 $\hat{x}^{(0)}(k+1)=0.2512e^{0.0506k}$，对模型精度进行评价,评价结果 $c=0.1814<0.35$，$p=1$，预测精度等级优,即该模拟结果可以进行数据预测。根据表 3.44 数据可知,若无重大政策或其他变化,以当前发展趋势而言,"生态-经济-社会"三维系统在 2017 年可进入勉强协调发展类,2020 年可进入初级协调发展,发展趋势良好。

表 3.44　淮北市"生态-经济-社会"耦合协调发展 2017～2021 年预测值

时间	2017	2018	2019	2020	2021
D	0.5367	0.5646	0.5939	0.6247	0.6572

综合来看，淮北市的协调发展水平中，二维系统的耦合协调发展中，"经济-社会"之间的协调发展情况较好，"社会-生态"之间最差，是因为社会子系统发展速度较慢，且生态子系统发展不稳定，生态子系统无法持续性地为经济和社会的发展提供重组的资源和环境方面的支撑。

3. 鄂尔多斯市

经计算得出 $a=-0.0676$，$u=0.1664$，拟合模型为 $\hat{x}^{(0)}(k+1)=0.1751e^{0.0676k}$，对模型精度进行评价，评价结果 $c=0.2240<0.35$，$p=1$，预测精度等级优，即该模拟结果可以进行数据预测。根据表 3.45 数据可知，鄂尔多斯市"生态-经济-社会"三维系统耦合协调度 2018～2022 年的发展将大体延续 2004～2018 年的轨迹特征，预测值呈明显上升趋势，整体从过渡发展类上升到协调发展类，"生态-经济-社会"三维系统在 2021 年可进入初级协调发展。

表 3.45　鄂尔多斯市"生态-经济-社会"耦合协调发展 2018～2022 年预测值

时间	2018	2019	2020	2021	2022
D	0.4827	0.5165	0.5526	0.5913	0.6326

第四节　采煤沉陷区"生态-经济-社会"系统风险因素与辨识

一、系统风险因素辨识与协调发展预警模型建立

协调发展预警体系主要包括预警指标体系的构建、协调发展警度的测度模型、警级识别系统和警情预报几个部分。协调发展预警指标体系的构建是整个模型体系的基础，是协调性预警警度测度模型建立的前提，在构建预警指标体系的基础上，通过查询统计年鉴和统计公报中的数据，完成协调发展预警信息的收集，建立协调发展警度测度模型。根据协调发展的相关理论，征询有关专家的建议，调研区域能源、环境、经济发展的现状，结合区域未来的长远规划确定协调发展的预警警戒线。在完成前期工作的基础上，对区域近年来协调发展的情况进行预警测试，对其警级进行判定，最后提出促进系统协调性发展的对策和建议。

参照现有的关于经济、社会和生态预警指标研究的相关成果，在广泛研讨和深入调研的基础上，最终构建系统风险因素辨识体系如下所示，指标权重采用熵权法计算得出。计算原理及步骤如下：

①将指标进行标准化处理，指标数据越大越优型为正指标，越小越优型为负指标，处理方式如下：

正指标：$X'_{ij}=\left(X_{ij}-\min\{X_J\}\right)/\left(\max\{X_J\}-\min\{X_J\}\right)$　　　　（3-24）

负指标：$X'_{ij}=\left(\max\{X_J\}-X_{ij}\right)/\left(\max\{X_J\}-\min\{X_J\}\right)$　　　　（3-25）

其中，X_{ij} 表示第 i 年的指标 j 的数值，$\max\{X_J\}$ 和 $\min\{X_J\}$ 即为每个指标数据中的最

大值和最小值。

②计算第 j 项指标下第 i 年份指标值的比重：$Y_{ij} = \dfrac{X'_{ij}}{\sum\limits_{i=1}^{m} X'_{ij}}$ （3-26）

③具有 n 个指标的 m 个元素，第 j 项指标的熵值计算：

$$e_j = \frac{-1}{\ln m} \ln Y_{ij}$$ （3-27）

④计算第 j 项指标的差异性系数：$d_j = 1 - e_j$ （3-28）

⑤指标 j 的权重：$\omega_j = d_j \bigg/ \sum\limits_{i=1}^{n} d_j$ （3-29）

计算结果如表 3.46～表 3.48 所示。需指出的是，由于我国东西部气候条件、植被类型、产业结构、人民生活水平等存在较大差异，故指标体系权重有所不同。在具体构建系统风险因素辨识体系时，针对城市所处不同生态环境、经济发展状况与社会背景，分别选取适用于淮北市、淮南市、鄂尔多斯市城市发展的指标来建立体系并计算权重。其中，由于鄂尔多斯市位于西部干旱半干旱区，草原面积广布，因此选用草原总面积来替代东部城市森林蓄积量指标，并在鄂尔多斯市辨识体系中加入污水处理率指标。在权重结果中，淮南市与淮北市的计算结果为某一指标占准则层系统的权重，鄂尔多斯市计算结果为某一指标占"生态-经济-社会"预警体系的权重。社会消费品零售总额、进出口贸易总额、固定资产投资额在三个城市预警辨识体系经济子系统中所占权重均较大；城市居民人均可支配收入、农村居民人均纯收入、人均住房面积对社会子系统的影响程度较大；人均播种面积、森林覆盖率、人均水资源量对生态子系统的贡献度更大。

表 3.46 淮北市系统风险因素辨识体系

目标层	准则层	指标层	权重
协调发展预警指标体系	经济子系统	地区生产总值/万元	0.0904
		工业总产值/万元	0.1428
		社会消费品零售总额/万元	0.1188
		进出口贸易总额/万美元	0.1470
		固定资产投资额/万元	0.1231
		地方主导产业原煤产量/万 t	0.0692
		人均 GDP/元	0.0877
		地方财政收入占 GDP 比重/%	0.0913
		第二产业占 GDP 比重/%	0.0584
		第三产业占 GDP 比重/%	0.0715
	社会子系统	人口自然增长率/%	0.0616
		人口密度/（人/km²）	0.0931
		高等院校在校学生数/人	0.0732

续表

目标层	准则层	指标层	权重
		人均道路面积/m^2	0.0930
		教育经费支出占财政支出比例/%	0.0296
		城市居民人均可支配收入/元	0.1312
	社会子系统	农村居民人均纯收入/元	0.1823
		人均住房建筑面积/m^2	0.1212
		就业人员占总人口比重/%	0.1085
		每万人拥有的专业卫生技术人员/人	0.1062
协调发展预警指标体系		森林覆盖率/%	0.0968
		人均播种面积/亩	0.0696
		人均水资源量/m^3	0.1686
		工业废气排放量/亿标 m^3	0.0645
		工业废水排放总量/万 t	0.0483
	生态子系统	工业固体废物产生量/万 t	0.1137
		森林蓄积量/万 m^3	0.1441
		工业固体废物综合利用率/%	0.0697
		环境保护支出占财政支出比例/%	0.1319
		森林病虫害防治率/%	0.0449
		人均公园绿地面积/m^2	0.0480

表 3.47　淮南市系统风险因素辨识体系

目标层	准则层	指标层	权重
		地区生产总值/万元	0.1118
		工业总产值/万元	0.0964
		社会消费品零售总额/万元	0.1333
		进出口贸易总额/万美元	0.1452
		固定资产投资额/万元	0.1214
	经济子系统	地方主导产业原煤产量/万 t	0.0858
		人均 GDP/元	0.0967
		地方财政收入占 GDP 比重/%	0.0348
		第二产业占 GDP 比重/%	0.0850
		第三产业占 GDP 比重/%	0.0895
协调发展预警指标体系		人口自然增长率/%	0.1313
		人口密度/（人/km^2）	0.0331
		高等院校在校学生数/人	0.0792
		人均道路面积/m^2	0.0871
		教育经费支出占财政支出比例/%	0.0334
	社会子系统	城市居民人均可支配收入/元	0.1388
		农村居民人均纯收入/元	0.1871
		人均住房建筑面积/m^2	0.1405
		就业人员占总人口比重/%	0.0735
		每万人拥有的专业卫生技术人员/人	0.0960

续表

目标层	准则层	指标层	权重
协调发展预警指标体系	生态子系统	森林覆盖率/%	0.1283
		人均播种面积/亩	0.2021
		人均水资源量/m³	0.0690
		工业废气排放量/亿标 m³	0.0357
		工业废水排放总量/万 t	0.0981
		工业固体废物产生量/万 t	0.0737
		森林蓄积量/万 m³	0.1332
		工业固体废物综合利用率/%	0.0455
		环境保护支出占财政支出比例/%	0.1059
		森林病虫害防治率/%	0.0638
		人均公园绿地面积/m²	0.0448

表 3.48　鄂尔多斯市系统风险因素辨识体系

目标层	准则层	指标层	权重
协调发展预警指标体系	经济子系统	地方财政收入/万元	0.0355
		地区生产总值/万元	0.0319
		人均 GDP/元	0.0296
		社会消费品零售额/万元	0.0258
		全社会固定资产投资/万元	0.0298
		进出口总额/万美元	0.0146
		地方财政收入占 GDP 比重/%	0.0195
		农业占 GDP 比重/%	0.0115
		第三产业比重/%	0.0330
		农业总产值/万元	0.0278
		工业总产值/万元	0.0367
		原煤产量/万 t	0.0288
	社会子系统	常住人口自然增长率/‰	0.0165
		农牧民人均纯收入/元	0.0296
		城镇居民人均可支配收入/元	0.0289
		人口密度/（人/km²）	0.0535
		高等院校在校学生数/人	0.0449
		教育占财政支出比例/%	0.0165
		邮电业务收入/万元	0.0181
		交通公路客运量/万人	0.0270
		农村牧区城镇人均居住面积/m²	0.0333
		就业人员占总人口比重/%	0.0308
		城镇人均道路面积/m²	0.0381
		卫生技术人员/人	0.0410

续表

目标层	准则层	指标层	权重
		草原总面积/千 hm²	0.0053
		农作物总播种面积/千 hm²	0.0262
		工业废气排放量/亿标 m²	0.0146
		工业废水排放总量/万 t	0.0245
		工业固体废物产生量/万 t	0.0245
协调发展预警指标体系	生态子系统	淡水总面积/千 hm²	0.0075
		年内造林面积/千 hm²	0.0172
		工业固体废物综合利用率/%	0.0304
		环境保护支出占财政支出比例/%	0.0487
		城镇绿化覆盖面积/hm²	0.0433
		污水处理率/%	0.0224
		森林覆盖率/%	0.0325

二、系统发展协调度警度测度模型

（一）数据的标准化

不同的指标对系统整体的影响是不同的,指标数据的规范化处理方法比较常见的有:均值化变化、初值化变化、百分比变化、归一化变换、极差最大值化变换、区间值化变化等。本书采用极差最大值化变换法对原始数据进行处理。

（二）协调度警度测度模型

假设系统协调发展各项预警指标的目标值为 $x(0)=\{x_1(0),\ x_2(0),\ l,\ x_n(0)\}$，其中 $x_i(0)$ 表示第 i 个指标的目标值，则第 t 年系统协调发展实际值为 $x(t)=\{x_1(t),\ x_2(t),\ l,\ x_n(t)\}$。

将测度系统协调发展的预警指标目标值构成的序列看成一个 n 维的向量，将各年协调发展的预警指标实际值构成的序列也看成一个 n 维的向量，则这两个 n 维空间中的向量的夹角度量系统协调发展实际水平与发展目标的偏离程度，两个向量的夹角越大说明系统协调发展实际情况与目标的偏差越大，反之则越小。采用两个向量的夹角余弦值来测度系统协调性发展的偏离度，同时引入各个预警指标的权重值 w_i，若记第 t 年系统协调发展的偏离度为 Y_t，则有公式：

$$Y_t = \frac{\sum_{i=1}^{n} x_i(0) \cdot x_i(t) \cdot w_i^2}{\sqrt{\sum_{i=1}^{n} x_i^2(0) \cdot w_i^2} \cdot \sqrt{\sum_{i=1}^{n} x_i^2(t) \cdot w_i^2}} \tag{3-30}$$

称 Y_t 为第 t 年系统协调发展的偏离度，利用系统协调发展的偏离度测度系统协调发展实际情况偏离期望值的程度，进一步分析判断系统协调性发展是否按照系统协调性发展的要求，由系统协调发展的内涵可知，系统协调发展的偏离度的值 Y_t 的值越接近 1，系统协调发展程度越好，反之越差。因此，定义系统协调发展的警度按如下公式计算。

$$C_t = (1 - Y_t) \times 100\% \tag{3-31}$$

借鉴文献《区域 3E 系统协调发展预警体系及其应用》中的系统协调发展的警区划分与警度测度值之间关系，如表 3.49 所示。

表 3.49　系统协调发展预警警区的划分与警度确定

警区的划分	$0 \leqslant C_t < 5\%$	$5\% \leqslant C_t < 15\%$	$15\% \leqslant C_t < 30\%$	$30\% \leqslant C_t < 50\%$	$C_t \geqslant 50\%$
警度的确定	无警（绿灯）	轻警（浅蓝灯）	中警（蓝灯）	重警（黄灯）	巨警（红灯）

三、系统发展协调度预警分析

首先，建立完善的预警信息数据库是进行正确预警的前提条件。预警信息数据库应该包括历史信息的储存、新信息的收集、信息的比较分析等功能。针对 3 个研究区域综合系统协调性的预警，其建立在指标预警模型的基础上，所以针对指标信息的收集是进行预警的第一步。

其次，设定合适的警戒线。预警系统警戒线的设定是正确预警的保证，适合的警戒线能够保证预警的及时性和有效性。系统的警戒线既要参考有关专家的意见，建立指标取值的区间体系，不同的指标取值区间对应不同的警级，也要突出关键指标的作用，可以采用一票否决制，若关键指标不达标，则发生事件预警，直接触发警报。

再次，完善信息的对比功能。由于预警是对新信息分析判别的过程，系统协调性的预警是多指标的模型预警，针对不同指标取值处于不同的取值区间，采用系统方法综合不同的指标取值区间，判定是否发出警报，这里采用判别分析方法，对多指标取值进行综合判断，有效地进行预警。

最后，调控措施的贯彻实施。在发出警报后，应该采取果断的措施，优化系统的协调性，促进经济、社会和生态子系统和谐共生，最终促使协调发展。

（一）多维系统协调发展警度值

根据构建的协调发展预警指标体系和协调发展警度测度模型，对淮南市、淮北市 2002～2016 年，鄂尔多斯市 2003～2017 年的协调发展状况进行警度测量。首先，根据三个研究区协调发展预警指标体系和三个研究区的统计年鉴等统计资料确定研究期间内系统协调发展各预警指标值，然后，分别以淮南市、淮北市、鄂尔多斯市的生态、经济和社会发展规划中的 2016 年、2017 年的发展预测值为目标值，利用系统协调发展警度测度模型计算出淮南市、淮北市 2002～2015 年和鄂尔多斯市 2003～2016 年多维系统协调发展警度值，如表 3.50 所示。

表 3.50　研究区多维系统协调发展警度值

年份	淮南市	警度	警灯	年份	淮北市	警度	警灯	年份	鄂尔多斯市	警度	警灯
2002	69.20			2002	73.57			2003	87.21		
2003	63.44	巨警	红灯	2003	63.89			2004	74.40		
2004	51.34			2004	60.02	巨警	红灯	2005	69.33	巨警	红灯
2005	48.83	重警	黄灯	2005	56.46			2006	65.45		
2006	32.61			2006	54.09			2007	59.09		
2007	24.54			2007	53.66			2008	42.27	重警	黄灯
2008	27.35			2008	32.77	重警	黄灯	2009	38.97		
2009	19.31	中警	蓝灯	2009	24.05	中警	蓝灯	2010	16.52	中警	蓝灯
2010	19.94			2010	16.47			2011	12.59		
2011	19.92			2011	11.17			2012	11.33	轻警	浅蓝灯
2012	17.36			2012	8.71	轻警	浅蓝灯	2013	9.21		
2013	14.40			2013	5.21			2014	4.74		
2014	8.69	轻警	浅蓝灯	2014	4.61	无警	绿灯	2015	2.95	无警	绿灯
2015	7.52			2015	6.09	轻警	浅蓝灯	2016	1.77		
警度降低速度	4.74			警度降低速度	5.19			警度降低速度	6.57		

　　根据计算出的淮南市、淮北市 2002～2015 年和鄂尔多斯市 2003～2016 年的警度值（表 3.50）可以绘制出淮南市、淮北市和鄂尔多斯市系统协调发展的变化趋势图，如图 3.51 所示。

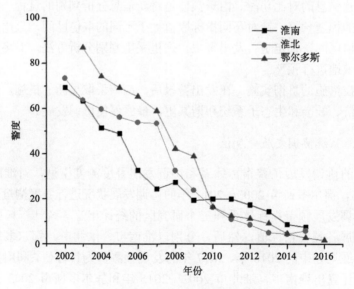

图 3.51　研究区多维系统协调发展警度值

（二）多维系统协调发展警度值分析

1. 淮南市多维系统协调发展警度值分析

从表 3.50 和图 3.51 可以看出，2002～2015 年淮南市多维系统协调发展警度值总体上呈不断下降的趋势，警度由巨警不断下降至轻警，这说明淮南市多维系统协调发展水平与目标水平的偏差越来越小，淮南市多维系统协调发展水平不断提高。同时也可以看出，2002～2015 年间淮南市多维系统协调发展警度值下降缓慢，通过比较这几年淮南市多维系统协调发展的主要指标可以发现实际值与理想值偏差降低速度较慢，淮南市多维系统协调发展形势依然不容乐观。

通过对淮南市多维系统协调发展水平的预警分析，可知淮南市多维系统协调发展由2002 年的巨警状态发展到 2015 年为轻警状态，近年来淮南市多维系统协调发展水平不断提高，但是也可以看出期间淮南市多维系统协调发展的警度值下降速度逐渐缓慢，这表明推动淮南市多维系统协调发展的内在动力不足。通过对淮南市生态、经济、社会子系统的指标分析可以发现，淮南市多维系统发展过程中仍存在一些问题，主要表现为以下几个方面：①社会子系统自身发展动力不足，其发展依赖于经济子系统；②在"十二五"期间，面对煤炭价格下行、结构性矛盾等问题，经济增长速度明显降低；③生态子系统无法持续性地为经济和社会的发展提供重组的资源和环境方面的支撑，环境容量制约经济发展。因此，推动淮南市多维系统协调发展的任务依然艰巨。

2. 淮北市多维系统协调发展警度值分析

从表 3.50 和图 3.51 可以看出，2002～2014 年淮北市多维系统协调发展警度值总体上呈不断下降的趋势，警度由巨警不断下降至轻警，这说明淮北市多维系统协调发展水平与目标水平的偏差越来越小，淮北市多维系统协调发展水平不断提高。同时也可以看出，2002～2015 年间淮北市多维系统协调发展警度值下降缓慢，2015 年警度出现了增长，说明淮北市的协调发展水平不够稳定。通过比较这几年淮北市多维系统协调发展的主要指标可以发现，实际值与理想值偏差降低速度逐渐降低，淮北市多维系统协调发展形势依然不容乐观。

通过对淮北市多维系统协调发展水平的预警分析，可知淮北市多维系统协调发展由2002 年的巨警状态发展到 2015 年为轻警状态，近年来淮北市多维系统协调发展水平不断提高，但是也可以看出期间淮北市多维系统协调发展的警度值下降速度逐渐缓慢，这表明推动淮北市多维系统协调发展的内在动力不足。通过对淮北市生态、经济、社会子系统的指标分析可以发现，淮北市多维系统发展过程中仍存在一些问题，主要表现为以下几个方面：①社会子系统自身发展动力不足，发展速度逐渐降低；②生态子系统发展水平的不稳定制约经济发展。因此，推动淮北市多维系统协调发展的任务依然艰巨。

3. 鄂尔多斯市多维系统协调发展警度值分析

从表 3.50 和图 3.51 可以看出，2003～2016 年鄂尔多斯市多维系统协调发展警度值总体上呈不断下降的趋势，由 2003 年的巨警状态发展到 2014 年为无警状态，这说明鄂尔多斯市多维系统协调发展水平与目标水平的偏差越来越小，鄂尔多斯市多维系统协调发展水平不断提高。同时也可以看出，2003～2016 年间鄂尔多斯市多维系统协调发展警度值下降幅度较大，通过比较这几年鄂尔多斯市多维系统协调发展的主要指标，可以发现实际值与理想值偏差降低速度相对淮南、淮北较大，鄂尔多斯市多维系统协调发展形势良好。

综上所述，淮南市、淮北市和鄂尔多斯市的警度值整体都呈现降低的趋势。

本 章 小 结

长期以来，高强度的煤炭开采引发了一系列严重的地表沉陷问题，对生态环境造成了极大破坏。采煤沉陷区综合治理是一个世界性难题，要解决好该问题，不但要借鉴国外成功经验，更要符合我国实际。当前，我国正处于社会转型期，各种社会矛盾交织复杂，沉陷区生态、经济、社会三大子系统已耦合形成了一个不可割裂的集合体，注定了沉陷区的治理不能局限在这三个子系统内部考量。忽视其他系统的干扰，孤立地就生态、经济、社会问题研究得出的策略，无法取得预期效果。因此，本书从复合体多维关系的视角，开展对采煤沉陷区"生态-经济-社会"多维关系演化规律及调控机制研究，得出如下几个重要结论：

（1）揭示了我国采煤沉陷区的形成机理、特征，研发了生态环境综合治理技术。

采煤沉陷区的形成主要分为：资源采出、覆岩变形、地表沉陷、生态损伤四个步骤。具体为：单一工作面开采导致覆岩破断及地表变形，在地表形成一个比采空区大得多的沉陷盆地，相邻工作面或多煤层开采导致地表沉陷进一步加剧；在开采过程中含水层中的水资源排出和渗漏导致地下水资源减少或枯竭，同时地表沉陷导致地表水和浅层地下水流失，东部高潜水位矿区表现为地表积水严重，西部干旱矿区土地损害加剧；开采沉陷导致植被枯萎、水土流失、地表塌陷等一系列生态环境问题，从而形成采煤沉陷区。

采煤沉陷区主要特征为：①其空间位置在采空区正上方，与工作面走向和倾向方向两侧对称。②整体形状为椭圆形盆地，最大下沉点位于采空区正中央。③沉陷区地表呈现下沉、倾斜、曲率、水平移动、水平变形五种变形。④开采损害主要表现为地表沉陷、水土流失、建（构）筑物损毁、生态系统服务功能下降等。开采沉陷在时间和空间上的分布规律取决于多个影响因素，如：开采计划、开采方法、上覆岩层性质、松散层厚度、煤层特性、工作面范围、潜水位高度等。

在此基础上，分别分析了采煤沉陷对我国东西部矿区生态环境的影响。我国东部高潜水位矿区：伴随着高潜水位厚松散层下煤层被相继开采，矿区地表生态环境将逐步产生变化，由原先的陆生生态逐渐转变为水生生态。我国西部干旱半干旱矿区由于受到高强度煤层开采与沟壑地形耦合影响，浅埋煤层开采引起地表滑移，其中，以该点为中心，两侧地表向中间滑移。地表为非连续变形，变形曲线出现跳跃，并产生大量裂缝。地裂缝剖面的地表养分更容易向地下深处迁移，说明采煤引起的地裂缝会加剧矿区地表养分的流失，造成土地进一步贫瘠。

同时，本书通过全面优化沉陷区结构分布，分别研发了不同类型采煤沉陷区差异化治理技术。针对东部高潜水位采煤沉陷区特点，研发了"平整地设施蔬菜-斜坡地立体苗木-浅水区水生植被-深水区健康水产"生态环境治理关键技术。该技术工艺简单、成本低廉、高效全面。针对西部干旱半干旱采煤沉陷区特点，研制了适合野外作业的超高水材料地裂缝充填系统，提出了采用超高水材料进行"深部充填-表层覆土-植被建设"的地裂缝治理三步法。

（2）解析了采煤沉陷区"生态-经济-社会"多维关系。

对采煤沉陷区"生态-经济-社会"复杂系统内在结构进行了解析。该系统是与煤炭开采相关的且相互关联的生态、经济、社会元素的集合，由煤炭开采子系统、经济子系统、生态环境子系统、社会子系统四个子系统组成。煤炭开采子系统是复杂系统产生的根本因素，对各子系统的影响主要体现在改变沉陷区生态系统、改变土地利用格局、改变经济结构、影响人居环境、衍生新型社会关系等多个方面。

采煤沉陷区"生态-经济-社会"复合系统的构成因素包括煤炭开采、财政收入、生态环境质量、经济发展、社会结构等。"煤炭开采-生态失衡-经济投入-社会稳定"是我国采煤沉陷区综合治理的主要模式。

耦合度可以反映出子系统之间相互作用程度的强弱，无法辨别是否达到协调发展；而耦合协调度可以体现出系统之间在相互作用的时候是否能达到良性耦合，可以分析出子系统之间协调发展的优良程度。我们提出了采煤沉陷区"生态-经济-社会"多维指标体系的构建方法。基于系统性原则、代表性原则、科学性原则、数据可得性原则四大基本原则，将体系划分为目标层、准则层和指标层；构建了"生态-经济-社会"3个目标层，分别通过经济发展和经济活力、社会发展和人民生活、环境现状和污染控制6个准则层来反映三个子系统的发展状况，构建出多维关系指标体系。

（3）揭示了采煤沉陷区"生态-经济-社会"系统多维关系演化规律。

从二维两两耦合经济-社会（SE）、生态-社会（SE）、经济-生态（EE）系统和"生态-经济-社会"三维耦合系统（EES）方面，分别揭示了煤炭资源型城市"生态-经济-社会"多维系统演化一般规律，对比分析了我国东、西部不同采煤沉陷区的差异性，并提出了相关建议。

①EE、SE、ES二维系统协调发展度从失调衰退类逐渐向过渡发展类发展，总体发展趋势良好，可持续发展得到一定程度的支持，呈现明显的阶段性演化特征。其中，生态子系统所占权重最大，其发展水平整体呈U型（先增后减），并对综合发展水平造成显著影响，污染控制准则层在发展过程中对生态子系统的调节作用显著，因此，生态子系统的发展应当在环境现状的基础上进行维护，而不是在环境现状准则层发展水平降低后进行补救来促进生态子系统的发展；社会子系统对整体发展的贡献不明显，且整体发展趋势与经济子系统同步，说明社会发展依赖于经济发展水平，后期应当促进社会子系统自身发展动力的发展。②EES三维耦合系统总体呈上升态势，失调衰退类逐渐向过渡发展类发展。耦合绝对水平较低，生态系统压力在逐渐增大的过程中制约经济和社会的发展，并反作用于协调发展水平；经济发展和经济活力分别对社会和生态子系统发展产生积极影响；社会发展对生态子系统影响较大，环境现状的改善对经济和社会发展具

有支撑作用；在转型过程中，需保持经济的稳定快速发展，增加对社会发展和环境污染治理方面的投入力度，同时注重生态的支撑能力，避免对社会经济发展产生限制作用。③除 ES 二维系统，其余多维系统均可进入协调发展类，发展趋势良好。随着经济和社会子系统的发展，生态子系统无法持续性地为经济和社会的发展提供重组的资源和环境方面的支撑，导致无法与另外两个子系统保持同步发展。生态系统的进步和稳定发展将会对整体可持续发展产生积极影响。因此在后期发展过程中，应当更注意生态子系统的发展。④我国东西部采煤沉陷区 ESE 系统呈现一定的差异性。其中，东部采煤沉陷区经济子系统中，经济发展和经济活力准则层所占比重基本相似；在社会子系统发展水平中，两地准则层所占权重较高的 2 项指标均一致；在生态子系统发展水平中，污染控制指标层对生态子系统的推动作用更明显。在综合发展过程中，生态子系统发展的波动对综合发展产生了明显影响，经济和社会子系统的较稳定增长带动了综合发展的进步；经济子系统的快速发展和社会子系统的稳定发展削弱了生态子系统对整体发展的影响。西部采煤沉陷区经济与社会子系统中两个准则层所占比重接近，生态子系统中环境治理对生态子系统的影响更大。在后期发展过程中应当在维持经济和社会子系统发展水平的基础上，注重生态子系统各指标的稳定和发展，避免单项指标对综合发展水平的影响，以推动整体发展水平的进步。

（4）对煤炭资源型城市"生态-经济-社会"系统风险因素进行了辨识，构建了协调发展预警模型。

系统风险因素辨识体系的建立原则为：科学性原则、层次性原则、针对性原则、数据获得的及时性原则、动态性原则、先行性原则。在此基础上，以生态、经济和社会协调发展为目标，以经济持续发展、能源节约利用、污染减量排放为内容，建立协调发展预警模型，先对各影响指标进行标准化，然后代入协调度警度测度模型，分析多维系统协调发展警度值，对资源型城市进行协调发展预警。

我国采煤沉陷区多维系统协调发展由 2000 年左右的巨警状态发展到轻警或无警状态，警度值整体呈现降低趋势。近年来多维系统协调发展水平不断提高，但是警度值下降速度逐渐缓慢，这表明推动多维系统协调发展的内在动力不足。

我国采煤沉陷区多维系统发展过程中仍存在以下问题：①社会子系统自身发展动力不足，其发展依赖于经济子系统。②在"十二五"期间，面对煤炭价格下行、结构性矛盾等问题，经济增长速度明显降低。③生态子系统无法持续性地为经济和社会的发展提供重组的资源和环境方面的支撑，环境容量制约经济发展。

第四章　采煤沉陷区生态风险与生态环境可持续利用

本章将继续沿着"理论篇-现实篇-解读篇-政策篇"的逻辑思路，重点从生态环境视角来解读经济与社会约束下，采煤沉陷区生态环境可持续利用的状况。首先精准描述采煤沉陷区资源利用的现状，然后对采煤沉陷区生态承载力进行综合把握，最终提出采煤沉陷区的生态环境可持续发展战略。

第一节　采煤沉陷区生态环境承载力与经济社会需求

一、采煤沉陷区资源利用现状

（一）数据收集与处理

1. 数据来源

采煤沉陷区资源利用现状研究中包括生物资源消费状况、化石能源消费状况和建设用地消费状况。其中，"两淮"（淮南和淮北）地区是高潜水位典型沉陷区，淮南和淮北采煤沉陷及经济发展情况有很多相似之处，因此对于淮南和淮北的采煤沉陷区资源利用现状研究中采用相同的数据类别。

数据主要来源如下：①生物资源消费账户中各类消费品的人均消费数据是依法从淮北信息公开网（http://hbxxgk.huaibei.gov.cn/）和淮南信息公开网（http://www.huainan.gov.cn/）申请，分别由国家统计局淮北调查队和国家统计局淮南调查队提供；各类消费品的世界平均产量来自联合国粮食及农业组织数据库（http://www.fao.org/statistics/en/）。②化石能源消费账户数据主要来自各地方省市（安徽省、淮南、淮北）统计年鉴（2011～2018年）。③建设用地数据是依法从安徽省自然资源厅网站（http://zrzyt.ah.gov.cn/）申请，分别由淮北市国土局和淮南市国土局提供。

鄂尔多斯市 2010～2017 年有关自然资本的基础数据来源于《鄂尔多斯市统计年鉴2011～2018》《鄂尔多斯市国民经济和社会发展统计公报 2010～2017》、联合国国际粮农组织（FAO）统计数据。本书中的生态生产性用地类型主要包括耕地、草地、林地、水域、建筑用地与化石燃料用地，对应的生物资源消费类型可分为四种类型：农产品、动物产品、林产品、水产品；能源消费类型主要有热力、煤炭、汽油、柴油、液化石油、煤气和天然气等。

2. 研究方法

1）生态足迹二维模型

生态土地面积用于表征模型中生态足迹（卞子浩等，2016）、生态承载力（曹智等，

2015）和生态赤字/盈余，由于生态生产能力的区域差异，需要乘上相应的均衡因子和产量因子进行转换。为了总结不同区域的生产能力，本书基于研究区域的自然和社会经济条件，综合中国各省市生态足迹（岳大鹏和张露露，2010）均衡因子和产量因子的研究结果，来反映鄂尔多斯市、淮南市和淮北市的实际生产力。结果见表 4.1 和表 4.2。

表 4.1　鄂尔多斯市各地类均衡因子与产量因子

地类	耕地	林地	草地	水域	建设用地	化石能源用地
均衡因子	1.50	1.59	0.79	0.62	1.50	1.59
产量因子	0.52	0.68	1.08	1.11	0.52	0

表 4.2　淮北市和淮南市各地类均衡因子与产量因子

地类	耕地	林地	草地	水域	建设用地	化石能源用地
均衡因子	1.74	1.41	0.44	0.35	1.74	1.41
产量因子	1.02	0.95	1.68	1.68	1.74	0

　　鄂尔多斯市、淮南市和淮北市自然资本利用涵盖生物资源、化石能源和建设用地消费账户，具体分类见表 4.3 和表 4.4。依据世界环境与发展委员会（WCED）报告，其中需预留 12% 的生态承载力用于生物多样性保护。

表 4.3　鄂尔多斯市数据分类细则

项目	地类	分类细则
生物资源消费账户	耕地	小麦、薯类、玉米、高粱、大豆、油料、蔬菜、甜菜、猪肉、禽蛋
	草地	牛肉、羊肉、山羊毛、绵羊毛、山羊绒、牛奶
	林地	干鲜瓜果
	水域	水产品
化石能源消费账户	化石能源用地	原煤、洗精煤、其他洗煤、焦炭、焦炉煤气、天然气、汽油、柴油、液化石油气、热力
建设用地账户	建设用地	城镇村及工矿用地、交通运输用地、水工建筑用地

表 4.4　淮南市和淮北市数据分类细则

项目	地类	分类细则
生物资源消费账户	耕地	大米、面粉、淀粉及薯类、干豆类及豆制品、油脂、蔬菜、鸡肉、鸭肉、其他禽类及制品、蛋类
	草地	牛肉、羊肉、奶及奶制品
	林地	干鲜瓜果
	水域	淡水鱼、淡水虾
化石能源消费账户	化石能源用地	原煤、洗精煤、其他洗煤、焦炭、焦炉煤气、天然气、汽油、煤油、柴油、液化石油气、其他石油制品、热力
建设用地账户	建设用地	城镇村及工矿用地、交通运输用地、水工建筑用地

（1）生态足迹：用于计算生产区域内人口所消耗的所有资源及其所产生的所有废物所需的生态生产性土地（包括陆地和水域）的面积。计算公式为

$$EF = N \times (ef) = N \times \sum \gamma_i \cdot \left(\frac{c_i}{p_i} \right) \tag{4-1}$$

式中，i 为商品消费类型；c_i 指 i 项的每人每年消耗量，该值等于 i 项的年消耗总量（产出＋进口－出口）除以地区总人口；p_i 指相应的生态生产性土地第 i 项消耗项目的全球年平均生产能力；γ_i 为均衡因子；N 为人口数量；ef 为人均生态足迹（hm^2）；EF 为总生态足迹（hm^2）。

（2）生态承载力：是指区域所能提供给人类的生物生产性土地的面积和。公式为

$$EC = N \times (ec) = N \cdot \sum \alpha_i \cdot \gamma_i \cdot \lambda_i \tag{4-2}$$

$$REC = (1 - 12\%)EC \tag{4-3}$$

式中，EC 表示该区域生态承载力；ec 为人均生态承载力；α_i 为人均生态生产性土地面积；γ_i 为均衡因子；λ_i 为产量因子；N 为人口数量；REC 为有效生态承载力。本书中涉及的区域、各地类及人均生态承载力均为有效生态承载力。

（3）生态赤字/盈余：由生态承载力减去生态足迹之间差值来表示。差值为正时，表明该区域处于生态赤字、不可持续发展阶段；差值为负数时，则该地区处于可持续发展的生态富余状态。

$$ED = EC - EF \tag{4-4}$$

式中，ED 为生态赤字/盈余（hm^2）；EC 为区域生态承载力（hm^2）；EF 为总生态足迹（hm^2）。

2）生态足迹三维模型

基础三维生态足迹模型，由 Niccolucci 等（2011）提出，将经典模型由生态承载力与生态赤字相加得到的二维平面图形扩展到由足迹广度（底面）和足迹深度（高）相乘的三维立体图形。该模型在应用上存在一定的不足之处，当土地利用类型分类较多时，其结果可能会出现高估生态足迹宽度，低估生态足迹深度等现象。为了避免生态赤字和生态盈余相抵的问题，后来有学者将模型核算扩展应用到区域以下的地类水平，有效提高了该模型普适性。本书就是借助优化后的三维生态模型分别对鄂尔多斯市、淮北市和淮南市自然资本存量进行核算评估。

（1）生态足迹广度：用于表征人类对自然资本流量占用程度，数值上等于生态生产性土地的年际占有面积。公式为

$$EF_{size,i} = \min \{ EF_i, BC_i \} \tag{4-5}$$

$$EF_{size,region} = \sum_{i=1}^{n} \min \{ EF_i, BC_i \} \tag{4-6}$$

式中，$EF_{size,i}$ 是第 i 地类的足迹广度；$EF_{size,region}$ 为区域足迹广度；EF_i 为第 i 地类的生态足迹，BC_i 为第 i 地类的生态承载力。

（2）生态足迹深度：指为了维持区域现有的资源消耗水平，理论上所需要占用的土

地面积的倍数，代表人类对自然资本存量的消耗程度。它有两层含义：一是需要多少土地面积来满足资源的实际消耗；二是为了满足资源的实际消耗和再生预计所需要的时间。计算公式为

$$EF_{depth,i} = 1 + \frac{\max\{EF_i - BC_i, 0\}}{BC_i} \tag{4-7}$$

$$EF_{depth,region} = 1 + \frac{\sum\limits_{i=1}^{n} \max\{EF_i - BC_i, 0\}}{\sum\limits_{i=1}^{n} BC_i} \tag{4-8}$$

式中，$EF_{depth,i}$ 是 i 地类的足迹深度；$EF_{depth,region}$ 为区域足迹深度；EF_i 为第 i 地类的生态足迹，BC_i 为第 i 地类的生态承载力。由于化石能源用地产量因子为零，其生态承载力为零，不适用于三维生态足迹模型，故用二维结果代替。

（3）区域尺度上的三维生态足迹计算公式为

$$EF_{3D,region} = EF_{size,region} \times EF_{depth,region}$$

$$= \sum_{i=1}^{n} \min\{EF_i, BC_i\} \times \left[1 + \frac{\sum\limits_{i=1}^{n} \max\{EF_i - BC_i, 0\}}{\sum\limits_{i=1}^{n} BC_i} \right] \tag{4-9}$$

式中，$EF_{3D,region}$ 是区域三维生态足迹；$EF_{size,region}$ 为区域足迹广度；$EF_{depth,region}$ 为区域足迹深度。

3）综合评价模型参数

（1）生态压力指数：是人均生态足迹与人均承载力的比值，反映人类活动对生态的干扰程度，数值越大，对生态系统的压力越大。公式为

$$Ep_i = \frac{ef}{ec} \tag{4-10}$$

式中，Ep_i 为生态压力指数，ef 为人均生态足迹，ec 为人均生态承载力。

参考世界自然基金会 WWF（2004）的划分标准，将鄂尔多斯市、淮南市和淮北市生态压力分 6 个等级，如表 4.5 所示。

表 4.5 生态压力指数等级表

等级	1	2	3	4	5	6
压力指数	$0 < Ep_i \leq 0.5$	$0.5 < Ep_i \leq 0.8$	$0.8 < Ep_i \leq 1$	$1 < Ep_i \leq 1.5$	$1.5 < Ep_i \leq 2$	$Ep_i > 2$
安全等级	很安全	较安全	稍不安全	较不安全	很不安全	极不安全

（2）资本流量占用率：当生态足迹小于生态承载力时，表示资本流量没有被全部占用，当前资本处于盈余阶段，仅仅依靠资本流量就可以满足人类消费需求，通常不用来反映对人类自然资本流量的实际占用情况，此时引入流量占用率一指标。公式为

$$or_{FLOW} = \frac{EF_{size}}{BC} \times 100\% \tag{4-11}$$

式中，or_{FLOW} 是资本流量占用率；BC 是区域生态承载力；EF_{size} 是足迹广度。

（3）存量流量利用比：当资本流量被完全被占用，处于生态赤字阶段，开始消耗存量资本。为了表征实际所利用的自然资本中存量与流量之间的大小关系，引入存量流量利用比这一指标。公式为

$$r_{FLOW}^{STOCK} = \frac{EF - EF_{size}}{EF_{size}} = \frac{ED}{BC} = EF_{depth} \tag{4-12}$$

式中，r_{FLOW}^{STOCK} 为存量流量利用比；EF_{depth} 为足迹深度。

（4）万元 GDP 生态足迹：代表人类利用区域资源的效率高低，指标值越小，区域内资源利用效率越高；反之，资源利用效率越低。公式为

$$f = \frac{EF}{GDP} \tag{4-13}$$

式中，f 为万元 GDP 生态足迹；EF 为生态足迹；GDP 为生产总值。

（5）生态系统多样性指数：借鉴 Shannon 指数，表示一个区域消费各类资源所需的生物生产面积的均衡度。公式为

$$H_{ef} = -\sum_{i=1}^{n} \left(p_i \times \ln p_i \right) \tag{4-14}$$

式中，p_i 为第 i 地类生态足迹占总生态足迹的比例，当各地类均衡分配时，H_{ef} 达到最大值，生态系统多样性最高。各地类分配越均衡，生态系统的稳定性就越好。

（6）生态经济系统发展能力指数，公式为

$$Dc = ef \times Hef = ef \times \left\{ -\sum_{i=1}^{n} \left(p_i \times \ln p_i \right) \right\} \tag{4-15}$$

式中，Dc 是生态经济系统发展能力指数；ef 为人均生态足迹；p_i 是 i 地类占总生态足迹的份额。

（7）生态适度人口：表征在特定状态系统可以支持的最优人口数量。公式为

$$p = N \times \frac{ec}{ef} \tag{4-16}$$

式中，p 为生态适度人口；ec 为人均生态承载力；ef 为人均生态足迹。

（二）淮南市资源利用状况

1. 淮南市自然资本供求情况

1）自然资本总的供求变化趋势

淮南市的人均生态承载力在 2010～2017 年变化不显著，始终保持在 0.1600～0.2200 hm²/cap 的较低水平；人均生态足迹由 2010 年的 3.1450 hm²/cap 持续增加，到 2014 年达到最大值 4.4629 hm²/cap，四年间增加了 41.90%，2014 年以后人均生态足迹快速减

少,到 2016 年降到 2.5880 hm²/cap,2017 年又稍微升高到 2.6058 hm²/cap,总体呈下降趋势,生态系统对自然资本的需求有所减少,但仍然超出其承载范围;高需求和低供给的发展模式导致淮南市在 2010~2017 年一直处于生态赤字状态,人均生态赤字呈先增加后减少的趋势,2010~2014 年生态赤字逐年增加,从 2.9796 hm²/cap 的水平以平均每年 11.03%的速率大幅度增长,到 2014 年达到最大值 4.2946 hm²/cap,2014 年后生态赤字逐年减少,到 2016 年降为 2.3691 hm²/cap,在 2017 年生态赤字稍有增加,增至 2.3869 hm²/cap 的水平,表明淮南市生态经济系统一直处于不可持续发展阶段,但是发展阻力表现下降趋势(图 4.1)。

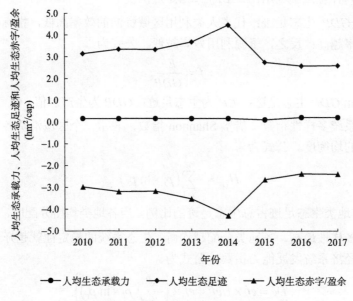

图 4.1　2010~2017 年淮南市自然资本供求变化

2)各地类人均生态承载力的变化

2010~2017 年各地类人均生态承载力占人均生态承载力总量的情况如下:耕地所占比例一直最大,处于 54.94%~62.42%;占比一直稳居第二位的是建设用地,为 30.26%~37.39%;水域、林地和草地所占比例分别居第三(5.83%~6.30%)、第四(0.97%~1.73%)和第五位(0.04%~0.09%)(图 4.2)。研究期间,耕地人均承载力变化很小,由 0.0926 hm²/cap 波动增加至 0.1366 hm²/cap,并在 2016 年达到最大值;建设用地的人均生态承载力小幅波动上升,由 2010 年的 0.0593 hm²/cap 一直增加至 2017 年的 0.0665 hm²/cap,年均增长率为 1.73%;水域人均生态承载力除在 2015 年数值最低达 0.0062 hm²/cap 外,其余 7 年间一直保持在 0.0099~0.0138 hm²/cap;林地的人均生态承载力处于 0.0018~0.0029 hm²/cap;草地的人均生态承载力在 0.0001~0.0002 hm²/cap,数值和占比一直最小。

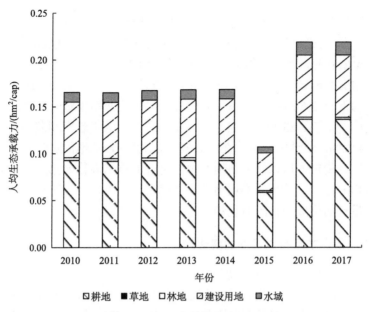

图 4.2　淮南市各地类人均生态承载力变化

3）各地类人均生态足迹的变化

2010～2017 年淮南市人均生态足迹构成如图 4.3，图中显示：耕地、草地、化石能源用地、林地的人均生态足迹有下降的趋势，水域和建设用地的人均生态承载力整体呈上升趋势，但化石能源用地在 2010～2014 年的人均生态足迹逐年增长。从面积大小看，2017 年化石能源用地人均生态足迹面积最大（2.3715 hm^2/cap），其次为耕地（0.0935 hm^2/cap）、草地（0.0911 hm^2/cap）、建设用地（0.0327 hm^2/cap）、林地（0.0143 hm^2/cap）、水域（0.0028 hm^2/cap）；

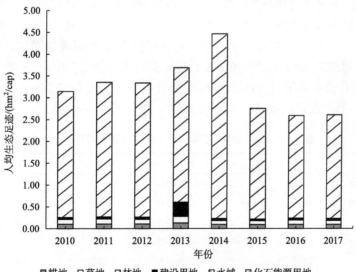

图 4.3　淮南市各地类人均生态足迹变化

从增长/下降幅度来看，建设用地>水域>化石能源地>草地>耕地>林地。其中化石能源用地虽整体呈下降趋势，但波动较剧烈，从 2010~2014 年由 2.8886 hm²/cap 持续增长至 4.2328 hm²/cap 的最大值，年平均增长率为 11.63%，2014~2016 年持续下降，2016年达最小值 2.3468 hm²/cap，但到 2017 年人均生态足迹又稍有增加，达 2.3715 hm²/cap，研究期间的年均下降 2.56%；从贡献率方面看，化石能源用地对人均生态足迹的贡献率8 年间一直最大，稳定在 83.53%~94.85%。草地和耕地的贡献率相差不大，草地的贡献率在 1.90%~4.06%，耕地的贡献率在 2.16%~3.61%，较草地的贡献率而言，耕地的贡献率在 8 年里较为稳定，所以认为耕地对生态足迹的贡献率排名第二。但耕地的贡献率化石能源用地相差巨大。其余三类用地的贡献率占比相对较小。可以看出，化石能源用地在人均生态足迹的构成中占绝对优势。

2. 淮南市流量资本及存量资本的变化趋势

1）生态足迹广度及生态足迹深度变化

淮南市 2010~2017 年人均生态足迹广度变化经历四个阶段，如表 4.6 所示。结果表明：第一阶段是 2010~2011 年，足迹广度稍有减少，由 0.1275 hm²/cap 下降至 0.1273 hm²/cap，降低了 0.16%；第二阶段是 2011~2013 年，足迹广度快速增加，由 0.1273 hm²/cap 增长至0.1618 hm²/cap，年均增长速率为 13.55%；第三阶段是 2013~2015 年，足迹广度逐年大幅降低，到 2015 年降到最小值 0.0832 hm²/cap，年均下降 24.19%；第四阶段是 2015~2017年，足迹广度再次升高到 0.1312 hm²/cap。各地类中，因化石能源地的实际占用面积为零，故化石能源地的足迹广度始终为零；耕地贡献率始终最大，比例在 57.35%~72.79%，由 2010年的 0.0928 hm²/cap 下降至 2011 年的 0.0919 hm²/cap，随后 2 年一直小幅增加，到 2013 年增至 0.0928 hm²/cap，之后逐年下降，在 2015 年下降至 0.0588 hm²/cap，随后 2 年又增长至0.0935 hm²/cap，其变化趋势与淮南市总足迹广度的趋势一致；建设用地足迹广度一直缓慢波动增加，由 2010 年 0.0290 hm²/cap 波动增加至 2017 年的 0.0327 hm²/cap，所占比例在22.73%~38.61%，贡献率居第二位；水域足迹广度整体小幅波动增加，由 2010 年的0.0027 hm²/cap 增加至 2017 年的 0.0028 hm²/cap，但所占比例在 2.10%~3.40%，贡献率居第三位；林地足迹广度在 8 年间一直缓慢下降，占比保持在 1.62%~2.25%，贡献率居第四位；草地足迹广度一直处在较低水平，贡献率也最小，在 0.09%~0.12%。

表 4.6 2010~2017 年淮南市人均生态足迹广度 （单位：hm²/cap）

年份	耕地	草地	林地	建设用地	水域	化石能源地	全市
2010	0.0928	0.0002	0.0029	0.0290	0.0027	0.0000	0.1275
2011	0.0919	0.0002	0.0028	0.0295	0.0030	0.0000	0.1273
2012	0.0925	0.0001	0.0028	0.0305	0.0027	0.0000	0.1287
2013	0.0928	0.0001	0.0028	0.0625	0.0036	0.0000	0.1618
2014	0.0926	0.0001	0.0028	0.0309	0.0028	0.0000	0.1292
2015	0.0588	0.0001	0.0017	0.0197	0.0028	0.0000	0.0832
2016	0.0935	0.0001	0.0021	0.0327	0.0028	0.0000	0.1312
2017	0.0935	0.0001	0.0021	0.0327	0.0028	0.0000	0.1312

2010～2017 年淮南市人均生态足迹深度呈波动下降的趋势且 7 年间均大于 1，如表 4.7 所示。结果表明，2017 年的人均生态足迹深度为 1.4711，有两层含义：一是需要1.4711 倍的现有土地面积才能满足淮南市实际资源消费量；二是要满足淮南市实际资源消耗量，再生这些资源需要 1.4711 年。淮南市人均生态足迹深度的变化较反复，第一阶段是 2010～2011 年，人均生态足迹深度由 1.7794 增加到 1.8670，增加了 4.92%；第二阶段是 2011～2012 年，人均生态足迹深度有所下滑，由 1.8670 降低至 1.7973，下降了3.73%，对自然资本的占用程度开始降低；第三阶段是 2012～2013 年，人均生态足迹深度由 1.7973 增加至 3.6514，增长率为 103.16%，对自然资本的占用程度迅速增长；第四阶段是 2013～2014 年，人均生态足迹深度由 3.6514 下降至 1.5989，下降了 56.21%；第五阶段是 2014～2015 年，人均生态足迹开始增加，由 1.5989 增加至 2.2381；第六阶段是 2015～2017 年，人均生态足迹逐年下降，由 2.2381 降至 1.4711，年均下降 17.14%。各地类中，建设用地和水域的生态发展过程不需要耗费自然资本存量，人均生态足迹深度一直为 1；耕地在 2010～2015 年，人均生态足迹深度一直大于 1，表明这 6 年一直占用资本存量才能满足资源消费需求，2016～2017 年的足迹深度为 1，不需要消耗自然资本存量；草地足迹深度波动大，整体由 2010 年的 695.7430 经过复杂的变化过程增加至2017 年的 998.4319，但仍远超 1，对资本存量的占用程度深且有增加的趋势；林地的足迹深度波动明显，其中 2010～2012 年由 5.1102 增加至 6.8276，随后逐年下降，在 2014年降至 5.5579，之后开始上升，于 2015 年达到 7.9671，在 2017 年又回升至 6.6966，对自然资本存量的占用程度整体呈增加趋势。

表 4.7　2010～2017 年淮南市人均生态足迹深度　　　（单位：hm²/cap）

年份	耕地	草地	林地	建设用地	水域	全市
2010	1.0909	695.7430	5.1102	1.0000	1.0000	1.7794
2011	1.1504	747.6962	6.0479	1.0000	1.0000	1.8670
2012	1.1248	709.8221	6.8276	1.0000	1.0000	1.7973
2013	1.3637	1007.3855	6.6899	1.0000	1.0000	3.6514
2014	1.0391	572.9489	5.5579	1.0000	1.0000	1.5989
2015	1.5558	934.9138	7.9671	1.0000	1.0000	2.2381
2016	1.0000	1075.7098	6.3887	1.0000	1.0000	1.5025
2017	1.0000	998.4319	6.6966	1.0000	1.0000	1.4711

2）三维生态足迹变化

基于生态足迹三维模型和二维模型计算得到的人均生态足迹虽然变化趋势相同但结果并不完全一致，人均三维生态足迹略小于人均二维生态足迹，如表 4.8 所示。淮南市人均三维生态足迹呈波动减少趋势，由 2010 的 3.1154 hm²/cap 降低至 2017 年2.5645 hm²/cap。地类中化石能源用地所占比例历年来最大，且变化趋势与人均三维生态足迹一致，是影响人均三维生态足迹的主导部分（杜悦悦等，2016）；草地、耕地和林地三维足迹呈下降趋势，其中，耕地的三维足迹由 2010 年的 0.1012 hm²/cap

下降到 0.0935 hm²/cap，8 年间下降了 7.61%；草地三维足迹由 2010 年的 0.1089 hm²/cap 下降到 0.0911 hm²/cap，减少了 16.35%；林地三维足迹由 2010 年的 0.0146 hm²/cap 减少至 2017 年的 0.0143 hm²/cap，减少了 2.05%；水域三维足迹由 2010 年的 0.0027 hm²/cap 小幅波动增加到 0.0028 hm²/cap，变化不大；建设用地三维足迹呈波动上升趋势，由 2010 年的 0.0290 hm²/cap 增至 2017 年的 0.0327 hm²/cap。林地、水域和建设用地对人均三维生态足迹的贡献率都比较小。

表 4.8　2010～2017 年淮南市人均三维生态足迹　　（单位：hm²/cap）

年份	耕地	草地	林地	建设用地	水域	化石能源地	全市（三维）	全市（二维）
2010	0.1012	0.1089	0.0146	0.0290	0.0027	2.88857	3.1154	3.14499
2011	0.1057	0.1152	0.0170	0.0295	0.0030	3.08306	3.3208	3.35344
2012	0.1041	0.1056	0.0192	0.0305	0.0027	3.07503	3.3063	3.33707
2013	0.1265	0.1497	0.0187	0.3089	0.0036	3.08119	3.6719	3.68859
2014	0.0962	0.0848	0.0153	0.0309	0.0028	4.23284	4.4395	4.46290
2015	0.0914	0.0877	0.0139	0.0197	0.0028	2.53595	2.7221	2.75156
2016	0.0935	0.0985	0.0137	0.0327	0.0028	2.34677	2.5439	2.58797
2017	0.0935	0.0911	0.0143	0.0327	0.0028	2.37145	2.5645	2.60576

3. 淮南市自然资本状况

1）资本流量占用率和存量流量利用比

耕地对自然资本的占用经历了复杂的过程，如表 4.9 所示，2010 年耕地的资本流量占用率为 0.0909，没有占用资本存量，对资本流量的占用程度也非常小。2011～2015 年耕地的资本流量已经不能满足生态需求，开始动用资本存量，流量存量利用比除了在 2014 年为 0.0391 的较低水平外，其余 4 年从 0.1505 逐年增长至 0.5558，对存量的利用程度逐渐增高。2016～2017 年耕地的资本流量占用率从 0.6846 下降至 0.6854，一直小于 1，仅消耗资本流量，且对流量资本的占用程度逐渐稍有减少。建设用地在 2013 年存量流量利用比为 3.9456，出现需要消耗资本存量来满足发展需求的状况，其余 7 年间均一直处于自然原长状态，建设用地资本流量占用率在 0.49 左右呈小幅度波动增加趋势。水域在 2010～2017 年一直处于自然原长状态，资本流量占用率由 2010 年的 0.2610 波动下降至 2017 年的 0.2015，在 0.20～0.46 波动，对资本流量的占用程度都较低。草地的流量存量利用比从 2010 年的 694.7430 波动下降至 2017 年的 997.4319，对草地存量资本的耗费程度呈增加态势，在 2017 年对存量的消耗大约是流量的 998 倍，生态压力依然巨大。林地的存量流量利用比虽没有草地大，但呈增长趋势，由 2010 年的 4.1102 波动增加至 2017 年的 5.6966，年均增长率为 5.51%，生态供给压力逐年增加，发展前景不乐观。

表 4.9 2010～2017 年淮南市各地类资本流量占用率和存量流量利用比

年份	资本流量占用率/%			存量流量利用比			
	耕地	建设用地	水域	耕地	草地	林地	建设用地
2010	0.0909	0.4887	0.2610	—	694.7430	4.1102	—
2011	—	0.4909	0.2947	0.1505	746.6962	5.0479	—
2012	—	0.4934	0.2727	0.1248	708.8222	5.8276	—
2013	—	—	0.3637	0.3637	1006.3855	5.6899	3.9456
2014	—	0.4913	0.2836	0.0391	571.9489	4.5579	—
2015	—	0.4915	0.4537	0.5558	933.9138	6.9671	—
2016	0.6846	0.4939	0.2006	—	1074.7098	5.3887	—
2017	0.6854	0.4919	0.2015	—	997.4319	5.6966	—

2010～2017 年淮南市的发展需求超出自然资源自身的供给能力，存量流量利用比从 2010 年的 0.7794 波动下降至 2017 年的 0.4711，其中 2013 年存量流量利用比达到最高值 2.6514，表明在 2013 年对自然资本存量的消耗接近对流量资本占用的 2.6514 倍，在资源供应的来源中流量资本已完全被存量资本替代。2012～2013 年及 2014～2015 年是存量流量利用比呈迅速增加的两个阶段，2015 年的存量流量利用比为 1.2381，资源利用情况跟 2013 年一样，对自然资本存量的消耗接近对流量资本占用的 1.2381 倍，完全通过占用资本存量来维持社会发展。2010～2017 年淮南市消耗存量资本的趋势虽在总体上有下降，消耗资本存量导致的生态压力依然存在且有反复增加的态势（图 4.4）。

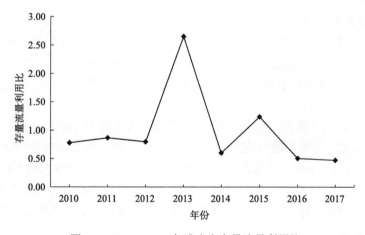

图 4.4 2010～2017 年淮南市存量流量利用比

2）生态系统各项发展能力

如表 4.10 所示，淮南市 2010～2017 年间，万元 GDP 生态足迹在 0.030～0.037，2017 年每创造一万元 GDP 产生的生态足迹为 0.0306 hm^2，资源利用效率最高；生态压力指数在 11～27 波动下降，淮北市生态系统处于极不安全状态，但系统压力有下降趋势；时间序列上生态系统多样性指数偏大，远大于 1.7918，生态足迹在地类间的分配极不公平，表现为化石能源用地的生态足迹占比达 90%以上,其他地类占比较小;生态经济系统发展能力指数从 2010 年的 75.4972 波动减少至 2017 年的 60.4818,发展能力较强且有降低态势;2010~2014 年生态适度人口逐渐下降,由 12.8334 万人降至 9.1784 万人,2015年开始增加,到 2017 年增至 32.7197 万人,2010~2014 年实际人口与生态适度人口比值明显增大,2014 年比值最高达 26.5128,2015 年比值开始下降,2017 年降至 11.9060。整体上,生态适度人口数大幅增加,但实际人口与生态适度人口比值呈下降趋势,淮南市现有人口严重超出生态承载力范围内的最优人口数量,但人口压力有缓和的态势。

表 4.10　淮南市生态系统各项发展能力指标

项目	2010	2011	2012	2013	2014	2015	2016	2017
万元 GDP 生态足迹/hm²	0.0385	0.0348	0.0311	0.0363	0.0288	0.0346	0.0334	0.0306
生态压力指数	19.0117	20.3224	19.9521	21.9462	26.5128	25.7209	11.8251	11.9060
生态系统多样性指数	24.0055	23.9563	23.9679	21.4534	25.8734	24.0366	23.1419	23.2108
生态经济系统发展能力指数	75.4972	80.3361	79.9828	79.1328	115.4704	66.1383	59.8903	60.4818
生态适度人口/万人	12.8334	12.0872	12.2181	11.0857	9.1784	14.9058	32.9055	32.7197
实际人口/生态适度人口	19.0117	20.3224	19.9521	21.9462	26.5128	25.7209	11.8251	11.9060

（三）淮北市资源利用状况

1. 淮北市自然资本供求情况

1）自然资本总的供求变化趋势

2010~2017 年,淮北市的人均生态承载力变化不明显,始终保持在 0.2100 hm²/cap左右的较低水平;人均生态足迹 2010~2017 年持续增加,由原来的 4.2221 hm²/cap 增长到 5.6221 hm²/cap,4 年增长占总增长值的 33.16%,2014 年以后,人均生态足迹略有下降,2016 年下降到 5.2111 hm²/ cap,2017 年上升到 5.3470 hm²/ cap。总体趋势是增加的,对自然资本的需求总是很大;高需求和低供给的发展模式使得 2010~2016 年淮北市生态一直处于赤字状态,总体呈增加趋势的人均生态赤字,最小生态赤字为 2010 年的 4.0145 hm²/cap,以平均每年 8.69%的速度大幅增加后,到 2014 年达到最大值 5.4092 hm²/cap,随后由 2015 年的 5.3155 hm²/cap 降至 2016 年的 4.9987 hm²/cap,在 2017 年生态赤字再次升高至 5.1347 hm²/cap 的水平,表明淮北市生态经济系统处于不可持续发展阶段,且发展阻力大（图 4.5）。

2）各地类人均生态承载力的变化

各地类 2010~2017 年人均生态承载力占比情况如下:耕地所占比例一直最大,处于56.81%~58.05%;建设用地占比稳居第二位,值为 37.00%~38.55%;水域（2.58%~2.72%）居第三、林地（2.01%~2.17%）居第四,草地所占比例（0.06%~0.13%）居第五（图 4.6）。整个研究期间,耕地人均承载力变化均不大,从 0.1206 hm²/cap 波动到0.1227 hm²/cap,并在 2013 年达到最大值。

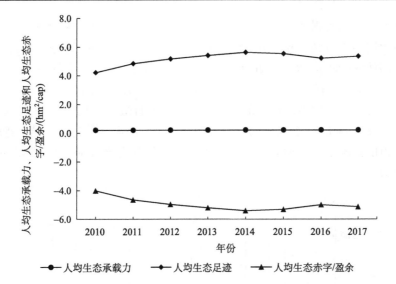

图 4.5　淮北市人均生态承载力、人均生态足迹和人均生态赤字/盈余变化

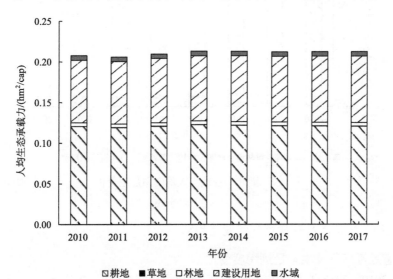

图 4.6　淮北市各地类人均生态承载力变化

建设用地的人均生态承载力平缓上升，由 2010 年的 0.0768 hm²/cap 一直增加至 2017 年的 0.0818 hm²/cap，年均增长率为 1.38%；水域人均生态承载力无明显波动，7 年间一直保持在 0.0054～0.0057 hm²/cap；林地的人均生态承载力处于 0.0044～ 0.0045 hm²/cap；草地的人均生态承载力在 0.0001～0.0003 hm²/cap，数值和占比一直最小。

3）各地类人均生态足迹的变化

2010～2017 年间在淮北市人均生态足迹构成如图 4.7 所示，除了草地和水域的人均生态足迹有下降的趋势外，化石能源用地、林地、耕地和建设用地的人均生态承载力整体呈上升趋势，但林地在 2014 年和 2015 年出现人均生态足迹小于 2010 年的情况。从面积大小看，2017 年人均生态足迹面积：化石能源>草地>耕地>建设用地>林地>水域；从增长幅度来看，化石能源用地最大，林地次之，建设用地较小，耕地最小，其中 2010 年化石能源用地为 3.8746 hm²/cap，到 2014 年增长至 5.3137 hm²/cap，达到最高水平，平均增长率高达 35.98%，2015~2016 年略有降低，但到 2017 年人均生态足迹又有所增加，处于 5.0167 hm²/cap 的较高水平，研究期间的年际增长率为 26.16%；从贡献率方面看，化石能源用地对人均生态足迹的贡献率 7 年间一直最大，稳定在 91.75%~94.51%。草地的贡献率在 2.48%~4.25%，排名第二，但是与贡献率第一的化石能源用地相差巨大。其余四类用地的贡献率占比相对较小。可以看出，化石能源用地在人均生态足迹的构成中占绝对优势。

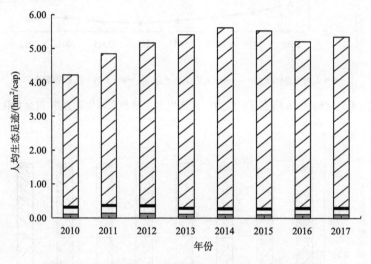

图 4.7　淮北市各地类人均生态足迹变化

2. 淮北市流量资本及存量资本的变化趋势

1）生态足迹广度及生态足迹深度变化

淮北市 2010~2017 年人均生态足迹广度变化经历四个阶段，如表 4.11 所示，结果表明：第一阶段是 2010~2012 年，足迹广度快速增长，由 0.1566 hm²/cap 增加至 0.1685 hm²/cap，年均增长率为 3.79%；第二阶段是 2012~2015 年，足迹广度持续下降，由 0.1685 hm²/cap 降至 0.1554 hm²/cap，年均下降速率为 2.80%；第三阶段是 2015~2016 年，足迹广度再次增加，2016 年达到 0.1620 hm²/cap；第四阶段是 2016~2017 年，足迹广度再次降低到 0.1591 hm²/cap。各地类中，因化石能源用地的实际占用面积为零，故化石能源用地的足迹广度始终为零；耕地贡献率始终最大，比例在 69.27%~71.66%，由 2010 年的 0.1105 hm²/cap 增加至 2012 年的 0.1206 hm²/cap，随后 3 年一直下降，到 2015 年降至 0.1077 hm²/cap，在 2016 年又增加至 0.1140 hm²/cap，又在 2017 年微降到 0.1112 hm²/cap，其变化趋势与淮北市总足迹广度的趋势一致；建设用地足迹广度一直缓慢增加，由 2010 年 0.0389 hm²/cap 增加至 2017 年的 0.0413 hm²/cap，所占比例在 23.41%~26.25%，贡献率居第二位；

林地足迹广度虽整体呈下降趋势，由 2010 年的 0.0045 hm²/cap 持续下降至 2017 年的 0.0043 hm²/cap，但所占比例在 2.64%～2.88%，贡献率居第三位；水域足迹广度除在 2011～2012 年有微幅上升外，一直缓慢下降，占比保持在 1.41%～2.19%，贡献率居第四位；草地足迹广度一直处在较低水平，贡献率也最小。

表 4.11　2010～2017 年淮北市人均生态足迹广度　（单位：hm²/cap）

年份	耕地	草地	林地	建设用地	水域	化石能源地	全市
2010	0.1105	0.0001	0.0045	0.0389	0.0025	0.0000	0.1566
2011	0.1190	0.0001	0.0044	0.0389	0.0036	0.0000	0.1660
2012	0.1206	0.0003	0.0044	0.0397	0.0034	0.0000	0.1685
2013	0.1184	0.0002	0.0045	0.0404	0.0022	0.0000	0.1657
2014	0.1096	0.0002	0.0044	0.0409	0.0025	0.0000	0.1576
2015	0.1077	0.0002	0.0044	0.0408	0.0024	0.0000	0.1554
2016	0.1140	0.0002	0.0044	0.0411	0.0024	0.0000	0.1620
2017	0.1112	0.0002	0.0043	0.0413	0.0022	0.0000	0.1591

　　2010～2017 年间淮北市人均生态足迹深度呈波动下降的趋势且 7 年间均大于 1，如表 4.12 所示，结果表明：2017 年的人均生态足迹深度为 1.8063，有两层含义，一是需要 1.8063 倍的现有土地面积才能满足淮北市实际资源消费量；二是要满足淮北市实际资源消耗量，再生这些资源需要 1.8063 年。淮北市人均生态足迹深度的变化大致可以分三个阶段：第一阶段是 2010～2011 年，人均生态足迹深度由 1.9195 增加到 2.1376，增加了 11.36%，增长幅度较大；第二阶段是 2011～2014 年，人均生态足迹深度持续下降，由 2.1376 降低至 1.7081，年均降幅为 8.38%，对自然资本的占用程度迅速降低；第三阶段是 2014～2017 年，人均生态足迹深度由 1.7081 增加至 1.8063，年均增长率为 1.92%。各地类中，建设用地和水域的生态发展过程不需要耗费自然资本存量，人均生态足迹深度一直为 1；耕地在 2010 年及 2013～2017 年人均生态足迹深度为 1，2011～2012 年开始占用资本存量用于满足资源消费需求，足迹深度大于 1；草地足迹深度波动大，整体由 2010 年的 1374.6491 经过"增-减-增-减-增"的变化过程，降到 2017 年的 1003.2997，

表 4.12　2010～2017 年淮北市人均生态足迹深度　（单位：hm²/cap）

年份	耕地	草地	林地	建设用地	水域	全市
2010	1.0000	1374.6491	3.5848	1.0000	1.0000	1.9195
2011	1.2176	1535.2424	3.6914	1.0000	1.0000	2.1376
2012	1.1611	727.0101	4.2981	1.0000	1.0000	2.0748
2013	1.0000	802.3661	3.1032	1.0000	1.0000	1.7276
2014	1.0000	799.5315	3.6476	1.0000	1.0000	1.7081
2015	1.0000	787.8738	3.7993	1.0000	1.0000	1.7153
2016	1.0000	861.0617	4.1304	1.0000	1.0000	1.7574
2017	1.0000	1003.2997	4.0992	1.0000	1.0000	1.8063

虽有所下降，但仍远超 1，对资本存量的占用程度深；林地的足迹深度波动明显，其中 2010~2012 年由 3.5848 增加至 4.2981，在 2013 年降至 3.1032，随后开始上升，于 2016 年达到 4.1304，在 2017 年稍微下降到 4.0992，对自然资本存量的占用程度整体呈增加趋势。

2）三维生态足迹变化

基于生态足迹三维模型和二维模型计算得到的人均生态足迹虽然变化趋势相同但结果并不完全一致，人均三维生态足迹略小于人均二维生态足迹，如表 4.13 所示。淮北市人均三维生态足迹呈波动增加趋势，由 2010 的 4.1752 hm^2/cap 增加至 2017 年 5.3041 hm^2/cap。其中 2010~2014 年是持续增加阶段，人均三维生态足迹在 2014 年达到最大值 5.5830 hm^2/cap，随后持续下降，到 2016 降到 5.1729 hm^2/cap，在 2017 年人均三维生态足迹又增加至 5.3470 hm^2/cap。地类中化石能源用地所占比例历年来最大，且变化趋势与人均三维生态足迹一致，是影响人均三维生态足迹的主导部分；草地和水域三维足迹呈下降趋势，草地三维足迹由 2010 年的 0.1793 hm^2/cap 下降到 0.1581 hm^2/cap，减少了 11.82%。水域三维足迹由 2010 年的 0.0025 hm^2/cap 波动减少到 0.0022 hm^2/cap，减少了 12%；林地、耕地、建设用地三维足迹呈波动上升趋势，对总人均三维生态足迹的贡献率都比较小，且这三种地类的上升幅度较小。

表 4.13　2010~2017 年淮北市人均三维生态足迹　　（单位：hm^2/cap）

年份	耕地	草地	林地	建设用地	水域	化石能源地	全市（三维）	全市（二维）
2010	0.1105	0.1793	0.0162	0.0389	0.0025	3.8746	4.1752	4.2221
2011	0.1448	0.1965	0.0163	0.0389	0.0036	4.4491	4.8039	4.8493
2012	0.1401	0.1915	0.0191	0.0397	0.0034	4.7782	5.1279	5.1721
2013	0.1184	0.1458	0.0139	0.0404	0.0022	5.0904	5.3766	5.4112
2014	0.1096	0.1393	0.0162	0.0409	0.0025	5.3137	5.5830	5.6221
2015	0.1077	0.1396	0.0167	0.0408	0.0024	5.2204	5.4870	5.5275
2016	0.1140	0.1474	0.0180	0.0411	0.0024	4.8883	5.1729	5.2111
2017	0.1112	0.1581	0.0175	0.0413	0.0022	5.0167	5.3041	5.3470

3. 淮北市自然资本状况

1）资本流量占用率和存量流量利用比

耕地对自然资本的占用经历了复杂的过程，如表 4.14 所示，2010 年耕地的资本流量占用率为 0.9174，没有占用资本存量，但对流量的占用程度已接近饱和，2011~2012 年耕地的资本流量已经不能满足生态需求，开始动用资本存量，流量存量利用比从 0.2176 下降至 0.1611，对存量的利用程度有所降低，2013~2017 年耕地的资本流量占用率从 0.9646 下降至 0.9218，一直小于 1，仅消耗资本流量，且对流量资本的占用程度逐渐降低。建设用地和水域在 2010~2017 年一直处于自然原长状态，建设用地资本流量占用率在 0.50 左右，呈小幅度波动下降趋势，水域资本流量占用率在 0.39~0.70 波动，对资本流量的占用程度都非常小。草地的流量存量利用比从 2010 年的 1373.6491 波动下降至

2017 年的 1002.3000，虽然对草地存量资本的耗费程度有所减少，但在 2017 年对存量的消耗仍是流量的 1002 倍，生态压力依然巨大。林地的存量流量利用比虽没有草地大，但呈增长趋势，由 2010 年的 2.5848 波动增加至 2017 年的 3.0992，年均增长率为 2.84%，生态供给压力逐年增加，发展前景不乐观。

表 4.14　2010～2017 年淮北市各地类资本流量占用率和存量流量利用比

年份	资本流量占用率/%			存量流量利用比		
	耕地	建设用地	水域	耕地	草地	林地
2010	0.9174	0.5071	0.4495	—	1373.6491	2.5848
2011	—	0.5061	0.6528	0.2176	1534.2424	2.6914
2012	—	0.5048	0.6123	0.1611	726.0101	3.2981
2013	0.9646	0.5048	0.3946	—	801.3661	2.1032
2014	0.8994	0.5062	0.4391	—	798.5315	2.6476
2015	0.8882	0.5051	0.4370	—	786.8738	2.7993
2016	0.9427	0.5043	0.4363	—	860.0617	3.1304
2017	0.9218	0.5043	0.4118	—	1002.3000	3.0992

2010～2017 年淮北市的发展需求超出自然资源自身的供给能力。其中 2010～2011 年存量流量利用比从 0.9195 增加至 1.1376，2011 年对自然资本存量的消耗接近对流量资本占用的 1.14 倍，表明在资源供应的来源中流量资本已完全被存量资本替代。2012～2013 年存量流量利用比呈下降趋势，到 2013 年降至 0.7276。2014 年开始，存量流量利用比开始表现出增加趋势，由 0.7081 持续增长至 2017 年的 0.8063。2010～2017 年淮北市消耗存量资本的趋势虽在总体上有下降，消耗资本存量导致的生态压力依然存在且有增加的态势（图 4.8）。

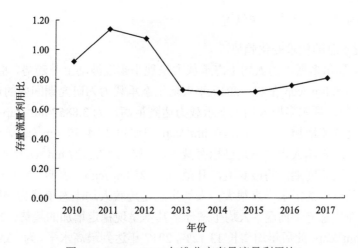

图 4.8　2010～2017 年淮北市存量流量利用比

2）生态系统各项发展能力

淮北市 2010～2017 年，万元 GDP 生态足迹在 0.048～0.267 波动，如表 4.15 所示。2017 年每创造一万元 GDP 产生的生态足迹为 0.2667 hm²，资源利用效率最低；生态压力指数在 20～27 波动增加，淮北市生态系统处于极不安全状态且系统压力逐年增加；时间序列上生态系统多样性指数偏大，远大于 1.7918，生态足迹在地类间的分配极不公平，表现为化石能源用地的生态足迹占比达 90% 以上，其他地类占比较小；生态经济系统发展能力指数从 2010 年的 103.6765 波动上升至 2017 年的 138.0815，发展能力较强且逐渐增加；淮北市 2010～2014 年生态适度人口逐渐下降，由 10.7933 万人降至 8.1561 万人，2015 年开始增加，到 2017 年回升至 8.6133 万人，2010～2014 年实际人口与生态适度人口比值明显增大，2014 年比值最高达 25.8848，2015 比值开始下降，2017 年降至 25.1878，整体上，生态适度人口数虽有减少，但实际人口与生态适度人口比值呈增加趋势，淮北市现有人口严重超出生态承载力范围内的最优人口数量。

表 4.15　淮北市生态系统各项发展能力指标

项目	2010	2011	2012	2013	2014	2015	2016	2017
万元 GDP 生态足迹/hm²	0.0495	0.0649	0.0624	0.0531	0.0492	0.0483	0.0511	0.2667
生态压力指数	20.3421	23.5564	24.6661	25.3855	26.3970	26.0638	24.5388	25.1878
生态系统多样性指数	24.5560	24.5199	24.7812	26.1476	26.2034	26.1265	25.6495	25.8243
生态经济系统发展能力指数	103.6765	118.9039	128.1498	141.4893	147.3194	144.4154	133.6612	138.0815
生态适度人口/万人	10.7933	9.4164	8.8481	8.4498	8.1561	8.3065	8.8244	8.6133
实际人口/生态适度人口	20.3421	23.7987	24.5230	24.8009	25.8848	25.7009	24.2016	25.1878

（四）鄂尔多斯市资源利用状况

1. 鄂尔多斯市自然资本供求情况

1）自然资本总的供求变化趋势

研究期间，鄂尔多斯市的人均生态承载力呈现小幅度波动上升趋势，整体变化不大，始终保持在 3.6000 hm²/cap 左右，2010 年人均生态承载力为研究期间内的最低值 3.4576 hm²/cap，2012 年，鄂尔多斯人均生态承载力达到最高，为 3.8857 hm²/cap；2010～2015 年人均生态足迹持续增加，由 12.3049 hm²/cap 增加到 17.4579 hm²/cap，5 年间增加了 5.2530hm²/cap，2016 年人均生态足迹稍有减少，下降为 17.2127 hm²/cap，2017 年较 2016 年有所增加，达到研究期内的最高值，升至 20.6225 hm²/cap，表明 2010 年至 2017 年鄂尔多斯市对自然资本的需求一直很大；人均生态足迹较人均生态承载力增加明显，在研究期间一直存在生态赤字问题，人均生态赤字基本呈现稳定增加的趋势，2010 年赤字最小，为 8.8473 hm²/cap，此后年均增长 13.12%，2017 年达到最高水平，为 16.9736 hm²/cap，表明在对鄂尔多斯市生态经济系统发展阻力的研究中，系统的发展是不稳定的、不可持续的（图 4.9）。

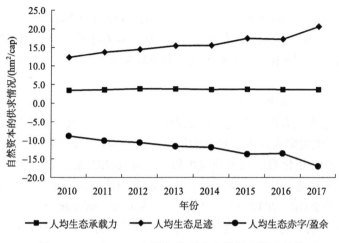

图4.9　2010～2017年鄂尔多斯市自然资本供求变化

2）各地类人均生态承载力的变化

如图4.10所示，2010～2017年各地类占总人均生态承载力比例如下：牧草地所占总人均生态承载力比例一直最大，处于64.89%～67.94%，这符合鄂尔多斯市的实际情况，在保护好现有草地的前提下应大力提高草地的利用率，以此提高系统承载能力；林地所占总人均生态承载力比例一直处于第二位，为26.49%～29.42%，除2011年和2017年有小幅下降外，其余年份均呈上升趋势，近年来，鄂尔多斯林业生态建设步伐加速进行，实施了各种相关项目，使鄂尔多斯林业有了长足发展；耕地、水域和建设用地所占比例分别为第三、第四和第五，对应生态承载力的值分别为3.60%～4.14%、1.64%～1.89%和0.22%～0.25%。牧草地人均承载力波动上升且波动频繁，呈现先上升后下降的状态，2012年草地人均生态承载力达到研究期间内的最大值3.000 hm²/cap，2010年为最小值2.5721 hm²/cap；林地人均生态承载力平缓上升，从2010年1.1109 hm²/cap增至2017年1.2198 hm²/cap，年均增长率为9.80%；耕地的人均生态承载力8年间基本呈下降

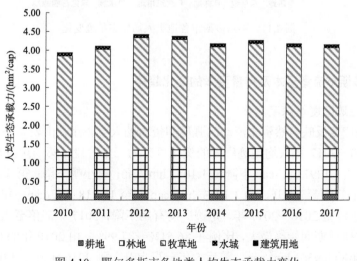

图4.10　鄂尔多斯市各地类人均生态承载力变化

状态,由 2010 年的 0.1628 hm²/cap 下降至 2017 年的 0.1559 hm²/cap,但一直保持在 0.1559~0.1628 hm²/cap,下降幅度不明显;水域的人均生态承载力处于 0.0702~0.0741 hm²/cap,成持续下降的趋势;建设用地人均生态承载力从 0.0092 hm²/cap 上升到 0.0102 hm²/cap,数值和占比一直最小。

3)各地类人均生态足迹的变化

如图 4.11 所示,各地类人均生态足迹结果表明,从 2010 到 2017 年间,除了林地和建筑用地,其他 4 类土地类型人均生态足迹的均呈上升趋势,其中化石能源用地一直在上升。从面积大小看,2017 年化石能源用地面积最大,为 16.7031 hm²/cap,之后是草地、耕地、建设用地、水域和林地;从增长幅度看,化石能源用地略大于水域和耕地,草地最小,其中化石能源用地 2010~2017 年持续增长,由 8.4306 hm²/cap 增长至最高水平 16.7031 hm²/cap,研究期间的年际增长率为 14.02%;在贡献率方面,化石能源地的贡献率 8 年间一直最大,稳定在 68.51%~80.98%。草地的贡献率在 15.24%~25.35%,居第二位,但与排名第一的化石能源地贡献率仍有巨大差距。其余 4 类用地的贡献率相对均较小。鄂尔多斯市经济发展主要得益于能源大量甚至过量消耗,由此可知,限制鄂尔多斯市生态良性发展的首要原因是化石能源用地的超饱和使用。

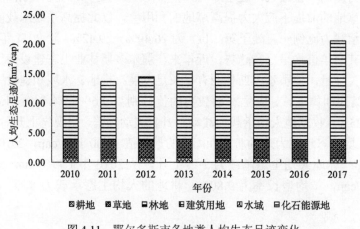

图 4.11　鄂尔多斯市各地类人均生态足迹变化

2. 鄂尔多斯市流量资本及存量资本的变化趋势

1)生态足迹广度及深度变化

生态足迹广度反映自然资本流动的强度和资本的人类占用,由表 4.16 结果得出,鄂尔多斯市 2010~2017 年人均足迹广度的变化可分为三个阶段:第一阶段是 2010~2011 年,足迹广度从 1.1297 hm²/cap 下降至 1.1053 hm²/cap,有小幅下降;第二阶段是 2011~2016 年,足迹广度持续上升,由 1.1053 hm²/cap 升至 1.2218 hm²/cap,年均增长速率为 2.33%;第三阶段是 2016~2017 年,足迹广度有所下降,2017 年回落至 1.2198 hm²/cap。草地贡献率在研究期间始终最大,比例在 86.51%~87.99%,由 2010 年的 0.9776 hm²/cap 下降至 2011 年的 0.9563 hm²/cap,随后 5 年一直上升,到 2016 年升至 1.0740 hm²/cap,

在 2017 年又下降至 1.0734 hm²/cap，其变化趋势与鄂尔多斯市总足迹广度的趋势一致；耕地足迹广度在 8 年间由 0.1433 hm²/cap 逐渐下降至 0.1372 hm²/cap，所占比例在 11.24%～12.68%，贡献率居第二位；建设用地足迹广度从 2010 年开始，由 0.0059 hm²/cap 持续降至 0.0056 hm²/cap，所占比例在 0.46%～0.53%，贡献率居第三位；水域足迹广度除在 2016～2017 年有小幅下降外，一直呈上升趋势，贡献率居第四位；林地足迹广度较小，贡献率也最小；因化石能源用地的实际占用面积为零，故其足迹广度始终是零。

表 4.16　2010～2017 年鄂尔多斯市人均生态足迹广度　　　（单位：hm²/cap）

年份	耕地	草地	林地	建设用地	水域	化石能源地	全市
2010	0.1433	0.9776	0.0011	0.0059	0.0017	0.0000	1.1297
2011	0.1401	0.9563	0.0011	0.0058	0.0021	0.0000	1.1053
2012	0.1398	1.0338	0.0011	0.0058	0.0030	0.0000	1.1834
2013	0.1400	1.0406	0.0010	0.0057	0.0032	0.0000	1.1906
2014	0.1392	1.0485	0.0010	0.0057	0.0032	0.0000	1.1976
2015	0.1384	1.0714	0.0011	0.0057	0.0032	0.0000	1.2198
2016	0.1380	1.0740	0.0011	0.0056	0.0031	0.0000	1.2218
2017	0.1372	1.0734	0.0006	0.0056	0.0031	0.0000	1.2198

足迹深度反映人类对存量资本的利用情况，表 4.17 结果表明：2010～2017 年鄂尔多斯市人均足迹深度虽有所下降但均大于 1，表明鄂尔多斯市虽然减缓了资本存量的消耗速度，但是仍超越其再生能力，资本流量不足以支撑社会消费需求。2012 年人均足迹深度最低，为 1.6651，这表明研究期间人均足迹深度最低的年份仍需要 1.6651 倍的现有土地面积或者 1.6551 年再生这些资源才能满足鄂尔多斯市实际资源消费量。鄂尔多斯市足迹深度经历四个阶段的变化：首先是 2010～2012 年，足迹深度由 1.7938 降至 1.6651，年平均下降速率为 3.59%，对自然资本的占用程度迅速降低；其次至 2014 年，足迹深度小幅上升，由 1.6651 升至 1.7104，年均升幅为 1.36%；再次为 2014 至 2015 年，足迹深度有略微下降，降至 1.6930；最后是 2015～2017 年，足迹深度由 1.6930 增加至 1.7408，增长率为 1.41%。各地类中，林地、建设用地和水域的生态发展过程不需要耗费自然资本存量，人均生态足迹深度一直为 1；耕地足迹深度在研究期间经历了先上升后下降再上升的状态，2017 年升为 5.6104，在各地类中足迹深度最大，对资本存量有很大的占用率；草地足迹深度波动频繁，一直维持在 3.000 左右，整体由 2010 年的 3.1906 降到 2017 年的 2.9293，虽有所下降，但仍超过 1，对资本存量有较大的占用率，发展过程中不能满足实际需求。

表 4.17 2010～2017 年鄂尔多斯市人均生态足迹深度　　（单位：hm²/cap）

年份	耕地	草地	林地	建设用地	水域	全市
2010	5.2087	3.1906	1.0000	1.0000	1.0000	1.7938
2011	5.3329	3.2839	1.0000	1.0000	1.0000	1.7733
2012	5.5270	2.8878	1.0000	1.0000	1.0000	1.6651
2013	5.7353	2.9538	1.0000	1.0000	1.0000	1.7017
2014	5.4783	2.8894	1.0000	1.0000	1.0000	1.7104
2015	5.5326	2.8371	1.0000	1.0000	1.0000	1.6930
2016	4.4148	3.0508	1.0000	1.0000	1.0000	1.7293
2017	5.6104	2.9293	1.0000	1.0000	1.0000	1.7408

2）三维生态足迹变化

为了深入剖析鄂尔多斯市"自然-经济-社会"的协同发展，以自然资本的利用为出发点，引进足迹广度和足迹深度两个新指标，表 4.18 结果表明，基于生态足迹三维模型和二维模型计算得到的人均生态足迹虽然变化趋势相同，但结果并不完全一致，三维结果稍微小于二维结果。鄂尔多斯市人均三维生态足迹上升趋势，从 2010 年的 10.4570 hm²/cap 增至 2017 年的 18.8266 hm²/cap。其中 2010～2015 年是一个持续增长阶段，随后 2016 年下降，但生态足迹仍较高，到 2017 又转为上升趋势，升至最高值 18.8266 hm²/cap。化石能源用地的变化趋势与三维足迹一致，且在土地类型中历年来占比最多，是影响三维足迹的主导部分；林地和建设用地三维足迹呈缓慢下降趋势；耕地、草地和水域三维足迹则有所不同程度的上升。

表 4.18 2010～2017 年鄂尔多斯市人均三维生态足迹　　（单位：hm²/cap）

年份	耕地	草地	林地	建设用地	水域	化石能源地	全市（三维）	全市（二维）
2010	0.7464	3.1192	0.0011	0.0059	0.0017	8.4306	10.4570	12.3049
2011	0.7472	3.1402	0.0011	0.0058	0.0021	9.8307	11.7907	13.7270
2012	0.7725	2.9855	0.0011	0.0058	0.0030	10.7222	12.6928	14.4900
2013	0.8030	3.0737	0.0010	0.0057	0.0032	11.5794	13.6054	15.4660
2014	0.7624	3.0295	0.0010	0.0057	0.0032	11.7658	13.8141	15.5677
2015	0.7660	3.0398	0.0011	0.0057	0.0032	13.6423	15.7074	17.4579
2016	0.6092	3.2766	0.0011	0.0056	0.0031	13.3171	15.4300	17.2127
2017	0.7696	3.1442	0.0006	0.0056	0.0031	16.7031	18.8266	20.6262

3. 鄂尔多斯市自然资本状况

1）资本流量占用率和存量流量利用比

在 2010～2017 年林地、建设用地和水域一直处于良好状态，如表 4.19 所示，林地在 2016 至 2017 年仅消耗资本流量，且林地资本流量占用率最高仅为 0.05%左右，鄂尔多斯市林业发展状态良好；建设用地资本流量占用率在 9%左右，呈小幅度波动下降趋势，水域资本流量占用率在 21%~37%，二者所占用的资本流量都较小。耕地的存量流量利用比经历了先上升后下降再上升的状态，从 2010 年的 4.2087 波动上升至 2017 年的 4.6104，生态供给压力有所增大，对耕地的使用情况不乐观。草地的存量流量占用比呈波动下降趋势，2016 年下降至 1.9293，虽然对草地存量资本的耗费程度有所减少，但利用的存量仍超过流量接近 2 倍，生态压力依然存在。2010~2017 年鄂尔多斯市的发展需求超出自然资源自身的供给能力，流量完全被占用，进入赤字阶段并消耗资本存量，虽然呈下降趋势，但是仍存在着对资本存量的消耗（图 4.12）。

表 4.19　2010~2017 年鄂尔多斯市各地类资本流量占用率和存量流量利用比

年份	资本流量占用率/%			存量流量利用比	
	林地	建设用地	水域	耕地	草地
2010	0.0005	0.0910	0.2170	4.2087	2.1906
2011	0.0004	0.0909	0.2532	4.3329	2.2839
2012	0.0004	0.0908	0.3510	4.5270	1.8878
2013	0.0004	0.0907	0.3705	4.7353	1.9538
2014	0.0004	0.0906	0.3678	4.4783	1.8894
2015	0.0004	0.0906	0.3532	4.5326	1.8371
2016	0.0005	0.0906	0.3411	3.4148	2.0508
2017	0.0002	0.0906	0.3479	4.6104	1.9293

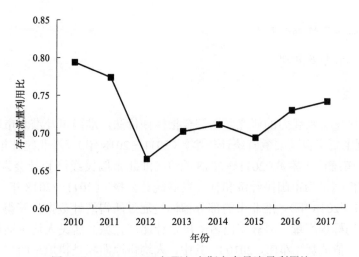

图 4.12　2010~2017 年鄂尔多斯市存量流量利用比

2）生态系统各项发展能力

鄂尔多斯市生态系统各项发展能力如表 4.20 所示，2010~2017 年，万元 GDP 生态足迹整体上呈上升趋势，在 0.7700~0.9100，2014 的资源利用效率在 8 年中最高年，每万元 GDP 形成的生态足迹为 0.7778 hm^2，2017 年每万元 GDP 形成的生态足迹最大，为 0.9099 hm^2；生态压力指数研究期间内始终大于 2，在 3~5 呈逐年递增趋势，经生态压力等级指数表得到鄂尔多斯市生态系统处于极不安全状态且系统压力逐年增加，2017 年接近极不安全临界值的 3 倍；生态系统多样性指数时间序列上呈逐年递增趋势，但生态足迹在地类间的分配不均衡，2017 年化石能源用地的比重达 80%以上，其他地类占比较小，特别是林地，一直占有最小比例；生态经济系统发展能力高且一直保持良好的势头，指数从 2010 年的 373.5696 升至 2017 年的 678.6047，除 2016 年有小幅下降外其余年份均上升，特别是 2017 年，增长幅度达 24.83%；生态适度人口除 2012 年有所上升，其余年份均为下降状态，由 2010 年的 54.7801 万人降到 2017 年的 36.5964 万人，相应的实际人口与生态适度人口比值除 2012 年外，其余年份均有所上升，最终 2017 年实际人口与生态适度人口比值接近 6，鄂尔多斯市目前现有人口严重超出生态承载力范围内的最优人口数，而且呈现出愈发严重的趋势。

表 4.20　鄂尔多斯市生态系统各项发展能力指标

项目	2010	2011	2012	2013	2014	2015	2016	2017
万元 GDP 生态足迹/hm²	0.8910	0.8421	0.7932	0.8066	0.7778	0.8427	0.7988	0.9099
生态压力指数	3.5588	3.8032	3.7291	4.0252	4.2466	4.6605	4.6952	5.6527
生态系统多样性指数	30.3594	30.7410	30.6386	30.8416	30.9721	31.4600	31.5825	32.9002
生态经济系统发展能力指数	373.5696	421.9819	443.9547	476.9969	482.1640	549.2270	543.6208	678.6047
生态适度人口/万人	54.7801	52.5687	53.7453	50.1224	47.9181	43.8814	43.7745	36.5964
实际人口/生态适度人口	3.558774	3.803215	3.729073	4.02515	4.246622	4.660516	4.695197	5.652747

二、采煤沉陷区生态环境承载力

（一）数据收集及处理

1. 数据来源

采煤沉陷区生态承载力的研究采用综合指标评价法，淮南市及淮北市研究中所涉及 31 项指标数据主要来自《安徽省统计年鉴》（2011～2018 年）《淮北统计年鉴》（2011～2018 年）《淮南统计年鉴》（2011～2018 年）《淮北市国民经济和社会发展统计公报》（2011～2018 年）《淮南市国民经济和社会发展统计公报》（2011～2018 年）《安徽省水资源公报》（2011～2018 年）。淮北市的部分指标是通过所得统计数据计算得来，包括人均耕地面积、人均标煤产量、科教支出占支出合计比重、城乡居民人均生活用电量、2014 年的单位生产总值能耗（邓伟，2010）。其中，人均耕地面积是耕地总面积与人口总数的比值；人均标煤产量是标煤生产总量与人口总数的比值（刘晓丽和方创琳，2008；宋超山等，2010）；科教支出占支出合计比重是教育支出和科学技术支出与支出合计的比值；城乡居民人均生活用电量是城乡居民生活用电总量与人口总数的比值；2014 年的单位生产总值能耗是 2014 年能源消费总量与生产总值（GDP）的比值。

鄂尔多斯市 2010～2017 年生态承载力相关基础数据来源于《内蒙古自治区统计年鉴》（2010～2017 年）《鄂尔多斯市统计年鉴》（2010～2017 年）和《鄂尔多斯市国民经

济和社会发展统计公报》（2010～2017 年）等统计资料。对于鄂尔多斯市年鉴及以上资料中未涉及的其他研究资料，采用了向政府部门依法申请公开的收集方式。其中人均耕地面积、人均水资源量、建成区绿化覆盖率、每千口人拥有的医院床位数、单位生产总值能耗、采矿业从业人员比重通过所得统计数据计算得来，其他数据均直接来源于以上统计资料（成金华等，2014）。

2. 研究方法

1）生态承载力评价指标体系的构建

区域可持续发展的实现是在复合生态系统内，统筹社会、环境、经济、资源等子系统之间的关系。基于 PSR 模型，结合生态承载力的定义与内涵，综合对研究的目标考量，最终将生态承载力作为目标层，将生态系统弹性力、复合生态系统支撑力及资源消耗、环境污染的压力作为评价指标体系的准则层（刘海燕，2014；杨屹和胡蝶，2018）。具体分析淮南市及淮北市实际状况，设计评价指标体系的因素层：生态弹性力，是指当生态系统受到压力时，自我调节缓冲压力能力的度量，其不受人类社会活动影响，弹性力大小取决于生态系统自身状态，选取气候因素、水文条件和地表覆被作为因素层；承载媒体的支撑力，是生态承载力大小最直接的反映，拟选择资源供给、环境污染治理、经济增长和社会发展等方面指标作为因素层；发展质量和发展中存在的问题可以通过承载对象的压力大小来体现，因素层可选择能源消耗、社会压力及环境的污染。鄂尔多斯市、淮南市和淮北市可选取具有区域地理气候等特性的 31 个因子，作为研究的指标层（表 4.21）。

表 4.21　生态承载力评价指标体系

目标层	准则层	因素层	指标层	指标属性
生态承载力	弹性力	气候	年降水量/mm	正
			年平均温度/℃	正
		水文	地表水资源/（$10^8 m^3$）	正
			地下水资源/（$10^8 m^3$）	正
		地物覆被	林业用地面积/（$10^3 hm^2$）	正
			森林覆盖率/%	正
	支撑力	资源供给	人均耕地面积/m^2	正
			人均水资源量/m^3	正
			人均标煤产量/t	正
		环境治理	工业固废综合利用率/%	正
			空气质量达到及好于二级的天数比例/%	正
			工业 SO_2 去除量/t	正
			建成区绿化覆盖率/%	正
		社会进步	科学、教育支出占全部支出比重/%	正
			每千口人拥有的医院床位数/张	正
			农村人均可支配收入/元	正
			科技活动人员人数/人	正

续表

目标层	准则层	因素层	指标层	指标属性
生态承载力	支撑力	经济发展	人均 GDP/元	正
			第三产业占 GDP 比重/%	正
		资源消耗	单位生产总值能耗/（t 标准煤·万元$^{-1}$）	负
			单位生产总值电耗/（kW·h·万元$^{-1}$）	负
			居民人均生活用电量/（kW·h）	负
	压力	社会压力	人口自然增长率/‰	负
			城镇登记失业率/%	负
			城镇人口比重/%	负
			采矿业从业人员比重/%	负
			第二产业占 GDP 比重/%	负
		环境污染	工业废水排放量/10^{4}t	负
			工业固废产生量/10^{4}t	负
			工业烟（粉）尘排放量/t	负
			工业废气产生量/亿标 m^3	负

2）评价指标相关性检验及赋权

由于各指标单位及量纲不统一，指标间缺乏可比性，因此涉及多指标的综合评价研究中，需对获得原始数据进行标准化处理，以达到各指标间可进行比较研究的目的。通过对数据采用极差标准化处理，将指标分为正趋向指标和负趋向指标，属性值越大为正趋向，反之则为负趋向，把正、负指标均转化为正值后的标准化指标。计算公式如下：

对于正趋向指标：

$$Y_{ij} = \frac{X_{ij} - \min X_{ij}}{\max X_{ij} - \min X_{ij}} \tag{4-17}$$

对于负趋向指标：

$$Y_{ij} = \frac{\max X_{ij} - X_{ij}}{\max X_{ij} - \min X_{ij}} \tag{4-18}$$

式中，Y_{ij} 是标准化值，X_{ij} 是指标值，$\max X_{ij}$ 和 $\min X_{ij}$ 分别指最大值和最小值，且 $0 \leqslant Y_{ij} \leqslant 1$。

利用 SPSS 22.0 计算所选取评价指标间的相关性显著关系，当 P 值大于 0.05 时，两指标间相关关系不显著或者无相关，则指标相互独立，采用逐步回归模型进行分析；当 P 值小于 0.05 时，指标间有显著关系，可通过字母标记的方法对有显著相关性的指标进行分析并取舍。根据 SPSS 相关性的分析结果，最终确定鄂尔多斯市、淮南市及淮北市生态承载力评价指标体系。

各指标权重的确定采用均方差决策法。均方差决策法能有效避免人为赋权所带来的决策偏差，具有客观性，其权重值由各评价指标属性值的相对离散程度来确定，评价结果因此更具有科学性。具体步骤如下：

求均值：

$$E(F_j) = \frac{1}{m} \sum_{i=1}^{m} Y_{ij} \tag{4-19}$$

求指标集的均方差：

$$\sigma(F_j) = \sqrt{\frac{\sum_{i=1}^{m}(Y_{ij} - E(F_j))^2}{n}} \tag{4-20}$$

求权重系数：

$$W(F_j) = \frac{\sigma(F_j)}{\sum_{i=1}^{m} \sigma(F_j)} \tag{4-21}$$

总排序：

$$D_i(W) = \sum_{i=1}^{m} Y_{ij} W(F_j) \tag{4-22}$$

利用上述方法，分别得到准则层、因素层及指标层最终权重。生态承载力的影响程度通过权重大小来反映，当权重越大时，指标对区域生态承载力的影响越大，反之则影响越小。

3）生态承载力三要素影响因子筛选

为深入挖掘鄂尔多斯市、淮南市及淮北市生态承载力的潜力，拓展以上三个研究区域的可持续发展的空间，选取各指标层评价指数作为因变量，标准化处理后的值为自变量，运用统计分析软件进行多元逐步回归分析，筛选出对生态弹性力、承载媒体支撑力和承载对象压力变化影响较大的因子综合评价。

参照前人研究的结果，结合本研究结果，确定本研究生态承载力综合评价标准，共分 5 级，每级以 0.2 为间隔，等级越高指数越大（表 4.22）。

表 4.22　生态承载力综合评价等级表

指数	<0.2	0.2~0.4	0.4~0.6	0.6~0.8	>0.8
分级	低	较低	中	较高	高

（二）淮南市生态承载力及影响因子筛选

1. 淮南市生态承载力评价指标体系

运用 SPSS 22.0 进行相关性分析，得到评价指标两两之间的显著性水平（P 值），结果显示：地表水资源与工业固废综合利用率、空气质量达到及好于二级天数的比例、科技活动人员人数、单位生产总值能耗、单位生产总值电耗、工业固废产生量存在显著的相关关系，P 值分别为 0.041、0.047、0.049、0.037、0.014、0.044；建成区绿化覆盖率与工业固废综合利用率、空气质量达到及好于二级天数的比例、工业 SO_2 去除量、每千口人拥有的医院床位数、科技活动人员人数、单位生产总值能耗、单位生产总值电耗、人口自然增长率、工业固废产生量、工业烟（粉）尘排放量相关性较高，P 值分别为 0.009、0.011、0.032、0.024、0.012、0.008、0.003、0.023、0.010、0.026；单位生产总值电耗与地表水资源、地下水资源、人均水资源量、建成区绿化覆盖率、城镇登记失业率、工业废水排放量存在显著的相关关系，P 值分别为 0.014、0.018、0.029、0.003、0.016、0.040；工业固废综合利用率与地表水资源、地下水资源、建成区绿化覆盖率、城镇登记失业率相关性较高，P 值分别为 0.041、0.049、0.009、0.046；单位生产总值能耗与地表水资源、地下水资源、建成区绿化覆盖率、城镇登记失业率存在显著的相关关系，P 值分别为 0.037、0.045、0.008、0.041；其余各指标两两之间的显著性水平均满足 $P > 0.05$，可认为这些指标间是相互独立的。采用字母标记法分析具有相关性的各指标，舍弃地表水资源、工业固废综合利用率、建成区绿化覆盖率、单位生产总值能耗、单位生产总值电耗这 5 个指标，最终选取具有统计学意义的 26 个指标，确定淮南市生态承载力评价指标体系。

均方差决策法计算淮南市生态承载力评价指标体系各层权重及综合权重，结果如表 4.23 所示。

表 4.23 淮北市生态承载力评价指标体系及权重

准则层	因素层	权重	指标层	权重	综合权重
生态弹性力 0.2004	气候	0.4128	年降水量/mm	0.5587	0.0462
			年平均温度/℃	0.4413	0.0365
	水文	0.2184	地表水资源/10^8m^3	1.0000	0.0438
	地物覆被	0.3689	林业用地面积/10^3hm^2	0.4006	0.0296
			森林覆盖率/%	0.5994	0.0443
支撑力 0.4348	资源供给	0.3108	人均耕地面积/m^2	0.3702	0.0500
			人均水资源量/m^3	0.3091	0.0418
			人均标煤产量/t	0.3207	0.0433
	环境治理	0.1654	空气质量达到及好于二级的天数比例/%	0.4839	0.0348
			工业 SO_2 去除量/t	0.5161	0.0371
	社会进步	0.3280	科学、教育支出占全部支出比重/%	0.2594	0.0370
			每千口人拥有的医院床位数/张	0.2453	0.0350
			农村人均可支配收入/元	0.2556	0.0365
			科技活动人员人数/人	0.2397	0.0342
	经济发展	0.1959	人均 GDP/元	0.4712	0.0401
			第三产业占 GDP 比重/%	0.5288	0.0450
	资源消耗	0.1042	居民人均生活用电量/kW·h	1.0000	0.0380
压力 0.3648	社会压力	0.5075	人口自然增长率/‰	0.1895	0.0351
			城镇登记失业率/%	0.1658	0.0307
			城镇人口比重/%	0.1871	0.0346
			采矿业从业人员比重/%	0.2010	0.0372
			第二产业占 GDP 比重/%	0.2566	0.0475

续表

准则层	因素层	权重	指标层	权重	综合权重
压力 0.3648	环境污染	0.3883	工业废水排放量/10^4t	0.3191	0.0452
			工业固废产生量/10^4t	0.2458	0.0348
			工业烟（粉）尘排放量/t	0.2065	0.0292
			工业废气产生量/亿标 m^3	0.2286	0.0324

　　准则层权重大小顺序如下：承载媒体的支撑力（0.4348）>承载对象的压力（0.3648）>生态弹性力（0.2004），表明承载媒体的支撑力对生态承载力的影响程度最大，承载对象的压力的影响程度次之，生态弹性力对其影响程度最小。从指标层分析，综合权重结果分类如表 4.24 所示。

表 4.24　综合权重归类结果

综合权重	生态弹性力	承载媒体支撑力	承载对象压力
>0.040	年降水量、地下水资源、森林覆盖率	人均耕地面积、人均水资源量、人均标煤产量、人均 GDP、第三产业占 GDP 比重	第二产业占 GDP 比重、工业废水排放量
0.035~0.040	年平均温度	工业 SO_2 去除量、科教支出占全部支出比重、每千人拥有的医院床位数、农村人均可支配收入	居民人均生活用电量、人口自然增长率、采矿业从业人员比重
<0.035	林业用地面积	空气质量达到及好于二级的天数比例、科技活动人员人数	城镇登记失业率、城镇人口比重、工业固废产生量、工业废气产生量、工业烟（粉）尘排放量

　　各指标对生态承载力的影响程度见表 4.23，得出：年降水量、地下水资源、森林覆盖率、人均耕地面积、人均水资源量、人均标煤产量、人均 GDP、第三产业占 GDP 比重、第二产业占 GDP 比重、工业废水排放量对生态承载力的影响处于较高水平，其中第二产业占 GDP 比重的综合权重为 0.0475，影响程度最大；生态承载力的 3 个要素包含的年平均温度、工业 SO_2 去除量、科教支出占全部支出比重、每千口人拥有的医院床位数、农村人均可支配收入、居民人均生活用电量、人口自然增长率、采矿业从业人员比重，这 8 个指标的综合权重在 0.035~0.040，对生态承载力的影响程度处于中间水平，其中综合权重大于 0.0380 的有居民人均生活用电量；生态承载力 3 个要素包含的林业用地面积、空气质量达到及好于二级天数的比例、科技活动人员人数、城镇登记失业率、城镇人口比重、工业固废产生量、工业废气产生量、工业烟（粉）尘排放量，这 8 个指标的综合权重小于 0.035，对生态承载力的影响程度处于相对较低水平。

2. 淮南市生态承载力三要素影响因子筛选结果

　　运用 SPSS 22.0 软件进行多元逐步回归分析，分别得到三个要素的拟合模型、复相关系数、偏回归系数及其 t 检验，结果见表 4.25 和表 4.26。

表 4.25　模型摘要（淮南市）

要素	模型	R	R^2	调整后 R^2	估计标准误差
生态弹性力	1	0.883[a]	0.780	0.743	0.09250
承载媒体的支撑力	1	0.941[b]	0.885	0.865	0.04693
承载对象的压力	1	0.868[c]	0.753	0.712	0.09215
	2	0.968[d]	0.938	0.913	0.05078

注：a—预测值：常数，地下水资源；

　　b—预测值：常数，农村人均可支配收入；

　　c—预测值：常数，工业废水排放量；

　　d—预测值：常数，工业废水排放量，第二产业占 GDP 比重。

表 4.26　系数（淮南市）

要素	模型	非标准化系数		标准化系数	t	Sig
		B	标准误差	β		
生态弹性力	1					
		（常数）	0.303	0.042		7.293	0.000
		地下水资源	0.383	0.083	0.883	4.612	0.004
承载媒体的支撑力	1	（常数）	0.326	0.032		10.094	0.000
		农村人均可支配收入	0.343	0.051	0.941	6.784	0.001
承载对象的压力	1	（常数）	0.361	0.044		8.215	0.000
		工业废水排放量	0.343	0.080	0.868	4.282	0.005
	2	（常数）	0.312	0.027		11.430	0.000
		工业废水排放量	0.231	0.053	0.585	4.366	0.007
		第二产业占 GDP 比重	0.193	0.050	0.514	3.841	0.012

　　对生态弹性力分析结果显示：只有地下水资源通过模型检验，被选入模型 1 中，模型拟合度较好。自变量对应的 P 值为 0.004，小于 0.05，影响显著，表征对承载媒体的支撑力影响最大的是地下水资源。

　　对承载媒体的支撑力分析时，仅提取出农村人均可支配收入这个有效的自变量，得到一个结果显著的回归模型。自变量对应的 P 值为 0.001，小于 0.05，影响显著，表征对承载媒体的支撑力影响最大的是农村人均可支配收入。

　　承载对象的压力分析得到两个拟合模型，模型 2 的拟合度较高，其中自变量工业废水排放量、第二产业占 GDP 比重通过因子检验，所对应的 P 值分别为 0.007、0.012，均小于 0.05，表明它们的回归检验均具有很高的显著性。自变量的偏回归系数分别为 0.231、0.193，其数值表征对承载媒体的支撑力的影响大小，即工业废水排放量对承载媒体的支撑力的影响最大，第二产业占 GDP 比重次之。

3. 淮南市生态承载力及其变化趋势

　　以时间为横坐标，生态承载力、生态弹性力、承载媒体的支撑力、承载对象压力以及因素层各参数的权重指数为纵坐标，得到淮南市生态承载力变化趋势图。

如图 4.13 所示，生态弹性力指数在 2010~2017 年呈反复波动上升趋势，由 2010 年的 0.3111 上升至 2017 年的 0.7325。2010~2011 年指数值由 0.3111 降到 0.2868，处于 0.2~0.4 的较低级水平；2012 年指数开始增加，由 0.3036 增至 2013 年的 0.4723，开始进入 0.4~0.6 范围的中级水平；但指数值在 2014 年迅速下降至 0.2098 的较低级水平；2015 年指数值恢复到 0.4160，进入中级水平，随后持续上升，在 2016 年指数处于 0.6~0.8，达到 0.6336 的较高级水平，之后在 2017 年达到最大值，为 0.7325。

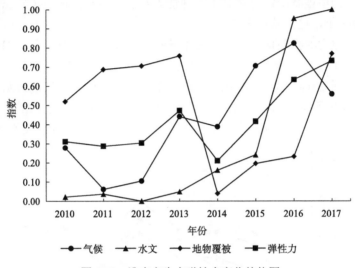

图 4.13　淮南市生态弹性力变化趋势图

气候指数与生态弹性力指数的变化趋势大体相同，2010~2011 年，指数值由 0.2781 急速下降至 0.0613，到 2012 年指数值开始回升，到 2013 年增至 0.4413，处于 0.4~0.6 的中级水平，在 2014 年指数值下降到 0.3881 的较低级水平，2015 年开始指数值迅速回升，为 0.7058，处在 0.6~0.8 的较高级水平，之后保持良好的发展态势，在 2016 年指数值达到最大，为 0.8235，进入高级水平，但在 2017 年指数有所下降，降至 0.5582 的中级水平。在 2010~2013 年以及 2017 年，气候指数的变化趋势线一直处在生态弹性力指数变化趋势线的下方，这阶段，气候给生态弹性力的增长注入了阻力，2014~2016 年，气候指数的变化趋势线一直位于生态弹性力变化趋势线的上方，这几年，气候是生态弹性力增长的动力保障。

水文指数的变化主要分以下几个阶段：在 2010~2013 年，指数值极低，一直处在小于 0.2 的低级水平，2014 年开始，其指数值进入增长态势，2015 年的指数值为 0.2409，由低级水平发展到较低级水平，之后发展态势迅猛，2016 年达到 0.9538，大于 0.8，处于高级水平，之后保持这一良好态势，在 2017 年达到最大值 1.0000。变化趋势图显示：2016 年以前水文变化趋势线均一直位于生态弹性力下方，且水文发展状况波动缓慢，成为生态弹性力发展的巨大障碍，2016~2017 年，水文的变化趋势线位于生态弹性力变化趋势线的上方，这两年水文是生态弹性力增加的强带动力量。

地物覆被指数与生态弹性力指数的变化趋势相同，2010 年指数值为 0.5193，处在

0.4～0.6 的中级水平，之后持续增至 2013 年，2013 年的指数值为 0.7580，达到 0.6～0.8 的较高级水平，但在 2014 年，其指数值大幅下降，降至 0.0393，小于 0.2，处于低级水平，2015 年开始，指数慢慢回升，于 2017 年达到 0.7692 的最大值。从地物覆被的变化趋势线看出，2010～2013 年，它一直位于生态弹性力趋势线的上端，持续增加且处于较高水平的地物覆被状况给生态弹性力的增加带来了强动力，是保证生态弹性力良性发展的重要切入点，2014 年开始，地物覆被变化趋势线位于生态弹性力变化趋势线的下方，这一阶段中，地物覆被状况没有达到生态弹性力发展的需求，拖慢了生态弹性力的发展进程，但到 2017 年，这一状况有所改善。

承载媒体支撑力的指数值整体呈平缓上升趋势，如图 4.14 所示，2010 年指数值为 0.2717，在 0.2～0.4，处于较低级水平；2012 年开始达到 0.4251 的中级水平，之后几年持续稳步上升，到 2014 年达到 0.6157，处在 0.6～0.8 范围内的较高级水平，指数值在 2015 年有短暂的下降，降至 0.5066 的中级水平，在 2016 年指数值又开始回升，达到 0.6447 的较高级水平，之后一直保持在这一发展状态，并在 2017 年达到最大值 0.6542。

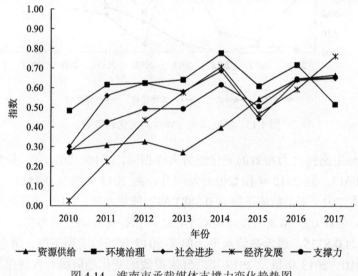

图 4.14 淮南市承载媒体支撑力变化趋势图

资源供给方面，其指数值在 2010 年为 0.2841，处在 0.2～0.4 的较低级水平，2011 年和 2012 年指数指略有增加，但仍处在较低级的水平，分别达到 0.3071、0.3251，指数在 2013 年又降到 0.2708，到 2014 年指数又增长至 0.3974，直到 2015 年，指数值步入 0.4～0.6 的中级水平，达 0.5426，此后几年，指数值一直稳步增加，2016 年指数进入 0.6～0.8 的较高级水平后，在 2017 年指数达到最大值，为 0.6653。资源供给指数变化趋势线在 2015 年之前一直处在承载媒体的支撑力变化趋势线下方，且两者相差较多，2015～2017 年环境供给变化趋势线略居于承载媒体变化趋势线的上方。在经济社会发展中，淮南市资源供给水平没能达到促进支撑力发展的高度，是发展中的薄弱环节，拖缓了社会支撑力的提高。

环境治理方面，其指数值整体呈波动略微增加的趋势，从 2010 年 0.4837 的中级水平增至 2017 年 0.5161 的中级水平。环境治理的变化主要分为以下几个阶段：首先是 2010~2014 年，指数逐年增长，在 2011 年由中级水平进入 0.6155 的较高级水平，随后一直保持良好的发展态势，且一直处在较高级的发展状态，到 2014 年达到最大值 0.7773，指数值在 2015 年有所下降，降为 0.6084，但在 2016 年又回升至 0.7171，到 2017 年环境治理有一次明显的放缓，2017 年的指数值为 0.5161，治理力度降回 0.4~0.6 的中级水平。环境治理的变化趋势线在 2010~2016 年一直位于承载媒体的支撑力趋势线的上方，这一时期，环境治理力度及环境发展状况一直是增强承载媒体支撑力的保障，但在 2017 年，环境治理的变化趋势线位于承载媒体支撑力趋势线的下方，环境治理水平有变成阻碍承载媒体支撑力发展的势头。

社会进步方面，指数值呈显著波动增加的趋势，从 2010 年的 0.2999 增至 2017 年的 0.6493。其中 2010 年淮南市的社会发展水平不高，其指数值处于 0.2~0.4 的较低级水平，指数值在 2011 年快速发展，上升至 0.5603，进入 0.4~0.6 的中级水平，2012 年保持了发展的态势，指数值上升到 0.6244，进入 0.6~0.8 的较高级水平，在 2013 年指数值略微降至 0.5805，降回中级水平，指数值在 2014 年又重新回升到 0.6863，但在 2015 年又出现反复，指数值重新降至 0.4444，即使在 2011~2015 年指数值呈复杂的波动反复态势，但是在这几年，社会进步一直处在中级到较高级的发展状态，2016~2017 年，指数一直处在 0.6~0.8 的较高级水平，分别为 0.6391 和 0.6493。社会进步的变化趋势线在 2010~2014 年一直处在承载媒体支撑力变化趋势线的上方，社会进步为承载媒体支撑力的提升提供动力。除此以外，在 2015~2017 年社会进步的变化趋势线略微位于承载媒体支撑力变化趋势线的下方，说明社会在小范围内拖慢了承载媒体支撑力发展的进程。

经济发展方面，指数值呈现反复上升的趋势，首先，从 2010~2014 年一直保持增加的态势，2010 年的指数值为 0.0261，处于小于 0.2 的低级水平，随后在 2011 年增长到 0.2251，发展至较低级水平，2012~2013 年持续发展，稳居在 0.4~0.6 的中级水平，指数值分别为 0.4351 和 0.5755，在 2014 年发展至较高级水平，指数值为 0.7074；指数值在 2015 年迅速下降至 0.4678 的中级水平，随后在 2014~2017 年依然呈现持续增加的态势，在 2017 年指数值达最大，为 0.7615，进入 0.6~0.8 的较高级水平。经济发展的变化趋势线在 2013 年之前以及 2015~2016 年一直处在承载媒体的支撑力趋势线的下方，这一时期经济发展不足以带动承载媒体支撑力的提高，2013~2014 年以及 2017 年，经济发展的变化趋势线位于承载媒体支撑力趋势线的上方，这一阶段，经济发展才对承载媒体支撑力有了良性影响。

承载对象的压力是负趋向指标，指数大小与生态系统所承受的压力之间呈负相关关系，指数越小，表明承载对象的压力越大，生态系统的承载能力就越小，反之，指数越大表明承载对象的压力越小，生态系统的承载能力就越小。图 4.15 显示：承载对象的压力指数由 2010 年的 0.4946 升至 2017 年的 0.7565，表明对承载对象造成的压力有下降的趋势。2010~2013 年压力指数持续下降，由中级水平降至较低级水平，2013 年的指数值为 0.3269，在这一阶段，生态所面临的压力是逐年增长的；指数值在 2014 年增至 0.3538，随后 2014~2017 年保持良好的增长趋势，2015 年增至 0.5913 的中级水平，2016 年发展至 0.6855 的较高级水平，在 2017 年达到最大值，为 0.7565。在这后 4 年，复合生态系统的各方面协调发展，使淮南市整体发展的压力持续减弱，系统整体的发展状况有利于提高未来发展的可持续性。

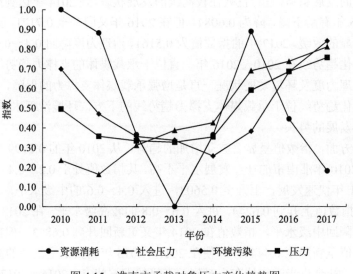

图 4.15　淮南市承载对象压力变化趋势图

资源消耗方面，指数值呈波动下降的趋势，波动较剧烈。先由 2010 年的 1.0000 大幅度降低至 2013 年的 0.0000，4 年内由高级水平下降至较低级水平；指数值接着从 2014 年的 0.3647 增加至 2015 年的 0.8885，由 0.2～0.4 的较低级水平迅速增长至大于 0.8 的高级水平，这两年淮南市资源消耗程度有很大幅度的减缓；2016～2017 年，指数值持续降低，由 0.4443 降至 0.1805 的低级水平，表明这两年对资源的开发利用程度又大幅度提高。2013 年和 2016 年以及 2017 年，资源消耗的变化趋势线均居承载对象压力变化趋势线下方，因资源消耗对承载对象的压力指数的变化产生负向影响，这三年中资源消耗对承载对象压力的增加起到推动作用，除此以外的 5 年，资源消耗的变化趋势线均居承载对象压力变化趋势线之上，资源消耗对于承载对象压力增加的影响不显著。

社会压力方面，指数值由 2010 年的 0.2347 波动增加至 2017 年的 0.8108。指数变化大致分为两个阶段：从 2010 年的 0.2347 降低至 2011 年的 0.1633，这两年社会发展不协调，导致的发展压力剧增；从 2012 年开始指数值逐年增加，由 2012 年的 0.3113 增长至 2017 年的 0.8108，由 0.2～0.4 的较低级水平升高至大于 0.8 的较高级水平，指数值发展态势良好，在 2014 年为 0.4255，处在 0.4～0.6 的中级水平，2015 年就进入 0.6902 的较高级水平，紧接着在 2017 年发展到高级水平，这 5 年，社会发展协调一致，导致的发展压力逐年递减。图像表明：2010～2012 年社会压力变化趋势线一直处在承载对象压力变化趋势线的下方，2013～2017 年社会压力变化趋势线居于承载对象压力变化趋势线上方。由于社会压力的负向影响作用，2010～2012 年，社会压力对加大承载对象的压力发挥了主推作用，但 2013～2017 年，社会压力的变化开始发挥减缓承载对象压力增长的作用。

环境污染方面，指数值呈先减小后增加的趋势，先从 2010 年的 0.6986 持续下降至

2014 年的 0.2570，在 2010 年指数值处于 0.6~0.8 的较高级水平，2011 年指数值就降到 0.4700，处在中级水平，随后在 2013 年，指数值降到 0.3365 的较低级水平，2014 年保持在较低级水平，这 5 年环境污染越来越严重，所造成的压力剧增；在 2015 年指数开始逐年上升，由 0.3822 增加至 2017 年的 0.8403，2015 年指数值保持 0.3822 的较低级水平，2016 年的指数值达到 0.6831，增至 0.6~0.8 的较高级水平，随后的 2017 年指数值达到大于 0.8 的高级水平，这三年环境污染水平逐年递减，环境污染所带来的压力日益减少。2010~2013 年环境污染变化趋势线一直位于承载对象压力变化趋势线的上方，2014~2016 年环境污染变化趋势线开始位于承载对象压力变化趋势线的下方，2017 年其变化趋势线居于承载对象压力变化趋势线的上方。综合环境污染的反向影响作用，2010~2013 年及 2017 年，环境污染一定程度上减慢了承载对象压力增长速度，2014~2016 年，环境污染程度对承载对象压力的增加起到推动作用。

　　生态承载力指数整体呈逐年增长的上升趋势，如图 4.16 所示，2010~2017 年由较低级水平上升至较高级水平。2010~2013 年，指数值一直处于 0.2~0.4 的较低级水平，分别为 0.3609、0.3726 和 0.3975，之后是居于 0.4~0.6 的中级水平，指数值分别为 0.4283、0.4388 和 0.5193，2016~2017 年，指数值保持良好的发展态势，达到 0.6~0.8 的较高级水平，分别为 0.6574 和 0.7072。从变化趋势图中看出，生态弹性力在 2014 年出现一个低峰，整体变化趋势线处在生态承载力变化趋势线的下方，是影响生态承载力发展水平的一个不稳定因素；承载媒体支撑力指数值在 2015 年以前一直呈逐年增长的趋势，其变化趋势线整体居于生态承载力的变化趋势线的上方，对生态承载力的提高具有稳定的促进作用，从 2015 年开始，支撑力的变化趋势线位于生态承载力变化趋势线的下方，两者相差不大，对生态承载力的增长有略微减缓的趋势。支撑力与生态承载力的变化趋势线在整个变化中处于较为接近的状态，表明淮南市的支撑力是影响其生态承载力变化的主要因素；承载对象的压力的变化趋势线在 2010 年以及 2015~2017 年一直处在生态承载力变化趋势线的上方，因为压力影响的负趋向性，此 4 年压力对生态承载力增加的抑制作用有减缓趋势，在 2011~2014 年承载对象压力的变化趋势线一直处在生态承载力变化趋势线的下方，这 4 年的压力对生态承载力增长的抑制作用增强。

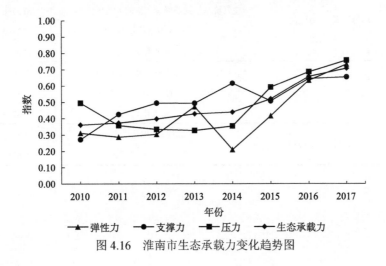

图 4.16　淮南市生态承载力变化趋势图

（三）淮北市生态承载力及影响因子筛选

1. 淮北市生态城承载力评价指标体系

运用 SPSS 22.0 进行相关性分析，得到评价指标两两之间的显著性水平（P 值），结果显示：单位生产总值电耗与工业 SO_2 去除率、科教支出占全部支出比重、工业烟（粉）尘排放量存在显著的相关关系，P 值分别为 0.037、0.027、0.041；科教支出占支出合计比重与科技活动人员人数相关性较高，P 值为 0.047；其余各指标两两之间的显著性水平均满足 $P>0.05$，可认为这些指标间是相互独立的。采用字母标记法分析具有相关性的各指标，舍弃科技活动人员人数、单位生产总值电耗这 2 个指标，最终选取具有统计学意义的 29 个指标，确定淮北市生态承载力评价指标体系。

均方差决策法计算淮北市生态承载力评价指标体系各层权重及综合权重，结果如表 4.27 所示。

表 4.27　淮北市生态承载力评价指标体系及权重

准则层	因素层	权重	指标层	权重	综合权重
生态弹性力 0.1969	气候	0.3570	年降水量/mm	0.5461	0.0384
			年平均温度/℃	0.4539	0.0319
	水文	0.3499	地表水资源/10^8m³	0.4952	0.0341
			地下水资源/10^8m³	0.5048	0.0348
	地物覆被	0.2931	林业用地面积/10^3hm²	0.5204	0.0300
			森林覆盖率/%	0.4796	0.0277
支撑力 0.4216	资源供给	0.2675	人均耕地面积/m²	0.4324	0.0488
			人均水资源量/m³	0.2888	0.0326
			人均标煤产量/t	0.2788	0.0314
	环境治理	0.3202	工业固废综合利用率/%	0.2299	0.0310
			空气质量达到及好于二级的天数比例/%	0.2766	0.0374
			工业 SO_2 去除量/t	0.2196	0.0297
			建成区绿化覆盖率/%	0.2739	0.0370
	社会进步	0.2409	科学、教育支出占全部支出比重/%	0.3009	0.0306
			每千口人拥有的医院床位数/张	0.3696	0.0375
			农村人均可支配收入/元	0.3295	0.0335
	经济发展	0.1714	人均 GDP/元	0.4282	0.0309
			第三产业占 GDP 比重/%	0.5718	0.0413

准则层	因素层	权重	指标层	权重	综合权重
压力 0.3814	资源消耗	0.1672	单位生产总值能耗/（t标准煤·万元$^{-1}$）	0.4777	0.0305
			居民人均生活用电量/kW·h	0.5223	0.0333
	社会压力	0.4864	人口自然增长率/‰	0.1886	0.0350
			城镇登记失业率/%	0.1860	0.0345
			城镇人口比重/%	0.1805	0.0335
			采矿业从业人员比重/%	0.2254	0.0418
			第二产业占 GDP 比重/%	0.2195	0.0407
	环境污染	0.3464	工业废水排放量/10^4t	0.2383	0.0315
			工业固废产生量/10^4t	0.2734	0.0361
			工业烟（粉）尘排放量/t	0.2718	0.0359
			工业废气产生量/亿标 m^3	0.2165	0.0286

准则层权重大小顺序如下：承载媒体的支撑力（0.4216）＞承载对象的压力（0.3814）＞生态弹性力（0.1969），表明承载媒体的支撑力对生态承载力的影响程度最大，承载对象的压力的影响程度次之，生态弹性力对其影响程度最小。从指标层分析，综合权重结果分类如表 4.28 所示。

表 4.28 综合权重归类结果

综合权重	生态弹性力	承载媒体支撑力	承载对象压力
＞0.040		人均耕地面积、第三产业占 GDP 比重	采矿业从业人员比重、第二产业占 GDP 比重
0.035～0.040	年降水量	空气质量达到及好于二级的天数比例、建成区绿化覆盖率、每千口人拥有的医院床位数	人口自然增长率、工业固废产生量、工业烟（粉）尘排放量
＜0.035	年平均温度、地表水资源、地下水资源、林业用地面积、森林覆盖率	工业固废综合利用率、人均水资源量、人均标煤产量、工业 SO_2 去除率、科教支出占全部支出比重、农村人均可支配收入、人均 GDP	单位生产总值能耗、居民人均生活用电量、城镇登记失业率、城镇人口比重、工业废水排放量、工业废气产生量

综合权重结果可直观地反映出各指标对生态承载力的影响程度，结合表 4.28，得出：人均耕地面积、第三产业占 GDP 比重、采矿业从业人员比重、第二产业占 GDP 比重，对生态承载力的影响处于较高水平，其中人均耕地面积的综合权重为 0.0488，影响程度最大；生态承载力的 3 个要素包含的年降水量、空气质量达到及好于二级天数的比例、建成区绿化覆盖率、每千口人拥有的医院床位数、人口自然增长率、工业固废产生量、工业烟（粉）尘排放量，这 7 个指标的综合权重在 0.035～0.040，对生态承载力的影响程度处于中间水平，其中综合权重大于 0.0380 的有年降水量、空气质量达到及好于二级天数的比例、建成区绿化覆盖率、每千口人拥有的医院床位数；生态承载力 3 个要素包含的年平均温度、地表水资源、地下水资源、林业用地面积、森林覆盖率、工业固废综

合利用率、人均水资源量、人均标煤产量、工业 SO_2 去除率、科教支出占全部支出比重、农村人均可支配收入、人均 GDP、单位生产总值能耗、居民人均生活用电量、城镇登记失业率、城镇人口比重、工业废水排放量、工业废气产生量,这 18 个指标的综合权重小于 0.035,对生态承载力的影响程度处于相对较低水平。

2. 淮北市生态承载力三要素影响因子筛选结果

运用 SPSS 22.0 软件进行多元逐步回归分析,分别得到 3 个要素的拟合模型,复相关系数、偏回归系数及其 t 检验结果见表 4.29 和表 4.30。

表 4.29　模型摘要(淮北市)

要素	模型	R	R^2	调整后 R^2	估计标准误差
生态弹性力	1	0.966[a]	0.933	0.922	0.08121
承载媒体的支撑力	1	0.948[b]	0.899	0.883	0.06177
	2	0.987[c]	0.975	0.964	0.03407
承载对象的压力	1	0.788[d]	0.622	0.559	0.05129

注:a—预测值:常数,地下水资源;

　　b—预测值:常数,人均耕地面积;

　　c—预测值:常数,人均耕地面积,建成区绿化覆盖率;

　　d—预测值:常数,城镇登记失业率。

表 4.30　系数(淮北市)

要素	模型		非标准化系数		标准化系数	t	Sig
			B	标准误差	β		
生态弹性力	1	(常数)	0.094	0.053		1.785	0.125
		地下水资源	0.783	0.085	0.966	9.160	0.000
承载媒体的支撑力	1	(常数)	0.333	0.032		10.448	0.000
		人均耕地面积	0.340	0.046	0.948	7.326	0.000
	2	(常数)	0.272	0.024			0.000
		人均耕地面积	0.240	0.036	0.670	6.592	0.001
		建成区绿化覆盖率	0.184	0.048	0.390	3.837	0.012
承载对象的压力		(常数)	0.443	0.033		13.545	0.000
		城镇登记失业率	0.171	0.054	0.788	3.139	0.020

对生态弹性力分析结果显示:只有地下水资源通过模型检验,被选入模型 1 中,模型拟合度较好。自变量对应的 P 值为 0.000,小于 0.05,影响显著,表征对生态弹性力影响最大的是地下水资源。

承载媒体的支撑力分析得到两个拟合模型,模型 2 的拟合度较高,其中自变量人均耕地面积、建成区绿化覆盖率通过因子检验,所对应的 P 值分别为 0.001、0.012,均小于 0.05,表明它们的回归检验均具有很高的显著性。自变量的偏回归系数分别为 0.240、0.184,其数值表征对承载媒体的支撑力的影响大小,即人均耕地面积对承载媒体的支撑力的影响最大，建成区绿化覆盖率次之。

对承载对象的压力进行分析时仅提取出城镇登记失业率这个有效的自变量，得到一个结果显著的回归模型。自变量对应的 P 值为 0.020，小于 0.05，影响显著，表征对承载对象的压力影响最大的是城镇登记失业率。

3. 淮北市生态承载力及其变化趋势

以时间为横坐标，生态承载力、生态弹性力、承载媒体的支撑力、承载对象压力以及因素层各参数的权重指数为纵坐标，得到淮北市生态承载力变化趋势图。

生态弹性力指数在 2010～2017 年间呈波动上升趋势，由 2010 年的 0.2621 上升至 2017 年的 0.9838，在 2015 年指数有所下降，如图 4.17 所示。其中，在 2010～2011 年指数值由 0.2621 降到 0.0740，小于 0.2，处于低级到较低级水平，2012 年指数值达到 0.4130，进入中级水平，随后持续上升，到 2014 年达到 0.6659 的较高级水平，但在 2015 年下降至 0.3747 的较低级水平，之后持续迅速回升，在 2017 年达到 0.9838 的高级水平。

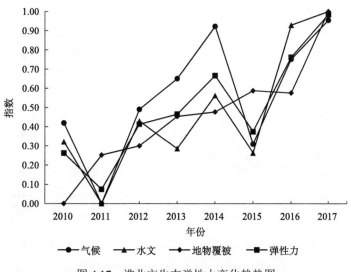

图 4.17　淮北市生态弹性力变化趋势图

气候指数与生态弹性力指数的变化趋势相同，2010～2011 年，指数值由 0.4191 急速下降，到 2012 年指数值大幅度回升，达到 0.4293 的中级水平，之后持续上升，到 2014 年达到最大值 0.9224，大于 0.8，处于高级水平，在 2015 年指数值迅速下降至 0.3093，回到较低级水平，但于 2016 又升高至 0.7521 的高级水平，之后保持良好的发展态势，在 2017 年达到 0.9546 的高级水平。气候和生态弹性力指数的变化趋势线吻合度最好，但在 2011 和 2015 这两年，气候给生态弹性力的增长注入了阻力。

水文指数的变化较复杂，8 年间反复波动，其中 2011 年的指数值小于 0.2，处在低级水平；2010 年、2013 年和 2015 年指数值在 0.2～0.4，处于较低级水平；2012 和 2014 年的指数值在 0.4～0.6，居中级水平；2016 年达到 0.9291 的高级水平，2017 年指数值达最大。除 2010 和 2016 年外的各时期，水文变化趋势线均位于生态弹性力下方，且水文状况波动反复,非常不稳定,是生态弹性力发展的巨大障碍。

地物覆被的指数在 2010 年小于 0.2,处低级水平,2012 年发展到 0.2523,居较低级水平,此后几年发展态势良好,在 2013 年指数值进入中级水平后,始终保持在中级水平的状态且指数值仍持续增长,在 2017 年指数值达到最大,为 1.000。从地物覆被的变化趋势线看出,除 2010 年以外,它一直位于生态弹性力趋势线的上端,持续增加且处于较高水平的地物覆被状况给生态弹性力的增加带来了强动力,是保证生态弹性力良性发展的重要切入点。

承载媒体的支撑力指数整体呈平缓上升趋势,在 2010 和 2011 年指数值分别为 0.2727 和 0.2835,在 0.2~0.4,处于较低级水平,如图 4.18 所示;2012 和 2013 年指数值分别为 0.4031 和 0.4109,在 0.4~0.6,处于中级水平;在 2014 年指数值增至 0.6364,随后直至 2017 年,指数值均处在 0.6~0.8,一直处于较高级水平,并在 2016 年达到最大值 0.7301,2017 年数值略有下降,降至 0.6427。

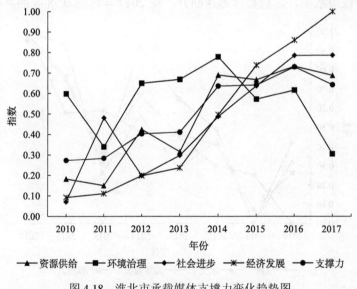

图 4.18　淮北市承载媒体支撑力变化趋势图

资源供给方面,在 2010 和 2011 年其指数值小于 0.2,处于低级水平;2012 年指数值达 0.4239,在 0.4~0.6,进入中级水平;2013 年指数值下降至 0.3158,降至较低级水平,自 2014 年指数值达 0.6901 后,直到 2017 年,指数值一直处在 0.6~0.8 的较高级水平,其中 2016 年数值最大,为 0.7324。资源供给指数变化趋势线在 2014 年之前一直处在承载媒体的支撑力变化趋势线下方,2014~2017 年变化趋势线随着承载媒体的支撑力变化,且两者呈贴合状态,表明:在经济社会发展中,资源供给水平不仅没有达到促进支撑力发展的高度,甚至拖缓了社会支撑力的提高,是发展中的薄弱环节。

环境治理方面,指数值从 2010 年 0.5970 的中级水平降至 2011 年 0.3392 的较低级水平,这一阶段,放缓了环境治理的脚步;2012 年指数值大幅度增加,达到 0.6498,处在 0.6~0.8 的较高级水平,此后环境治理力度持续提高,到 2014 年指数值达到最大值,为

0.7783；2015 年开始，指数值降至 0.5715，处于 0.4～0.6 的中级水平；2016 年指数值有所增加，增至 0.6169 的较高级水平；但在 2017 年指数又迅速下降至较低级水平，为 0.3050。环境治理的变化趋势线在 2015 年之前一直位于承载媒体的支撑力趋势线的上方，这一时期，环境治理方面一直是增强承载媒体支撑力的保障，从 2015 年开始，环境治理的变化趋势线位于承载媒体支撑力趋势线的下方，环境治理水平变成了承载媒体支撑力提高的障碍。

社会进步方面，指数值呈持续增加的趋势，从 2010 年的 0.0708 增到 2017 年的 0.7866。其中 2010 年的指数值小于 0.2，处于低级水平；2011 年指数值上升至 0.4801，进入 0.4～0.6 的中级水平；2012 和 2013 年的指数值分别为 0.1980、0.2365，居于低级和较低级水平；2014 年指数值为 0.6370，开始步入 0.6～0.8 的较高级水平，增长态势一直保持到 2017 年。社会进步的变化趋势线在承载媒体支撑力变化趋势线附近上下浮动，2011 年以及 2016～2017 年，社会进步的变化趋势线位于上方，社会进步为承载媒体支撑力的提升提供动力，除此以外的各时期，社会进步的变化趋势线位于下方，但比较靠近承载媒体的支撑力趋势线，说明社会进步拖慢了承载媒体支撑力发展的进程，但程度较小。

经济发展方面，指数值从 2010～2016 年一直保持增加的态势。2010～2012 年，指数值分别为 0.0921、0.1109、0.1980，小于 0.2，处于低级水平；持续发展到 2013 年，指数值为 0.2365，开始进入较低级水平；2014 年指数值达到 0.4964，大于 0.4，开始进入中级水平，此后经济发展态势迅猛，在 2015 年指数值达到 0.7376，达到 0.6～0.8 的较高级水平，2016 年和 2017 年指数值分别达到 0.8600、1.0000，大于 0.8，居高级水平。经济发展的变化趋势线在 2015 年之前一直处在承载媒体的支撑力趋势线的下方，这一时期经济发展不足以带动承载媒体支撑力的提高，2015 年开始，经济发展的变化趋势线才位于承载媒体支撑力趋势线的上方，这一阶段，经济发展才对承载媒体支撑力有了良性影响。

图 4.19 显示，承载对象的压力指数由 2010 年的 0.6681 下降到 2017 年的 0.5706，表明对承载对象造成的压力有上升趋势，但在时间序列上波动较大。首先，2010～2012 年

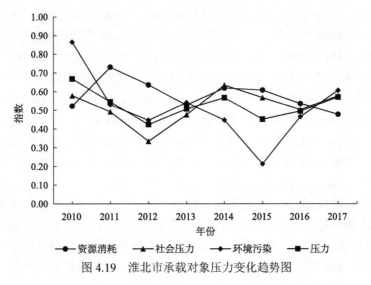

图 4.19　淮北市承载对象压力变化趋势图

压力指数持续下降，由较高级水平降至中级水平，2012 年的指数值为 0.4230；2013 年指数开始增加，由 0.5065 增至 2014 年的 0.5669，这一时期压力指数全属于中级水平；2015 年压力指数又开始下降，降至 0.4512，到 2016 年又开始上升至 0.4950，2017 年的指数增至 0.5706，这一阶段指数在 0.4～0.6，处中级水平。压力指数呈减少增加再减少再增加的趋势，表明承载对象的压力在 2010～2016 年间呈先增加再减小再增加再减少的趋势，整体上生态系统面临的压力有增加的态势。

资源消耗方面，指数值整体呈波动下降的趋势，首先由 2010 年的 0.5223 增至 2011 年的 0.7304，由小于 0.6 的中级水平发展到在 0.6～0.8 的较高级水平；然后，从 2012 年的 0.6351 的较高级水平减少至 2013 年的中级水平，指数值为 0.5274，紧接着增加至 2014 年的 0.6190，处于 0.6～0.8 的较高级水平；最后，2015 年指数又开始下降，由 0.6076 降至 2017 年的 0.4777，这 3 年由 0.6～0.8 的较高级水平降至 0.4～0.6 的中级水平。除 2010 年及 2017 年以外的 6 年，资源消耗的变化趋势线均居承载对象压力变化趋势线之上，因资源消耗对承载对象的压力指数的变化产生负向影响，所以，资源消耗对于承载对象压力增加的影响不显著。

社会压力方面，指数值由 2010 年的 0.5785 波动下降至 2017 年的 0.5769。指数变化大致分以下几个阶段：从 2010 年持续下降至 2012 年的 0.3337，由 0.4～0.6 的中级水平降至 0.2～0.4 的较低级水平；之后一直增加至 2014 年，2014 年的指数值为 0.6344，由较低级水平发展至 0.6～0.8 的较高级水平；接着开始减少，2015 年指数值为 0.5671，显示开始退入中级水平，之后维持在同一状态，2017 年的指数值为 0.5769。在 2014 年之前社会压力变化趋势线一直处在承载对象压力变化趋势线的下方，2014～2017 年社会压力变化趋势线居于承载对象压力变化趋势线上方。由于社会压力的负向影响作用，2010～2013 年，社会压力对加大承载对象的压力发挥了主推作用，但 2014～2017 年，社会压力的变化开始发挥减缓承载对象压力增长的作用。

环境污染方面，2010～2012 年，指数值由大于 0.8 的高级水平持续下降，在 2011 年指数值为 0.5295，进入 0.4～0.6 的中级水平，到 2012 年指数值为 0.4458，处在 0.4～0.6 的中级水平；随后指数提升至 2013 年的 0.5402，仍处在中级水平；之后指数开始下降，由 2014 年 0.4471 的中级水平直接降至 2015 年 0.2130 的较低级水平，到 2016 年指数迅速增长至 0.4651 的中级水平，之后持续增加，到 2017 年达到 0.6066 的较高级水平。

生态承载力指数整体呈现波动上升趋势，2010～2017 年由中级水平上升至较高级水平，如图 4.20 所示。具体分为以下四个阶段：第一阶段，由 2010 年的 0.4214 下降至 2011 年的 0.3419，从 0.4～0.6 的中级水平降至 0.2～0.4 的较低水平；第二阶段，指数增加，由 2012 年的 0.4126 一直增加至 2014 年的 0.6157，由中级水平增至 0.6～0.8 的较高级水平；第三阶段，指数在 2015 年下降到 0.5163 的中级水平；第四阶段指数开始回升，2015 年后一直增加至 2017 年 0.6824 的较高级水平。从变化趋势图中看出，生态弹性力的整体变化较为波动反复，是影响生态承载力的一个较不稳定因素；承载媒体支撑力的变化趋势线在 2015 年以前一直居于生态承载力的变化趋势线的下方，对生态承载力的提高具有一定的拖缓作用，从 2015 年开始，支撑力的变化趋势线位于生态承载力变化趋势线的上方，促进生态承载力的增长，且支撑力与生态承载力的变化趋势线在整个变化中处于较为接近的状态，表明淮北市的支撑力是影响生态承载力变化的主要因素；承载对象压力的变化趋势线在 2014 年之前一直处在生态承载力变化趋势线的上方，因为压力影响的负趋向性，此阶段压力对生态承载力增加的抑制作用有减缓趋势，在 2014～2017 年承载对象压力的变化趋势线一直处在生态承载力变化趋势线的下方，此阶段，压力对生态承载力增长的抑制作用增强。

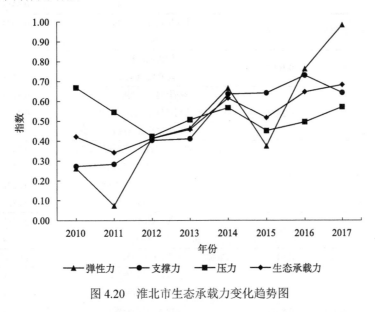

图 4.20　淮北市生态承载力变化趋势图

（四）鄂尔多斯市生态承载力及影响因子筛选

1. 鄂尔多斯市生态承载力评级指标体系

运用 SPSS 22.0 进行相关性分析，得到评价指标两两之间的显著性水平（P 值），结果显示：人均标煤产量与年降水量、地表水资源、地下水资源、工业 SO_2 去除率、第三产业占 GDP 比重等 12 项指标存在显著的相关关系，P 值均小于 0.05；建成区绿化覆盖率与地下水资源、人均水资源量、工业固废综合利用率、单位生产总值电耗的相关性较高，P 值分别为 0.014、0.010、0.049、0.026；单位生产总值能耗与年降水量、地表水资源、地下水资源、人均耕地面积、人均水资源量等 12 项指标存在显著的相关关系，P 值均小于 0.05；居民人均生活用电量与地下水资源量、人均水资源量等 5 项指标存在显著的相关关系，P 值均小于 0.05；工业废气产生量与地表水资源量、人均水资源量相关性较高，P 值分别为 0.049、0.036；其余各指标两两之间的显著性水平均满足 $P>0.05$，可认为这些指标间是相互独立的。采用字母标记法分析具有相关性的各指标，舍弃人均标煤产量、建成区绿化覆盖率、单位生产总值能耗、居民人均生活用电量和工业废气产生量这 5 个指标，最终选取具有统计学意义的 26 个指标，确定鄂尔多斯市生态承载力评价指标体系。均方差决策法计算生态承载力评价指标体系各层权重及综合权重，结果如表 4.31 所示。

表 4.31　鄂尔多斯市生态承载力评价指标体系及权重

准则层	因素层	权重	指标层	权重	综合权重
生态弹性力 0.2313	气候	0.3223	年降水量/mm	0.5017	0.0374
			年平均温度/℃	0.4983	0.0372
	水文	0.3009	地表水资源/$10^8 m^3$	0.4687	0.0326
			地下水资源/$10^8 m^3$	0.5313	0.0370
	地物覆被	0.3768	林业用地面积/$10^3 hm^2$	0.4974	0.0434
			森林覆盖率/%	0.5026	0.0438
支撑力 0.4270	资源供给	0.1682	人均耕地面积/m^2	0.4759	0.0331
			人均水资源量/m^3	0.5241	0.0364
	环境治理	0.2874	工业固废综合利用率/%	0.3135	0.0385
			空气质量达到及好于二级的天数比例/%	0.3145	0.0386
			工业 SO_2 去除量/t	0.3721	0.0456
	社会进步	0.3801	科学、教育支出占全部支出比重/%	0.2412	0.0391
			每千口人拥有的医院床位数/张	0.2573	0.0417
			农村人均可支配收入/元	0.2291	0.0372
			科技活动人员人数/人	0.2725	0.0442
	经济发展	0.1698	人均 GDP/元	0.4931	0.0357
			第三产业占 GDP 比重/%	0.5069	0.0367
压力 0.3417	资源消耗	0.1076	单位生产总值电耗/（kW·h·万元$^{-1}$）	1.0000	0.0368
	社会压力	0.5374	人口自然增长率/‰	0.2011	0.0369
			城镇登记失业率/%	0.2084	0.0383
			城镇人口比重/%	0.2006	0.0368
			采矿业从业人员比重/%	0.1959	0.0360
			第二产业占 GDP 比重/%	0.1940	0.0356
	环境污染	0.3550	工业废水排放量/10^4t	0.3438	0.0417
			工业固废产生量/10^4t	0.3384	0.0410
			烟尘排放量/t	0.3178	0.0386

　　准则层权重大小顺序如下：承载媒体的支撑力（0.4270）>承载对象的压力（0.3417）>生态弹性力（0.2313），表明承载媒体的支撑力对生态承载力的影响程度最大，承载对象压力的影响程度次之，生态弹性力对其影响程度最小。从指标层分析，综合权重结果分类如表 4.32 所示。

表 4.32　综合权重归类结果

综合权重	生态弹性力	承载媒体支撑力	承载对象压力
>0.044		工业 SO_2 去除量、科技活动人员人数	
0.038~0.044	林业用地面积、森林覆盖率	工业固废综合利用率、空气质量达到及好于二级的天数比例、科学教育支出占支出合计比重、每千口人拥有的医院床位数	城镇登记失业率、工业废水排放量、工业固废产生量、烟尘排放量
0.032~0.038	年降水量、年平均温度、地表水资源、地下水资源	人均耕地面积、人均水资源量、农村人均可支配收入、人均 GDP、第三产业占 GDP 比重	单位生产总值电耗、人口自然增长率、城镇人口比重、采矿业从业人员比重、第二产业占 GDP 比重

综合权重结果可直观地反映出各指标对生态承载力的影响程度。工业 SO_2 去除量和科技活动人员人数对生态承载力的影响处于较高水平，其中工业 SO_2 去除量的综合权重为 0.0456，影响程度最大；生态承载力的 3 个要素包含的 10 个指标的综合权重在 0.038～0.044，对生态承载力的影响程度处于中间水平，其中大于 0.042 的有林业用地面积和森林覆盖率；生态承载力 3 个要素包含的 11 个指标的综合权重在 0.032～0.038，对其影响程度处于相对较低水平。

2. 鄂尔多斯市生态承载力三要素影响因子筛选

运用 SPSS 22.0 软件进行多元逐步回归分析，分别得到 3 个要素的拟合模型，复相关系数、偏回归系数及其 t 检验结果如表 4.33、表 4.34 所示。

表 4.33 模型摘要（鄂尔多斯市）

要素	模型	R	R^2	调整后 R^2	估计标准误差
生态弹性力	1	0.922[a]	0.851	0.826	0.10515
	2	0.967[b]	0.936	0.910	0.7544
	3	0.944[c]	0.988	0.978	0.03721
承载媒体的支撑力	1	0.940[d]	0.883	0.864	0.05140
	2	0.987[e]	0.975	0.965	0.02604
承载对象压力	1	0.954[f]	0.910	0.894	0.02415

注：a—预测值：常数，林业用地面积；
b—预测值：常数，林业用地面积，地下水资源；
c—预测值：常数，林业用地面积，地下水资源，地表水资源；
d—预测值：常数，第三产业占 GDP 比重；
e—预测值：常数，第三产业占 GDP 比重，人均水资源量；
f—预测值：常数，城镇登记失业率。

表 4.34 系数（鄂尔多斯市）

要素	模型		非标准化系数		标准化系数	t	Sig
			B	标准误差	β		
生态弹性力	3	（常数）	0.037	0.031		1.191	0.299
		林业用地面积	0.545	0.037	0.859	14.792	0.000
		地下水资源	0.184	0.044	0.247	4.156	0.014
		地表水资源	0.197	0.048	0.233	4.068	0.015
承载媒体的支撑力	2	（常数）	0.296	0.016		18.918	0.000
		第三产业占 GDP 比重	0.367	0.030	0.887	12.358	0.000
		人均水资源量	0.129	0.030	0.308	4.287	0.008
承载对象压力	1	（常数）	0.352	0.016		21.852	0.000
		城镇登记失业率	0.203	0.026	0.954	7.766	0.000

生态弹性力分析得到 3 个拟合模型，模型 3 的拟合度较高，其中自变量林业用地面积、地下水资源、地表水资源通过因子检验，所对应的 P 值分别为 0.000、0.014、0.015，均小于 0.05，表明它们的回归检验均具有很高的显著性。自变量的偏回归系数分别为 0.545、0.184、0.197，其数值表征对生态弹性力的影响大小，即林业用地面积对生态弹性力的影响最大，地表水资源次之，地下水资源最小。

对承载媒体的支撑力分析得到两个拟合模型，结果显示模型 2 的拟合度较好，第三产业占 GDP 比重和人均水资源量通过模型检验，自变量对应的 P 值均小于 0.05，影响显著，表征对承载媒体的支撑力影响最大的是第三产业占 GDP 比重，其次是人均水资源量。

对承载对象的压力进行分析时仅提取出城镇登记失业率这一个有效的自变量，得到一个结果显著的回归模型。自变量对应的 P 值小于 0.05，影响显著，表征对承载对象的压力影响最大的是城镇登记失业率。

3. 鄂尔多斯市生态承载力及其变化趋势

鄂尔多斯市生态承载力的变化趋势分别以时间和生态承载力各层指标值为横、纵坐标，如图 4.21 所示。

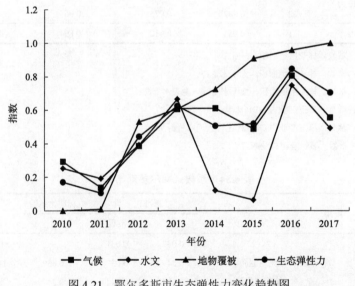

图 4.21 鄂尔多斯市生态弹性力变化趋势图

生态弹性力指数在 2010～2017 年间呈波动上升状态且上升幅度较大，由 2010 年的 0.1701 增加至 2017 年的 0.7042。其中 2010～2011 年处于低级水平，指数值均小于 0.2，且 2011 年为研究期间内的最低值 0.1059，2012 年指数值达到 0.4431，进入中级水平，随后持续上升，到 2013 年达到 0.6245 的较高水平，但在随后的两年里下降至中级水平，之后迅速回升，在 2016 年达到 0.8459 的高级水平且为研究期间内的最高值，但 2017 年下降至 0.7042，又回到较高水平。

气候指数在前四年的变化趋势与弹性力指数的趋势相同，经历了先降低后大幅上升

的过程，2011 年指数由前一年的较低水平下降至 0.1384 的低级水平，但 2012～2013 年
指数大幅度回升，于 2013 年到达 0.6093 的较高水平，接下来 2014 年气候指数仍保持上
升状态，但未能减缓弹性力指数的下降，之后有所下降，2015 年指数降至 0.4883，阻碍
了弹性力的进一步提高，随后两年与弹性力趋势保持一致，最终于 2017 年达到中级水平。
气候与生态弹性力的变化趋势相似，在一定程度上影响着生态弹性力的波动。

　　水文指数的变换趋势与弹性力指数最为相似，2011 年降至 0.1919，居于低级水平，
2016 年为研究期内最高值达到 0.7476，居于较高水平，但与弹性力指数变化趋势不同的
是，水文指数于 2014～2015 年处于连续大幅下降状态，2015 年水文指数降至研究期内
的最低值 0.0639。除 2010、2011 和 2013 年外的各时期，水文变化曲线均位于生态弹性
力下方，且 2014～2015 年的连续大幅度下降给生态弹性力的增长注入了阻力，水文状况
是阻碍生态弹性力良好发展的最大影响因素。

　　地物覆被的指数在研究期间一直处于持续上升发展状态，2010 年为研究期内最小
值，处低级水平，2012 年发展到 0.5308，居 0.4～0.6，处中级水平，此后一直发展态势
良好，在 2015 年指数值达到 0.9081 后，始终保持在高级水平的状态。从地物覆被的变
化曲线可以看出，持续增加且处于较高水平的地物覆被状况对生态弹性力的增加起到了
推动作用。

　　承载媒体的支撑力指数整体呈持续上升趋势，2011 年小幅下降至 0.3156，为研
究期内的最低值，2010 和 2011 年指数值在 0.2～0.4，处于较低级水平；2012 至 2015
年持续上升，在 0.4～0.6，处于中级水平；2016 年和 2017 年继续保持良好的状态，
指数值均处在 0.6～0.8，一直处于高级水平，并在 2017 年达到最大值 0.7086，如
图 4.22 所示。

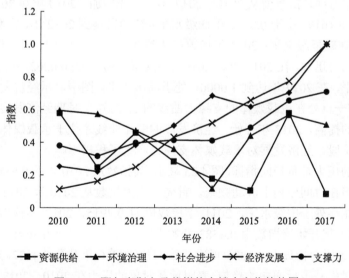

图 4.22　鄂尔多斯市承载媒体支撑力变化趋势图

　　资源供给方面，指数整体波动幅度较大且较为频繁，2010～2011 年指数值由 0.5775
大幅下降至 0.2469，由中级水平下降至较低级水平，随后 2012 年有所回升，再次达到中

级水平，至此之后，直至 2015 年一直处于持续下降状态，并于 2015 年降至 0.1058，小于 0.2，为低级水平，但是 2016 年资源供给情况大幅好转，升至中级水平，但 2017 年其指数又大幅下降至 0.0843，为研究期内最低值。资源供给指数变化曲线与承载媒体的支撑力较为一致，且除 2010 和 2012 年之外，其他年份一直处在承载媒体的支撑力变化曲线下方，这说明资源供给水平的高低对支撑力的变化造成了较大影响且阻碍了社会支撑力的提高，是发展中的薄弱环节。

环境治理方面，指数值从 2010 年 0.5941 的中级水平降至 2014 年 0.1161 的低级水平，由此看出这几年间环境治理效果不佳；2015 年指数值大幅度增加，达到 0.4393，处在 0.4～0.6 的中级水平，此后环境治理力度持续提高，到 2016 年指数值最高达 0.5657；2017 年有所下降，但仍处在中级水平，为 0.5069。环境治理的变化曲线在 2012 年之前一直位于承载媒体的支撑力趋线的上方，环境治理方面一直是增强承载媒体支撑力的保障，从 2013 年开始，环境治理的变化曲线位于承载媒体支撑力曲线的下方，环境治理水平已成为改善承载媒体支撑力的障碍。

社会进步方面，2010～2011 年指数一直处于较低级水平，从 0.2522 下降至 0.2203；随后指数从 2012～2014 年一直在增加，由 0.3825 的较低级水平升至 0.6839 的较高级水平；2015 年有小幅下降，但仍处于较高级水平；2016～2017 年开始大幅上升，由 0.7027 升至 0.9984，最终升为高级水平，发展水平很高。2010～2012 年社会进步的变化曲线在承载媒体支撑力变化趋线下方且波动趋势一致，逐渐靠近承载媒体的支撑力曲线，说明社会进步拖慢了承载媒体支撑力发展的进程，但逐渐在改善；2013～2017 年，社会进步的变化曲线位于上方且逐渐升至高级水平，社会进步为承载媒体支撑力的提升提供了强劲的动力。

在经济发展方面，指数值从 2010～2017 年一直在增加。2010 年和 2011 年，指数值分别为 0.1142、0.1619，小于 0.2，处于低级水平；持续发展到 2012 年，指数值为 0.2481，仍小于 0.4，处在较低级水平；2013 年指数值达到 0.4311，大于 0.4，开始进入中级水平，此后经济发展态势迅猛，在 2015 年和 2016 年指数值分别达到 0.6262、0.7719，大于 0.6，居于较高级水平，在 2017 年达到 1.0000，处于高级水平。图中显示经济发展的变化曲线在 2013 年之前一直处在承载媒体的支撑力曲线的下方，这一时期经济发展不足以带动承载媒体支撑力的提高，2013 年开始，经济发展的变化曲线才位于承载媒体支撑力趋线的上方，在这个阶段，经济发展对承载媒体支撑力产生了积极影响。

承载对象的压力是负趋向指标，图 4.23 显示，其指数从 2010 年的 0.5581 下滑至 2017 年的 0.4127，但在时间序列上波动频繁。首先，压力指数从 2010 至 2012 年呈先下降后上升状态，但始终处于中级水平，2011 年指数值为 0.4915，2012 年该指数小幅上升至 0.5009；从 2013 年开始该指数由 0.4583 开始下降，2015 年降至 0.3691，为研究期内的最低值；2016 年压力指数由 0.3826 再次开始上升，2016 年升至 0.4127，处中级水平。压力指数基本呈先减少后增加的趋势，表明承载对象的压力在 2010～2017 年间呈先增加再减小的趋势，2015 年的压力达到最大。

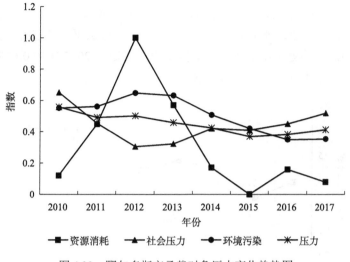

图 4.23　鄂尔多斯市承载对象压力变化趋势图

资源消耗方面，指数值在整体上波动下降，首先，从 2010 年的 0.1196 上升至 2012年的 1.0000，由小于 0.2 的低级水平发展到大于 0.8 的高级水平；然后，2013 年下降至0.5701，为中级水平；接着，2014～2017 年一直处于小于 0.2 的低级水平，2015 年为指数最低值。除 2010 年和 2013 年以外的 6 年，资源消耗的趋势线均居承载对象压力趋势线之下，因资源消耗对压力指数的变化产生负向影响，所以资源消耗对于承载对象压力的上升造成了较大影响。

社会压力方面，2010～2016 年指数值从 0.6504 波动至 0.5186。指数变化情况如下：首先，从 2010 年持续下降至 2012 年的 0.3044，由 0.6～0.8 的较高级水平降至 0.2～0.4的较低级水平；然后，一直增加至 2014 年，2014 年的指数值为 0.4200，由较低级水平发展至 0.4～0.6 的中级水平；接着，2015 年有小幅下降，指数值为 0.4093，但随后至 2017年升为 0.5186，一直维持在中级水平。2011～2014 年社会压力的趋势线一直处于承载对象压力趋势线的下方，2010 年以及 2015～2017 年社会压力变化曲线居于承载对象压力变化曲线上方。由于社会压力的负向影响作用，2011～2014 年，社会压力对加大承载对象的压力发挥了主推作用，但 2015～2017 年，社会压力的变化开始发挥减缓承载对象压力增长的　　　作用。

环境污染方面，2011～2012 年指数由 0.4～0.6 的中级水平持续上升，在 2012 年指数值为 0.6473，进入 0.6～0.8 的高级水平；随后指数开始下降，直到 2016 年降为 0.3492，为较低级水平；2017 年又有所上升，但仍为较低级水平。2016 年之前，环境污染变化曲线一直位于承载对象压力变化曲线的上方，2016 年以后环境污染变化曲线开始位于承载对象压力变化曲线的下方，综合环境污染的反向影响作用，2010～2015 年，环境污染一定程度上减慢了承载对象压力增长速度，2016～2017 年，环境污染程度是承载对象压力增加的主要带动力量。

生态承载力指数整体波动上升，由较低级水平到较高级水平，如图 4.24 所示。具体分为以下四个阶段：第一阶段，由 2010 年的 0.3923 下降至 2011 年的 0.3272，虽有所下降但一直维持在 0.2～0.4 的较低水平；第二阶段，指数增加，由 2012 年的 0.4432 一直增加至 2013 年的 0.4773，处于 0.4～0.6，一直处于中级水平；第三阶段，指数在 2014 年下降至 0.4369，但仍处于中级水平；第四阶段，指数由 2015 年的 0.4550 上升到 2017 年的 0.6065，指数由中级水平升至较高级水平。

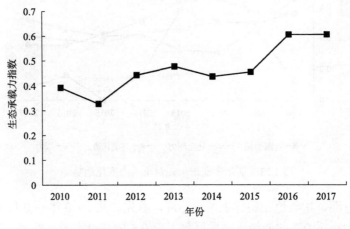

图 4.24　鄂尔多斯市生态承载力变化趋势图

第二节　采煤沉陷区生态风险评估与预警机制

一、生态安全综合评价体系

在指标选取方面，综合考虑地区气候、水文、环境、经济和文化特点，对引发采煤沉陷的生态环境变化和生态安全驱动因子选取具有表征性。结合研究区域实际情况，研究选取了具有普适性且兼具区域代表性指标（气温、降雨、地下水资源、地表水资源、人均耕地）进行沉陷区生态安全评价（张星星和曾辉，2017；张天海等，2018）。气候方面：生态系统对气候的改变相当敏锐，其中气温和降水会对水文情况的改变造成一定的作用，进而导致系统的健康程度发生改变。鄂尔多斯市的气候干旱，而淮南、淮北地区气候湿润。选取年降水量、年平均气温和日照时数作为代表气候的指标。水文方面：水是人类活动以及动植物生长不可或缺的物质，鄂尔多斯市水资源尤为缺乏，而两淮地区水资源较为丰富。选取地表水资源量、地下水资源量作为表征指标。环境指标：选取空气质量优良率人均陆地面积等（黄晓英等，2014；王鹏等，2015；徐杰芳等，2016）。

"PSR"模型，即"压力-状态-响应"模型，包括三个对应准则层：①"压力"指标，指人类行为活动对生态有直接影响，压力层主要考虑区域固废排放、化肥农药使用情况、资源开采情况等。②"状态"指标，指当前环境的所处状态，状态层主要以当前空气质量、人均耕地面积等为代表指标。③"响应"指标，指人类社会对于环境变化所采取的对应政策及措施中可量化的部分。响应层以环境治理、教育、医疗等方面指标为代表。PSR 模型在关注人类活动对自然生态环境直接作用的同时，也关注人文科技、教育医疗对于生态环境间接影响，更全面体现了生态社会可持续发展理念，客观真实地反映生态安全状况，可为生态风险预测提供分析角度。研究最终选取 21 个指标，分析了塌陷区生态安全时间差异性（表 4.35）。

表 4.35 生态安全综合评价指标体系

目标层	准则层	指标层	指标属性
生态安全综合指标	压力	人口密度/（人·km^{-2}） P1	负
		人均道路面积/km^2 P2	负
		原煤产量/万 t P3	负
		农药使用量/t P4	负
		化肥使用量/t P5	负
		万元 GDP 能耗 P6	负
		工业废水排放量/万 t P7	负
		工业固废排放量/万 t P8	负
		城镇非私营单位采矿人员就业人数占比 P9	负
	状态	人均林地面积/hm^2 S1	正
		人均耕地面积/hm^2 S2	正
		空气质量优良率/% S3	正
		地表水环境质量 3 类以上率/% S4	正
	响应	工业废水排放达标率/% R1	正
		固体废物综合利用率/% R2	正
		工业废水重复利用率/% R3	正
		人均公共绿地面积/hm^2 R4	正
		教育投资占比/% R5	正
		万人拥有医院床位数/张 R6	正
		第三产业占 GDP 比重/% R7	正
		万人高等学校在校生数/人 R8	正

二、淮南市生态安全评估与预警

（一）淮南市生态安全综合评价指标体系

通过 2007～2014 年的指标层标准化之后的值，参照前节熵值法确定权重得到淮南市生态安全评价指标体系各子指标层及准则层权重值（表 4.36）。

表 4.36 淮南市生态安全综合评价指标体系及权重

目标层	准则层	指标层	权重
淮南市生态安全综合指数	压力 0.3740	人口密度/（人·km^{-2}） P1	0.0971
		人均道路面积/km^2 P2	0.0919
		原煤产量/万 t P3	0.1140
		农药使用量/t P4	0.0830
		化肥使用量/t P5	0.0678

续表

目标层	准则层	指标层	权重
淮南市生态安全综合指数	压力 0.3740	万元 GDP 能耗/t 标煤 P6	0.1419
		工业废水排放量/万 t P7	0.1714
		工业固废排放量/万 t P8	0.1374
		城镇非私营单位采矿人员就业人数占比 P9	0.0956
	状态 0.2912	人均林地面积/hm² S1	0.2274
		人均耕地面积/hm² S2	0.1771
		空气质量优良率/% S3	0.3939
		地表水环境质量 3 类以上率/% S4	0.2016
	响应 0.3348	工业废水排放达标率/% R1	0.0770
		固体废物综合利用率/% R2	0.1841
		工业废水重复利用率/% R3	0.1985
		人均公共绿地面积/hm² R4	0.1029
		教育投资占比/% R5	0.1404
		万人拥有医院床位数/张 R6	0.0878
		第三产业占 GDP 比重/% R7	0.0921
		万人高等学校在校生数/人 R8	0.1173

（二）淮南市生态安全综合评价等级标准制定

淮南市生态安全评价等级划分如表 4.37 所示。

表 4.37　淮南市生态安全综合评价分级标准

等级	安全状态	区间	评价说明
I	安全	(0.9, 1.0]	生态环境优越，经济社会可持续发展，适合人类生存发展
II	较安全	(0.7, 0.9]	生态环境较好，经济社会可以维持可持续发展，较适合人类生存
III	一般安全	(0.5, 0.7]	生态环境一般，经济社会发展略不协调，稍偏离可持续发展状态，基本可满足人类发展与生存需求
IV	预警	(0.3, 0.5]	生态环境较差，经济社会发展不协调现象突出，勉强满足人类生存需求
V	不安全	(0, 0.3]	生态环境恶劣，经济社会发展严重不协调，不适合人类居住与发展

（三）淮南市生态安全分层指数动态变化

淮南市生态压力层指数在研究期间处于波动下降趋势，2007～2013 年由最初的 0.9430 下降至最低水平，值为 0.1397，2014 年轻微回升至 0.2164，总体下降速率为每年 18.96%，由 2007 年安全状态下降至 2014 年极不安全状态。指标构成中，原煤产量、万元 GDP 能耗、工业废水及固废排放量等子指标的贡献率较高，化肥及农药使用量等指标权重相对较低（焦华富和许吉黎，2016；刘海龙等，2016）。

淮南市状态层指数由较不安全状态向一般安全状态过渡，之后又转为 2014 年的较不安全状态，一直处于波动变化状态，2007～2012 年状态指数持续上升，由 0.4292 浮动至 0.6513，上升了 0.2221，之后两年持续下降，最终降至 0.4290，指标构成中，空气质量优良率、人均林地面积和地表水环境状态等指标的权重较重。淮南市森林面积的增加，空气质量优良率的上升对于生态安全的优良状态的维持具有重要的意义（李杰等，2016；刘晓平等，2016；黎丹丹，2017）。

响应层生态安全指标值总体呈上升趋势，由 2007 年的 0.2175 持续下降至 2008 年 0.1712，之后 5 年里处于稳定上升趋势，2014 年上升至最大值 0.7266。其中，工业废水重复利用率、固体废物综合利用率、人均公共绿地面积、教育投资占比以及万人高等学校在校生数等子指标权重较高，系数均大于 0.1。

（四）淮南市生态安全综合指数

淮南市 2007～2014 年间生态安全综合指数整体表现出下降趋势（齐建珍和白翎，2001；彭潇潇，2014），2007 年生态安全综合指数为 0.5505，2013 下降至最低值 0.4319（表 4.38）。2007～2014 年区域生态安全状态由一般安全状态向较不安全状态过渡，年均下降 2.9%。2007～2014 年间生态安全综合指数变化与压力层的变化趋势基本一致，表明该区生态安全受压力影响较大（图 4.25）。

表 4.38　淮南市 2007～2014 年生态安全评价结果及分指标结果

年份	压力指数	状态指数	响应指数	综合指数
2007	0.9430	0.4292	0.2175	0.5505
2008	0.7403	0.5597	0.1712	0.4972
2009	0.6244	0.5543	0.2793	0.4885
2010	0.4576	0.5882	0.3019	0.4435
2011	0.2927	0.5526	0.5120	0.4418
2012	0.1514	0.6513	0.6039	0.4485
2013	0.1397	0.5408	0.6636	0.4319
2014	0.2164	0.4290	0.7266	0.4492

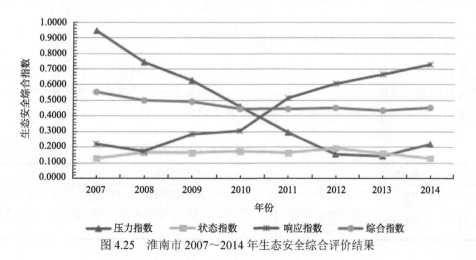

图 4.25　淮南市 2007～2014 年生态安全综合评价结果

三、淮北市生态安全评估与预警

（一）淮北市生态安全综合评价指标体系

对指标层数据进行标准化处理，利用熵权法客观确定各指标权重（朱琳等，2013），得到淮北市 2007～2014 年生态安全评价指标体系各子指标层及准则层权重值（表 4.39）。

表 4.39　淮北市生态安全综合评价指标体系及权重

目标层	准则层	指标层	权重
区域生态安全系统	压力系统	人口密度/人·km^{-2}	0.0518116
		采矿业从业人员比重/%	0.0509316
		万元 GDP 能耗/t 标煤	0.0525575
		化肥使用量/%	0.0490079
		城镇化率/万 t	0.047333
		二氧化硫排放量/万 t	0.0573929
		工业烟尘排放量/万 t	0.0511529
		工业固废产生量/万 t	0.0447398
	状态系统	人均 GDP/元	0.0550807
		人均耕地面积/m^2	0.067836
		森林覆盖率/%	0.0517755
		空气质量达到及好于二级的天数比例/%	0.0450085
		人均水资源量/m^3	0.0525877
	响应系统	固废综合利用率/%	0.0470935
		城市污水处理率/%	0.0559135
		工业二氧化硫去除率/%	0.0495671
		建成区绿化覆盖率/%	0.0594812
		第三产业占 GDP 比重/%	0.0519427
		每千人拥有的床位数/%	0.0587863

（二）淮北市生态安全综合评价等级标准制定

生态安全评价指标标准的制定具有复杂性、动态性和地域特色，目前在国内外尚无普适性及确定标准的生态安全评价等级标准。生态安全评价等级划分为安全、较安全、一般安全、较不安全、极不安全 5 个等级（表 4.40）。

表 4.40　淮北市生态安全综合评价分级标准

安全等级	贴近度 C	生态环境系统特征
安全状态	0.6～1.0	生态系统基本未遭受破坏，生态系统基本功能维持稳定，结构合理，生态修复能力较强
临界状态	0.5～0.6	生态系统轻度破坏，生态系统功能相对稳定，能够抵抗部分外界干扰，生态自我修复能力部分受损

续表

安全等级	贴近度 C	生态环境系统特征
预警状态	0.4~0.5	生态系统中度破坏，生态系统较不合理，生态系统基本功能不稳定，但仍然能够抵抗部分外界干扰
不安全	0.0~0.4	生态系统退化，受到较大破坏，结构不合理，抗干扰能力差，生态恢复和重建困难

（三）淮北市生态安全分层指数动态变化

从表 4.41 可以看出，2010~2015 年，淮北市 Cp 值整体呈小幅波动上升趋势，压力系统初步恶化。2010~2011 年压力系统安全水平由 0.48 的临界安全状态下降至 0.51 的预警状态，表明淮北市生态系统的自我修复能力和抵抗外界干扰的能力稍有下降，这是人口压力和环境耗费程度降低的结果，主要表现在人口密度由 800.90 人·km^{-2} 增至 809.14 人·km^{-2}，采矿业从业人员比重由 14.08%增加至 14.23%，工业固废排放量、工业固废产生量和化肥使用量均迅速增加。2011~2012 年由于人口压力的降低，对资源消耗程度有所减缓，同时减少了对环境的污染，使淮北市生态安全水平由预警状态恢复到临界安全状态。2012~2015 年 Cp 值持续上升，于 2015 年达到 0.64 的最高值，其中 2013~2015 年一直处于不安全的状况，人口压力持续增加，资源消耗程度居高不下，环境污染严重。

表 4.41 2010~2015 年淮北市各准则层生态安全评价结果

准则层	2010 年	2011 年	2012 年	2013 年	2014 年	2015 年
Cp	0.48	0.51	0.48	0.60	0.61	0.64
安全状况	临界安全	预警	临界安全	不安全	不安全	不安全
Cs	0.35	0.42	0.54	0.63	0.86	0.64
安全状况	不安全	预警	临界安全	安全	安全	安全
Cr	0.20	0.11	0.07	0.38	0.86	0.47
安全状况	不安全	不安全	不安全	不安全	安全	预警

2010~2015 年，淮北市 Cs 值整体呈波动增加趋势，由 2010 年的 0.35 增加至 2015 年的 0.64，生态系统状态有所改善（刘子刚和郑瑜，2011）。2010~2014 年，Cs 值一直增加，状态系统的安全状况由 2010 年的不安全，经过 2011 年的预警状态，过渡到 2012 年的临界安全状态，最后于 2013 年进入安全状态，2013~2014 年由低安全等级向高安全等级转变，2014 年达到历年来的峰值，淮北市状态系统安全状态持续提高，原因在于社会经济增长的同时降低了资源耗费水平、改善了环境治理效果，人均 GDP、人均耕地面积、人均水资源量、森林覆盖率持续增加。2014~2015 年状态系统安全等级稍有降低，由高安全等级进入低安全等级，Cs 值由 0.86 降至 0.64，人均 GDP、人均耕地面积、人均水资源量的小幅下降及空气质量恶化是造成这一结果的主要原因（刘超等，2016；舒婷和雷思友，2019）。

2010~2015 年，淮北市 Cr 值整体呈增加趋势，但波动剧烈，由 2010 年的 0.20 不安全状态发展为 2015 年的预警状态。其中，2010～2013 年响应系统一直处于不安全的状态，但 Cr 值经历了两个阶段的变化，第一阶段为 2010～2012 年，Cr 值持续下降，由 0.20 降至 0.07 的最低水平，不安全等级持续下降；第二阶段为 2012～2013 年，Cr 值迅速上升，由 0.07 增至 0.38。2010～2013 年淮北市政府在生态压力下的保护及恢复力度较弱，表现在环境治理效率低、经济发展的结构不合理，工业固废综合利用率由 96.45% 下降至 92.52%，第三产业占 GDP 比重由 26.6% 降至 24.7%。响应系统的安全状况于 2014 年进入安全状态且达到 0.86 的巅峰水平，原因在于经济和社会发展水平有所提高，第三产业占 GDP 比重由 29.0% 增至 34.1%，每千口人拥有的医院床位数由 5.09% 增加至 5.11%。

（四）淮北市生态安全综合指数

2010～2015 年淮北市生态安全综合评价在时间序列上的贴近度值排序如表 4.42 所示：2011 年（0.33）<2012 年（0.34）<2010 年（0.36）<2013 年（0.50）<2015 年（0.56）<2014 年（0.77），综合平均值为 0.48，整体上处于预警状态。2010～2013 年淮北市生态系统一直处于不安全状态，2013～2015 年由临界安全状态过渡到安全状态，最后又转入临界安全状态，淮北市生态系统的安全水平整体有所提高。淮北市是典型的煤炭资源枯竭型城市，人口增长、经济发展和社会进步主要依托煤炭产业，以过度耗费自然资源为代价，同时导致环境的恶化。淮北市的可持续发展包括生态、环境、社会和经济的可持续发展，促进淮北市的可持续发展要求对资源进行合理配置，保证一切生产生活在资源承受范围内进行，防止超出系统的承受限度造成系统崩溃；优化产业结构，发展第三产业，提高能源利用效率，促进经济结构的合理化转型；同时也要适当控制人口数量，改变生产和生活方式，倡导节约型消费，加大环境保护和宣传力度，努力实现淮北市"资源-环境-社会"的和谐发展。

表 4.42　2010～2015 年淮北市生态安全综合评价结果

目标层	生态安全系统	2010 年	2011 年	2012 年	2013 年	2014 年	2015 年	平均值
	贴近度值	0.36	0.33	0.34	0.50	0.77	0.56	0.48
C	安全等级	不安全	不安全	不安全	临界安全	安全	临界安全	预警
	排序	4	6	5	3	1	2	—

四、鄂尔多斯市生态安全评估与预警

（一）鄂尔多斯市生态安全综合评价指标体系

通过 2007～2014 年的指标层标准化之后的值，参照前节熵值法确定权重得到鄂尔多斯市生态安全评价指标体系各子指标层及准则层权重值（表 4.43）。

表 4.43　鄂尔多斯市生态安全综合评价指标体系及权重

目标层	准则层	指标层	权重
区域生态安全系统	压力系统	人口密度/人·km⁻²	0.059610
		采矿业从业人员比重/%	0.062914
		万元 GDP 能耗/t 标煤	0.027529
		化肥使用量/%	0.063127
		城镇化率/万 t	0.031202
		二氧化硫排放量/万 t	0.095236
		工业烟尘排放量/万 t	0.044663
		工业固废产生量/万 t	0.035492
	状态系统	人均 GDP/元	0.033804
		人均耕地面积/m²	0.061492
		森林覆盖率/%	0.062061
		空气质量达到及好于二级的天数比例/%	0.037742
		人均水资源量/m³	0.075215
	响应系统	固废综合利用率/%	0.084202
		城市污水处理率/%	0.027163
		工业二氧化硫去除率/%	0.066466
		建成区绿化覆盖率/%	0.036982
		第三产业占 GDP 比重/%	0.052946
		每千人拥有的医院床位数/%	0.042603

（二）鄂尔多斯市生态安全综合评价等级标准制定

生态安全标准的制定是发展的，兼具区域复杂性，因此，国内外目前尚无统一的生态安全评价等级标准（程晓莉等，2015）。本书综合前人研究与地区生态特点，最终对鄂尔多斯市生态安全综合评价分级标准如下（表 4.44）。

表 4.44　鄂尔多斯市生态安全综合评价分级标准

安全等级	贴近度 C	生态环境系统特征
安全状态	0.6～1.0	生态系统基本未遭受破坏，生态系统基本功能维持稳定，结构合理，生态修复能力较强
临界状态	0.5～0.6	生态系统轻度破坏，生态系统功能相对稳定，能够抵抗部分外界干扰，生态自我修复能力部分受损
预警状态	0.4～0.5	生态系统中度破坏，生态系统较不合理，生态系统基本功能不稳定，但仍然能够抵抗部分外界干扰
不安全	0.0～0.4	生态系统退化，受到较大破坏，结构不合理，抗干扰能力差，生态恢复和重建困难

（三）鄂尔多斯市生态安全分层指数动态变化

从表 4.45 可以看出，2010～2015 年，鄂尔多斯市生态系统压力层有一定的波动，呈阶段性变化。2010～2011 年，鄂尔多斯生态压力呈下降状态，安全状况由不安全变为安全，说明人类活动给生态环境造成的负荷有所缓解，主要表现在 GDP 能耗的降低，由 2010 年 1.5895/t 标准煤下降到 2011 年的 0.7741/t 标准煤，同时 SO_2 排放量和工业烟尘排放量持续降低，对鄂尔多斯市生态压力具有一定的缓解作用。2012～2015 年，鄂尔多斯生态压力持续增长，2015 年达到顶峰，Cp 值由 0.36 升至 0.64，安全状态由安全变为不安全，究其原因，主要表现在工业固废产量的提高，由 2010 年 3285.16 万 t，增加到 2015 年的 7302.1 万 t，人口数量的不断增长、社会经济的高速发展以及城市化建设水平的不断提高，引发的生态压力增大，生态安全也受到威胁。

表 4.45　2010～2015 年鄂尔多斯市各准则层生态安全评价结果

目标层	2010 年	2011 年	2012 年	2013 年	2014 年	2015 年
Cp	0.60	0.35	0.36	0.51	0.50	0.64
安全状况	不安全	安全	安全	预警	预警	不安全
Cs	0.59	0.51	0.88	0.50	0.15	0.23
安全状况	临界安全	临界安全	安全	临界安全	不安全	不安全
Cr	0.33	0.40	0.61	0.79	0.71	0.67
安全状况	不安全	预警	安全	安全	安全	安全

2010～2015 年，鄂尔多斯市生态系统状态有所恶化，波动强烈，整体呈"W"曲线变化。2010～2012 年，Cs 值由 0.59 升至 0.88，状态系统安全状态由临界安全变为安全，由低安全等级向高安全等级转变，表明区域状态系统安全状况逐渐好转，其原因在于经济增长的同时资源状态和环境状态有所改善和提高，人均 GDP、森林覆盖率等都有显著上升。2013～2015 年，生态系统状态迅速恶劣，最终 2015 年安全状况变为不安全，其原因在于经济快速增长的同时资源状态的迅速恶化，人均耕地面积、人均水资源量的减少以及空气质量的恶化是造成这一结果的主要原因（马丽等，2012；秦泗刚等，2016）。

2010～2015 年，鄂尔多斯市生态响应虽有波动，但整体呈增加趋势，由 2010 年的 0.33 不安全状态上升为 2015 年的 0.67 安全状态。其中，2010～2013 年 Cs 值逐渐变大，由 2010 年的 0.33 增大到 2013 年的 0.79，增长幅度较大，响应系统状态由不安全变为安全，表明政府对该区域的保护能力和保护力度加强。主要原因是在此期间城市污水处理率和工业 SO_2 去除率显著提高，如工业 SO_2 去除率由 61.25% 增加到 41.09%。2014 年和 2015 年 Cs 值变化不大，呈小幅度下降状态，主要是工业固废综合利用率有所降低，导致响应系统安全指数有所下降，但由于其他指标间的相互作用，响应系统状态都为安全。

（四）鄂尔多斯市生态安全综合指数

2010～2015 年 6 年间鄂尔多斯市生态安全综合评价贴近度值如表 4.46 所示：2010

年处于安全状态，2013 年和 2014 处于不安全状态，2011、2012 年与 2015 年均处于预警
状态，整体处于预警状态，安全平均值为 0.46。2010～2014 年生态安全等级持续下降，
2015 年略有提高，研究期间整体安全有所下降。鄂尔多斯市作为一座以煤炭行业为主导
的资源型城市（雷勋平和邱广华，2016；兰国辉和荀守奎，2017），区域人口规模的扩大、
经济水平的提高、社会医疗教育水平改善都是以消耗煤炭资源以及其他类型资源和一定
程度的环境恶化为代价来实现的。实现区域可持续发展就要对区域资源进行有理性、有
节制和有远见的管理，使资源的消耗控制在一定限度内，保持系统和谐稳定，防止系统
的崩溃和发展的停滞甚至倒退，做好经济结构的合理化转型，提高能源的利用效率；同
时也要在环境保护和社会进步方面做好工作，通过促进节能减排，加大污染治理，适当
控制人口数量，降低人口压力等方式来共同提高鄂尔多斯市生态系统安全能力，从而促
进其可持续发展。

表 4.46 2010～2015 年鄂尔多斯市生态安全综合评价结果

目标层	生态安全系统	2010 年	2011 年	2012 年	2013 年	2014 年	2015 年	平均值
	贴近度值	0.61	0.44	0.44	0.39	0.39	0.47	0.46
C	安全等级	安全	预警	预警	不安全	不安全	预警	预警
	排序	1	3	3	4	4	2	—

第三节 多维关系视角下的采煤沉陷区生态环境可持续利用模式

采煤沉陷区所造成的生态和民生两大问题与自然气候和经济发展两个区域特征相对
应。西部沉陷区主要生态问题是地下煤炭开采对地下水系统的破坏，导致地表植被和农
作物生长的破坏，换句话说，生态修复以地表自然植被恢复及耕地的再利用为主。这些
主要是受到降雨、温度等气候条件的影响，在区域降水充足、气候湿润的情况下沉陷区
生态环境较容易恢复，而气候干燥，生态修复起来相对较为困难。

一、两淮采煤沉陷区可持续利用模式

两淮地区由于其降水充足、气候湿润，沉陷区生态环境容易恢复，较鄂尔多斯则生
态修复较为容易。针对该区域煤矿开采易形成永久、季节性积水区的特点，经过多年的
不断努力，探索出两淮地区采煤塌陷区治理的有效方法，最终得出两个层次、三种类型、
六大模式治理成功经验。两大层次，即深层塌陷区和浅层塌陷区，深层塌陷由多层煤回
采造成，浅层塌陷由单一煤层回采形成的；塌陷地复垦主要有三种类型：种植型、基建
型和深水养殖型；六大模式如下所述。

（一）水产养殖复垦模式

针对多层煤回采深层塌陷区，由于该区一般地下水位较深，煤矿开采塌陷区原有水
域主要为河流，该地区基本没有人工养殖。随着地表的沉陷，形成了面积不同、形状不

一的封闭湖泊。近年来,这些湖泊相互勾连,合理配置、综合开发,使得渔业得到快速发展。此外,混合养殖鱼鸭和水产养殖附加产业在当地发展良好,不仅提高当地的经济,增加年均收入,也有效改善了环境。以河南永城市为例,当地政府部门综合考虑采煤塌陷区面积大,积水深,群策群力,因地制宜,决定大面积发展水产养殖和畜牧业,实现农业生态化发展,目前已建成鱼塘 $3.33×10^6 \text{ m}^2$,其中高产养殖利用水面高达60%以上。同时,塌陷区畜牧业得到迅速发展,建立了许多养殖场。

(二)种植复垦模式

针对浅层塌陷区,调查表明,淮北市采煤大量破坏当地耕地和农田,并造成矿区土地质量下降,土壤肥力下降,基本丧失种植能力,严重影响当地农民的生产与生活,激化了人地矛盾。因此恢复耕地是解决民生问题的关键,也是当务之急。对塌陷区进行土地平整以最终达到复垦的目的,方法主要有以下几种:疏排法、就地取土、充填法(矸石回填、粉煤灰回填及其他固体废弃物或客土回填)、挖深垫浅法。平整后达到农业耕地要求的可进行农业种植。农业耕种条件不好的地段,也可以发展林业种植。

(三)基建迁村复垦模式

采煤活动造成的基础设施,包括公路、铁路、住房的损坏,不仅对当地居民交通出行造成影响,而且影响居民居住,一般损坏程度与矿区地表下沉的程度有关。对于交通破坏严重影响出行的村落,应随塌随治,根据塌陷区具体情况,重整、加固、修建地面,及时恢复当地交通;对于严重影响居民居住的矿区,要开展矿区居民搬迁工作,并为居民提供保障。采用并不断完善沉陷区建筑建设技术,如采空区探测技术、地稳评价技术、抗变形建筑架构技术,加快塌陷区转型,可使其开发成为建设用地,一定程度上可缓解城镇用地紧张问题。以淮北矿业集团为例,在30多年来形成的采空区上方进行百米超高层办公楼与小高层楼宇建设;焦作市利用抗变形的框架结构,在采煤沉陷区上方建设厂房和居民楼,保证建筑的安全使用(杜辉,2013)。

(四)人工林复垦模式

有些矿区积水较浅,土壤盐渍化、水质硬度加大,不适合发展水产养殖和农业种植,可采用粉煤灰充填塌陷区、覆土营造的填充法,进行林业复垦,可种植龙柏、雪松、杨树、水杉等长势良好的植物。不仅可以提高当地绿化率,又能达到降尘的目的,减少空气中颗粒物含量,有效改善空气质量。如淮北市相山区在林业复垦方面取得了初步成效,生态环境效益明显。

(五)鱼鸭混养、果蔬间作复垦模式

对于塌陷但地下开采工作正在进行的矿区,宜采取短期鱼、鸭混养粗放式经营复垦模式。例如:在淮北市政府鼓励带动下,杜集区塌陷区上方发展成为当地重要水果基地,农民在上方种植葡萄等果蔬作物。安徽凤台县采用一套多产业结合、全方位立体的生态结构系统,把沉陷区生态治理问题与经济发展紧密结合,形成了乔、灌、草,农、林、

牧、渔多位一体生态经济模式，实现生态经济可持续化。

（六）生态建设模式

积极发展特色旅游业，将生态修复与扶贫项目等相结合，寻求具有地方特色的治理模式，分散化推进生态治理工程。以生态修复结合土地治理的手段带动沉陷区重点旅游等特色产业和扶贫项目发展，推进沉陷区综合治理。积极发展乡村旅游的特色产业，或结合国家扶贫项目，分散化地推进沉陷区治理更为合理。大面积植树造林、治理湖区等措施，依托湿地公园的良好环境，将原有湖泊与分散的坑塘进行连接，并与外围水系连通，增加养鱼池之间沟通，缓解水质不断恶化、水生态环境破坏现象，发挥生态自我修复能力。以绿地和水系为主体，通过大湖周边的湿地坑塘、乔木植被等进行自然雨水的"滞、蓄、净、排"，保证景区内部水系循环补给、排放以及持续的景观效果。建成湿地生态旅游区，实现了经济、环境、社会效益的三方共赢。

例如：开滦将采煤沉陷区建设为集生态、休闲、旅游为一体的城市中央生态公园（南湖国家城市湿地公园、南湖运动绿地、地震遗址公园、国家体育休闲基地）。东湖公园位于淮北市杜集区张庄矿与杜集村之间，原来这里采煤形成大面积塌陷区水面，一片沼泽，公园建成后，为当地居民提供休闲的场所。岱河矿也利用已经形成的塌陷区建成游乐场，成为附近人们下班休闲娱乐休闲的场所。

二、鄂尔多斯采煤沉陷区可持续利用模式

在中国西部地区，由于其独特的气候环境，生态表现出脆弱性，干旱和少雨的气候特征导致采煤后地表植被难以恢复（黄金廷等，2011），容易造成煤层自燃等一系列的生态环境问题，但是，沉陷区对于城乡建设、耕地影响不大，因此综合治理与可持续发展策略重点关注沉陷区生态环境修复。由于这种类型的塌陷在空间上极易表现出集中性的特点，其治理后适宜发展大面积光伏发电、风力发电等项目，促进沉陷区环境治理和能源结构调整。

（一）生态保育模式

煤炭开采容易造成两方面变化：一是地形地貌变化，即塌陷坑的发生和地表大量裂缝的形成；二是土壤质量降低，具体表现在土壤养分流失和含水量下降。针对这两方面的问题，结合地区特点，首先提出采煤沉陷区地表结构破坏相应的修复措施，主要方法有自然填充和人工填充两种。此外，为了加快植被恢复的速度，在填充后大面积裸露的土地进行人工补植，主要利用柠条锦鸡儿、沙柳等本地树种，形成人工与天然植被相结合的植被保护体系。通过采取封育措施，对生物物种进行实时再植，逐步恢复。土地生态复垦的植被种类包括超旱生灌木林（林间种草）或草地，适宜种植沙拐枣、花棒、柽柳等灌木和骆驼蓬、沙蒿等草本植物。同时，为了保证灌木和草类成活率，可以施用保水剂。采用煤矿地下涌水以及矿区工业用水等循环灌水模式，小型移动式喷灌技术能够有效减少对恢复区的环境扰动，在一定程度上也起到防止水分损失的作用（崔旭等，2010）。

(二)农牧业综合发展模式

调整土地利用和开发方式,改善单一的农业经济结构,建立农、牧、副、渔全面发展的农业系统。农业可持续发展要以生态修复为主要导向,构建乔、灌林成带,粮草(药)覆盖,舍牧结合畜禽养殖的农业生态系统,建立农产品生产加工的产业化基地。植被以自然恢复为主,人工植被恢复为辅,采用划区轮牧与分季节放牧模式,为牧草生长恢复提供时间,对于当地的生态保护有良好的作用效果。

(三)新能源产业模式

国家能源局鼓励发展新能源产业,各煤炭开采沉陷区风力发电、光伏发电、农光互补、渔光互补等多种新能源综合产业模式相继采用。在采煤沉陷区风能和阳光充足、不积水地区,利用光伏发电技术,建设发电基地,一定程度上还可以有效缓解能源压力。以山东新泰为例,利用采煤沉陷区建设了光伏发电示范基地,占地 $7.992×10^7 m^2$,是首个利用农光互补技术的采煤塌陷地;同样利用光伏发电模式,在山西省的大同市,对煤沉陷区进行有效利用,建设了国家光伏发电示范基地,该工程已于2016年开始运营。在积水较深采煤沉陷地,可采用漂移式或者固定式光伏发电装置,发展新能源产业。安徽省淮南与山东枣庄分别采用农光和渔光互补模式建设了一座光伏发电站。

第四节　经济与社会发展双重需求下的采煤沉陷区生态安全保障与控制策略

一、淮南市/淮北市可持续发展策略

(一)淮南市可持续发展策略

根据淮南市的生态承载力影响因子筛选、自然资本供求状况、生态承载力发展的情况等指标结果,其可持续发展状态的平衡与生态承载力增长有如下五个问题:①生态承载力一直在小幅度波动升高(如建设用地组分、耕地等),与之相应地类的生态足迹深度和广度一直在增长(廖重斌,1996;胡美娟等,2015;金悦等,2015)。②自然资源剩余量被过度采集(如化石能源),在经济发展过程中不合理地消费自然资源。③淮南市人均生态足迹深度始终大于 1,现有的流量资本不足以满足社会经济发展的需要(李天星,2013;贾俊松,2011),主要以消耗草地及林地的资本存量来满足区域的发展。④淮南市生态系统处于极不安全状态,生态足迹在各地类间的分配极不公平,生态适度人口数量较小(韩文文等,2016)。⑤淮南市生态承载力研究结果表明,生态承载力压力来源于第二产业占 GDP 比重、工业废水排放量、居民人均生活用电量、人口自然增长率、采矿业从业人员比重。根据分析结果综述,提出维持可持续发展对策与建议来提升生态承载力。

(1)保护农用地,发展新模式。农用耕地为淮南市的生态承载力最为重要部分。政府部门不仅要维持现有基本农田面积平衡,还要加大力度修复因煤炭开采沉陷区域而损

毁的耕地，扩大淮南市基本农田的规模，限制因煤炭开采而导致的基本农田损毁，与此同时要把控好建筑用地占基本农田规模，以此稳定生态承载力的波动。通过发展新模式，例如发展有机农业，降低因农业污染导致的生态环境破坏，为人们提供绿色环保的安全食品（杜吉明，2013）。

（2）调整产业结构，优化能源消费行为，做到所有能源与资源利用效率最大化。化石能源生态的足迹是淮南市三维生态足迹主要组成部分，最主要的压力来源是第二产业占 GDP 比重和工业废水排放量（黄艳丽和乔卫芳，2017）。淮南市政府应该参照阜新、枣庄、焦作等煤炭能源丰富型市区将经济转型调整三次产业结构的方式，减少经济的发展只能依靠煤炭资源与其相关产业，因地制宜调整各区产业的结构，提供技术支持，引进文化新创意、金融、高新技术等产业，奉行低碳环保策略，向高端化、轻型化方向发展，做到所有能源与资源利用率最大化。同时，开发新型环保能源，减少生态足迹中滥用化石能源现象。

（3）最大化空间利用率，把控建筑用地政策。淮南市的建筑用地是其生态足迹中重要组成部分，而且是占用流量资本中增加速度最快的（刘勇，2000）。所以淮南市政府应该在以后的发展规划中把控好建筑用地政策。对淮南市各类建筑用地进行合理规划，逐渐构筑结构优化、健康的建筑用地结构，提高淮南市空间利用效率和强度，增加建筑用地生态承载力与产量因子，减小淮南市的建筑用地生态足迹和对其他生态生产型土地空间的挤压（郭海荣，2001）。

（4）整治生态环境，对生态环境加强建设。工业排放的废气、废水、废弃物等因子对生态压力的指数和生态足迹的驱动效果显著影响不能忽略，并且二氧化硫和烟尘的去除量、工业废水废气排放达标率、回收利用的固体废物等生态环境的建设指标对生态足迹的增长有明显的减轻作用。淮南市政府要加大生态环境整治力度，群众要起到监督作用，投入更多资金整治生态环境，引进节能减排新技术，能够妥善处理工业生产排放的废气废水，构造循环利用和无害化处理的新工艺，提升生态安全响应的能力，减少生态压力和淮南市生态足迹，保证生态环境的可持续发展。

（5）合理控制人口数量，改变消费观念。人口数量、消费模式对区域的生态需求和供给能力有确定的影响。在 2007～2014 年，淮南市人口由 239.4 万人增长到 243.3 万人，在 2014 年人均生态足迹达到峰值。因此，为进一步减少淮南市生态足迹的依赖，淮南市政府要继续合理控制市域人口数量，加大区域公民文化教育、生态环境保护观念、绿色消费宣传等力度（段瑞军，2014）。在淮南市生态安全评价中，增加教育投资、普及公民教育程度，对区域生态安全响应能力和可持续发展有积极作用。

（二）淮北市可持续发展策略

综合淮北市自然资本供求情况、生态承载力发展状况、生态承载力影响因子筛选结果等指标结果，淮北市自然资本发展状况与复合生态系统各方面协调发展的维持主要存在以下几方面的问题：①耕地和建设用地是生态承载主要贡献者，化石能源用地对生态足迹的贡献最突出，受化石能源消费增加、耕地和建设用地的生态承载能力较低的影响，淮北市人均生态赤字逐年增长，经济社会发展始终是不可持续的且发展模式单一。②淮北市人均生态足迹深度始终大于 1，需要消耗存量资本来满足经济发展的需求，自然资本利用在土地类型上具有差异性，流量资本的利用以耕地和建设用地为主，存量资本以草地和林地的消耗为主，草地的存量消耗远超于流量占用。③淮北市在维持资源利用效率和保持较大发展潜力的同时，土地资源利用不均，生态适度人口数量较小，生态系统处于极不安全状态。④淮北市生态承载力的研究结果表明，采矿业从业人员比重、第二产业占 GDP 比重、人口自然增长率、工业固废产生量、工业烟（粉）尘排放量是导致生态承载力压力的主要影响因子。针对淮北市发展过程中存在的以上问题，为了实现对淮北市自然资本的合理利用和可持续发展，可从三方面着手。

（1）增加流量资本的流动性，以此拓宽足迹广度。耕地和建设用地是淮北市生态承载力的主要承担者。淮北市政府可以通过增加耕地保护力度，保障现有基本农田的面积，同时通过科学规划、合理管理的手段来提高农产品产量，应科学规划建设用地，严格控制建设用地的扩张，在市区开展植树造林工程，提高植树造林面积，以期提高生态承载力水平，增加各地类流量资本的流动性。

（2）实现生态足迹在各地类上的均衡分配，以此减少足迹深度。淮北市在研究时间段内一直处在高生态赤字状态，化石能源用地是造成高赤字的最主要原因，因此淮北市政府应改变生产和消费模式，鼓励以发展第三产业的方式来优化产业结构，改善能源资源的利用效率，降低对化石能源的消费，同时要加强环保宣传力度，引导全市居民采取节约型消费方式，并且适当进口对生态环境产生较大足迹深度的水果和畜牧产品，减少对本市农产品的消耗，减少各地类的生态足迹，降低生态赤字。

（3）从生态承载力的影响因子分析结果来看，为了实现未来发展的可持续性，淮北市必须提高水资源利用率、实施绿化提升工程、改善自然景观、提高生态弹性力，以此增强生态系统的调节和恢复能力；控制人口数量、加大教育投资、开发新能源、合理规划用地、调整产业结构，以期通过加强文化建设、提升资源利用率和经济效益来增加生态系统的支撑能力并降低人类社会生产生活所带来的压力。

二、鄂尔多斯市可持续发展策略

根据鄂尔多斯市自然资本利用状况和生态承载力等结果综合分析，针对鄂尔多斯市目前发展状况，其可持续发展主要存在以下问题：虽然草地人均生态承载力在研究期间有所上升，但其足迹广度与深度同时呈不同程度的扩展和加深，治理的同时破坏也在不断加重；耕地人均生态承载力下降的同时还伴随着足迹广度和深度的不同上升，耕地总体质量不高且耕地资源不足；化石能源不论从所占面积大小还是增长幅度以及贡献率均在人均生态足迹中占据首位，经济发展中自然资本消费结构不合理；水资源指标对于生态弹性力和承载媒体的支撑力都有重要影响，水资源供给不足且不稳定已成为社会经济和自然环境发展的限制因素；不断增加的人口以及煤炭产业、工业等排放的污染物致使生态环境压力增加。因此，结合分析的结果，针对以上鄂尔多斯市可持续发展中存在的问题，提出具体的可持续发展对策与建议。

（1）加强草原生态建设，提高保护意识。草原生态系统在鄂尔多斯市生态系统中占有主导地位。制定有关规章制度，规定禁止放牧、休息放牧、轮作放牧时间及区域，平衡草畜面积、实行必要奖罚政策；全面禁止放牧政策在特定区域（如国家重点生态工程项目区、生态恶化重点区）全面实行，牲畜舍饲、半舍饲圈养得到广泛应用，以促进畜牧业生产方式转变及生态恢复；在鄂尔多斯市，开展草原保护重点建设项目，将草原"农牧"问题与生态建设工作紧密结合在一起，实施生态移民工程；规定草原生态恢复集中区，并坚持创新驱动发展新理念，要依靠科学技术，高效率、高质量改善草原生态问题，提高草原保护建设生态及经济效益，构建人工饲草料基地。同时，保护草原生态离不开政府有关部门草原执法监督，做好相关法律法规宣传工作（葛亮，2009；姚德利和孙文怡，2012）。

（2）以耕地可持续利用为最终目标，加强耕地保护。人均耕地面积不足与耕地质量的下降是限制鄂尔多斯地区人均生态承载力提高的关键因素（叶冬松，2003；顾康康和刘景双，2009）。首先，要正确处理城市发展与耕地保护的这对矛盾主体，严格控制并防止城镇用地扩张对耕地占用事件的发生。增加有效耕地面积，提高基本农田质量，适度发展宜耕土地资源作为后期储备耕地，同时大力开展农业综合开发重大项目，改善农村居民生产生活条件及生态环境。此外，促进农业生态经济的良性发展，发展绿色、环保、无害生态农业，综合整治耕地面源污染，在强化农业生态环境改善的基础上，促进无害处理。

（3）优化产业结构与能源消费模式，提高能源利用效率。化石能源用地的变化趋势与鄂尔多斯市三维足迹一致，且在土地类型中历年来占比最多，是影响三维足迹的主导部分。鄂尔多斯市市政府应逐渐转变经济发展过度依赖煤炭以及附属产业的现状，鼓励发展新型产业，挖掘传统产业的潜在优势，优先开发并大力发展市场前景好、带动性强、产业关联性强且效益好的新产业、新项目（郭存芝等，2014；尹铎等，2019）。对于技术落后、高能耗、高污染的企业项目勒令停工。促进能源结构调整，开发新能源，尽量减少化石能源使用，并提高化石能源利用率，减小生态足迹和化石能源在生态足迹组成中占比。

（4）开发水资源，提高水资源利用率。水资源相关指标对生态弹性力与承载媒体的支撑力的影响程度不容忽视。鄂尔多斯市应从实际出发，大力提倡节水措施，加快推进农牧业生产节水设施改造和建设工作，采用滴灌、管灌、喷灌等高效节水形式，提高农牧业生产领域内水资源的利用率和利用效益；调整工业结构布局，控制高耗水工业企业数量，降低工业需水量，提高水资源利用率，积极开展水权转化、争取黄河水指标等；普及节水知识，充分利用网络媒体，宣传文明节水的生态理念，提高当地居民节约用水的意识。

（5）调整人口结构，加强生态环境治理与生态环境建设。人口数量的增加和污染物的排放都对鄂尔多斯市的生态环境施加了压力。因此坚持对人口控制的同时，重点发展各阶段的基础教育工作，着手人才引进的工作，给出切实的人才吸引策略，比如提供住房，给予就业补贴，提高文化软实力对生态承载力的支撑作用；大力发展循环经济，提高固废的回收利用率，努力减少对自然资源的消耗，增加治理资金的投入和鼓励节能减排技术的创新，将循环经济的理念贯穿到经济发展和产品生产过程中，构筑工业产业生产废弃物的循环利用和生态环境无害化处理的流水线，建立起循环经济为核心的经济体系，最大限度地实现固废的循环利用，减少废弃物排放，以此降低生态足迹，同时提高生态承载力和增加生态盈余，实现生态环境的可持续发展，实现经济效益、社会效益及生态效益"三赢"。

本 章 小 结

　　针对采煤沉陷区生态风险与生态环境可持续利用研究，本书在文献调研的基础上，结合实地调查资料，建立相应数据库，从采煤沉陷区的生态、经济、社会复合系统现状出发，首先，结合具体案例，分析采煤沉陷区资源利用的现状，重点对比分析我国东西部在治理采煤沉陷区生态环境过程中所面临的不同问题。然后，采用相关技术对采煤沉陷区生态承载力进行分析，并通过计算生态承载力承载度判断采煤沉陷区生态承载力盈余状况，为区域管理和可持续发展提供支持。接着，结合典型案例，对采煤沉陷区的生态风险进行评估。最后，在总结我国采煤沉陷区生态环境治理的基础上，以鄂尔多斯和两淮区域为案例，探讨其环境、生态可持续发展的模式和策略（方恺，2012）。

　　具体而言，淮南市生态承载力提高与可持续发展状态的维持主要存在以下问题：耕地和建设用地组分为首的生态承载力不断小幅波动增加，对应地类的生态足迹广度与足迹深度不断增加；化石能源为首的自然资本存量过度消耗，经济发展中自然资本消费结构不合理；人均生态足迹深度始终大于 1，现有的流量资本不足以满足社会经济发展的需要，主要以消耗草地及林地的资本存量来满足区域的发展；生态系统处于极不安全状态，生态足迹在各地类间的分配极不公平，生态适度人口数量较小；生态承载力研究结果表明，第二产业占 GDP 比重、工业废水排放量、居民人均生活用电量、人口自然增长率、采矿业从业人员比重是生态承载力的主要压力来源。因此，针对以上问题，提出淮南市应重点在保护耕地、发展有机农业、优化产业结构与能源消费结构和改善能源资源利用效率上下功夫。

　　淮北市自然资本发展状况与复合生态系统各方面协调发展的维持主要存在以下问题：耕地和建设用地是生态承载主要贡献者，化石能源用地对生态足迹的贡献最突出，受化石能源消费增加、耕地和建设用地的生态承载能力较低的影响，淮北市人均生态赤字逐年增长，经济社会发展始终是不可持续的且发展模式单一（方恺，2013）；人均生态足迹深度始终大于 1，需要消耗存量资本来满足经济发展的需求，自然资本利用在土地类型上具有差异性，流量资本的利用以耕地和建设用地为主，存量资本以草地和林地的消耗为主，草地的存量消耗远超于流量占用；在维持资源利用效率和保持较大发展潜力的同时，土地资源利用不均，生态适度人口数量较小，生态系统处于极不安全状态；生态承载力的研究结果表明，采矿业从业人员比重、第二产业占 GDP 比重、人口自然增长率、工业固废产生量、工业烟（粉）尘排放量是导致生态承载力压力的主要影响因子（方恺，2014）。针对以上问题，可从三方面着手，具体包括增加流量资本的流动性、实现生态足迹在各地类上的均衡分配、提高水资源利用率、实施绿化提升工程、改善自然景观，提高生态弹性力等措施。

　　鄂尔多斯市可持续发展主要存在以下问题：足迹广度与深度同时呈不同程度的扩张和加深，治理的同时破坏也在不断加重（方恺，2013）；耕地人均生态承载力下降的同时还伴随着足迹广度和深度的不同上升，耕地总体质量不高且耕地资源不足；化石能源不论从所占面积大小还是增长幅度以及贡献率均在人均生态足迹中占据首位，经济发展中自然资本消费结构不合理；水资源指标对于生态弹性力和承载媒体的支撑力都有重要影响，水资源供给不足且不稳定已成为社会经济和自然环境发展的限制因素；不断增加的人口以及煤炭产业、工业等排放的污染物致使生态环境压力增加。因此，提出加强草原生态保护与建设实践、加强耕地保护、优化产业结构与能源消费模式、合理开发水资源、调整人口结构等具体的可持续发展对策与建议。

第五章　生态与社会约束下的采煤沉陷区经济发展转型

本章重点讲述在生态与社会约束下，采煤沉陷区如何实现经济发展的转型。具体而言，在解析采煤沉陷区经济转型的生态与社会约束的基础上，从采煤沉陷区经济转型的绩效评价、速度分析、影响因素分析、转型模式和路径选择展开探讨和分析，基于此，最终提出较具针对性和可操作性的采煤沉陷区经济转型的政策建议。

第一节　采煤沉陷区经济发展现状与生态、社会约束

一、经济发展现状

（一）土地大量沉陷，环境污染严重

采煤沉陷区的环境一般显著劣于其他地区，其原因在于在煤炭的大量开采中，当地的生态环境遭到了大量的污染和破坏。

土地沉陷是在采煤沉陷区最大的环境问题之一。由于煤炭的过量开采，采煤沉陷区的地质结构受到了很大的影响，自然地貌在采掘过程中大量被破坏，山体上出现了大量的坑洞，同时由于内部被采空的原因地表也出现了很多塌陷和崩塌，并在连锁反应中会破坏更多的地表结构，采煤沉陷区的出现就是直接来源于此。土地沉陷对城市建筑及道路造成了大量的损害，恶化了人民的生活环境，使得大量城市居民被迫搬迁移民，还有可能引发新的二次污染。在南方由于雨水较为充沛，沉陷区域在自然条件下会逐渐被雨水所填满，雨水在沉陷区域受到矿坑内的重金属物质污染，会形成了巨大的污水湖，又进一步破坏原本干净的地下水，使得更大范围的土地被占用，污染环境（赵萍，2006）。

目前，根据国土资源部门数据显示，我国采煤沉陷区面积已经超过 100 万 hm^2，塌陷坑 1600 余个，沉陷区若不治理，其沉陷面积还将以 7 万 hm^2 的速度逐年扩大。

另外，由于开采工艺的原因，在实际的煤炭开采中煤矿会排放大量的矿井水、煤矸石、粉尘和瓦斯等污染物。矿井水的大量排放降低了地下水的水位，减少了城市可利用的水体资源，同时部分矿井水易受煤炭中的硫化物影响，通过化学反应中使得矿井水呈酸性，酸性矿井水排入河流后会逐渐改变其原本的 pH，对水生生物的生活环境造成很大的伤害，对人体健康也会造成不良影响，除此之外，酸性的矿井水能够使土壤板结，影响农作物的产量。

煤矸石形成了巨大的固废污染，煤矸石的含量约占原煤的 15%～20%，这意味在煤炭生产过程中，每吨煤炭的生产都伴随着煤矸石的排放，所以在对煤炭进行大量产出的同时，煤矸石的整体排放量是极其巨大的。在目前煤矿的生产过程中，煤矸石由于缺乏再利用措施，往往只是堆积弃置在自然环境中，一方面占用了大量的土地，另一方面煤矸石在堆积过程中容易自燃，会排放出很多有害气体到大气环境中。目前我国煤矸石堆

积量高达 45 亿 t，每年仍以 3.5 亿 t 的速度在增加，仅国有重点煤矿因煤矸石自燃排放出的一氧化碳、硫化氢、二氧化硫等有害气体及烟尘就高达 358 亿 m^3/年。在雨水的冲刷下，容易将很多重金属物质带入水体，对环境产生二次污染。

（二）产业过度集中，经济发展失衡

采煤沉陷区的一大显著特征就是产业结构的明显失衡，很多城市的煤炭采掘业产值占工业总产值的 50%以上，城市中煤炭企业众多，采煤是采煤沉陷区经济发展的主导产业，在这种经济结构下，产业过度集中在煤炭及其相关行业。由于煤炭产业属于劳动密集型资源开采行业，不但对其他产业的带动较弱，反而会吸收大量的资源与劳动力，挤压城市第一产业及第三产业发展。除了产业结构之外，产业失衡另一方面带来的是社会从业人员就业比例的不均匀。由于煤炭是支柱产业，采煤沉陷区的从业人员大都集中煤炭企业，从事煤炭行业人口的比例远超其他城市，在不少因煤而建、因煤而兴的城市，甚至大半个城市人口的就业都是依赖于煤炭产业的。在这种情况下，人们生活受到煤炭产业周期波动的影响就会变大，一旦煤炭行业不景气，城市经济不可避免地迅速滑坡，同时大量的职工面临下岗，从而对城市的社会保障体系造成超出预想的冲击。大量的下岗职工如果没有得到妥善的安置，则会大幅增加社会的不安和动荡，带来巨大的社会问题，给城市的转型造成巨大的负担（孔祥喜，2007）。

作为主导产业，采煤沉陷区城市中煤炭企业的数量远远多于城市平均水平，由于煤炭产业属于低附加值产业，生产所需技术水平不高，在同一产业间企业产品也比较同质，没有排他性，煤炭企业之间很容易陷入同质化的恶性竞争。煤炭采掘作为矿产开发其附加值相对较低，整个产业链长度相对较短，产业链的发展完全依赖于资源的消耗，在煤炭资源有限的情况下难以实现稳定持续的发展。

（三）劳动力素质偏低，人才流失严重

由于煤炭开采工艺流程相对简单，对于劳动力的要求更多偏重体力劳动，对于从业人员的素质要求相对偏低，所以在采煤沉陷区，一个普遍出现的问题就是劳动力虽然基数很大，但是其人口素质偏低。在时代发展过程中，大部分采煤从业人员的知识、学历水平并没有得到提高，目前我国所有煤矿职工大专以上文化程度的人员仅占 2.1%，远低于我国全行业平均劳动力的素质水平。由于劳动力素质的偏低，煤炭工人缺乏足够职业技能和知识储备，在下岗后再就业的过程中要么处处碰壁，待业在家，要么只能继续从事一些其他行业的基本体力劳动，生活水平得不到保障，再就业困难。

对于煤炭企业的素质较高的技术人才而言，由于行业的不景气，收入明显下滑，原本就稀少的技术人才受到其他工程、采矿业单位的高薪吸引后纷纷跳槽，人才处于持续流失状态。除了存量人才的不足之外，采煤沉陷区的人才供给也存在问题，同时由于矿区生活环境较为艰苦，部分矿区还远离城市，对优秀的人才来说缺乏吸引力，出现人才供给严重不足的现象，使得部分煤矿技术人员出现断层，进一步降低了从业人员的专业水平。煤炭企业人才大量流失的后果就是在采矿过程中的技术相对固化，缺乏科技创新，同时管理水平和生产安全远低于国外的水平，在经历多年非常明显的改善之后，2015 年中国百万吨煤矿的死亡率依旧超过美国 5 倍。

（四）城市布局不合理，城市功能不健全

在采煤沉陷区城市的形成过程中，很多城市都是依托于煤矿而逐渐兴起的，煤矿规划在前，城市规划在后，城矿一体，城市以矿为中心向外辐射，或城市围绕矿区兴建发展。煤炭资源的开采需要占据大量的土地资源，所以煤矿之间一般距离相对较远，在煤矿基础上形成的煤炭城市一般城市结构都较为松散。在城市功能的角度上，现有的城市功能基本只是为矿服务，城市各个区块基本属于独立发展，没有将功能区连接到一个整体城市系统中去，城市布局不合理，各个功能区之间重叠较少，导致大量像医院、学校这类的社会公共设施需要重复建设，出现公共资源供给不足或是公共资源浪费的状况。

从长期来看，一旦矿区资源枯竭，原来依托的资源优势不复存在，城市又没有形成一个完善的区域分布和功能结构，城市的发展就势必会受到重大影响。采煤沉陷区最普遍的棚户区问题就来源于此，矿工本身收入较低，难以负担得起较好的住房，所以大量居住在矿区周边临时建设的棚户区中，形成了城中村，并且不断向周边扩张，打乱了城市格局，使得城市发展陷入无序扩张的进程中。在采煤沉陷大量出现后，棚户区由于距离矿区较近，受到采煤沉陷影响较大，大量房屋受损，矿工的生命和财产受到威胁，城市被迫要对棚户区进行整治和搬迁，影响了城市整体的发展。

二、采煤沉陷区"生态-经济-社会"复合系统的构建

为分析生态与社会约束对采煤沉陷区经济转型的影响，探究解决采煤沉陷区产业结构重型化与经济转型效果不佳等问题的发展路径，需要构建采煤沉陷区"生态-经济-社会"复合系统的系统动力学模型，以揭示采煤沉陷区内部的演化机理。本章以前述"采煤沉陷区"为分析对象，利用系统动力学理论对"生态-经济-社会"复合系统进行构建。

在系统动力学中，模型设定的系统边界是指系统中每个对象的物理界限及其变化空间。系统是由内部主体之间的相互联系和相互作用构成的有机整体。如果系统边界太小或太大，会给建模和仿真带来不必要的麻烦，因此，确定科学合理的系统边界具有重要意义。

本章主要研究生态与社会约束对采煤沉陷区经济转型的影响，分析煤炭开采带来的生态破坏、污染排放以及社会矛盾对采煤沉陷区的经济转型造成的影响。狭义的采煤沉陷区是指因开采煤炭导致的地面下沉地区，若以狭义的采煤沉陷区为边界，则谈不上经济转型了，因此本章中的采煤沉陷区是指采煤沉陷区所属的城市，其研究边界为采煤沉陷区所属的城市，研究的主要内容是煤炭开采给所属城市带来的土地下沉、污染排放和社会矛盾对该城市经济转型的影响。

将上述采煤沉陷区"生态-经济-社会"复合系统的系统动力学模型划分为煤炭开采子系统、生态环境子系统、社会子系统、经济子系统和政策调控子系统，各子系统主要变量及功能如表 5.1 所示。

表 5.1　采煤沉陷区"生态-经济-社会"复合系统构成

子系统	主要变量	主要功能
煤炭开采子系统	我国煤炭需求总量、煤炭开采量、煤炭价格、土地沉陷系数、废气治理率、废水治理率、固体废弃物回收利用率	对经济子系统中采矿业产值及土地沉陷面积产生影响；通过节能减排投资影响污染物排放水平
生态环境子系统	环境容量、环境自净化能力、污水排放量、废气排放量、固体废弃物排放量、生态环境水平	对煤炭资源型城市的环境质量产生影响，进而影响经济开发区和高新区的发展、人才引进、社会风险
社会子系统	矿农矛盾、沉陷耕地面积、采矿业产值波动引起的失业	对社会风险、经济开发区和高新区的发展、人才引进产生影响
经济子系统	采矿产业值、普通制造业产业值、高新技术产业值、财政收入	对生态修复、劳动力转移、社会风险产生影响
政策调控子系统	财政支出、生态修复、节能减排、农民失地补偿与就业支持	通过节能减排投资影响污染物排放水平；通过生态修复提高生态环境质量；通过设立经济开发区和高新区提高普通制造业和高新技术产业的发展

煤炭开采子系统主要分析我国煤炭总需求的变化如何影响煤炭资源型城市的煤炭开采量，通过煤炭产量和沉陷系数确定沉陷土地数量，煤炭产量如何结合废水处理率、废气处理率和固体废弃物回收利用率影响废水、废气和固体废弃物的排放，对经济子系统的直接影响则通过煤炭价格影响采矿产业值。

生态环境子系统主要研究煤炭开采产生的废气、废水和固体废弃物如何结合环境容量和环境污染自净能力对煤炭资源型城市的环境质量产生影响，而环境质量又是如何通过降低人才引进等方面影响煤炭资源型城市的产业转型的。

社会子系统主要研究采矿业产值波动引起的失业、煤炭开采引起的矿农矛盾、土地沉陷问题导致的社会风险加大，进而影响产业结构调整。

经济子系统主要包含采矿业产值、普通制造业产值、高新技术业产值和财政收入，采矿业产值过高会使得城市受全国煤炭需求影响过大从而引起经济和社会的过大波动，从而带来经济风险和社会风险。

煤炭开采在资源型城市经济发展中的重要地位及采煤行业的特点决定了政府对采煤沉陷区"生态-经济-社会"复合系统发挥重要的调节作用。因此，政策调控子系统主要包括行政干预、经济政策以及法律法规等。在煤炭开采与生态环境关系方面，政府通过行政干预进行节能减排以降低煤炭开采对环境的污染，并通过财政支持进行生态修复以提高生态环境质量。在煤炭开采与社会风险方面，政府通过失地农民补偿和就业培训降低土地沉陷带来的农民生存风险，通过发展其他产业弥补采煤产业波动带来的失业和经济波动风险，在煤炭开采与经济系统方面，政府通过高新区和经济开发区的建设带动普通制造业和高新技术产业的发展以降低采矿业在经济中的占比，调整经济结构，防止城市陷入资源型陷阱。煤矿开采系统的演化和发展需要政府的干预和管理，使采煤沉陷区系统朝着人们期望的方向和状态发展和演变。政策调控子系统可以约束和控制子系统之间的交互关系和强度，并确定各子系统的演化路径。政策调控子系统释放的信号能够引导和影响采煤沉陷区的"生态-经济-社会"复杂系统的协调发展从而实现整个系统的良性运行。

上述五个子系统的主要变量和关系如图 5.1 所示,由图可知五个子系统之间是相互联系、相互影响和相互制约的。每个子模型的运行既取决于子系统的内部结构,也取决于它与其他子系统的联系。煤炭开采子系统为经济子系统带来采矿业产值,与普通制造业和高新技术产业带来的产值构成城市总产值,同时通过污染排放和土地沉陷影响生态环境质量和社会稳定状态,生态环境治理和社会稳定状态又影响了普通制造业和高新技术产业的发展。若普通制造业和高新技术产业发展不利,则在国家煤炭需求降低的时期,煤炭产业产值降低引起财政收入降低,产生大量失业工人而其他产业吸收能力有限进而导致经济和社会风险增加。

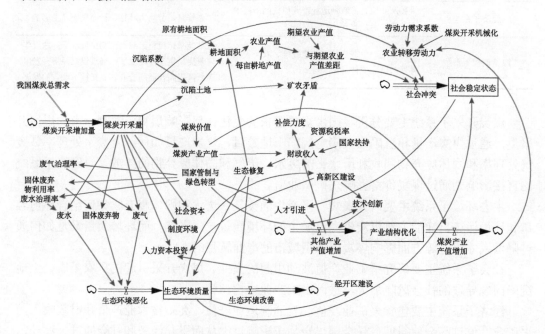

图 5.1 采煤沉陷区"生态-经济-社会"复合系统动力关系

三、采煤沉陷区"生态-经济-社会"复合系统的动力学特征

采煤沉陷区"生态-经济-社会"复合系统由经济子系统、煤炭开采系统、生态环境子系统、社会子系统和政策调控子系统五大子系统构成,该系统是由各因子组合并相互作用的有机体。这使得采煤沉陷区"生态-经济-社会"复合系统不仅具备系统的普遍特性,也具备特殊性。简单概括如下:

(一)整体性

采煤沉陷区"生态-经济-社会"复合系统由五个相互依存的子系统组成,每个子系统由若干要素组成。采煤沉陷区"生态-经济-社会"复合系统各组成部分与要素之间存在着有机联系,形成了一个多子系统、多组成部分、多目标的复杂动力系统。因此,要实现采煤沉陷区的经济转型,不能只考虑经济子系统,同时也要考虑各个系统与经济子

系统的联系，从采煤沉陷区"生态-经济-社会"复合系统的全局出发，对整个采动沉陷区的子系统和要素进行全面协调，目标是实现整个系统的整体优化和调节。因此，采煤沉陷区经济转型具有明显的整体性和综合性特征。

（二）相关性

相关性是系统整体性的基础，系统各要素之间的相互作用则是系统之所以成为一个整体的原因，系统的整体性质和功能并不等于构成要素的性质和功能的简单叠加，根据整体性原则，系统是由构成要素按一定规律连接而成的有机整体。在采煤沉陷区系统，普通制造产业和高新技术产业的缺失必然会导致城市对采矿业的支持，采矿业的发展扩张必然会加剧环境的进一步恶化，而环境的恶化和社会风险的加大使得政府出台相应的政策，政府的政策调控在一定程度又会对经济、能源、环境起到一定的积极作用。由此，采煤沉陷区"生态-经济-社会"复合系统具有明显的相关性特征（刘耀彬等，2005）。

（三）开放性

根据系统是否与外界发生物质、能量交换来定义系统的类别——孤立系统、封闭系统以及开放系统。采煤沉陷区"生态-经济-社会"复合系统的内部与外部要不断地交换资源、资金、技术、信息、人员等，所以采煤沉陷区"生态-经济-社会"复合系统是一个高度开放的系统。国家对煤炭资源的需求必然会影响采煤沉陷区采煤的数量和煤炭的价格，而煤炭需求和价格必然会影响采煤沉陷区的财政收入、污染排放和经济转型。

（四）反馈性

复杂系统会有多个反馈回路，而反馈是复杂系统固有的特性。采煤沉陷区"生态-经济-社会"复合系统同时受到多种因素的影响，其中一些因素对系统的影响较大。采煤沉陷区"生态-经济-社会"复合系统中，如果反馈环节中的某个因素发生变化，就会引起一系列连锁反应。负反馈回路具有内部调节功能，正反馈回路具有自增强功能，正反馈是导致系统发展或衰落的关键因素。在采煤沉陷区的经济转型中，一定要注意正反馈对经济转型的影响，若经济转型没有解决正反馈问题，则采煤沉陷区的经济转型将最终失败。

四、系统视角下采煤沉陷区经济转型的生态和社会约束

系统动力学认为，系统的行为模式与特性主要取决于其内部的动态结构与复合系统的反馈机制。本书在系统综合分析的基础上，确定系统的结构层次，结合采煤沉陷区"生态-经济-社会"复合系统自身的结构特点，将采煤沉陷区"生态-经济-社会"复合系统分解为经济子系统、煤炭开采子系统、社会发展子系统、生态环境子系统、政策调控子系统五大子系统。在确定了各子系统的层次结构之后，建立采煤沉陷区"生态-经济-社会"复合系统的总体因果回路图，如图 5.2 所示。下面我们将利用图中所示的因果回路图分析生态环境质量和社会稳定状态在整个系统中的作用，并分析生态环境质量和社会稳定状态如何对经济转型产生影响，经济转型又是如何对生态环境质量和社会稳定状态

进行反馈，从整个系统出发，理解为什么要在生态和社会风险约束下进行经济转型，何种经济转型模式能解决生态环境质量和社会稳定状态对经济转型的约束。

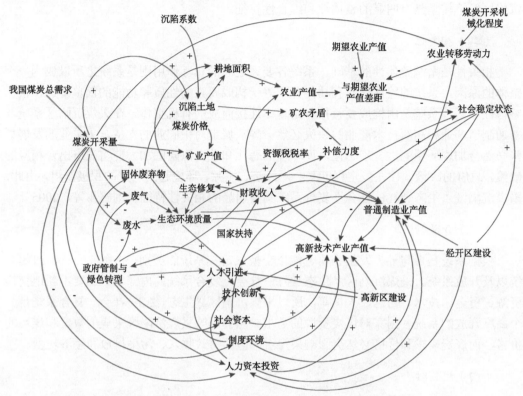

图 5.2　采煤沉陷区"生态-经济-社会"复合系统因果关系图

（一）生态环境质量对经济转型的约束

1. 生态环境质量结果树分析

通过图 5.3 可以发现生态环境质量直接影响煤炭资源型城市的人才引进、普通制造业产值、社会稳定状态和高技术产业产值。

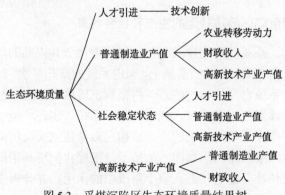

图 5.3　采煤沉陷区生态环境质量结果树

在人才引进方面，人才的学历越高、知识储备越多，则收入越高、可选择的范围也越广，从而对生态环境质量的要求也越高，因此城市生态环境质量越差，人才越不愿意在该城市定居，而人才是技术创新的主要推动力，技术创新则是高新技术产业发展的主要源泉，因此煤炭资源型城市的生态环境质量通过影响人才引进而影响该城市的高新技术产业发展。

在普通制造业产值方面，对企业主而言煤炭资源型城市的生态环境质量越差，则企业主越不愿意在该城市创办企业，而普通制造业发展不利则进一步影响了该地区的劳动力转移，普通制造业不能及时吸纳失地农民进一步加大了社会风险。同时普通制造业发展不利也影响了该城市的高新技术产业的发展和财政收入（李家瑞和李黎力，2020）。

在社会稳定状态方面，环境污染具有较强的外部性，城市污染越多，生态环境质量越差则更容易造成企业和居民的矛盾，从而该城市社会稳定状态变差，而该城市社会稳定状态变差则进一步造成人才引进、普通制造业产值和高新技术产业产值降低。

在高新技术产业产值方面，高新技术企业创建之初，企业家就会考虑该地的生态环境质量，因此煤炭资源型城市的生态环境质量越差，则企业主越不愿意在该城市创办高新技术企业，而高新技术产业发展不利进一步影响了该地区的普通制造业发展和财政收入。

2. 生态环境质量因果反馈环分析

在采煤沉陷区"生态-经济-社会"复合系统中，和生态环境质量有关的反馈环共有56个，其中包含3个环节的有2个，4个环节的有8个，其他为5个环节以上，但都是正反馈，即如果不加以制止，采煤沉陷区的生态环境只会越来越差，同时反馈环多也说明采煤沉陷区"生态-经济-社会"复合系统中生态质量的影响极其复杂，下面仅列举其中几种主要的因果反馈环。

生态环境质量的降低，导致城市高新技术产业发展不顺，进而导致财政收入降低、生态修复力度降低，城市的生态环境质量进一步降低，如此循环往复，城市中高新技术产业比重日益降低，城市的转型效果日益降低。这是一个正反馈回路，如下所示：

生态环境质量--→高新技术产业产值--→财政收入--→生态修复--→生态环境质量

生态环境质量的降低，导致城市普通制造业产业发展不顺，进而导致财政收入降低、生态修复力度降低，城市的生态环境质量进一步降低，如此循环往复，城市中普通制造产业比重日益降低，城市的转型效果日益降低。这是一个正反馈回路，如下所示：

生态环境质量--→普通制造产业产值--→财政收入--→生态修复--→生态环境质量

生态环境质量的降低，使得人才引进的难度提高，导致城市高新技术产业发展不顺进而导致财政收入降低、生态修复力度降低，城市的生态环境质量进一步降低，如此循环往复，城市中除采矿业以外的其他产业比重日益降低，城市的转型效果日益降低。这是一个正反馈回路，如下所示：

生态环境质量--→人才引进--→技术创新--→高新技术产业产值--→财政收入--→生态

修复-→生态环境质量

生态环境质量的降低，使得社会稳定状态降低，会使得人才引进的难度提高，导致城市高新技术产业发展不顺进而导致财政收入降低、生态修复力度降低，城市的生态环境质量进一步降低，如此循环往复，城市中其他产业比重日益降低，城市的转型效果日益降低。这是一个正反馈回路，如下所示：

生态环境质量-→社会稳定状态-→人才引进-→技术创新-→高新技术产业产值-→财政收入-→生态修复-→生态环境质量

生态环境质量的降低，使得普通制造业产值降低，会使得劳动力转移人数降低，导致失地农民收入降低，进而导致社会稳定状态降低，使得人才引进的难度提高，导致城市高新技术产业发展不顺进而导致财政收入降低、生态修复力度降低，城市的生态环境质量进一步降低，如此循环往复，城市中其他产业比重日益降低，城市的转型效果日益降低。这是一个正反馈回路，如下所示：

生态环境质量-→普通制造业-→劳动力转移人数-→失地农民收入-→社会稳定状态-→人才引进-→技术创新-→高新技术产业产值-→财政收入-→生态修复-→生态环境质量

生态环境质量的降低，使得其他产业产值降低，会使得财政收入降低、政府管制与绿色转型力度降低，废气排放增加，城市的生态环境质量进一步降低，如此循环往复，城市中其他产业比重日益降低，城市的转型效果日益降低。这是一个正反馈回路，在全国煤炭需求降低，煤炭开采产值降低的情况下，该反馈最容易出现。如下所示：

生态环境质量-→高新技术和普通制造业产值-→财政收入-→绿色转型-→生态环境质量

（二）社会风险对产业结构的约束

1. 社会稳定状态结果树分析

通过图 5.4 的结果树，可以发现社会稳定状态直接影响煤炭资源型城市的人才引进、普通制造业产值和高新技术产业产值。

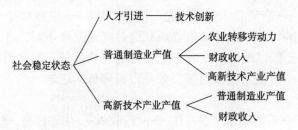

图 5.4　采煤沉陷区社会稳定状态结果树

在人才引进方面，人才的学历较高、知识储备越多，则收入越高、可选择的范围也越广，从而对社会稳定的要求也越高，因此城市社会稳定状态越差，人才越不愿意在该城市定居。而人才是技术创新的主要推动力，技术创新则是高新技术产业发展的主要源泉，因此煤炭资源型城市的社会稳定状态通过影响人才引进而影响该城市的高新技术产业发展。

在普通制造业产值方面，对企业主而言煤炭资源型城市的社会稳定状态越差则企业主越不愿意在该城市创办企业，而普通制造业发展不利进一步影响了该地区的劳动力转移，普通制造业不能及时吸纳失地农民进一步加大了社会风险。同时普通制造业发展不利也影响了该城市高新技术产业的发展和财政收入。

在高新技术产业产值方面，在高新技术企业的创建之初，企业家就会考虑该地的社会稳定状态，因此煤炭资源型城市的社会稳定状态越差，则企业主越不愿意在该城市创办高新技术企业，而高新技术产业发展不利进一步影响了该地区的普通制造业发展和财政收入。

2. 社会稳定状态因果反馈环分析

在采煤沉陷区"生态-经济-社会"复合系统中，和社会稳定状态有关的反馈环共有63个，其中包含3个环节的有1个，4个环节的有7个，但都是正反馈，即如果不加以制止，采煤沉陷区的社会稳定状态只会越来越差，同时反馈环多也说明采煤沉陷区"生态-经济-社会"复合系统中社会稳定状态的影响极其复杂，本部分仅列举其中几个主要的因果反馈环。

在采矿业发展导致土地沉陷进而产生大量失地农民的情况下，社会稳定状态降低，导致城市普通制造产业发展不顺，进而导致农业转移劳动力降低、与期望农业产值差距扩大，城市的社会稳定状态进一步降低，如此循环往复，城市中普通制造产业比重日益降低，城市的转型效果日益降低。这是一个正反馈回路，如下所示：

社会稳定状态--→普通制造产业产值--→农业转移劳动力--→与期望农业产值差距+→社会稳定状态

社会稳定状态的降低，导致城市高新技术产业发展不顺，进而导致财政收入降低、对失地农民补偿力度降低，矿农矛盾频发，城市的社会稳定状态进一步降低，如此循环往复，城市中高新技术产业比重日益降低，城市的转型效果日益降低。这是一个正反馈回路，如下所示：

社会稳定状态--→高新技术产业产值--→财政收入--→补偿力度--→矿农矛盾+→社会稳定状态

社会稳定状态的降低，会使得城市高新技术产业发展不顺进而导致财政收入降低、生态修复力度降低，城市的生态环境质量进一步降低，如此循环往复，城市中其他产业比重日益降低，城市的转型效果日益降低。这是一个正反馈回路，如下所示：

社会稳定状态--→高新技术产业产值--→财政收入--→生态修复--→生态环境质量--→社会稳定状态

社会稳定状态的降低，会使得普通制造行业产值降低，导致财政收入降低、绿色转型力度降低，城市的生态环境质量降低，进而导致社会稳定状态降低，如此循环往复，城市中其他产业比重日益降低，城市的转型效果日益降低。这是一个正反馈回路，如下所示：

社会稳定状态-→普通制造业产值-→财政收入-→绿色转型-→生态环境质量-→社会稳定状态

经济转型是指资源配置和经济发展方式的转变,包括发展模式、发展要素、发展路径等的转变。经济发展转型是解决采煤沉陷区问题的关键所在。

采煤沉陷区因特殊、复杂的地理环境导致其经济发展转型较其他资源型区域更加困难,地貌环境改变所引起的一系列社会、生态、经济矛盾,也超越了一般意义上资源不合理开发所引起的问题。在人口、资源、环境等因素的制约下,实现沉陷区经济发展转型,打造全面、协调、可持续的经济发展模式,既是十八大"着力推进绿色发展、循环发展、低碳发展"的发展要求,也是为周边居民创造良好生产生活环境,实现经济和社会永续发展的需要。

在采煤沉陷区中,生态质量恶化和社会风险具有自我强化的特点,在此过程中生态质量恶化和社会风险对经济转型的阻碍作用也越来越强,因此单纯的经济转型只能一时提高采煤沉陷区的经济发展而不能最终解决采煤沉陷区经济结构失调的根源,进而采煤沉陷区经济结构具有自我恶化的趋势,因此任何的采煤沉陷区转型模式若在转型过程中没有解决采煤沉陷区生态环境和社会风险恶化的能力则其转型模式必然会失败,因此在解决采煤沉陷区经济结构失调的同时,能实现污染减少、生态修复、社会矛盾减少的循环经济模式、绿色转型模式、可持续发展模式,就成为采煤沉陷区转型的必然选择。

第二节 基于自然资源与人口特征的采煤沉陷区经济发展模式选择

一、采煤沉陷区经济转型绩效评价

(一)研究对象选取

1. 评价对象

我国目前已经公布了 69 座资源枯竭型城市,如表 5.2 所示,其中和煤炭相关的煤炭资源枯竭型城市有 38 个,由于煤炭资源枯竭型城市过去都是主要的煤炭产出地,由于煤炭过度开采使得资源接近耗竭,是最典型的采煤沉陷区。考虑指标的可得性后,本书从中筛选出 16 个地级市作为分析采煤沉陷区转型的研究对象,分别为萍乡市、乌海市、抚顺市、阜新市、七台河市、鹤岗市、辽源市、枣庄市、新余市、焦作市、韶关市、铜川市、石嘴山市、淮北市、白山市、双鸭山市。

表 5.2 全国 69 个资源枯竭城市名单

省(区、市)	第一批(12 座)	第二批(32 座)	第三批(25 座)
河北		下花园区(煤) 鹰手营子矿区(煤)	井陉矿区(煤)
山西		孝义市(煤)	霍州市(煤)
内蒙古		阿尔山市(森工)	乌海市(煤) 石拐区(煤)
辽宁	阜新市(煤) 盘锦市(石油)	抚顺市(煤) 北票市(煤) 弓长岭区(铁) 杨家杖子(钼) 南票区(煤)	

续表

省（区、市）	第一批（12座）	第二批（32座）	第三批（25座）
吉林	辽源市（煤） 白山市（煤）	舒兰市（森工）　九台市（煤）　敦化市（森工）	二道江区（煤） 汪清县（森工）
黑龙江	伊春市（森工） 大兴安岭地区（森工）	七台河市（煤） 五大连池市（森工）	鹤岗市（煤） 双鸭山市（煤）
江苏			贾汪区（煤）
安徽		淮北市（煤）　铜陵市（铜）	
江西	萍乡市（煤）	景德镇市（瓷）	新余市（铁）　大余县（钨）
山东		枣庄市（煤）	新泰市（煤）　淄川区（煤）
河南	焦作市（煤）	灵宝市（金）	濮阳市（石油）
湖北	大冶市（铁）	黄石市（铁铜煤和硅灰石） 潜江市（石油）　钟祥市（磷）	松滋市（煤）
湖南		资兴市（煤）　耒阳市（煤） 冷水江市（锑）	涟源市（煤） 常宁市（铅、锌）
广东			韶关市（煤、铁）
广西		合山市（煤）	平桂管理区（锡）
海南			昌江县（铁）
重庆		万盛区（煤）	南川区（煤）
四川		华蓥市（煤）	泸州市（天然气）
贵州		万山特区（汞）	
云南	个旧市（锡）	东川区（铜）	易门县（铜）
陕西		铜川市（煤）	潼关县（金）
甘肃	白银市（银、铜）	玉门市（石油）	红古区（煤）
宁夏	石嘴山市（煤）		

2. 评价时间跨度

城市转型是一个持续而渐变的过程，评价城市经济的转型状况，需要一个较长的时间跨度，考虑到我国的政治及城市发展特质，选取2003～2017年作为评价经济转型的时间跨度。

（二）采煤沉陷区城市转型评价的指标体系构建

根据经济转型理论和可持续发展理论，采煤沉陷区的经济转型是经济规模、产业结构和经济质量共同发生调整和转变的过程，转型的目的就是要实现城市可持续发展的目标。

采煤沉陷区经济转型是指采煤沉陷区的经济形态从一种经济运行状态转向另一种经济运行状态。本书中经济转型的表现为采煤沉陷区经济规模高速发展、产业结构合理与经济效率提高，因此本书构建相应二级指标，最终分别构建出经济规模、产业结构以及经济质量的三层指标体系，使得指标体系能够充分地反映采煤沉陷区在经济方面转型的效果变化,采煤沉陷区转型的最终效果由对这三类转型指标体系的评价综合而成。

1. 经济规模指标

经济规模指标是衡量采煤沉陷区整体经济发展状态的二级指标。在规划中指标选用的是地区生产总值,但这仅仅是对采煤沉陷区的经济发展水平的衡量(董锁成等,2007)。除了经济发展的绝对水平,经济的增长速度以及政府的财政实力也是度量经济发展状态的重要一环,因此要在规划的基础上对指标进行扩充,建立经济发展的绝对水平、经济增长速度以及政府的财政实力的三级指标。

其中经济发展的绝对水平具体选用人均 GDP 指标,可以避免城市体量的干扰,更准确地衡量采煤沉陷区经济发展状况,经济增长速度可以选用 GDP 增长率指标进行表征,而政府的财政实力可以选用政府每年的一般财政预算收入指标进行衡量,这 3 个三级指标能够综合反映出采煤沉陷区的经济状态,能够反映出其在转型过程中是否恢复较快的经济增长。

2. 产业结构指标

产业结构指标是衡量采煤沉陷区的产业结构变化的二级指标。根据产业结构理论,采煤沉陷区产业结构的调整主要就是摆脱对煤炭产业的依赖,发展新的主导产业。第三产业的发展程度对于以采掘工业为主的采煤沉陷区是一个重要的产业结构调整指标。因而对产业结构的反映需要建立煤炭产业依赖程度和第三产业发展情况的三级指标。

由于采煤沉陷区大多以煤炭作为支柱产业,人员从业也极度依赖于煤炭产业,所以在衡量对煤炭产业结构的依赖时,不仅需要体现出产业结构上的依赖,还要反映从业人员的集中情况。根据数据的可得性,可以将生产性服务业比例、制造业比例、产业结构高级化作为整体经济结构转型的具体指标,这 4 个三级指标能够反映出采煤沉陷区对煤炭产业的摆脱和接替产业的发展状态,反映采煤沉陷区转型过程中经济结构是否得到调整。

3. 经济质量指标

高质量发展是经济发展质量较高的状态,是资源配置效率高、生产要素投入低、经济社会效益好、资源环境成本低的质量型发展水平(许文静,2018)。

采煤沉陷区的经济发展质量可以用结构是否合理、投入产出效率、经济发展的潜在力、可持续发展程度等指标进行综合衡量。因此本书选择固定资产的投资效果系数、能源生产效果系数、全社会劳动生产率、人均工资为实现经济质量转型的三级指标,如表 5.3 所示。

表 5.3　指标体系

一级指标	二级指标	三级指标	指标内容	作用
经济转型	经济规模	经济发展水平	人均 GDP	正向
		经济增长速度	GDP 增长率	正向
		地方财政实力	地方财政收入	正向
	产业结构	生产性服务业比例	生产性服务业人数/总从业人数	正向
		制造业比例	制造业从业人数/总从业人数	正向
		产业结构高级化	城市工业利润总额/城市工业产品销售收入	正向
		第三产业发展情况	第三产业占 GDP 比重	正向
	经济质量	固定资产的投资效果系数	独立核算工业企业百元固定资产原价实现利税（元）	正向
		能源生产效果系数	工业总产值/工业用电	正向
		全社会劳动生产率	GDP/总从业人数	正向
		人均工资	职工平均工资	正向

（三）经济转型评价构建

1. 熵值法模型介绍

熵最初来源于热力学，在被引入信息论后，熵与信息量结合形成了信息熵的概念。熵代表混乱情况，当信息量越小时，不确定性就越大，信息熵值也就越大。而熵值法则认为，指标在发展过程中变化越大，也就是信息熵值越大，则该指标在评价该事物时具有更重要的地位，其权重也越大，因此在综合评价方法中，熵值法具有客观赋权的作用。

2. 熵值法模型构建

如果需要对某个采煤沉陷区近 m 年的经济转型的效果进行评价，评价指标体系将由 n 个具体指标构成，那么对该采煤沉陷区的评价就形成了一个包含 m 个样本和 n 个评价指标的转型效果评价问题。据此建立模型：

采煤沉陷区某一年的发展状况表示为

$$X = \{X_1, X_2, X_3, \cdots, X_i, \cdots, X_m\} \ (i = 1, 2, 3, \cdots, m) \tag{5-1}$$

采煤沉陷区第 i 年某个评价指标的数据可以表示为

$$x_i = \{x_{i1}, x_{i2}, x_{i3}, \cdots, x_{ij}, \cdots, x_{in}\} \ (j = 1, 2, 3, \cdots, n) \tag{5-2}$$

由此可以得到近 m 年采煤沉陷区评价指标的原始数据矩阵为 $X = \left[x_{ij}\right]_{m*n}$，其中 x_{ij} 代表该城市第 i 年第 j 项指标的具体数值。

在模型的实际运用中，为了能够消除各指标量纲方面的差异，用可比的数值来描述采煤沉陷区城市发展状况的优劣，本书在运用模型进行评价之前对原始数据做归一化，使原始数据转化为同级的、正向的、无量纲的标准数据。此外，为了避免求熵值时对数的无意义，数据统一平移一个单位。

对于越大越好的指标：

$$x'_{ij} = \frac{x_{ij} - \min(x_{1j}, x_{2j}, \cdots, x_{nj})}{\max(x_{1j}, x_{2j}, \cdots, x_{nj}) - \min(x_{1j}, x_{2j}, \cdots, x_{nj})} + 1 \tag{5-3}$$

$$i = 1, 2, \cdots, n; \ j = 1, 2, \cdots, m$$

对于越小越好的指标：

$$x'_{ij} = \frac{\max(x_{1j}, x_{2j}, \cdots, x_{nj}) - x_{ij}}{\max(x_{1j}, x_{2j}, \cdots, x_{nj}) - \min(x_{1j}, x_{2j}, \cdots, x_{nj})} + 1 \tag{5-4}$$

$$i = 1, 2, \cdots, n; \ j = 1, 2, \cdots, m$$

为了方便起见，仍记归一化处理后的数据为 X_{ij}。

在数据归一化完成后，熵值法计算过程如下：

①计算第 i 个评价对象在第 j 个评价指标上的指标值 p_{ij}：

$$p_{ij} = \frac{x_{ij}}{\sum_{i=1}^{n} x_{ij}} \tag{5-5}$$

②计算第 j 个评价指标的熵值 e_j：

$$e_j = -k \ln p_{ij} \tag{5-6}$$

其中 k 值一般取评价对象个数对数的倒数，即：$k = \dfrac{1}{\ln m}$。

③ 计算评价第 j 个评价指标的差异性系数 d_j：

$$d_j = 1 - e_j \tag{5-7}$$

④ 权重系数 w_j 的确定：

$$w_j = \frac{d_j}{\sum_{i=1}^{n} d_j} \tag{5-8}$$

⑤ 最终采煤沉陷区城市转型得分计算方法为：

$$Y = \sum w_j \times x_{ij} \tag{5-9}$$

根据最终转型的评价得分得出 16 个采煤沉陷区城市 15 年来的转型情况，在时间序列的角度下，分析经济转型变动趋势。

（四）采煤沉陷区城市经济转型效果评价

1. 采煤沉陷区经济转型总体评价

将上述 16 座城市 2003～2017 年的指标数据，按照经济规模转型、产业结构转型、经济质量转型的分类，分别运用 STATA 进行熵值法运算，可以得到各个指标的权重，进而得出各城市经济转型总体绩效得分（表 5.4）。

表 5.4　2003～2017 年各城市经济转型总体绩效得分

城市	2003 年	2007 年	2011 年	2015 年	2017 年	转型效果
焦作市	3.32	4.89	4.95	4.43	5.20	1.88
乌海市	2.02	3.05	3.91	4.80	5.18	3.16
萍乡市	2.41	2.98	4.18	4.65	5.00	2.59
新余市	2.77	3.61	3.71	4.21	4.57	1.79
抚顺市	2.47	3.49	4.53	3.77	4.24	1.77
枣庄市	2.17	2.87	3.92	3.82	4.06	1.88
韶关市	1.55	2.16	2.57	3.31	3.76	2.21
淮北市	2.25	2.88	3.99	3.08	3.74	1.49
石嘴山市	2.37	2.55	3.74	3.14	3.53	1.16
辽源市	1.63	1.89	2.85	3.02	3.47	1.84
双鸭山市	1.38	1.84	2.20	2.68	3.33	1.94
白山市	1.96	2.14	3.63	2.64	3.33	1.36
阜新市	2.58	2.66	3.40	2.67	3.30	0.72
七台河市	1.19	1.64	2.26	2.41	2.90	1.71
鹤岗市	1.38	1.66	2.41	2.18	2.89	1.52
铜川市	1.81	1.88	1.95	2.11	2.75	0.94

各城市按照 2017 年的转型总体绩效得分降序排列见表 5.4。由表 5.4 可见，16 座采煤沉陷区的解决转型评价得分，在 2003～2017 年呈现上升趋势，但各城市上升幅度有很大不同，截至 2017 年，焦作市绩效得分最高，达到了 5.20（董小香，2006）；乌海市、萍乡市的转型绩效得分也较高，均在 5.00 分以上；新余市、抚顺市、枣庄市的转型绩效得分也在 4.0 以上，说明在采煤沉陷区转型方面也有比较明显的进展。相对而言，七台河市、鹤岗市、铜川市 2017 年的得分是比较低的，其转型评价得分均在 3.00 分以下，说明仍需继续增强绿色转型驱动力，其中铜川市转型绩效得分最低仅为 2.75，低于焦作市 2003 年的经济转型得分 3.32。另外，在 2017 年得分最低的铜川市与得分最高的焦作市之间的差距达到 2.45 分，体现出不同采煤沉陷区之间经济转型绩效差别是很大的。

另外，由各个采煤沉陷区经济转型绩效情况可知，乌海市在 2003～2017 年转型评分提高了 3.16，为 16 个采煤沉陷区转型绩效提高幅度的第一名，2003 年乌海市转型评价在 16 城市中排名较为靠后，但是 2017 年已经跃升至各采煤沉陷区的第二名，经济转型成效十分明显。此外，萍乡市、枣庄市、韶关市、辽源市、双鸭山市相对于 2003 年来看，经济转型同样取得较大进步。

2. 采煤沉陷区经济规模转型评价

各城市按照 2017 年的经济规模转型绩效得分降序排列见表 5.5。由表 5.5 可见，16 座采煤沉陷区的经济规模转型评价得分，在 2003～2017 年呈现上升趋势，但上升幅度，各城市都有很大不同，截至 2017 年，焦作市经济规模转型得分最高，达到了 5.50；双鸭山市的经济规模转型绩效得分也较高，达到了 5.22 分；乌海市、白山市、阜新市、辽源市的经济规模转型绩效得分也在 4.0 以上，说明在采煤沉陷区经济规模转型方面也有比较明显的进展。相对而言，萍乡市、韶关市、鹤岗市、淮北市 2017 年的得分是比较低的，其经济规模转型评价得分均在 3.00 分以下，说明仍需继续增强经济规模转型驱动力，其中枣庄市经济规模转型绩效得分最低，仅为 2.46，与得分最高的焦作市之间的差距达到 2.04 分，体现出不同采煤沉陷区之间经济规模转型绩效差别是很大的。

表 5.5　　2003～2017 年各城市经济规模转型绩效得分

城市	2003 年	2007 年	2011 年	2015 年	2017 年	经济规模转型绩效
焦作市	2.26	3.11	4.63	5.94	5.50	3.24
双鸭山市	1.95	2.67	4.56	5.32	5.22	3.27
乌海市	2.23	3.16	5.02	4.30	4.74	2.51
白山市	2.27	3.42	4.09	4.79	4.72	2.45
阜新市	2.20	3.47	3.45	4.27	4.56	2.35
辽源市	2.00	2.42	3.48	4.57	4.52	2.51
七台河市	2.12	2.76	3.06	3.66	3.81	1.69
石嘴山市	1.77	2.21	2.93	3.35	3.44	1.67
铜川市	1.88	2.37	3.20	3.28	3.23	1.35
抚顺市	1.70	2.41	3.01	3.12	3.14	1.44
新余市	1.76	2.30	2.85	3.25	3.08	1.31
萍乡市	1.93	2.11	3.12	2.51	2.67	0.73
韶关市	1.71	2.08	2.80	2.28	2.51	0.80
鹤岗市	1.66	2.00	2.40	2.60	2.50	0.84
淮北市	1.76	2.13	2.70	2.29	2.47	0.70
枣庄市	1.72	2.04	2.70	2.17	2.46	0.75

另外，由各个采煤沉陷区经济规模转型绩效情况可知，双鸭山市在 2003～2017 年经济规模转型评分提高了 3.27，为 16 个采煤沉陷区经济规模转型绩效提高幅度的第一名。此外，焦作市、乌海市、白山市、阜新市、辽源市相对于 2003 年来看，经济规模转型同样取得较大进步，其转型评分提高都在 2.3 以上。而其他城市的经济规模转型绩效则进步相对较小，经济规模转型绩效得分低于 1.5，其中淮北市经济规模转型绩效进步最小，仅为 0.7。

3. 采煤沉陷区产业结构转型评价

各城市按照 2017 年的产业结构转型绩效得分降序排列见表 5.6。由表 5.6 可见，16座采煤沉陷区的产业结构转型评价得分，有一半的城市在 2003～2017 年呈现上升趋势，但还有一半的城市在 2003～2017 年呈现下降趋势，截至 2017 年，焦作市产业结构转型得分最高，达到了 5.88；萍乡市的转型绩效得分也较高，达到了 4.78 分。相对而言，韶关市、枣庄市、铜川市 2017 年的产业结构得分是比较低的，其产业结构转型评价得分均在 3.00 分以下，说明仍需继续增强经济规模转型驱动力，其中铜川市产业结构转型绩效得分最低，仅为 2.43，与得分最高的焦作市之间的差距达到 3.45 分，体现出不同采煤沉陷区之间产业结构转型绩效差别是很大的。

表 5.6　2003～2017 年各城市产业结构转型绩效得分

城市	2003 年	2007 年	2011 年	2015 年	2017 年	产业结构转型绩效
焦作市	5.39	5.93	4.64	5.04	5.88	0.49
萍乡市	3.67	3.29	2.34	4.55	4.78	1.11
乌海市	3.40	3.89	2.16	3.52	3.96	0.56
辽源市	3.19	1.97	1.68	3.00	3.82	0.64
阜新市	4.87	3.76	2.62	2.99	3.76	−1.11
双鸭山市	2.53	2.42	1.21	3.57	3.71	1.18
白山市	3.69	2.24	3.04	2.28	3.54	−0.14
抚顺市	4.34	4.19	2.95	3.30	3.35	−0.98
新余市	5.14	5.09	2.06	2.92	3.25	−1.89
石嘴山市	3.89	3.42	3.73	2.46	3.17	−0.72
淮北市	3.98	3.34	2.34	2.68	3.08	−0.90
鹤岗市	2.64	2.18	1.49	2.69	3.07	0.43
七台河市	2.21	2.22	1.28	3.07	3.03	0.82
韶关市	2.07	2.32	2.38	2.66	2.70	0.64
枣庄市	2.86	2.02	2.12	2.61	2.64	−0.22
铜川市	3.80	3.02	1.88	1.39	2.43	−1.37

另外，由各个采煤沉陷区产业结构转型绩效情况可知，双鸭山市在 2003～2017 年产业结构转型评分提高了 1.18，为 16 个采煤沉陷区转型绩效的第一名。此外，萍乡市、七台河市、韶关市、乌海市相对于 2003 年来看，经济规模转型同样取得较大进步，其转型评分提高都在 0.5 以上。而其他城市的经济规模转型绩效则进步相对较小，甚至是后退，其中阜新市、白山市、抚顺市、新余市、石嘴山市、淮北市、枣庄市、铜川市这几个城市的产业结构型绩效得分是负值，其中新余市产业结构转型绩效得分最低，为−1.89。

4. 采煤沉陷区经济质量转型评价

各城市按照 2017 年的经济质量转型绩效得分降序排列见表 5.7。由表 5.7 可见，16 座采煤沉陷区的产业结构转型评价得分，有一半的城市在 2003～2017 年呈现上升趋势，但还有一半的城市在 2003～2017 年呈现下降趋势，截至 2017 年，焦作市 2017 年产业结构转型得分最高，达到了 4.01；双鸭山市、鹤岗市、淮北市的转型绩效得分也较高，达到了 3.8 分以上。相对而言，七台河市、辽源市、韶关市、新余市、枣庄市、抚顺市 2017年的得分是比较低的，其转型评价得分均在 3.40 分以下，说明仍需继续增强经济质量转型驱动力，其中抚顺市经济质量转型得分最低，仅为 3.03，与得分最高的焦作市之间的差距达到 0.98 分，体现出不同采煤沉陷区之间经济转型绩效差别是很大的。

表 5.7　2003～2017 年各城市经济质量转型绩效得分

城市	2003 年	2007 年	2011 年	2015 年	2017 年	经济质量转型绩效
乌海市	1.47	2.25	3.90	3.23	4.01	2.54
双鸭山市	1.9	3.24	5.52	3.07	3.94	2.04
鹤岗市	1.82	2.17	2.61	3.26	3.94	2.12
淮北市	2.24	3.28	5.36	3.39	3.92	1.67
白山市	1.78	2.75	3.66	3.19	3.70	1.91
石嘴山市	2.21	3.16	4.47	3.21	3.69	1.48
铜川市	2.11	2.37	3.62	3.44	3.66	1.55
焦作市	1.49	2.12	3.14	2.61	3.50	2.01
阜新市	1.31	1.77	2.47	3.00	3.46	2.15
萍乡市	1.60	2.80	4.05	2.99	3.43	1.83
七台河市	2.38	3.76	4.96	2.85	3.37	0.99
辽源市	1.35	1.86	3.28	2.47	3.29	1.94
韶关市	1.66	2.55	3.97	2.83	3.26	1.60
新余市	1.39	2.01	3.40	2.46	3.25	1.86
枣庄市	1.38	2.37	3.95	2.80	3.14	1.76
抚顺市	1.66	2.52	4.18	2.79	3.03	1.37

另外，由各个采煤沉陷区经济质量转型绩效情况可知，乌海市在 2003～2017 年经济质量转型评分提高了 2.54，为 16 个采煤沉陷区转型绩效的第一名。此外，双鸭山市、鹤岗市、焦作市、阜新市相对于 2003 年来看，经济质量转型同样取得较大进步，其转型评分提高都在 2.0 以上。而其他城市的经济规模转型绩效则进步相对较小，其中七台河市经济质量转型绩效得分最低，为 0.99。

二、采煤沉陷区城市转型速度

（一）采煤沉陷区转型速度定义

在转型效果评价中，根据熵值法得出的是各个城市转型过程中经济、社会和环境转型因素得分的变化。得分的变化反映出的采煤沉陷区各方面在时间进程中转型的成果，对于城市自身来说，得分变化越快说明城市转型后的表现越好，显示转型效果也越好。

根据得分与转型表现的联系，可以将一定时间内转型得分的平均年度变化率定义为转型速度，并按照 2003～2010，2011～2017 及 2003～2017 对城市转型速度得分进行分解，选择 2011 年作为节点的原因是 2011 年后我国进入经济新常态，分别考察采煤沉陷区 2003～2010、2011～2017 两个时间段经济转型速度可以看出，我国经济进入经济新常态对采煤沉陷区转型的影响。

转型速度为

$$V_{03-10} = \sqrt[8]{S_{10} \div S_{03}} - 1 \tag{5-10}$$

$$V_{17-11} = \sqrt[\frac{1}{3}]{S_{17} \div S_{11}} - 1 \qquad (5\text{-}11)$$

$$V_{17-03} = \sqrt[\frac{1}{15}]{S_{17} \div S_{03}} - 1 \qquad (5\text{-}12)$$

因此这 3 个速度分别表现了城市 2003～2010、2011～2017、2003～2017 时间段内，城市平均每年绩效得分的增长，转型速度数值越大说明城市平均每年的表现越好，显示转型越快。

（二）采煤沉陷区与全国经济转型速度对比分析

1. 全国经济转型速度现状

采煤沉陷经济转型的目的是解决当前采煤沉陷区经济发展中遇到的困难，使城市经济恢复规模增加、结构合理和质量提高的状况。因此，在比较采煤沉陷区经济转型现状时，既要比较采煤沉陷区之间的经济转型速度，也要将全国平均经济转型速度作为标杆来分析转型速度的快慢。因此，本书将我国所有城市的平均数据纳入指标体系和模型，计算转型绩效得分和转型速度，作为我国城市转型的平均速度，并以此作为采煤塌陷区经济转型速度的评价基准进行对比分析。

因为采煤沉陷区现有经济状况，特别是产业结构和经济质量方面差于全国平均状况，因此如果采煤沉陷区的经济转型速度高于全国的转型速度，则说明其在未来的发展中可以逐步赶上普通城市，实现经济的正常化。如果采煤沉陷区经济转型速度低于国家转型速度，说明转型速度明显过慢，与普通城市经济发展差距会越来越大。中国经济转型得分见图 5.5。

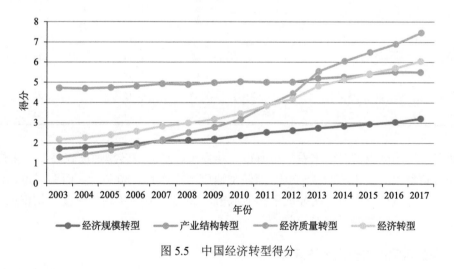

图 5.5　中国经济转型得分

2. 采煤沉陷区与全国整体经济转型速度对比分析

各城市按照 2003～2017 年的整体经济转型速度得分降序排列见表 5.8。由表 5.8 可见，在经济整体转型速度方面，在 2003～2010 年期间全国平均转型速度排名第 7，乌海市、七台河市、双鸭山市、枣庄市、淮北市、新余市经济整体转型速度都高于全国平均经济转型速度，其中七台河市经济整体转型速度排名第 1，转型速度为 9.35%，高于全国平均速度 7.7%，但在 2010～2017 年，全国平均转型速度排名第 2，仅低于白山市，而白山市在 2003～2010 年期间的转型速度排名倒数第二，在 2003～2017 年全国平均转型速度更是排名第 1。出现这种情况的原因可能在于采煤沉陷区在产业结构上过度依赖在产业生命周期中已经陷入衰退期的煤炭产业，同时进入我国经济进入新常态后，资源产业不但不能成为经济整体转型的推进剂，反而煤炭行业的企业亏损和破产使得城市的经济发展缺少向上的动力，使得经济转型速度受到经济发展的停滞所拖累。

表 5.8　经济整体转型速度对比分析

城市	排名	2003～2010 年速度/%	排名	2011～2017 年速度/%	排名	2003～2017 年速度/%
全国	7	6.77	2	8.22	1	7.49
乌海市	2	8.62	7	5.58	2	7.09
萍乡市	9	6.35	3	7.25	3	6.80
辽源市	8	6.51	4	6.68	4	6.60
七台河市	1	9.35	14	3.51	5	6.39
双鸭山市	6	6.98	6	5.73	6	6.35
韶关市	10	6.33	5	5.78	7	6.05
枣庄市	5	7.58	11	4.30	8	5.93
淮北市	3	7.70	12	4.05	9	5.86
白山市	16	3.04	1	8.29	10	5.63
鹤岗市	11	6.15	9	5.06	11	5.60
新余市	14	4.28	8	5.26	12	4.77
抚顺市	4	7.59	16	1.57	13	4.54
焦作市	13	4.82	13	3.85	14	4.34
铜川市	15	3.13	10	4.59	15	3.86
石嘴山市	12	5.85	17	0.65	16	3.22
阜新市	17	2.14	15	2.54	17	2.34

从采煤沉陷区内部对比来看，乌海市、萍乡市、辽源市转型速度较高，在采煤沉陷区中经济转型相对较快，2003～2017 年转型速度平均达到 6.80 以上，而铜川市、石嘴山市、阜新市等城市转型速度明显低于其他城市，2003～2017 年转型速度平均仅在 4.0 以下，显示其经济转型效果相对较差。

3. 采煤沉陷区与全国经济规模转型对比分析

各城市按照 2003～2017 年的经济规模转型速度得分降序排列见表 5.9。由表 5.9 可见，在经济规模转型速度方面，在 2003～2010 年全国平均转型速度排名第 15，大多数采煤沉陷区的经济规模转型速度都高于全国平均经济规模转型速度，仅有韶关市和阜新市转型速度低于全国平均速度，但到了 2010～2017 年，全国平均转型速度排名第3，仅低于萍乡市、焦作市，在2003～2017年全国平均转型速度排名第8。出现这种情况的原因可能在于采煤沉陷区在经济增长上过度依赖煤炭产业，而我国经济进入新常态后，资源产业发展受限，使得采煤沉陷区城市经济规模转型速度开始低于全国平均水平。

表5.9　经济规模转型速度对比分析

城市	排名	2003～2010年速度/%	排名	2011～2017年速度/%	排名	2003～2017年速度/%
新余市	1	10.40	4	4.26	1	7.28
乌海市	3	9.76	8	3.47	2	6.57
萍乡市	11	5.77	1	6.18	3	5.97
抚顺市	2	9.90	13	1.35	4	5.54
枣庄市	6	6.97	6	3.79	5	5.37
焦作市	14	5.06	2	5.58	6	5.32
淮北市	9	6.13	7	3.62	7	4.87
全国	15	4.60	3	4.39	8	4.49
白山市	7	6.95	10	2.05	9	4.48
韶关市	16	4.45	5	4.11	10	4.28
辽源市	10	5.86	9	2.28	11	4.06
石嘴山市	8	6.46	12	1.51	12	3.95
铜川市	12	5.63	14	0.39	13	2.98
双鸭山市	5	7.28	16	−1.56	14	2.77
鹤岗市	13	5.32	15	−0.03	15	2.61
七台河市	4	8.25	17	−3.09	16	2.42
阜新市	17	2.92	11	1.71	17	2.32

从采煤沉陷区内部对比来看，新余市、乌海市、萍乡市经济规模转型速度较高，在采煤沉陷区中经济规模转型相对较快，2003～2017年经济规模转型速度平均达到5.90%以上，而铜川市、双鸭山市、鹤岗市、七台河市、阜新市等城市经济规模转型速度明显低于其他城市，2003～2017年转型速度平均仅在3.0%以下，显示其经济规模转型效果相对较差。

4. 采煤沉陷区与全国产业结构转型速度对比分析

各城市按照2003～2017年的产业结构转型速度得分降序排列见表5.10。由表5.10可见，在产业结构转型速度方面，2003～2010年全国平均转型速度排名第2，仅低于韶关市，但到了2010～2017年，全国平均转型速度排名第12，仅高于韶关市、石嘴山市、抚顺市、铜川市。出现这种情况的原因可能在于采煤沉陷区产业结构调整被动地受采煤产业的发展影响，当采煤产业发展良好时候，采煤沉陷区产业结构较为单一，而采煤产业的衰落被动地改善了采煤沉陷区产业结构。

表 5.10　产业结构转型速度对比分析

城市	排名	2003～2010 年速度/%	排名	2011～2017 年速度/%	排名	2003～2017 年速度/%
双鸭山市	7	−4.23	4	10.26	1	2.76
七台河市	12	−6.98	1	12.47	2	2.28
韶关市	1	2.94	15	0.95	3	1.94
萍乡市	6	−3.46	7	7.57	4	1.90
辽源市	15	−8.27	2	11.89	5	1.31
鹤岗市	11	−6.43	5	9.21	6	1.09
乌海市	9	−5.44	6	8.06	7	1.09
焦作市	5	−2.71	9	4.07	8	0.62
白山市	16	−10.21	3	10.74	9	−0.28
枣庄市	8	−4.46	11	3.45	10	−0.58
石嘴山市	3	0.47	17	−3.33	11	−1.45
淮北市	10	−6.13	12	2.70	12	−1.81
抚顺市	4	−2.50	16	−1.13	13	−1.82
阜新市	13	−7.12	10	3.78	14	−1.82
铜川市	14	−7.21	14	1.10	15	−3.14
新余市	17	−10.89	8	5.10	16	−3.23

从采煤沉陷区内部对比来看，双鸭山市、七台河市产业结构转型速度较高，在采煤沉陷区中产业结构转型相对较快，2003～2017 年转型速度平均达到 2.00%以上，而白山市、枣庄市、石嘴山市、淮北市、抚顺市、阜新市、铜川市、新余市这 8 个城市产业结构呈现衰退状况，2003～2017 年产业结构转型速度平均是负值，显示其经济规模转型效果相对较差，新余市 2003～2017 年产业转型速度最低，产业结构转型速度为−3.23%。

5. 采煤沉陷区与全国经济质量转型速度对比分析

各城市按照 2003～2017 年的经济质量转型速度得分降序排列见表 5.11。从采煤沉陷区内部对比来看，乌海市、铜川市、七台河市、双鸭山市、鹤岗市、辽源市经济质量转型速度较高，在采煤沉陷区中经济质量转型相对较快，2003～2017 年转型速度平均达到6.00 以上，而阜新市、白山市、萍乡市、石嘴山市、枣庄市、焦作市这 6 个城市经济质量转型速度低于 5.00%，显示其经济质量转型效果相对较差，其中焦作市 2003～2017 年经济质量转型速度最低，经济质量转型速度为 2.51%。

表 5.11　经济质量转型速度对比分析

城市	排名	2003～2010 年速度/%	排名	2011～2017 年速度/%	排名	2003～2017 年速度/%
乌海市	2	15.24	9	0.14	1	7.43
铜川市	13	9.22	3	5.22	2	7.20
七台河市	6	12.45	8	1.05	3	6.59
双鸭山市	14	9.21	4	3.42	4	6.28
鹤岗市	9	11.18	6	1.54	5	6.25

续表

城市	排名	2003~2010 年速度/%	排名	2011~2017 年速度/%	排名	2003~2017 年速度/%
辽源市	4	13.67	11	−1.08	6	6.04
韶关市	17	4.39	2	6.95	7	5.66
抚顺市	3	14.82	15	−2.87	8	5.60
新余市	8	11.74	10	−0.70	9	5.34
淮北市	1	15.62	17	−4.03	10	5.34
阜新市	7	11.81	12	−1.49	11	4.95
白山市	15	7.13	5	1.72	12	4.39
萍乡市	10	10.87	14	−2.33	13	4.06
石嘴山市	16	6.55	7	1.53	14	4.01
枣庄市	11	9.44	13	−1.68	15	3.73
焦作市	12	9.23	16	−3.80	16	2.51

（三）采煤沉陷区转型速度总结

采煤沉陷区在产业结构转型上的速度明显偏慢，由表 5.12 中采煤沉陷区经济转型各组成部分的转型速度对比可以看出，经济规模转型和经济质量转型排名第一城市的转型速度分别为 7.28%、13.27%，而排名第一城市的产业结构转型速度仅为 2.76%，另外 16个采煤沉陷区城市的产业结构转型速度竟然为负值，这进一步显示出采煤沉陷区城市的产业结构问题依旧很多，产业结构转型方式和发展需要进一步改善。同时虽然采煤沉陷区在经济规模转型和经济质量转型的速度尚可，但大部分城市的综合经济转型速度都弱于全国平均转型速度，可以说目前采煤沉陷区普遍转型较慢，转型进程还处于初级阶段。

表 5.12　采煤沉陷区转型速度对比分析

城市	排名	产业结构转型速度/%	排名	经济规模转型速度/%	排名	经济质量转型速度/%	排名	经济整体转型速度/%
全国	8	1.07	8	4.49	1	13.27	1	7.49
乌海市	7	1.09	2	6.57	2	7.43	2	7.09
萍乡市	4	1.9	3	5.97	14	4.06	3	6.8
辽源市	5	1.31	11	4.06	7	6.04	4	6.6
七台河市	2	2.28	16	2.42	4	6.59	5	6.39
双鸭山市	1	2.76	14	2.77	5	6.28	6	6.35
韶关市	3	1.94	10	4.28	8	5.66	7	6.05
枣庄市	11	−0.58	5	5.37	16	3.73	8	5.93
淮北市	13	−1.81	7	4.87	11	5.34	9	5.86
白山市	10	−0.28	9	4.48	13	4.39	10	5.63
鹤岗市	6	1.09	15	2.61	6	6.25	11	5.6
新余市	17	−3.23	1	7.28	10	5.34	12	4.77
抚顺市	14	−1.82	4	5.54	9	5.6	13	4.54
焦作市	9	0.62	6	5.32	17	2.51	14	4.34
铜川市	16	−3.14	13	2.98	3	7.2	15	3.86
石嘴山市	12	−1.45	12	3.95	15	4.01	16	3.22
阜新市	15	−1.82	17	2.32	12	4.95	17	2.34

总体来说，在 16 个采煤沉陷城市中，乌海市和萍乡市经济转型快于其他城市，转型走向正轨；而石嘴山市、阜新市转型速度明显低于其他城市，转型效果最差，值得对这些城市的转型特征进行重点总结和分析。

三、采煤沉陷区转型影响因素

（一）采煤沉陷区经济转型影响因素理论分析

各个城市经济转型程度不一，速度不一，但并没有分析出现该现象的原因，下面结合经济转型理论、内生增长理论和产业结构理论，利用面板数据模型，找出显著影响采煤沉陷区经济转型的各个因素，为后续采煤沉陷区经济转型政策的提出提供实证结果。

1. 传统生产要素与采煤沉陷区转型

生产要素是指物质生产所必需的一切要素及其环境条件。一般来说，生产要素至少包括人、物及其组合的要素。劳动者和生产资料之所以是最基本的物质生产要素，前者是个人的生产条件，后者是生产的物质条件。

随着社会进程的不断发展，特别是知识经济的到来，技术进步、人力资本等因素对采煤塌陷区的经济转型产生了重要影响。但是，劳动力、固定投资和一定的基础设施仍然是一切经济活动的物质载体，仍对采煤塌陷区类型的经济转型起着重要的推动作用。

2. 技术与采煤沉陷区转型

20 世纪末，"知识经济"开始进入人们的视野，技术与知识在经济增长和发展过程中的作用逐渐被人们认识。全球知识和技术的不断进步，消除了有限的自然资源对经济增长的压力，近年来经济增长的关键因素不断向技术进步的方向转移。内生增长理论明确指出，知识和技术是经济增长的内生变量（涂正革，2008）。

知识和技术在区域经济增长中的作用日益重要，技术成为经济持续增长最重要的内在驱动因素。这使得内生增长理论对于经济发展相对落后的地区具有十分重要的现实意义，并将对区域发展战略的制定产生重大影响。特别是对于煤炭开采沉陷区这样的内陆城市，当经济增长过度依赖物质资本和劳动力的投入，无法实现经济持续健康增长的情况下，将采煤沉陷区的经济增长驱动力转向知识要素的投入，将是一种明智之举。

3. 制度环境与采煤沉陷区转型

从市场的角度看，国内的市场化程度、国际市场分工格局和产业生命周期演变是影响资源型城市转型发展的重要因素。市场化改革对于中国资源型城市的转型升级具有全局性的重大意义。市场化改革，不仅可以激发各个微观主体的经济活力，提高资源使用和配置效率，带来经济的可持续发展，而且还可以通过市场定位，确定转型战略和路径，帮助企业找准在国际分工格局中的地位，快速适应国际资源型产业的格局变动，并通过对外投资等方式转移国内过剩产能，实现企业资源在全球的有效配置，推动中国企业在全球产业链和价值链的延伸拓展，增强企业的国际竞争力。在生命周期视角下，资源型企业需要坚持因地制宜、多元发展、主动转型和积极寻求外部资金技术支持的原则，挖掘可替代资源，发展循环经济，推动技术创新，整合优势资源，探索产业链的横向拓展和纵向延伸，发掘资源的多种价值，实现企业多元化发展。

当前我国市场在采煤沉陷区经济发展和资源配置方面面临着许多阻力。首先，在与同样作为重要行为主体的政府的协调和配合中，市场时常处于弱势地位，政府对于市场失灵的调整常常"矫枉过正"或者"无病呻吟"，对市场配置生产要素的效率产生了不利影响。其次，我国许多城市，尤其是老牌的资源型城市，在进行发展或者是实现转型的过程中，通常是面临薄弱的产业基础和低下的技术水平，无法形成有效的市场机制和规范，往往导致产业升级在初期就因为市场不健全、公信力低下等问题早早夭折。最后，发展初期市场本身存在很大的不足，得不到有效的监管，不适应城市发展和资源合理配置的现象时有发生。以我国的老牌林业资源城市伊春市为例，伊春市在城市转型的过程中，在市场的资源配置方面存在多方阻力，比如产权不明晰导致社会资本的流动受阻，产业升级的配套基础设施建设薄弱制约了经济发展和转型等。解决这些问题的关键是确立完善的市场机制，理顺市场进行资源配置的体系，保障在市场框架内解决问题，应当加强对市场的适当引导与有效监管，并发挥市场在要素流动中所起到的信号传递作用，同其他行为主体进行更好的交流与配合。

我国逐渐从政府主导的计划经济发展成为由市场主导的社会主义市场经济，产权逐渐明晰，市场发挥的作用也越来越明显，这些变化是城市内生经济增长的必要环境形成的良好信号，但是在许多城市，尤其是亟待转型的采煤沉陷区仍然存在很多突出问题，因而加强市场在城市经济发展中对要素调控的作用任重道远。

（二）数据样本与变量定义

1. 数据样本

在样本方面，我们选择 16 个煤炭资源枯竭的城市为样本，而没有选择成熟型和成长型煤炭资源型城市，其原因在于成熟型和成长型煤炭资源型的经济增长和转型，受煤炭资源开发量的影响太大，只要煤炭开发量大增，那么经济总量、三产占比等指标都会快速变化，而这些指标都无法代表资源型城市的转型效果，本书中筛选出其中的 16 个地级市作为分析采煤沉陷区转型的研究对象，分别为萍乡市、乌海市、抚顺市、阜新市、七台河市、鹤岗市、辽源市、枣庄市、新余市、焦作市、韶关市、铜川市、石嘴山市、淮北市、白山市、双鸭山市。

在年份方面，选择 2013～2017 年，通过观察我国的 GDP 增长率可以看出：我国开始进入经济新常态，进入经济新常态意味着采煤沉陷区进行转型的压力越来越大，此时就能更好地考察哪些因素影响了采煤沉陷区的经济转型，因此使用 16 个煤炭资源枯竭型城市 2013～2017 年的共 112 个数据作为样本数据。

2. 变量定义

本书研究的重点是采煤沉陷区经济转型的影响因素，根据上面的采煤沉陷区经济转型的综合评价和采煤沉陷区经济转型影响因素的理论分析，为充分反映采煤沉陷区经济转型的效果，本书选择以计算得出的采煤沉陷区经济转型的综合评价分数为因变量，同时根据采煤沉陷区经济转型影响因素的理论分析，从传统生产要素、技术生产要素和制度环境三方面获得自变量，如表 5.13 所示。

表 5.13　变量定义

变量分类	指标	计算公式	预期方向
因变量	采煤沉陷区转型评价（y）	根据上文所得	
	人口数量（x_1）	年末人口	正向
传统生产要素	人口密度（x_2）	面积/年末人口	正向
	人均铺装道路（x_3）	市区铺装道路/年末市区人口	正向
	人均固定资产投资额（x_4）	固定资产投资/年末人口	正向
技术生产要素	人均科技投入（x_5）	科技投入/年末人口	正向
	万人大学生数（x_6）	大学生数/年末人口	正向
	创新指数（x_7）	复旦大学创新指数	正向
制度环境	人均出口额（x_8）	出口额/年末人口	正向
	人均外商投资额（x_9）	外商投资/年末人口	正向
	市场化指数（x_{10}）	樊纲市场化指数	正向
	所在省份经济增长状况（x_{11}）	所在省的 GDP 增长率	正向

（1）传统生产要素。本书选择人口密度、人均铺装道路和人均固定投资额作为传统生产要素的指标，其中人口密度代表劳动力的丰裕程度，人均铺装道路代表一个地区基础设施的好坏，而人均固定投资额属于物质资本。

（2）技术生产要素。本书选择人均科技投入、万人大学生数、创新指数作为技术生产要素的指标，其中人均科技投入代表政府在技术方面的投入，政府的投入越高，一方面能促进公共技术的发展，另一方面能很好地促进私人发展技术的动力。万人大学生数代表人力资本，较好的人力资本不但意味着能很好地产生新的技术，而且新技术的使用，成本也会更低。创新指数代表该地区产业的技术水平。本书的创新指数使用复旦大学产业发展研究中心寇宗来教授编制的各城市创新指数数据，该数据以国家知识产权局的专利数据和国家工商行政管理总局的新注册企业微观大数据为基础，构建了一系列反映我国创新能力的指标体系，在专利数据方面，它不同于一般的直接以专利数量作为创新绩效的做法。数据充分考虑了不同时代专利的价值差异，通过计量方法测算出不同时代专利的平均价值，并在此基础上构建了各维度的创新指数。

（3）制度环境。本书选择人均出口额、人均外商投资额、市场化指数、所在省份经济增长状况作为制度环境的指标，其中人均出口额、人均外商投资额代表了该地区的对外环境，市场化指数代表了该地区市场发展程度，在数据方面采用樊纲编写的市场化指数，该市场化指数由政府与市场的关系、非国有经济的发展、产品市场的发育程度、要素市场的发育程度、市场中介组织的发育和法治环境组成。这些方面全面反映市场化各个方面的变化，是各地区市场化程度的良好指标，因樊纲只编写了各省的市场化指数，因此用省区市场化指数代替各城市市场化指数。

（三）模型估计与实证结果分析

1. 模型估计

由于数据既有横截面个体又有时间序列，因此本书采用面板数据方法相对于前人采用的横截面数据方法而言，有两个优点：一是可以增加样本的容量；二是能够控制样本个体的差异，能够更好地进行模型的估计。

首先，根据经济理论，建立如下线性模型：

$$y_{it} = \alpha_i + \beta_1 x_{1it} + \beta_2 x_{2it} + \beta_3 x_{3it} + \beta_4 x_{4it} + \beta_5 x_{5it} + \beta_6 x_{6it}$$
$$+ \beta_7 x_{7it} + \beta_8 x_{8it} + \beta_9 x_{9it} + \beta_{10} x_{10it} + \beta_{11} x_{11it} + u_{it}$$

（5-13）

式中，β_1，β_2，β_3，β_4，β_5，β_6，β_7，β_8，β_9，β_{10}，β_{11} 是待估参数，α_i 为非观测效应，μ_{it} 为特异误差。i =1，2，3，…，16 分别代表不同的横截面单元，为不同的采煤沉陷区。t =2013，2014，2015，2016，2017。本书的数据来自 2013～2018 年中国城市统计年鉴、樊纲市场化指数报告和复旦大学编制的创新指数报告的相关指标。

基于面板数据的计量经济模型一般有两种：一种是固定效应模型估计，另一种是随机效应模型估计。根据分析，数据中的未观测效应包括各采煤沉陷区的区域位置、社会文化等不可观测的固定影响因素，很难保证非观测效应与解释变量无关。因此，本书倾向于使用固定效应模型，但同时也采用 Hausman 检验来确定哪种估计方法更好。Hausman 检验结果表明 p 为 0.0015，因此采用固定效应模型，估计结果如表 5.14 所示。

表 5.14 实证分析结果

y	变量系数	标准误差	t	$p>t$	[系数的95%置信区间]	
x_1	−0.0020841	0.0010384	−2.01	0.052	−0.004188	0.0000199
x_2	0.0000858	0.0000403	2.13	0.04	4.28E−06	0.0001674
x_3	0.0103657	0.0038949	2.66	0.011	0.0024739	0.0182574
x_4	−5.58E−07	1.23E−06	−0.45	0.652	−3.04E−06	1.93E−06
x_5	0.0000401	0.0000501	0.80	0.429	−0.0000615	0.0001417
x_6	−0.0078888	0.0044832	−1.76	0.087	−0.0169727	0.0011951
x_7	0.0308273	0.0123754	2.49	0.017	0.0057524	0.0559023
x_8	−0.0033027	0.0032068	−1.03	0.310	−0.0098003	0.0031948
x_9	0.0009056	0.0002304	3.93	0.000	0.0004387	0.0013725
x_{10}	0.0505793	0.0184693	2.74	0.009	0.013157	0.0880016
x_{11}	2.48E−06	2.35E−06	1.05	0.299	−2.28E−06	7.24E−06

2. 实证结果分析

1）传统生产要素与采煤沉陷区转型关系分析

本书的计量模型表明：在人口数量（x_1）、人口密度（x_2）、人均铺装道路（x_3）、人均固定资产投资（x_4）四个因素中，采煤沉陷区人口数量（x_1）、人口密度（x_2）、人均铺装道路（x_3）这三个因素的 p 值分别为 0.052、0.04、0.011，除人口数量（x_1）的 p 值为 0.052，稍大于 0.05 外，都小于 0.05，而人均固定资产投资（x_4）的 p 值为 0.652，大于 0.05，这说明在 2013~2017 年，16 个采煤沉陷区的人口因素和基础设施因素对采煤沉陷区的经济转型具有显著影响，而传统上认为十分重要的固定资产投资则对采煤沉陷区的经济转型无显著影响。

其原因在于，在我国经济进入新常态后，粗放型的固定资产投资已无法带动采煤沉陷区的经济增长，经济结构和经济质量对技术生产要素的需求更多，而更多的人口一方面会为采煤沉陷区经济转型提供低成本的劳动力，另一方面又会提高更多的本地需求，从而有利于采煤沉陷区的经济转型，因此，人口数量（x_1）、人口密度（x_2）、人均铺装道路（x_3）对采煤沉陷区经济转型影响显著，而固定资产投资对采煤沉陷区经济转型影响不显著。

2）技术生产要素与采煤沉陷区转型关系分析

本书的实证分析结果表明：在人均科技投入（x_5）、万人大学生数（x_6）、创新指数（x_7）三个技术生产因素中采煤沉陷区创新指数（x_7）这个因素的 p 值为 0.017，而人均科技投入（x_5）、万人大学生数（x_6）的 p 值分别为 0.429、0.087，大于 0.05，这说明在 2013 年~2017 年，16 个采煤沉陷区的创新指数对采煤沉陷区的经济转型具有显著影响，而传统上认为十分重要的人均科技投入（x_5）、万人大学生数的经济转型无显著影响。

其原因可能在于在我国经济进入新常态后技术的重要性日益重要，而创新指数是基于国家知识产权局的专利数据和国家工商局的新注册企业数据，这两组微观大数据构造并充分考虑了不同年龄专利的价值差异，因此创新指数一方面反映了采煤沉陷区现有产业的技术能力，另一方面反映了采煤沉陷区现有产业的未来盈利能力和扩大能力，因此创新指数越大的采煤沉陷区经济转型就会更好，而人均科技投入（x_5）仅仅是科技投入的一部分，无法反映投入的最终技术产出，因此人均科技投入（x_5）对采煤沉陷区经济转型影响不显著，万人大学生数（x_6）反映了一地经济转型的潜在能力，但在人口流动日益显著的现在，只有在该地区拥有更好的产业基础和更好的文化环境下，才能留住人才，因此万人大学生数（x_6）对采煤沉陷区经济转型影响不显著。

3）制度环境与采煤沉陷区转型关系分析

本书的实证分析结果表明：在人均出口额（x_8）、人均外商投资额（x_9）、市场化指数（x_{10}）、所在省份经济增长状况（x_{11}）四个制度环境因素中，采煤人均外商投资额（x_9）、市场化指数（x_{10}）这两个因素的 p 值分别为 0.000 和 0.009，而人均出口额（x_8）、所在省份经济增长状况（x_{11}）的 p 值分别为 0.31、0.299，大于 0.05，这说明在 2013~2017 年，16 个采煤沉陷区的人均外商投资额（x_9）、市场化指数（x_{10}）对采煤沉陷区的经济转型具有显著影响，而传统上认为十分重要的人均出口额（x_8）、所在省份经济增长状况（x_{11}）对经济转型无显著影响。

其原因可能在于在我国经济进入新常态后，一方面出口增长率下降，另一方面采煤沉陷区一般远离沿海地区不是主要的出口地区，因此人均出口额对采煤沉陷区经济转型影响不大，同时，采煤沉陷区一般在所在省份中占比较小，我国省区经济集聚度很高、经济增长不平衡，因此该省份经济转型较好并不意味着采煤沉陷区经济转型很好。另外，随着我国经济规模和物资流通水平的提高，企业发展更注重该地区市场化制度是否完善。所以人均外商投资额（x_9）、市场化指数（x_{10}）对采煤沉陷区的经济转型具有显著影响，而传统上认为十分重要的人均出口额（x_8）、所在省份经济增长状况（x_{11}）对经济转型无显著影响。

四、基于 EVS 模型的采煤沉陷区经济转型模式选择

（一）EVS 模型

有效多样立体模型（effective various solid，EVS），是一种以不确定性理论和普适性理论为基础的矿业城市转型模型。

传统的矿业城市经济转型模型，通常是对中老年矿业城市发展过程的提炼，对于指定城市的发展情况比较确定，但是没有考虑到普遍存在于矿业城市中的不确定性，因此在应用于一些还年轻的矿业城市时，借鉴意义有限。对于矿业城市来说，不确定性存在于每个地方。即使是处于矿业发展的同一个阶段，因为年代不同，环境不同，不同城市矿业系统之间也会存在很多不同。对于矿业城市来说，两个主要的差异是技术差异和自然环境差异。自然环境的差异包括矿产种类、矿物储量、开采环境等，技术差异则覆盖了矿物采集、处理、加工等各个方面。这些差异会对城市的政策、发展、经济、科研等多个方面产生影响，从而导致在城市各个方面表现出差异。

技术变化、自然环境变化等基础因素的变化，恰恰是在建模时最难捕捉的一部分，也是对于一个矿业城市来说，不确定性最强的部分。因此，对于矿业城市建模，关键就在于找到一种方法来处理不确定性。根据不确定性理论，处理不确定性的方法通常有两种。一种是通过降维、删减，来减少系统中的不确定性成分，这显然对于矿业城市转型是不适用的；另一种是通过对不确定性因素进行分析、概括，使之更多地归纳到确定的因素上来，即在多种不确定性因素的综合影响下，一些衍生因素通常会产生普适性和确定性。根据这两种理论，得到了 EVS 模型。

EVS 共包括 5 种模式，分别是整体性转型模式、高新技术产业化模式、产业多元化模式、生态循环型模式、政府与市场联动模式，如图 5.6 所示。

图 5.6　矿业城市经济转型的"EVS"模型

整体性转型模式是一种全面的转型模式，在转型的过程中尽可能地考虑城市的每个方面，既考虑转型中的经济问题，也考虑转型中的就业问题、环境问题等，代表城市如淄博市。高新技术产业化模式是指在转型过程中，将高新技术应用其中，对传统产业进行改造和升级，同时开创新型产业，代表城市有白银市、唐山市、包头市。生态循环模式是指在转型过程中，根据可持续发展的理念，坚持保护生态环境，循环利用资源的原则，实现经济、社会、环境的和谐发展，代表城市如焦作市。政府与市场联动模式是指在转型的过程中，由政府主导并给予支持，进行积极市场引导，通过市场手段，依靠市场力量完成转型，代表城市如铜陵市。产业多元化模式是指在转型的过程中，在矿业发展的同时，积极发展衍生产业、相关产业，延长产业链，最终使之发展成接续产业，代表城市如临汾市。

（二）变量选择

根据 EVS 模型中矿业城市的 5 种转型模式，构建了对应的指标体系，涉及变量共分为 5 个维度：经济整体维度、高新技术维度、经济结构维度、政府市场联动维度以及生态循环模式。本书通过获取的 2017 年中国 16 座典型矿业城市的相关数据，利用因子分析法进行了指标体系的实证研究。核心变量的选取与基本统计描述如表 5.15 所示。

表 5.15　核心变量统计表

指标维度	变量	均值	标准差	最小值	最大值
经济整体维度/元	人均 GDP	60074.28	58642.15	20478.55	268632.72
	人均财政一般预算内收入	5111.13	6388.72	1176.26	28343.50
	人均财政一般预算内支出	10289.28	7475.71	4472.40	36765.32
	人均全社会固定资产投资	54917.06	44851.19	8465.35	173987.38
	人均社会消费品零售总额	18419.33	8384.73	8886.14	41973.32
高新科技维度/%	科技投入占财政一般预算内支出	7.53%	0.1553	0.20%	63.74%
经济结构维度/%	钱纳里 Hamming 贴近度	91.97%	0.0384	81.70%	97.82%
政府与市场联动维度/%	实际利用外资总额占 GDP 比重	2.99%	0.0678	0.11%	27.98%
	商品进出口总额占 GDP 比重	6.79%	0.0838	0.06%	31.31%
生态循环维度/%	工业固体废物综合利用率	74.82%	0.1930	39.10%	98.49%

在指标体系中，经济整体维度主要描述城市整体经济总量的相关情况，如生产总值、整体的财政、投资以及消费等情况，主要包括人均 GDP、人均财政一般预算内收入与支出、人均全社会固定资产投资、人均社会消费品零售总额 5 个变量。高新科技维度主要描述了城市对高新科学技术的投入情况，主要用科技投入占财政一般预算内支出比重变量来代表。经济结构维度主要描述城市经济结构的合理性，本书设计了指标 X_6 来描绘各个城市产业结构与钱纳里标准的接近程度，并用计算的钱纳里 Hamming 贴近度来代表。

设钱纳里三次产业结构模式中各产业的价值比例为 S_i^r $(i = 1, 2, 3)$，产业结构中各产

业的价值比例为 S_i^d ($i = 1, 2, 3$)。产业结构与钱纳里三次产业结构模式的 Hamming 有限点集贴近度由下式计算：

$$X_6 = 1 - \frac{1}{3}\sum_{i=1}^{3}\left|S_i^d - S_i^r\right| \tag{5-14}$$

X_6 越小说明产业结构与钱纳里标准越接近，反之亦然。表 5.16 为赛尔奎因和钱纳里模式，该表所示比重即为上式中的 S_i^r。于是根据上式计算得到 X_6，以此作为各个矿业城市产业结构优度的衡量指标。

表 5.16　赛尔奎因和钱纳里模式

人均 GDP	第一产业的比例/%	第二产业的比例/%	第三产业的比例/%
<300	48	21	31
300	39.4	28.2	32.4
500	31.7	33.4	34.6
1000	22.8	39.2	37.8
2000	15.4	43.4	41.2
4000	9.7	45.6	44.7
>4000	7	46	47

政府与市场联动维度主要描述了政府对外资的引入情况与对外贸易情况，主要用实际利用外资总额占 GDP 比重和商品进出口总额占 GDP 比重变量来代表。而生态循环维度主要描述了资源循环利用情况，用工业固体废物综合利用率来代表。随后，利用 2015 年 16 个中国典型资源型城市的 10 个变量数据进行了因子分析，以得到评价矿业城市转型潜力的综合评价指标。

（三）因子分析

1. 因子分析相关概念及公式定理

1）因子分析

因子分析是一种多个变量中提取公共因子的统计技术。它可以在许多变量中找到隐藏的和有代表性的因素。如果将性质相同的变量归为一个因子，就可以减少变量的数量，检验变量之间关系的假设。因子分析的数学模型如下：

$$\begin{cases} x_1 = a_{11}f_1 + a_{12}f_2 + a_{13}f_3 + \cdots + a_{1k}f_k + \varepsilon_1 \\ x_2 = a_{21}f_2 + a_{22}f_2 + a_{23}f_3 + \cdots + a_{2k}f_k + \varepsilon_2 \\ x_3 = a_{31}f1 + a_{32}f_2 + a_{33}f_3 + \cdots + a_{3k}f_k + \varepsilon_3 \\ \vdots \\ x_\rho = a_{\rho 1}f1 + a_{\rho 2}f_2 + a_{\rho 3}f_3 + \cdots + a_{\rho k}f_k + \varepsilon_1 \end{cases} \tag{5-15}$$

式中，x_i 为标准化的原始变量，f_i 为因子变量，$k < p$。

这一模型也可以矩阵的形式表示为：$X = AF + \varepsilon$（F 为因子变量，A 为因子载荷阵，

a_{ij} 为因子载荷，ε 为特殊因子）。

2）因子载荷

在因子变量不相关的条件下，a_{ij} 就是第 i 个原始变量与第 j 个因子变量的相关系数。a_{ij} 绝对值越大，则 X_i 与 F_i 的关系越强。其计算公式如下：

$$A = \begin{pmatrix} a_{11} & a_{12} & \cdots & a_{1\rho} \\ a_{21} & a_{22} & \cdots & a_{2\rho} \\ \vdots & \vdots & & \vdots \\ a_{\rho 1} & a_{\rho 2} & \cdots & a_{\rho\rho} \end{pmatrix} = \begin{pmatrix} u_{11}\sqrt{\lambda_1} & u_{21}\sqrt{\lambda_2} & \cdots u_{\rho 1}\sqrt{\lambda_\rho} \\ u_{12}\sqrt{\lambda_1} & u_{22}\sqrt{\lambda_2} & \cdots u_{\rho 2}\sqrt{\lambda_\rho} \\ \vdots & \vdots & & \vdots \\ u_{1\rho}\sqrt{\lambda_1} & u_{2\rho}\sqrt{\lambda_1} & \cdots u_{\rho\rho}\sqrt{\lambda_\rho} \end{pmatrix} \tag{5-16}$$

3）方差贡献率

因子变量 F_j 的方差贡献率为因子载荷矩阵 A 中第 j 列各元素的平方和。

2. 因子分析结果

在因子分析前率先进行了稳健性分析。本书的分析主要基于汪安佑和雷涯邻（2007）提出的 EVS 模型，而该模型将矿业城市的转型模式划分为 5 种类型。因此，在因子分析中采取了固定提取因子的方式，并将提取因子数量设为 5。通过分析结果发现，KMO 检验值为 0.592，接近于 0.6，说明该数据可以用因子分析法，而 Bartlett 球形度检验 p 值小于 0.01，拒绝变量组独立的原假设，说明因子分析法可以应用。此外，解释总方差前五特征值与方差贡献率如表 5.17。本书选取的 5 个特征值的累积方差贡献率达到了 92.44%，说明已经基本提取了所有信息，因子数量的设定也是可行的。

表 5.17 解释总方差前五特征值与方差贡献率

主成分	特征值	方差贡献率/%	累积方差贡献率/%
1	4.531207	45.31207	45.31207
2	1.640048	16.40048	61.71255
3	1.326359	13.26359	74.97614
4	0.978662	9.786624	84.76276
5	0.768115	7.68115	92.44391

随后将得到的因子载荷矩阵中各变量按载荷值大小进行了分类，得到表 5.18，并根据各公因子的载荷情况进行了含义解读。第一公因子 F1 在前 5 个变量中都有较大的载荷，而这些变量都是反映城市经济整体总量的相关指标，因此 F1 命名为经济整体指标。第二公因子在实际利用外资总额占 GDP 比重、商品进出口总额占 GDP 比重变量上有较大载荷，而这些变量都是反映政府在引进外资、加强对外交流的相关指标，因此 F2 命名为政府市场联动因子。第三公因子在钱纳里 Hamming 贴近度变量上有较大载荷，而该指标反映了矿业城市偏离钱纳里优化产业结构的程度，反映了城市经济产业结构的相关情况，因此 F3 命名为经济结构因子。第四个公共因子在工业固体废物综合利用率变量上有较大载荷，而该变量反映了矿业城市对资源循环利用的看中水平，因此 F4 命名为

生态循环因子。第五公因子 $F5$ 在科技投入占财政一般预算内支出变量上有较大载荷，该变量反映了城市的高新科技发展情况，因此 $F5$ 命名为高新科技因子。我们可以发现因子分析结果与 EVS 模型中提出的五维度指标基本上一致，这为下面评价各资源型城市转型潜力与寻找发展路径提供了理论与实证结合的指标体系。

表 5.18 因子载荷矩阵与因子命名

公因子名	变量名	$F1$	$F2$	$F3$	$F4$	$F5$
	人均 GDP	0.990	0.065	−0.033	0.081	−0.009
	人均财政一般预算内收入	0.976	0.006	−0.038	0.087	−0.038
$F1$:经济整体因子	人均财政一般预算内支出	0.937	−0.118	−0.236	−0.032	−0.113
	人均全社会固定资产投资	0.802	0.169	−0.264	0.279	−0.050
	人均社会消费品零售总额	0.879	0.021	0.332	0.090	0.153
$F2$:政府市场联动因子	实际利用外资总额占 GDP 比重	−0.016	0.847	0.015	−0.190	0.305
	商品进出口总额占 GDP 比重	−0.158	0.848	0.002	0.308	0.024
$F3$:经济结构因子	钱纳里 Hamming 贴近度	0.154	−0.224	0.858	0.203	0.357
$F4$:生态循环因子	工业固体废物综合利用率	−0.480	−0.037	0.031	0.798	−0.245
$F5$:高新技术因子	科技投入占财政一般预算内支出	−0.160	−0.322	−0.593	0.261	0.668

（四）因子得分与采煤沉陷区转型模式选择

1. 经济整体因子与采煤沉陷区整体性转型模式选择

针对经济整体因子计算出中国 16 个资源型城市得分排名，如图 5.7 所示，我们可以发现：在经济整体方面，鄂尔多斯、盘锦、抚顺具有显著优势，其中鄂尔多斯更是遥遥领先于其余资源型城市。整体性转型模式要求采煤沉陷区城市具有较好的经济表现和财力表现，因此鄂尔多斯、盘锦、抚顺可选择整体性模式进行经济转型，而其他采煤沉陷区城市则不具有选择整体性转型模式的基础。

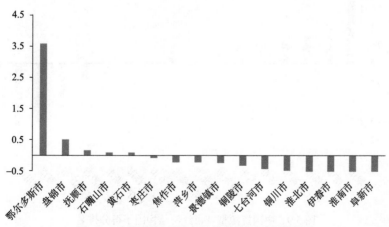

图 5.7 中国资源型城市经济整体因子得分排名

2. 政府市场联动因子得分与采煤沉陷区政府与市场联动模式选择

针对政府市场联动因子计算出中国 16 个资源型城市得分排名，如图 5.8 所示，我们可以发现：在政府与市场联动方面，焦作市、铜陵市、石嘴山市、淮北市具有相对优势，其中焦作市与铜陵市更是遥遥领先于其他资源型城市。焦作市、铜陵市、石嘴山市、淮北市政府市场联动因子得分较高，说明这些城市拥有更好的出口和引进外资的环境，因此，积极引用外资，发展更高层次、更稳定的经济产业结构，注入经济的活力；积极进行国有企业改革，充分发挥市场机制的作用，亦将成为一条必由之路。

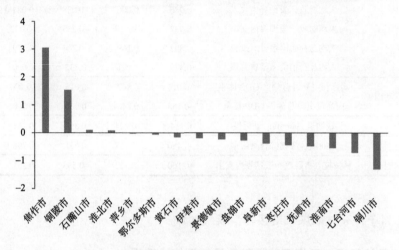

图 5.8　中国资源型城市政府市场联动因子得分排名

3. 经济结构因子得分与采煤沉陷区政府与产业多元化模式选择

针对经济结构因子计算出中国 16 个资源型城市得分排名，如图 5.9 所示，我们可以发现：在经济结构方面，抚顺市、淮南市、盘锦市具有显著优势。这说明抚顺市、淮南市、

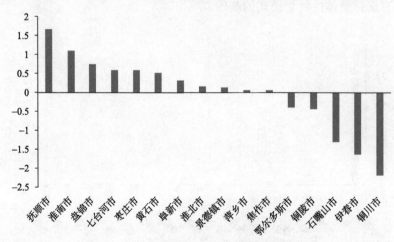

图 5.9　中国资源型城市经济结构因子得分排名

盘锦市三地区相比其他采煤沉陷区城市具有更好的非采煤产业基础,而产业多元化模式是指在转型的过程中,在矿业发展的同时,积极发展衍生产业和相关产业,延长产业链,最终使之发展成接续产业,因此抚顺市、淮南市、盘锦市相比其他采煤沉陷区城市需要努力积极改变其产业构成、产业延伸与多产业并行发展,实行产业多元化经济转型模式。

4. 生态循环因子得分与采煤沉陷区政府生态循环模式选择

针对生态循环因子计算出中国 16 个资源型城市得分排名,如图 5.10 所示,我们可以发现:在生态循环方面,铜陵市、盘锦市、萍乡市具有显著优势。生态循环模式是指在转型过程中,根据可持续发展的理念,坚持保护生态环境,循环利用资源的原则,实现经济、社会、环境的和谐发展,目前铜陵市已走在生态循环模式之路上,在经济增长的同时,铜陵市积极发展循环经济、推进生态城市的建设,努力打造"中国生态山水铜都",取得了显著的成绩。铜陵市的努力主要体现在两方面:一是积极推进清洁生产。自《清洁生产促进法》实施以来,铜陵市采取了有效措施在企业推行清洁生产工作,被省政府列为清洁生产试点城市和环保产业基地;二是资源综合利用。从固废的综合利用入手,如将黑砂粒子开发出可以用于造船等行业使用的除锈磨料。铜陵市、盘锦市、萍乡市三地区充分利用已有优势,探索更具效率与深度的循环模式将为这三个地区的经济发展助力。

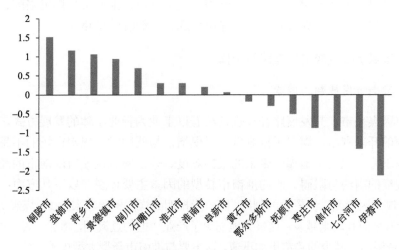

图 5.10　中国资源型城市生态循环因子得分排名

5. 高新科技因子得分与采煤沉陷区政府高新技术产业化模式选择

针对高新科技因子计算出中国 16 个矿业城市得分排名,如图 5.11 所示,我们可以发现:在高新科技方面,铜川市、焦作市、枣庄市具有显著优势。铜川市、焦作市、枣庄市可充分利用其在高科技领域的优势,建立高新区,大力吸引高科技人才,形成高科技产业集群最终利用高新技术产业化模式完成采煤沉陷区经济转型。

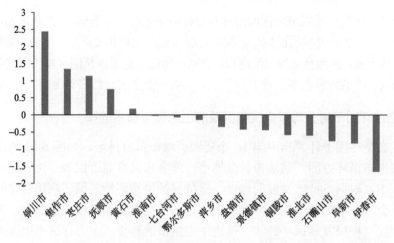

图 5.11　中国矿业城市高新科技因子得分排名

第三节　基于多维关系演化规律的采煤沉陷区经济发展转型路径

前面一方面分析了采煤沉陷区经济转型的影响因素，另一方面利用"EVS"模型分析了不同的采煤沉陷区使用不同的经济转型模式，下面以淮南市采煤沉陷区、淮北市采煤沉陷区和鄂尔多斯市采煤沉陷区为例提出可选择的经济转型路径。

一、淮南市采煤沉陷区经济转型路径选择

（一）淮南市发展制约因素

淮南市因煤兴市，其发展路径一直延续着以工业为行业主体的发展方式。然而，随着煤炭资源的开采利用，煤炭采掘难度与日俱增，与此同时，煤炭市场的不景气，煤炭价格的大幅下降，以及土地塌陷带来的采掘难度、采掘限制也使得淮南市的经济发展受到了相当程度的制约与阻碍。制约淮南市转型的因素主要体现在以下几方面：

第一个制约因素是煤炭资源的制约。随着未探明的煤炭资源越来越少，煤炭资源储量会随着煤炭的开采而且越来越少，这极大地缩短了产业转型的过渡期，增加了转型的难度。近年来，煤炭资源储量减少的趋势更加迅速。这主要与淮南市新型大型煤矿的建设，新型先进高功率采煤设备的使用有关，更强的开采能力必然会导致更快的储量下降。同时，一些已经运营了多年的煤矿，收到开采环境和地质环境的影响，煤炭质量下降严重，过早地进入矿井的衰退期，也进一步加剧了煤炭资源储量下降的趋势（李崇明和丁烈云，2004；李帆等，2020）。

第二个制约因素是产业结构的制约。在淮南市创建伊始，煤炭产业就取得了辉煌的成绩，这固然对于城市发展有很大的帮助，也使城市建设者忽略了对淮南市第一产业和第三产业的建设，这极大地增加了淮南市产业转型的难度。多年以来，淮南市农业依然维持在较原始的水平，高附加值农产品生产能力弱，第三产业主要以运输业、区域贸易为主，旅游产业、信息产业、文化产业、金融产业规模较小，第二产业在淮南市始终占

据着过大的比重，产业结构过于单一，城市的发展几乎与煤炭产业的发展直接绑定，抵抗冲击力弱。同时，淮南市繁荣的第二产业内部也有着结构问题。在淮南市工业产业结构中，煤炭产业和电力产业合计占了过高的百分比，产业内部轻工业和重工业的比例严重失调。煤炭产业仍停留在比较初级的阶段，没有能够通过煤炭产业的蓬勃发展，形成产业链（李虹和邹庆，2018）。

第三个制约因素是创新能力的制约。产业转型，产业结构调整，其核心驱动力就是核心技术在产业的应用，然而淮南市高科技企业数量少，大部分工业企业的创新能力不足，极大地制约了产业转型的实施。现阶段，淮南市工业企业大部分缺乏新技术的引进与新工艺的应用，对于新技术研发投入低，企业内高级科技人才比例低，在整个相关行业中处于中下层的位置，产品科技含量低，在市场上竞争力不高（杨雪冬，2006）。

第四个制约因素是转型动力的制约。作为淮南市产业的占比最大的部分，煤炭产业近几年来产量一直维持在较高的水平，国内对于煤炭的需求也比较旺盛。在生产难度低、产业规模大的煤炭开采产业的背景下，企业自主发展相关产业的意愿低，动力不足，这在一定程度上制约了产业转型。同时煤炭生产成本逐年提升，煤炭企业利润进一步被压缩，增加了产业转型资金积累的难度。

第五个制约因素是政府推动能力的制约。因为一些历史原因，我国长期处于计划经济体制下，资源产业受到计划经济的影响相比其他产业更深，也更久远。虽然计划经济为我国工业化基础做出了不可磨灭的贡献，但是也为工业企业带来了负面的影响。传统的资源型企业财税制度下，企业纳税中的大部分上交到了国家和省级单位，交到市级单位的税款并不多，通常情况下，交付国家和省级单位的税款比例占50%以上。淮南市财政资金紧张，维持城市建设和公共事业已经比较勉强，无法通过本市财政推动产业转型。

第六个制约因素是新产业融资能力的制约。淮南市各个金融机构的贷款主要集中于煤炭和电力行业，以2016年的数据来看，淮南市煤炭和电力行业贷款总额为185.4亿元，占全市贷款总额的63.4%。在淮南市，新型产业相关企业获得贷款难度高，同时也要面对新产业市场化水平低，盈利水平低，竞争能力弱，资金链脆弱的问题，这些使得新兴产业在淮南市开展，普及更加困难，制约了产业转型的实施。新型产业相关企业的融资问题，固然与企业规模，企业风险相关，也能从一定程度上反映出淮南市相关政策的不完善，金融行业发展不完善，面向各级规模的金融服务业发展不平衡的问题。

第七个制约因素是生态环境的制约。多年来淮南市对于煤炭开采导致的生态环境问题缺乏关注与治理措施，导致了生态环境问题日益严重，对于淮南市市民与淮南市城市形象产生了极大的负面影响。目前，全市已有4.4%的地区是采煤沉陷区，如果按照目前生态环境恶化的势头，不采取治理措施，预计到2043年，淮南市采煤沉陷区占比将达到6.6%。煤炭开采加工使用过程中的空气污染也十分严重。环境问题给新兴产业在淮南市的落地，带来了一定的阻力。

（二）基于产业创新能力的淮南市经济转型路径分析

经济学理论和经验事实均表明，技术进步和创新是一个经济体和企业实现长期可持续经济增长的关键。因此基于采煤沉陷区城市产业创新能力的分布选择应重点发展哪些产业，重点支持哪个企业，就成为经济转型路径选择的重要方法。

2017 年复旦大学产业发展研究中心发布了《中国城市和产业创新报告 2017》。在该报告中，作者寇宗来使用中国国家知识产权局的发明授权专利数量，并结合专利更新模型估计的专利价值，对全国所有企业估算创新指数，并通过加总得到城市创新指数和城市产业创新指数，同时寇宗来认为专利只是创新产出的一种，创新主体还可能将创新产出以著作权、商标权等其他知识产权的形式持有，甚至不公开，保留为商业秘密，因此在计算城市创新力指数时，寇宗来还使用各城市新成立企业注册资本总额来衡量其他形式的创新产出。

1. 淮南城市创新力现状分析

如表 5.19 所示，2016 年在 338 个城市中，淮南市创新力指数排名 136 名，创新指数排名 92 名，创业指数排名 198 名，从这 3 个指标可以看出淮南市创新力指数在全国属于中游水平，以专利数量和质量为代表的产业创新指数相对较高，而代表新成立企业注册资本总额的创业指数则排名较低，属于全国下游水平。这一方面说明淮南市有较好的创新能力和创新基础，但由于煤炭产量持续下降，导致经济总量增长速度下降，从而使得新注册企业数量不多；另一方面也说明虽然淮南市有较好的创新能力和创新基础，但仍然创新力量不足，不能承担拉动整体经济增长的重担。

表 5.19　淮南市创新指数全国排名

指标	创新力指数	创新指数	创业指数
全国排名	136	92	198

2. 淮南市产业创新力分析

如表 5.20 所示，2016 年淮南市最具创新能力的五个行业分别是专用设备制造业、通用设备制造业、仪器仪表制造业、化学原料和化学制品制造业、土木工程建筑业，其创新指数分别是 1.28、1.12、0.92、0.80、0.46，其占城市比重分别为 18.97%、16.64%、13.71%、11.91%、6.80%，通过与淮北市以及鄂尔多斯的对比，我们发现，淮南市在设备制造行业具有较高的创新力，专用设备制造业、通用设备制造业、仪器仪表制造业三者创新指数相加的比重超过 49%，因此继续重点发展设备制造行业，提高其国内竞争力可能是淮南市经济转型的一条可行路径。另外，淮南市发展化学原料和化学制品制造业、土木工程建筑业也可能是淮南市经济转型的可行路径。同时淮南市属于成熟型资源型城市，其设备制造业、化学原料和化学制品制造业又比较先进，那么选择向下延伸的采煤产业链成为一个比较好的选择。

表 5.20 淮南市产业创新指数排名

	最具创新能力的 5 个行业	创新指数	占城市比重/%
1	专用设备制造业	1.28	18.97
2	通用设备制造业	1.12	16.64
3	仪器仪表制造业	0.92	13.71
4	化学原料和化学制品制造业	0.80	11.91
5	土木工程建筑业	0.46	6.80

（三）淮南市经济转型的路径选择

采煤沉陷区的可持续发展转型需要依托于可持续发展的产业体系、市场体系以及经济体系的构建，对传统产业进行调整优化，并通过培养新兴产业完成淘汰产业的接续。加快产业结构调整与优化升级，着重发展煤炭机械装备制造业、电子、生物制药等产业，建立促进淮安市经济高速发展的接续产业体系，走上新型工业化道路。

1. 大力推进"现代煤化工产业园"发展

淮南市属于成熟型资源型城市，煤炭资源丰富，煤炭开采具有较长的持续期，同时其设备制造业、化学原料和化学制品制造业比较先进，那么选择向下延伸的采煤产业链成为一个比较好的选择，安徽（淮南）"现代煤化工产业园"于 2008 年开始规划建设，2010 年获得安徽省政府批准开工建设，预计到 2020 年项目全部投入生产后，园区年销售收入将达 1300 亿元，园区产业包括煤经甲醇制烯烃（芳烃）及其衍生物产业链、煤制乙二醇及其衍生物产业链、煤制清洁燃料产业链、氮基化学品产业链、资源综合利用产业链等六大链煤化工园区。园区内相关服务配套机构齐全，产业园区内热电站、总变电站等各项基础设施均包括在内，未来十年有望打造成为中国煤化工产业的"航空母舰"。这一规划的大力实施推进，将使淮南市的产业结构质量得以大跨步提升，产业链得以高质量的纵深发展，提高煤炭综合利用率，在一定程度上实现绿色发展的目标。

2. 发展安徽医药工业基地

淮南市拥有省级生物医药工业园以及省级新型工业化医药化工产业示范基地，拥有医药工业的完备的基础设施与完整产业链条，在省内拥有一定的知名度。因此在淮南市的接续产业中应重点发展医药工业，提高医药工业基地新药研发的创新能力，增加淮南医药工业基地的行业竞争能力。注重制药工业的现代化建设工作，实现医药工业结构向高新技术产业的良好过渡，增强医药工业实力。进一步推进制药公司基地的建设与合作的开展，形成制药企业之间的资本良好流通与合作，以及制药企业与研究所、学校等科研机构的技术合作，形成产学研的相互支撑与促进，增强医药工业的核心研发能力。此外，还需要针对性的产品结构调整以及设备更新，通过优化医药产品的层次，扩大医药企业的生产能力以及市场规模情况，促进医药产业的智能化提升改造，利用现代生物技术改进传统生产工艺，使得医药工业成为淮南市未来的核心支柱产业之一。

3. 发展电子产业

淮南市的电子产业具有一定的发展基础，有多家从事电子产品生产的企业。而电子产业的未来发展方向应着眼于企业的体制改革以及电子产业结构的调整优化，注重新型电子产品的研发工作，主体可以分为以下三个方面：①发挥民营经济的活力，对于电子产业的民营企业应当加大政府的支持力度，并鼓励民营企业积极参与到国有企业的改制中，为淮南市的电子产业发展注入活力，帮助民营企业实时了解电子产业的最新经济动态与行业前沿发展方向，加快电子产业结构的优化调整。②加速国企改革进程，电子产业国企的困境需要依靠不断地深化改革才能走出，通过产权置换、市场化改革以及灵活的激励制度使得国企再次展现活力，发挥出国企积淀的经验以及技术优势。③加强招商引资规模，通过淮南市现有的电子工业基础以及优势产品（如煤炭电子产品）吸引更多的国内外电子企业入驻工业园区建厂，并不断地优化招商模式，依托外来投资助力于淮南市电子产业的高速发展。

4. 适度建设光伏发电站

淮南市年平均日照 2323.1h，年均日照率 52%，光能潜在平均利用率 0.53%，水平面年均日照 1660.75（kW·h）/m^2，属太阳能"较丰富带"，可适度建设光伏电站。实施"精准扶贫"，鼓励集体经济薄弱、资源缺乏贫困村和"三无"贫困户，建设光伏电站。借鉴其他地区经验，结合采煤沉陷安置区和新农村建设，发展分布式光伏电站。

加强项目环境管理，规范光伏建设区域。加强光伏发电建设项目环境管理和新工艺新技术应用，提升国产化光伏发电工艺设备应用领域。实施《安徽省湿地保护条例》，使淮南可利用湿地减少，河湖滩地光伏电站可能引起国家限期拆除，重要生态功能保护区、采煤沉陷复耕地—水域—湿地均不宜建设光伏发电项目。

加强产业战略部署，统筹光伏产业发展。光伏发电产业应纳入经济社会发展规划和城市总体规划、土地利用规划与相关专项规划；加强光伏行业管理，引导合理规划布局；严格光伏发电工艺设备、项目选址、废物处置措施审查，推动污染减排。

二、淮北市采煤沉陷区经济转型路径选择

（一）淮北市发展制约因素

1. 产业结构不协调

从表 5.21 看，第二产业一直占据着淮北市经济发展的主要位置，2018 年淮北市第二产业的比重高达 54.81%，远高于淮南市的 40.7%，安徽省的 46.13% 和全国的 38.9%。淮北市的主要产业是煤炭产业，可以说淮北市是依托煤炭发展起来的城市，但是同时也受到了煤炭资源短缺的束缚。由于缺乏创新能力和吸引投资较为困难，产业链不够充分。煤炭、电力等产业发展空间收窄、支撑力减弱；非煤产业增速虽然较快，但还是未能占据主导，拉动全市工业增长不够有力；战略性新兴产业发展不够壮大、集中度较低，原有动力发展减缓，新动力发展不够有力。第一产业所占比重在三次产业中所占比重最小，

且呈现逐年下降的趋势,从 2008 年的 9.9%下降为 2018 年的 6.63%,由于淮北市农业产业绝大部分都是传统农业,传统农产品等级低,农产品深加工发展迟缓,产品的竞争力不强,食品深加工和制造的比例也很小。另外,淮北市没有根据实际情况发展现代农业,对现代农业的重要性没有深刻的理解,相关的农业示范园也没有形成自身的竞争优势成为模范园区,规模化发展缓慢。第三产业占比虽有所提升,但是仍处于边缘位置。淮北市现代服务业处于低层次的发展,没有形成较大的城市综合体,中介服务不健全,现代物流发展规模小等。

表 5.21　淮北市产业结构状况

	第一产业比重/%	第二产业比重/%	第三产业比重/%
淮北市	6.63	54.81	38.56
淮南市	10	40.7	49.3
安徽省	8.79	46.13	45.08
全国	4.4	38.9	56.5

淮北市的主要工业是煤炭工业。淮北市依靠煤炭发展,但也受到煤炭资源短缺的制约。由于创新能力不足,招商引资困难,产业链不够,非煤产业增速虽快,但仍未能占据主导地位,全市工业增长不够强劲;战略性新兴产业发展不强不够集中,原有动力发展缓慢,新动力发展不够强劲。三次产业中第一产业占比最小,并呈逐年下降趋势,从 2008 年的 9.9%下降到 2018 年的 6.63%,在质量方面,产品竞争力不强,食品深加工制造业比重也很小。三次产业比重虽然有所提高,但仍处于边缘地位。淮北市现代服务业发展水平较低,没有大型城市综合体,中介服务不完善,现代物流发展规模较小。

2. 生态环境破坏严重

煤炭资源长期被无节制地开采造成淮北市生态环境被破坏,在土地沉陷方面,淮北地区因采煤而造成了地表塌陷,累计塌陷面积高达 13600 hm²,植被等也遭到了严重的破坏。在污染排放方面,煤炭开采和加工过程中产生的工业"三废",使得淮北市遭受了严重的大气污染,其中淮北市大唐发电厂每年向空中排放 400 万 m³ 多的粉煤灰,这些污染物被排放至空中,对大气有着直接的影响,同时煤炭开采过程中的煤矿石和粉煤灰不能得到有效的处理,因为它在生产过程中不受重视,进而随着雨水一同流进水沟或者地下,污染水质。

（二）基于产业创新能力的淮北市经济转型路径分析

1. 淮北城市创新力现状分析

如表 5.22 所示,2016 年在 338 个城市中淮北市创新力指数排名 161 名,创新指数排名 112 名,创业指数排名 218 名,从这 3 个指标可以看出淮北市创新力指数在全国属于中游水平，以专利数量和质量为代表的产业创新指数相对较高，而代表新成立企业注册资本总额的创业指数则排名较低，属于全国下游水平。这说明淮北市有较好的创新能力和创新基础，但由于煤炭产量持续下降，导致经济总量增长速度下降，从而使得新注册企业数量不多，另外也说明虽然淮北市有较好的创新能力和创新基础，但仍然创新力量不足，不能承担拉动整体经济增长的重担。

表 5.22　淮北市创新力指数全国排名

指标	创新力指数	创新指数	创业指数
排名	161	112	218

2. 淮北市产业创新力分析

如表 5.23 所示，2016 年淮北市最具创新能力的 5 个行业分别是专用设备制造业、通用设备制造业、化学原料和化学制品制造业、医药制造业、仪器仪表制造业，其创新指数分别是 0.95、0.76、0.43、0.29、0.24，其占城市比重分别为 20.31%、16.16%、9.14%、6.21%、5.18%，通过与淮北市以及鄂尔多斯的对比，我们发现，淮北市在设备制造行业具有较高的创新力，专用设备制造业、通用设备制造业、仪器仪表制造业三者创新指数相加的比重超过 40%，因此继续重点发展设备制造行业，提高其国内竞争力可能是淮北市经济转型的一条可行路径。另外，淮北市发展化学原料和化学制品制造业、医药制造业，也可能是其经济转型的可行路径。

表 5.23　淮北市创业创新指数排名

最具创新能力的 5 个行业	行业	创新指数	占城市比重/%
1	专用设备制造业	0.95	20.31
2	通用设备制造业	0.76	16.16
3	化学原料和化学制品制造业	0.43	9.14
4	医药制造业	0.29	6.21
5	仪器仪表制造业	0.24	5.18

（三）淮北市经济转型的路径选择

1. 打造高端成套装备（矿山）产业基地，引进培育战略性新兴产业

在设备制造行业淮北市具有较高的创新力，专用设备制造业、通用设备制造业、仪器仪表制造业三者创新指数相加的比重超过 40%，同时 2012 年淮北矿山机械装备高新技术产业基地已获省科技厅批准，成为该市首家省级高新技术产业基地。

该基地围绕产业转型发展，通过多位联动、项目带动、投入拉动、科技推动，培育、发展、壮大、提升矿山机械装备制造产业，目前已形成以煤炭综采综掘设备、选矿机械装备为主导，以防爆电器、标准件、铸造件、断路器开关、液气动元器件等为配套的特

色产业集群。2016 年，该基地被认定为国家火炬特色产业基地。

由于淮北市原煤产量日益降低，因此淮北市可通过坚持传统产业巩固提升和战略性新兴产业引进培育并重，逐步实现传统矿山机械向高端成套装备制造转型，战略性新兴产业向节能环保设备、现代农业机械及新能源汽车等领域聚集，从而推动淮北市经济转型，支撑未来淮北市经济高速发展。

2. 发展战略新兴材料产业，助力经济转型

铝合金材料广泛应用于交通、建筑、电力、航空航天等民用领域，是新兴战略产业发展的重要支撑，在铝合金材料具有广泛需求的同时，淮北市具有发展铝合金材料的技术和产业基础。根据 2017 年复旦大学产业发展研究中心发布的《中国城市和产业创新报告 2017》，淮北市安徽家园铝业有限公司的创新指数为 0.07，占整个淮北市创新指数的 3.48%，这说明淮北市具有发展铝合金材料的技术基础，因此以淮北市安徽家园铝业有限公司为龙头加快建设重大新材料产业基地。立足当前，围绕铝基高端金属材料，以龙头企业为引领，以集聚发展为路径，高水平规划、高标准建设、高强度推进，努力打造省内一流、全国有重要影响力的战略性新兴产业集聚发展基地，抢占科技创新和产业发展的制高点具有相当的可行性。

3. 加强医药制造业发展，促进淮北产业多元化

随着淮北煤炭开采量的日益减少，煤炭开采产业已经不能支撑淮北市的快速发展，此时寻找另一支柱产业已迫在眉睫，医药制造业是指原料经物理变化或化学变化后成为新的医药类产品的过程，包含通常所说的中西药制造、兽用药品、医药原药及卫生材料。

随着人民生活水平的提高、公共卫生投入的加大以及人口老龄化的提高，近十年来我国卫生总费用呈持续增长态势。2018 年，我国医药制造业营收和利润总额继续保持 15%左右同比增长。2018 年，医药制造业营收累计值达 8268 亿元，同比增长 14.9%，相比去年同期增速提升 3.7%；利润总额累计值达 988 亿元，同比增长 16.4%，相比去年同期增速提升 1.9%。

在医药制造业具有光明发展前景的同时，淮北市具有发展医药制造业的创新基础和企业基础，2016 年医药制造业在淮北市产业创新指数排名第四，占整个淮北市创新指数的 6.21%，因此政府要在医药产业发展中发挥平台和孵化器作用，加强对新药研发投资、科技创新扶持的力度。强化优势企业帮扶力度，进一步扩大品牌效益，通过加大对龙头企业的培育力度，以大带小实现产业集群发展。

三、鄂尔多斯市采煤沉陷区经济转型路径选择

（一）鄂尔多斯市经济发展制约因素

1. 产业结构失衡，制约了经济的发展

鄂尔多斯市的产业结果比较单一，如表 5.24 所示。近年来经济的快速增长主要依靠煤炭开采的加速增长，在三产结构中，第二产业比重超过一半以上，在轻重工业结构中，

重工业所占比重更是一路上升,到 2017 年重工业所占比重更是达到了 97.7%,轻工业几乎没有,过度倾向于发展资源产业,不利于区域产业结构的平衡,导致产业结构稳定性较差。当地经济发展方式粗放,主导产业内容单一。这样的经济增长使城市经济缺乏灵活性,当能源产业发生变化时,无法及时避免和处理,造成经济发展受挫,不利于社会经济的长远发展。

表 5.24　鄂尔多斯市产业结构状况

年份	轻工业比重/%	重工业比重/%	第一产业比重/%	第二产业比重/%	第三产业比重/%
2000	38.35	61.65	16.34	55.93	27.73
2005	15.71	84.29	6.83	52.53	40.64
2006	14.69	85.31	5.39	54.95	38.66
2009	6.84	93.16	2.8	58.33	38.87
2010	7.48	92.52	2.68	58.69	38.63
2011	5.67	94.33	2.58	60.08	37.34
2012	4.96	95.04	2.46	60.52	37.01
2013	5.51	94.49	2.46	59.89	37.64
2014	4.9	95.1	2.39	59.18	38.43
2015	4.7	95.3	2.34	56.79	40.87
2016	4.3	95.7	2.4	55.71	1.85
2017	2.3	97.7	3.1	52.79	44.1

2. 非煤产业的培育缺乏长期规划

近年来,为了摆脱过度依赖煤炭开采的局面,鄂尔多斯市政府通过了增加公共投资来发展非资源工业的政策。鄂尔多斯市政府致力于建设新的工业园区。这些园区侧重于汽车、制造设备、聚氯乙烯和文化旅游等非煤炭行业,为使这些产业发展顺利,鄂尔多斯市采取用采煤产业来置换非煤产业的政策,即一个企业要想进入鄂尔多斯市开采煤矿,则必须对非煤产业进行投资,但鉴于目前的发展状况,鄂尔多斯没有开发这些新产品的长期计划。产业发展需要长期性,一个部门的发展不是一个短期过程,产业增长需要人力资源、财政资源、技术、区域运输等,但仅仅是这种煤炭产业置换非煤产业不会真正稳定的,每当煤炭产业发生震荡,非煤产业也会跟随发生震荡,因此若想这种政策有效,需要进一步地长期规划,以发展出非煤产业发展所需的要素和制度基础(俞可平,2002)。

(二)基于产业创新能力的鄂尔多斯市经济转型路径分析

1. 鄂尔多斯城市创新力现状分析

如表 5.25 所示,2016 年在 338 个城市中鄂尔多斯市创新力指数排名 142 名,创新指数排名 221 名,创业指数排名 73 名,从这三个指标可以看出鄂尔多斯市创新力指数在全国属于中游水平,以专利数量和质量为代表的产业创新指数相对较低,属于全国下游水平，而代表新成立企业注册资本总额的创业指数则排名较高，属于全国中上游水平。这说明鄂尔多斯市创新能力和创新基础较差，但由于煤炭产量持续上升，导致经济总量快速增长，从而使得新注册企业数量急剧增加，这说明虽然鄂尔多斯市新创企业大多是因为鄂尔多斯的资源而来，缺少创新性，若鄂尔多斯不能进行良好的经济转型，增加经济增质量，那么当资源开采完后，鄂尔多斯城市经济将会快速下降。

表5.25　鄂尔多斯市创新力指数全国排名

指标	创新力指数	创新指数	创业指数
排名	142	221	73

2. 鄂尔多斯市产业创新力分析

如表5.26所示，2016年鄂尔多斯市最具创新能力的5个行业分别是专用设备制造业、化学原料和化学制品制造业、通用设备制造业、橡胶和塑料制品业、非金属矿物制品业，其创新指数分别是0.25、0.24、0.14、0.10、0.06，其占城市比重分别为19.4%、18.64%、10.93%、7.92%、4.95%。通过与淮南市的对比，我们发现，鄂尔多斯市与淮南市一样，同样在专用设备制造业、化学原料和化学制品制造业、通用设备制造业上有创新优势，但淮南市专用设备制造业、化学原料和化学制品制造业、通用设备制造业创新指数分别为1.28、0.80、1.12，远高于鄂尔多斯市，因此虽然重点发展设备制造行业、化学原料和化学制品制造业、橡胶和塑料制品业、非金属矿物制品业，提高其国内竞争力，可能是鄂尔多斯市经济转型的一条可行路径，但鄂尔多斯市需要充分利用煤炭开采带来的资金优势，大力吸引人才，创立良好的制度环境，只有这样才能解决鄂尔多斯现有技术薄弱的劣势，从而调整产业结构，完成经济转型（高瑞忠等，2012）。

表5.26　鄂尔多斯市产业创新力指数排名

排名	最具创新能力的5个行业	创新指数	占比/%
1	专用设备制造业	0.25	19.41
2	化学原料和化学制品制造业	0.24	18.64
3	通用设备制造业	0.14	10.93
4	橡胶和塑料制品业	0.10	7.92
5	非金属矿物制品业	0.06	4.95

（三）鄂尔多斯市经济转型路径选择

1. 发展设备制造行业，构筑现代产业新格局

从鄂尔多斯产业创新指数分析可知，鄂尔多斯在专用设备制造和通用设备制造行业具有创新基础和优势，同时鄂尔多斯是中国重要清洁能源输出基地和煤化工产业基地，煤炭产量全国第一，占全国16%，因此设备制造业有广阔的需求前景，因此鄂尔多斯可

以充分利用现有优势,坚持质量第一、效益为先,以供给侧结构性改革为主线,加快构筑设备制造、科技创新、现代金融、人力资源协同发展的设备制造行业体系,紧盯未来产业发展方向,推动互联网、大数据、人工智能和实体经济深度融合,大力发展高端设备制造业。

2. 加强化学原料和化学制品制造业发展,延长资源型产业链条

从鄂尔多斯产业创新指数分析可知,鄂尔多斯在化学原料和化学制品制造业具有创新基础和优势,同时随着鄂尔多斯原煤产量的日益提高,立足于延长产业链条这一根本抓手,实现资源转化增值具有极强的可实施性。一方面鄂尔多斯可以以建设"国家清洁能源出口主基地""现代煤化工生产示范基地"和"白银循环利用产业基地"为目标,在清洁能源需求的背景下,将煤炭综合利用率、回收率、洗选率等指标进行整合提高洗选配煤能力和综合利用效率,在神华集团煤直接液化生产线、伊泰集团煤间接液化等重大项目的基础上,加大自主创新力度,延伸煤炭深加工产品链,并推动生产行业高端化、产品终端化,提升煤炭附加值。

3. 发展生产性服务业,为转型发展提供强力支撑

从产业结构的比重来看,鄂尔多斯市的生产性服务业贡献率为总产值的40%。与北京、上海等主要城市80%至90%的份额相比,仍有较大差距。从原因来看,城市化发展相对缓慢、产业集群相对滞后、制造业粗放增长、内部创新力量薄弱是鄂尔多斯生产服务业发展缓慢的关键因素。尽快推进金融、现代物流、科技信息、中介服务和外包服务发展,通过充分尊重市场配置资源的基础性作用,促进生产服务业与优势产业互动共生,发挥生产服务业规模效应和聚集效应,支撑鄂尔多斯产业结构转型发展。

第四节　采煤沉陷区经济发展转型的保障体系

一、投资政策

(一)加大研发投入,利用现有资源生产高附加值产品

从资源型企业的集约发展方面考虑,提升企业规模,加大科研,提升现有资源情况下高附加值产品的生产能力,是未来的发展方向。目前,资源消耗大、技术含量低、利润空间小的低级产品仍是我国大部分资源企业的主要产品。改变这种现状,需要企业加大科研投入,提升自身科技水平,同时引入并吸收同行业的新技术,使企业具备深加工、精加工的能力,从而使现有资源情况下企业进行高附加值产品的研发和生产成为可能。科研投入的加大,科研水平的提升,对于企业规模具有一定的要求,引入并吸收同行业的新技术,对于企业吸引利用区外、境外资源的能力具有一定的要求(万伦来等,2018)。

(二)加大对资源绿色开发的投资

产业绿色发展方面,需要解决的主要问题是资源开采行为与生态环境保护的矛盾。

作为采煤沉陷区经济转型发展模式中间的一环，也是最重要的一环，绿色发展对于资源型城市的未来至关重要。实现绿色发展，首先，要有一套完善的生态投资机制，完善自然资源集体所有权制度，使绿色投资能带来更多的利益回报，形成以政府为主导，企业多元参与的生态产业新格局。其次，通过政策引导，对于绿色产业提供政策上的扶持和经济上的补贴，提升绿色产业获得开发资金的额度，降低绿色产业获得开发资金的难度（王惠岩，2007）。

（三）投融资渠道的建立

经济转型发展对于资源型城市投资结构具有一定的要求。单一的地方性投资不足以维持整个产业链的运转，在获得地方性投资的同时，也要积极地吸引区外、国外投资，使得投资结构多样化，使投资能力获得较大的提升。为了使企业具有吸引外部投资的能力，资源型城市需要更好地利用地方投资，民间投资，进行经济结构转型，创建新的经济增长模式，同时也要建设良好的投资环境，加大城市基建和人才吸引。在引入外部投资的方式上也要做到更加灵活，除了直接获得外部投资，允许部分企业通过以产权交换技术、租赁闲置生产资料等方式与外部资金进行合作。对于合资型企业，应在产品出口方面提供一定的优惠、优先政策，综合提升资源型城市吸引外部投资，利用外部投资的能力。

二、财税政策

（一）调整各级资源开采的优惠政策

经济转型发展，对于资源开发提出了更高的要求，对于不同级别的资源，有不同的处理方式，其中低级别资源，更多是简单的开采处理，高级别资源需要更加深入的开采和处理。因此，在制定资源政策时，对于技术要求较低的低级资源，可以考虑适当地降低门槛，提升资源开发的盈利能力，对于技术要求较高的高级资源，可以考虑适当地提高门槛，让更具有实力的企业进行开发，提升高级资源的综合利用率。

在开发高级资源的过程中，前期投入是不可忽略的，这包括了资源的勘探、开发等。在现有的增值税制度中，这部分通常不会被计入抵扣课目，而可以被计入抵扣课目的原材料等，相对前期投资来说占比较小，总体来讲，企业的纳税比例被无形地提升了。因此，对资源型企业的增值税进行一定的改革，由现存的生产型增值税慢慢过渡到消费型增值税，再进一步实现分税制。另外，在政策上也可以采用新技术，引入环保流程，对具有深度开发能力的企业进行一定程度的税费减免。对于仍使用旧技术的企业，减少折旧年限，促进企业采用新技术，实现积极的循环发展。同时也可以将环境纳入成本计算体系，借此来加强企业的环境保护意识与环保收益。

（二）增加资源型城市综合开发和基础设施建设的投资比例

实施产业转型，形成产业链，需要在发展资源产业的同时，围绕产业发展和产业特点，综合建设城市，开发相关非资源型产业。这需要资源型城市能够更好地利用各方投资，积极进行城市基础设置建设，为相关产业建设做好铺垫。利用资源型产业的资金来培育新兴产业，并将多种产业与现存的资源型产业进行关联，增强产业间的联动。同时在税收上，应该保证地方基础设施建设资金充足，给予地方一定程度的资金支配权利，对于新兴产业也应该有一定的扶持。

三、人力资源体系

经济转型和经济发展，最终的落脚点是人，相比传统产业，新兴产业对于人的要求更多，对于人才需求更加的多样化，对于人力的需求也更大。因此，建立完善的人力资源体系是必不可少的，也是至关重要的一个部分。同时良好的人力资源体系，也有助于降低城市的失业率，缓解社会问题。

（一）建立完善的人力资源体系，服务于人员的流动

解决人力资源问题，首先需要建立一个完善的人力资源服务体系，为人才流通提供便利。人力资源服务体系的主要内容就是人才需求信息与人才信息的相互传递，具体来讲，可以建立服务中心、人才市场、相关网站等信息交流平台，为企业招聘和求职者应聘提供便利条件（康丽玮，2013；李琼英，2020）。

（二）着眼人才资源能力建设，优化人力资源结构

经济转型的实施需要各方面的人才，新产业也需要新型学科人才。吸引外部人才是一个快速获得人才的好办法，建立完善合理的人才吸引政策是关键。通过吸引外部人才只能解决人才需求的一时之需，但是无法长久地满足转型需要的巨大人才需求。因此需要政府、企业与城市中的各级高校、教育机构、培训机构，联合合作，建立综合立体的教育培训网络，既可以帮助旧产业人才迅速适应产业转型，成为新型人才，也可以不断地培养出新人才（李茜等，2015；刘培功，2018）。

（三）加快农村剩余劳动力转移

经济转型过程中虽然会淘汰一些过时的人力，但是也会有大量的新兴人力需求。在弥补人力需求缺口的考虑上，大量的农村入城务工人员是很好的候选人。在政府做好有针对性的引导和专项培训的帮助下，农村务工人员能够很好地补充企业的人力需求。同时这也对提升城市化水平，提升农民收入带来很大的帮助（李茜和毕如田，2012；李利宏和董江爱，2016）。

四、居民安置

（一）灵活广开资金渠道，充分保障居民住房质量

对于采煤沉陷区城市而言，采煤沉陷区的居民安置意味着人数众多的住房安排及生活安排问题，涉及房屋建设以及相关社区的配套设施建设，至此，大量的资金需求是政府需要面临的巨大问题（江维国，2017）。因此，对于采煤沉陷区城市政府而言，在沉陷

区居民安置中，可以充分积极地调动市场经济的力量筹集资金，缓解政府压力。为调动企业参与沉陷区居民安置的充分积极性，政府可以根据具体情况，给予企业一定政策性上的优惠，如税收和贷款上的相关优惠。在调动企业积极参与的基础上，保证了沉陷区居民顺利高效的安置，一举两得（胡清华等，2019；刘同山和张云华，2020）。

在沉陷区居民安置中，需要注意的一个问题是：虽然安置问题在一定程度上是一个灾难后危机处理性质的措施，但在处理上也不能只将目光局限于眼前的利益与方便，而必须具有长远的规划与前瞻性。争取做到一次建设，一次安置，一次满意，避免建设资源、人力资源以及资金的浪费。这就为安置区的社区建设质量提出了更高的要求，除了保证房屋建设质量，还要保证其配套设施的合理与全面性；买房与设计方面，既要保证其实用性，又要积极引进学习国内外的先进设计，提高其相关软质量，使人民更满意，实现安置的高质量完成（刘行芳，2014；李星汐，2019；贾海刚和孙迎联，2020）。

对于国内的一些安置保障房而言，许多都存在质量弱于商品房的问题，其非营利性在一定程度上导致了这一问题。但对于国家的整体建设而言，这是一个切实关系到人民福祉的重要问题，应该予以重视。一方面，要注重房屋建设的质量问题和舒适性，如，采煤沉陷区城市相对来说夏季温度较高，因此在房屋的建设上要注意通风隔热问题，避免夏季屋内温度较高的问题出现（江维国和李立清，2019）；另一方面，要注意房屋建设的环保性与绿色性，除了建设废料的合理处理，还要注意在房屋建设的材料选择上也应尽量选择环保材料，避免环境的进一步恶化。

综上，灵活广开资金渠道，充分调动企业的参与积极性，保证安置房的住房质量和舒适性，是保障民生的重要渠道。

（二）保证政策的公平性

采煤沉陷区城市的采煤沉陷区居民安置问题具有一定的特殊性，面对土地塌陷的自然环境危机，人类显得如此渺小，沉陷区居民承受着巨大的心理压力，以及对于未来的极大不确定性。在这样的状态下，政府必须坚定地与人民站在一起，从人民的角度解决问题，而这一切的根本前提就是公平，只有做到公平，才能让人民信赖，让人民满意，让人民幸福。有失公允的政策与实施，必定无法做到其高效性。

在采煤沉陷区城市的沉陷区居民安置中，公平性并非同一标准，而是应体现在有针对性的解决方案。对于青年居民来讲，应积极引导其职业发展，关注其职业培训与发展方向，不应只局限于住房安置，应更多地关注其长远的发展；对于能力较弱的中年居民，收入较低的，或因煤炭行业衰落而失业的人群，除了关注其住房安置问题，职业转换的积极引导也是十分重要的，以保证其正常的工作与生活；对于老年居民来讲，其住房与正常生活医疗保障是根本，也应多关注其生活上的帮扶需求，保证其安享晚年。

居民安置政策的公平性，不应该仅仅由政府与企业决定，其中的公平性必须包括得到涉及这一政策的居民的普遍认同。目前，采煤沉陷区城市采取统一的补偿标准，以居民的原房屋面积为补贴依据，我们可以发现，这一政策存在争议，不同房屋的单位面积价格与建筑成本存在很大的区别，所以统一价格必定存在一定的不公平性，不能取得广泛的认同与支持。因此，在政策制定时，要努力平衡好政府、企业与人民的利益关系，尽量做到相对意义上的公平。

（三）加强对企业、棚户居民的利益协调和平衡

在采煤沉陷区城市采煤沉陷区居民安置的进程中，必定存在代表各方利益的博弈与沟通妥协，在这一过程中，政府、企业、居民之间的关系是一个值得关注与思考的命题。而三方之间的协调与平衡，也直接关系到居民安置是否能够顺利有效的进行。

政府在选择建筑企业及相关物业产品供应商时，也应遵循一定的规则和挑选标准。首先，应保证相关企业的营业资质与合法性，对于其之前的项目质量与规范性进行一定的了解与评估，这是保证项目质量的前提与基础。其次，在供应商的选择上，为保证最大的公平性与高效率性，需要进行公开透明的、规范性的招投标过程，在这一过程中，适当地引入第三方招标机构，也将在一定程度上提高公信度与公平性。再次，相关监管机构也应重视这一部分的工作，以保证居民的合法权益。最后，为充分保障民众的生活质量，使房屋工程更趋完善，政府应积极引导更多的优质企业进入安置房的招投标中来，以保证充分的竞争和具有效率的结果。政府可适当地进行投资生产优惠政策上的激励，以在其他方面对企业的利润进行一些补偿，激励更多的企业参与到采煤沉陷区的居民安置工作中来。

转移安置工作从根本上讲是服务于当地民众的，所以企业在进行相关工程及设施建设时，应最大程度上考虑到当地居民的切实需求和生活便利，但碍于预算限制，两者之间往往存在着一定程度上的矛盾。这就需要各方努力，尽量减少这一矛盾对当地民众幸福感的影响，对于政府而言，需要做好全面完整的规划，在尽量满足当地民众生产生活需求的同时，充分合理地利用预算，在激励企业的同时，也要考虑到财政与经济上的平衡；对于在住房安置有一定要求的当地民众而言，适当合理地引入市场机制也将在一定程度上化解这一矛盾，平衡需求与供给内容上的差异；对于建设企业而言，要在预算范围内进行合理的规划，制定最高效率的采购计划，在材料的选择上和空间的设计上，兼顾实用性、实惠性与质量。

五、生态补偿

（一）合理化生态补偿标准

对于采煤沉陷区城市而言，在治理环境问题时，需要在一定程度上遵循"谁污染、谁破坏、谁治理"的原则，努力使煤炭及相关生态影响企业成本内部化。这就要求采煤沉陷区城市政府在当地生态补偿标准制定的过程中，最大限度地衡量当地生态环境相关成本，而这一成本不仅仅包括直接成本，还包括相关的间接成本，如：对当地气候环境的影响、对当地民众健康产生的影响以及对当地引入投资产生的负面影响的量化等。但我们也发现，间接成本的计量很难准确定义，这就要求政策制定时，根据采煤沉陷区城市的实际情况，以及实际环境恢复与建设中的实际成本与相关企业的成本内部化标准相协调，不断使这一标准趋于合理化，在最大程度上保护当地生态。

（二）有效利用生态补偿费

在制定了合理的收费规则与标准后，费用的合理利用就直接关系到生态补偿制度的有效性。在对采煤沉陷区城市的不同区域进行生态修复时，对当地土地状况的可靠评估与恢复状态预期要做到合理分析。综合规划并合理运用补偿款项，注意采煤沉陷区城市当地生态的系统性。

在款项的运用上，要形成严密的保管监督机制，把钱用在刀刃上，严防徇私现象的发生。在一定阶段，要对款项的运用效果进行上报与分析，不断调整后续的资金运用模式，并对采煤沉陷区城市的整体生态状况与急需整治区域进行及时状态跟进，保证生态补偿的实施性与高效性。

本 章 小 结

本章围绕生态与社会环境约束下的采煤沉陷区经济发展转型这一核心问题，以城市经济学、产业经济学、发展经济学和资源环境经济学等学科为理论基础，采用综合分析、实证分析、复杂系统分析等方法和手段对采煤沉陷区经济发展转型进行研究。首先，选取典型城市采煤沉陷区作为研究对象，研究该类地区的生态、社会和经济发展状况，总结并分析其存在的问题。其次，利用系统理论分析采煤沉陷区生态和社会对经济转型的影响，有利于认识经济转型的约束条件和不利因素，为成功转型打下坚实的基础。接着，从系统论的角度提出采煤沉陷区经济转型的模式选择。最后，通过生态、社会、经济多维关系演化规律的研究，找到适合采煤沉陷区的经济转型路径，提出促进我国采煤沉陷区经济发展转型的保障措施。

具体而言，经济转型路径选择的重点在于优化产业结构，培养接续产业，积极推动生态修复以及妥善处置沉陷区居民的安置等层面上。优化产业结构，培养接续产业要大力推进"现代煤化工产业园"发展、发展医药工业基地、发展电子产业和适度建设光伏发电站。积极推动生态修复，包括充填生态修复模式、实现农业用地模式、渔业用地模式、农林渔禽生态修复模式、生态旅游模式等土地模式的有效利用。妥善处置沉陷区居民的安置，搭建移民搬迁服务平台、强化失地农民职业发展建设、加大金融支持力度、构建移民社区精神。

针对经济转型战略选择，从投资政策、财税政策、人力资源体系建设、居民安置、生态补偿机制等层面提出较具针对性和可操作性的政策建议。具体而言，投资政策包括加大研发投入、利用现有资源生产高附加值产品、加大对资源绿色开发的投资和建立投融资渠道；财税政策包括调整各级资源开采的优惠政策、增加资源型城市综合开发和基础设施建设的投资比例；加快人力资源体系建设包括建立完善的人力资源体系、服务于人员的流动、着眼人才资源能力建设、优化人力资源结构和加快农村剩余劳动力转移；做好采煤沉陷区居民的安置工作包括灵活广开资金渠道、充分保障居民住房质量、保证政策的公平性、加强对企业与棚户居民的利益协调和平衡；完善生态补偿机制包括合理化生态补偿标准和有效利用生态补偿费等措施。

第六章　生态与经济约束下的采煤沉陷区社会风险及治理

本章着眼于采煤沉陷区社会风险与治理问题，主要从三维系统中的社会视角来解读采煤沉陷区社会风险与治理如何承载其多维关系的演化规律及其调控机制。首先明确采煤沉陷区社会运行风险的生态和经济诱因，进而构建采煤沉陷区社会运行风险评估与防控体系，解析多维关系体系下的采煤沉陷区社会风险治理机制，接着以淮南市为实际案例，描述采煤沉陷区社会风险治理状况，最后总结出多维关系互动下的采煤沉陷区社会风险治理方式。

第一节　采煤沉陷区社会运行风险及生态经济诱因

一、采煤沉陷区社会运行的风险识别

近年来，地下煤炭资源岌岌可危，如果被开采殆尽，地表大概率面临沉陷的可能性。一旦沉陷现象确实发生，必然会引发一系列高难度的后续治理工作。采煤沉陷区引发的一连串生态环境问题，已经引起了社会各界的广泛关注。为避免触发更深层次的经济社会矛盾，采煤区域地表沉陷可能给当地带来的社会运行风险必须引起治理者重视。

采煤沉陷区社会运行的风险识别是指人们运用各种方法系统地、连续地收集该地区社会运行所面临的各种风险以及分析影响社会运行目标实现的各种潜在原因的过程，是该地区社会良好运行的前提（姜子敬，2016）。风险识别过程包含两个环节：感知风险和分析风险。感知风险，就是要了解客观存在的各种风险，它是风险识别的基础，只有在感知风险的基础上进行分析，才能进一步寻找导致风险事故发生的条件因素，从而服务于风险处理方案的拟定以及风险管理决策；分析风险是风险识别的关键，它通过甄别引起风险事故的各种因素，是后续治理政策方针制定的重要参照依据（刘岩，2008；郭哲，2020）。

在参考社会稳定风险基础上，进一步识别、归纳和总结，确定对于采煤沉陷区社会运行风险的感知。主要考虑以下 8 种类型：采煤沉陷区社会运行政策规范和审批核准程序、征地拆迁及补偿、技术经济、生态环境的影响、采煤项目管理、经济社会影响、安全卫生、媒体舆情等（郭星华和曹馨方，2019）。根据每个类型中的风险因素，再分别建立参考评价指标，进行分开考察与分析，最终完成采煤沉陷区社会运行的风险识别。具体如下：

（一）社会运行政策规范和审批核准程序

采煤沉陷区社会运行政策规范和审批核准程序的制定过程主要包括采煤沉陷区社会运行立项审批程序、产业政策和发展规范、规划选址及设计参数、立项过程中公众参与

等环节。具体来看，每一环节中需要注意的因素各不相同。

首先，立项审批程序中需要注意围绕治理项目的立项和审批必须在合法合规的同时兼顾各地政府实际履职能力与治理可承担成本。其次，规划选址应保持项目与地区发展规划、地块性质相符合，还应考虑周边敏感目标与项目的位置关系和距离等，避免时空矛盾和选址带来的二次伤害。再次，在规划设计参数和设计规范时充分考虑诸如容积率、绿化率、建筑限高、与相邻建筑形态及功能上协调性等细节问题。最后，在立项过程中，时刻接受公众参与和监督，规划、环评审批过程中公示及时且客观，高度重视人民群众的诉求和负面反馈意见等（哈斯·曼德和穆罕默德·阿斯夫，2007）。

（二）征地拆迁及补偿

因煤炭开采、地表沉陷造成的征地以及村庄、住所居民搬迁，这是一个涉及群众权益、社会稳定和区域经济协调发展等方面的难题，也是地方政府和企业必须列入解决计划的事。征地拆迁及补偿的内容主要包括土地房屋征收范围、补偿资金、补偿标准、补偿程序和方案、拆除过程、特殊土地和建筑物的征收、管线搬迁及绿化迁移方案、被征地群众就业及生活、安置房源（计划的）数量和质量以及对当地的其他补偿。

具体来说包括几大方面：其一，土地房屋征收范围：要考虑该项目是否与因地制宜、节约利用土地资源这一总体要求相符合，还应考虑其与工程用地需求、与当地土地利用规划之间的关系等。其二，关于土地征收补偿资金（方洞，2019）：要考察补偿资金的来源、数目以及具体落实情况。其三，被征地群众就业及生活：就业促进计划、技能培训计划以及安置方案、落实计划、满足度情况等。其四，安置房源（计划的）数量和质量：安置房建设用地指标、总房源比率、本区域房源比率、期房现房比率、房源现状及规划配套水平（交通和周边生活配套设施等）、安置居民与当地居民融合度、安置房的建筑及安全标准等。其五，土地房屋征收补偿的标准：项目征地拆迁的实物或补偿安置标准是否符合国家和各省政策规定，房屋拆迁补偿采用的市场价格是否与合格第三方评估价格一致（韩荣青和郑新奇，2002）。其六，土地房屋征收补偿程序和方案：土地房屋征收补偿计划方案和工作是否按照国家和当地法规规定的程序开展；补偿方案是否征求了公众意见等。其七，拆除过程：文明拆除方案的制定和拆除过程的监管、拆房单位既往表现和生产的影响等。其八，涉及基本农田、军事用地、宗教用地等特殊土地和建筑物的征收是否与相关政策相衔接等。其九，管线搬迁及绿化迁移方案：管线搬迁方案和绿化迁移方案的合理性。其十，对当地的其他补偿：对施工损坏建（构）筑物、各类生活环境受到影响人群的补偿方案等。

（三）技术经济

对于采煤沉陷区的社会运行，地方政府和企业也应全方位考虑技术经济对当地采煤沉陷区产生的影响。首先是有关工程方案，即采煤项目建设和运行是否会存在工程安全、环境影响等方面的风险因素：如易燃易爆项目是否考虑对安全距离内外生命财产安全可能造成的破坏影响以及对周边环境造成的负面影响；技术方案中执行的安全、环保等指标是否达到规范标准、是否与当地群众的接受能力不一致等。其次是资金筹措和保障问题，即采煤资金抽取方案的可行性以及对沉陷区的修复资金保障措施是否充分、是否能以一个稳定的过程进行投入、是否能保障资金不被人为主客观地截留或不合理使用。

（四）生态环境的影响

采煤地域沉陷带来的最直接风险就是对生态环境的影响，如大气、水体污染物的排放要在厂界内，沿线、物料运输等过程中充分考虑各污染物排放与环境排放标准限值之间的关系、与人体生理指标的关系、与人群感受之间的关系等。不但要考虑噪声、振动和电磁辐射放射线的影响，即标准限值之间的关系，与人体生理、人群感受之间的关系，还要考虑各种污染，土壤污染、固体废弃物及其二次污染、地下水污染、光污染等。

具体来说涵盖：其一，重金属及有毒有害有机化合物的富集和迁移等。固体废弃物是否纳入环卫收运体系、保证日产日清；建筑垃圾、大件垃圾、工程渣土、危险废物（如医疗废物）能否做到有资质收运单位规范处置；重金属、有毒有害物质等各种排放物对地下水、河流、湖泊和海洋产生的影响。其二，光污染，包括玻璃墙光反射污染和夜间市政、景观灯光污染影响的物理范围和时间规范，灯光设置合理规范性等。其三，给耕地带来了一系列的连锁破坏。一方面，破坏土壤的物理特性。自盆地边缘至中心孔隙度减小，降低土壤通透性，使其生产力下降；另一方面，破坏土壤的化学特性。沉陷地中坡是地表拉伸与压缩变形的交界部位，坡度最大的地方，地表径流的侵蚀最强，其土壤的有机质含量最低，而下坡接近沉陷的中心，且因其多呈凹形，故上坡和中坡的有机质在下坡处聚积，有机质含量为沉陷各部位中的最高值，又由于沉陷中心多为积水区，其有机质和养分容易流失。一般来说，上坡有机质含量与沉陷前差别不大，但是由于土壤具有一定阻滞作用，随着时间的推移土壤有机质含量逐渐降低，沉陷地有机质含量的降低滞后于沉陷过程，在新沉陷地土壤的微生物含量随坡位的下降而下降。其四，日照、采光、通风热辐射影响，要分析日照减少率、日照减少绝对量、受影响范围（吴玉会和殷蓬勃，2009）、性质和数量等与规划限制之间关系；查看热源及能量与人体生理指标、人群感受之间的关系，包括通风量、热辐射变化量变化率等。其五，公共开放活动空间、绿地水系、生态环境和景观。将对自然、文化的影响纳入风险识别的类型中，如考察公共活动空间质和量的变化、绿地质和量的变化、水系的变化、生态环境的变化、社区景观的变化等；采煤对古木、生物多样性、文物墓地以及其他自然文化的破坏影响，还有对当地地形、植被、土壤结构产生的影响，弃土弃渣可能对周边人文和环境造成的影响，以及是否有水土保持方案等。

（五）项目管理

为加快推进采煤沉陷区的综合治理，规范资金管理，提高资金使用效益，确保资金专款专用，采煤沉陷区的项目管理应着重做到下述几点：①既要做好项目"四制"建设，即法人负责制、建设监理制、招投标制和合同管理制等，又要贯彻落实项目单位六项管理制度，即审批或核准管理、设计管理、概预算管理、施工管理、合同管理、劳务管理等。②施工方案应加强施工措施与相邻项目建设时序的衔接、明确实施过程与重要事件时间点（如两会、高考、国家及地区重要节日、庆典会议活动等）的关系以及施工周期安排是否对周边居民生产生活产生干扰等。③文明施工和质量管理。严格控制因违反文明施工和质量管理相关规定而造成的环境污染、停水、停电、停气、影响交通等突发情况的发生。④建设社会稳定风险管理体系，要求企业和政府就项目进行充分讨论和研究，各司其职，对社会稳定风险有充分认识，建立健全突发情况应急处置预案和社会稳定风险管理责任制等。

（六）经济社会影响

在采煤区沉陷进行综合治理的过程中，无论是哪一细小环节都有可能诱发社会不稳定因素迅速膨胀。因此，对经济社会在风险识别时候的影响也是不容小觑的。①尊重各地文化和生活习惯，特别是避免搬迁过程中不同地方传统文化、邻里关系、生活习惯、社区品质等方面的改变和融入可能引起的群众身心不适。②相互尊重彼此宗教信仰和习俗，及时了解项目的所在地群众的宗教信仰和风俗习惯，避免发生冲突。③实时监测土地价值、房屋价值变化量和变化率对周边土地、房屋价值的影响等。④认真评估项目的建设和运行对一定区域内整体就业及特定人群就业的影响。⑤格外注重因项目建设、运行引起的群众收入水平差异以及收入不均程度变化等，进而造成群众收入不公平的现象。⑥尽可能确保当地基本生活成本（水、电、燃气、公交、粮食、蔬菜、肉类等）基本稳定，避免因项目建设、运行出现相关生活成本提高造成的生活恐慌。⑦动态观察因施工期流动人口及家庭变化、运行期流动人口变化及家庭管理方式变革对公共配套设施的影响等。⑧流动人口管理既要严格又要科学，对施工期流动人口及家庭变化、运行期人口变化及家庭管理的影响尽量降到最低。⑨合理看待施工期、运行期对当地商业经营状况的影响。⑩对当地群众正常生产生活的影响要切实甄别，是否给当地群众正常生产生活带来不便，如施工方案是否考虑周边的交通畅通，运行期项目周边公共交通情况变化，项目新增的交通流通与周边路网是否匹配，项目出入口设置给周边人群带来的影响。⑪历史遗留的社会矛盾不可放任不管或推诿责任，必须认真考虑和对待拟建项目所在地区历史上有过类似项目建设及运行曾经引发的社会稳定风险。

（七）安全卫生

安全卫生方面主要针对采煤项目的施工队，包括以下几个方面。第一，施工与运行期间安全卫生与职业健康。如输送车辆的管理、施工和运行存在的危险、有害元素及职业卫生管理、安全管理制度、应急处理机制等。第二，重大安全事故，如泄漏、爆炸、火灾等，以及是否有应对重大生产安全事故发生的相应预案等。第三，地质灾害，如崩塌、滑坡、泥石流、地面沉降、地面塌陷、地裂缝及洪涝等。特别是是否有项目实施过程中可能导致的地质灾害发生相关预案等。第四，社会治安和公共安全。如施工队伍规模、运行期项目使用人员构成、管理模式等。

（八）媒体舆情

媒体舆论导向及其影响包括是否获得媒体舆论的支持、是否安排和协调有权威、有公信力的媒体对项目建设信息进行公示、是否利用媒体进行正面引导、能否时时接受媒体及舆论的监督等。

通过对以上风险因素识别及分类，又查阅其他相关资料文献，我们认为采煤沉陷区"生态–经济–社会"多维关系发展面临的社会风险主要有：其一，安置补偿标准低，安置工作难度大，失地农民利益缺乏有效的保障机制。其二，沉陷区群众在失去土地后如果无法享受到煤炭开采带来的收益，或者补偿没达到正常标准，极易使当地居民心理产生不平衡。其三，对采煤沉陷区的综合治理难度较大，沉陷区环境治理和生态修复项目的申报往往受到土地复垦率、稳沉状况等因素的制约，由此很可能造成当地生态环境恶化，破坏居民的正常生活环境。经过实地调研，基于"生态–经济–社会"多维关系逻辑范式，最终构建采煤沉陷区社会治理模型及风险评估体系，共分为 5 个准则层、22 个指标层（见表 6.1）。

表 6.1　采煤沉陷区社会治理模型及风险评估体系

目标层	准则层	指标层
采煤沉陷区社会运行风险	土地塌陷的直接风险	耕地破坏与减少（农村）
		房屋破裂与沉陷
		道路破损
		水源污染
		电力设施受损
		人身安全风险
	拆迁安置风险	补偿政策的透明度
		补偿政策的公正性
		补偿方式的选择
		安置方式的选择
		安置房质量
	失业与就业风险	失业与职业转换
		就业培训与再就业
		就业适应风险
	社会保障风险	医疗服务
		养老服务
		子女教育
		社区公共服务
	社会稳定风险	干群矛盾
		居民矛盾
		社区治安
		遗留矛盾

二、采煤沉陷区社会风险聚集的生态与经济诱因

煤炭开采活动是人类在生存发展过程中对自然资源和生态环境造成破坏的众多影响因素中不可忽视的一项，它在给人类社会带来巨大经济效益的同时，不可避免地破坏了矿区的原始生态，造成一系列的社会风险。过分强调经济快速发展，牺牲环境为代价求发展的事件屡见不鲜。近年来，采煤沉陷区引发的群体性事件层出不穷，其社会风险积聚已引起社会的广泛关注。

（一）生态诱因

采煤沉陷区社会风险聚集的生态诱因来自土地资源、水资源、生物资源和生态环境四个大方面，如表6.2所示。

表6.2 采煤沉陷区社会风险聚集的生态诱因

维度	项目	风险
生态诱因	土地资源	土地利用面积及方式减少、地表景观改变
	水资源	地表水污染、地下水下降、水循环不畅
	生物资源	生物多样性受损、生物资源流失
	生态环境	水环境、土壤环境、大气环境以及生物环境下降

1. 土地资源

由于目前的煤炭开采技术和后续环境治理能力并不匹配，对环境所造成的污染相当长的一段时期内会广泛存在，特别是对土地资源的破坏及其引发的环境变化，会伴随着整个开采过程一直延续下去。据不完全统计数据显示，截至2015年，我国土地塌陷面积已经迅速升至104200 km^2，并且因煤矿资源开采所带来的土地塌陷面积仍呈现急剧扩大的态势。与之所带来的影响也日益突出，综合看来包括下述几点：

（1）改变土地利用条件和方式。采煤形成的塌陷区是土地塌陷最突出的表现，常年大面积积水使原本的耕地不再适合耕种，原本的交通用地和建筑用地也无法继续作为城市后续发展的储备用地。采煤塌陷改变了地形地貌，使土地不再平坦，原地面坡度不断加大，原本相对稳定的土壤结构和地质环境被扰乱。尤其是倾斜的地面和裂开的地裂缝造成水肥渗漏、流失，进而引起地面小气候和土壤肥力（如水、热、气、肥等）发生变化，导致土地的生产力持续下降甚至丧失。土壤物理性质和化学性质被改变引起土地利用的适宜性发生变化，从而对土地利用方式的选择形成很大制约。

（2）改变农业土地利用结构。采煤塌陷地的出现使当地的农业土地利用结构发生改变，包括耕地数量减少和坑塘水面增加等。采煤带来耕地的塌陷，形成常年或季节性的积水区，这能够为渔业的发展提供必需条件，从而改变当地的农业生产方式，即由原来的以农作物或经济作物为主导的农业产业转变为以渔业为主的水产养殖业，从根本上改变了农业土地的利用结构。

（3）改变地表景观格局。地表景观格局是人类及其环境空间分布差异的表现，它是由人为干扰塑造而成的，其规模、形状、结构和质地各不相同，是排列不同的地表景观要素共同作用的表现，是由各种复杂的自然和社会条件相互作用造就的。煤矿区煤炭的开采扰动了矿区的生态环境，改变了地表景观格局，给地质结构以及煤矿区的生态安全与持续发展造成破坏。受煤炭开采影响，矿区区域内的地表随着开采进度的进行逐渐下沉，由平坦的农田转为坡耕地、积水区。随着开采进度的深入，转变范围不断扩大，沉陷的土地主要演变为季节性积水地、常年积水水面、坡地等其他景观。

2. 水资源

我国煤炭资源主要分布在中西部经济落后的干旱半干旱区域，此区域原本生态环境就很脆弱，加之地表塌陷所带来的地下水位下降等情况，对自然环境的影响可想而知。

具体来说，由煤炭开采而产生地表沉陷、岩体塌陷，造成大片地势低洼的土地沉入水中，进而形成了大片的积水区，这种地表状态的变化大大减少了农业用地的城市后备发展用地和数量。同时，采煤过程中所产生的废渣、废料、粉尘等污染物质也将随着降水沿地裂缝等侵入地表以下，污染地下水，如造成水中总悬浮物和矿化度的增加，被污染的水体会散发异味并且浑浊不堪。煤炭燃烧产生的酸性气体在空气中遇水发生化学反应后转化为酸性液体（主要是硫酸和硝酸），通过降水沉降到地面形成酸雨。由于采煤塌陷使地表产生裂缝，酸雨随着塌陷裂缝渗入土壤中污染地下水体，可使包气带水、地下水呈酸性。因酸雨造成的水体污染，不仅危及水生动植物的生长，且对人体健康造成极大威胁。

3. 生物资源

采煤塌陷对矿区生物多样性的破坏具有不可逆性，造成区域内生物多样性的减少和生态失衡（武强，2005），原来的地表景观发生变化，原有的地表植被遭到破坏，进一步加剧土地退化和荒漠化，严重威胁区域内动植物生存。

煤炭矿区大多分布于平原和浅山区，而煤矿外场占地一般为山下平地。矿区周围地表在开矿初期一般被林木和杂草覆盖，其天然具备完整生态系统的功能和特征。由于煤炭开采占用和改造大量土地，破坏了地表植被，造成土壤、植被的持水量减少，削弱土壤的持水能力，提高了泥石流等灾害的发生频率，进而加剧局部地域水土流失。与此同时，生物多样性丧失后，尽管某些耐性物种能在矿地实现植物的自然定居，但由于矿山废弃地土层薄、土质差、肥力薄、微生物活性差，遭到破坏的生态系统的自然恢复是一个非常缓慢而困难的过程，通常需要 50~100 年，而土壤的自然恢复，则需要几百甚至上千年。即便如此，再次恢复形成的植被质量也相对低劣，木本植物要经过二三十年后冠层盖度才仅达到 14%~35%。不仅如此，矿业废弃地的裸露和矿山排水还会继续加强这种破坏，造成更大范围内生物多样性的减少和生态平衡的失调。

4. 生态环境

一方面，煤炭开采使采煤塌陷区的多种表征环境状况的指标发生变化，包括水环境中的 pH、COD、重金属含量、N/P 含量、土壤环境的有机质含量、大气环境中的空气污染指数以及生物环境中的植被覆盖率等。另一方面，矿产开发过程中产生污染物对采煤塌陷区的大气环境效应造成影响（姚章杰，2010）。这种影响主要包括两种类型：一是物理污染，包括采矿、运输、冶炼等过程中造成的烟尘、粉尘等。据测定，一个大型尾矿场产生的粉尘可以飘浮到 10～12 km、降尘量达 300 t/万 km²，粉尘污染可使谷物损失达 27%～29%，土豆、甜菜减产 5%～10%，人畜也会受到不利影响；二是化学污染，这是由采矿、炼焦过程中有机、有毒、有害及酸性气体物质释放造成的，进而引发一系列大气环境问题，如温室效应、酸雨、光化学烟雾等。此外，矿山植被破坏常造成地表异常干燥、热容量降低和反射率增加，形成区域热岛效应和干热风害进而导致矿区微气候的恶化。

（二）经济诱因

1. 直接经济损失明显

随着煤炭资源的产值的提高，煤炭开采所带来的经济损失随之加大，据调查分析得出，我国平均每开采出 1 万 t 煤炭，会造成 240 m² 面积的土地塌陷，而直接经济损失达 100000～150000 元。目前我国由于煤矿矿山开采所导致的地表塌陷带来的直间接经济损失已经远超过 500 亿元。仅在 2002 年我国就新增 3 万 km² 采空塌陷区，并造成 20 亿元的经济损失。鄂尔多斯地区、山西大同地区等重点煤炭资源开采地区的采空区面积占所开采面积的 10%，如果按其区域人口测算，每个人平均所占采空区面积约为 1.862 hm²。

不仅如此，对城镇而言，其空间被采煤沉陷区挤占，地面建筑和基础设施的安全受影响，形成恶性循环，如重复搬迁、重复建设、重复补偿，也严重影响了城镇里的产业布局，造成部分产业衰退甚至消亡，加大产业结构调整的难度，部分产业甚至出现停滞。对农村而言，采煤沉陷区的出现使农业生产力水平的提高受到严重阻碍。在土地塌陷和人口增长的影响下，淮南市和鄂尔多斯市农业人口人均耕地面积严重减少，从而造成人多地少的局面，社会矛盾激化。此外，采煤塌陷区也使种植业损失严重，原有大量耕地变成水面或荒芜的沼泽，给种植业带来严重的经济损失。对煤矿企业而言：一方面，为补偿或赔偿采煤沉陷区的居民，企业每年需支付大量的费用，从而造成沉重的经济负担；另一方面，在土地征用、拆迁、赔偿过程中各种矛盾和利益相互交织（谭嵩等，2014），且需要花费大量的人力、物力来协商或签订征用、赔偿协议，这给煤矿企业的正常开采和经营活动带来一定影响，甚至曾经发生过企业因此被迫停产或局部停产的状况（侯新伟等，2006）。

但与此同时，以神东矿区为例，它是我国重要的能源生产基地，其矿区占地面积为 3.12 万 km²，探明储量 2236 亿 t。由于地质构造简单、煤层厚且利于开采、矿区交通运输方便，以及相应的煤炭化工业的建立等原因，这里适合规模化、机械化开采。神东矿区煤炭开采为国家提供了充足的优质动力煤，同时保障了全国的电力供应。既为当地的 GDP 提高起到了不可忽视的作用，也对促进国民经济发展具有重要的意义。

2. 土地减少的危害

采煤沉陷区在短期内减少了大面积土地,不可避免地给土地表面的附着物,如经济作物、建筑物等带来损失,而它们的所有者需要由政府和矿区企业进行安置和补偿,这是因实物的损失造成的客观双向经济损失。从长远来看,许多道路等设施随着地下煤炭的开采造成的地表下沉、塌陷而受到破坏。地表下沉也对正常的施工建设产生影响,为了保证工程稳固,许多建设项目不得已增加了建设费用。这就在人力、物力上给城区和村镇建设、公益设施建设增加了巨大的投资,从而造成地方财政的负担加重。这就需要各级各地政府因地制宜地对塌陷区土地进行综合治理和利用,降低未塌陷区地表塌陷的系数,并对地表塌陷区展开检测,区分地表塌陷危险性,并对地表塌陷危险度进行分级、分阶段利用。

3. 生态改造中的利益分配失衡

对农民而言,拆迁补偿标准与农民受偿意愿不相匹配,且存在补偿不公正的现象。在发生塌陷后,煤矿企业本着"农民个人收入不减少"的原则,对农民进行资金补偿。部分农民由原本依赖耕种为生转变为依赖补贴为生。改造实施后,煤矿企业不再对农民继续补贴,断了部分农民财路,加之改造实施后对塌陷区未搬迁的农户拆迁补偿标准较低,部分甚至没有得到补偿。为迫使政府满足自身利益,当地农民会采取不正当甚至暴力的手段。

对施工企业而言,在采煤塌陷区生态改造中其收益比例不合理。施工企业不用担忧拿不到工程款,且在政府强权的保证下拥有良好的施工环境,从而使施工阻力及成本大为减少。在安国湖案例中,去除成本后的企业收益约占项目总投资 40%。此外,私人企业参与公共设施建设中,采用招投标体制经常会带来过高的投标价格。参与投标的企业为了更好地回馈投资者,一般都会把投标的价格定得较高,从而使经济利益的天平倾向于企业一方。

对县级政府部门而言,其在采煤塌陷区生态改造中所获得的收益明显偏高。国家及省级政府拨款是采煤塌陷区生态改造的资金来源,在整个改造过程中,县级政府起着组织和协调的作用。然而,其所获利益通常占整个经济利益分配的 1/5 左右。而其实际经济利益会随着项目的运行和发展而不断增大。采煤塌陷区的生态改造是一项公共工程,应注重项目带来的社会利益和生态利益。而政府在这一过程中获得高额的经济收益显然是违背这一改造初衷的(陈利根等,2016)。

4. 可持续发展的阻碍

采煤区沉陷加剧了工业用地、城市建设用地以及非煤产业发展用地的紧缺矛盾,影响了经济的可持续发展。根据城矿发展同步规律、矿业城市消亡规律以及矿业城市终将转型规律,在矿业城市和矿业企业不断发展过程中,矿业企业用地会随着矿业城市的消亡和矿业城市的转型,进一步转型成为城市的建设用地,随着城市发展,其用地和人口快速增加,城市将连续或非连续地向四周膨胀式的发展。总的来说,塌陷区在城市化的推进下会不断地向城市中心靠近，并最终包括在城市内部。这就表明，由于未来不断扩大的城镇化发展规模和不断提升的空间扩展要求，城镇发展必须避开采煤沉陷区的时空束缚，沉陷区的承载能力必须纳入到基础设施建设的考虑范围，采煤沉陷区不可否认地会对城镇的发展格局产生长期影响，并成为社会可持续发展战略与过程中的一根"鱼刺"。

第二节　采煤沉陷区社会运行风险评估与防控体系构建

鉴于采煤沉陷区在形成和扩散过程中存在的各种问题和弊端，必须对其进行全面性的风险评估。在此基础上，立足不同地区、不同类型沉陷区内潜在的隐患因地制宜地建立起防控体系，从而有助于落实"边开发，边保护"的发展原则。

一、采煤沉陷区社会运行风险评估原则

由于我国传统经济发展模式的狭隘性，对于采煤沉陷区经济社会可持续性发展的研究起步较晚，其主要原因是长期的单一思维模式造成人们对于社会系统内部多因素之间的关系认识不够深刻。我国资源型城市经济社会转型发展的理论和方法方面存在着很多不足之处，比如缺乏标准化和可操作的社会评价规范。特别是自然资源开发项目社会评价的方法、理论研究以及研究目的、预期效果还远远不能满足社会发展的需要。本书坚持社会学与经济学、生态学等学科相融合的方式，以期立足于实际情况来制定和完善评价原则。

（一）整体评估原则

采煤沉陷区社会运行风险的评估应包括对已经发生或者可能发生的潜在的风险进行整体性、综合性的评估。包括人为的社会风险（如采煤塌陷对涉及群体的影响，是否符合大多数群众的意见，是否会导致群体性事件，引发矛盾）、自然的社会风险（随着自然资源开采量以及开采步伐的加快，开采资源逐渐走向枯竭，从而引起地表塌陷、植被破坏、水土污染、水土流失等灾害）以及经济发展的社会风险（由采煤沉陷导致的社会风险是否影响到本省或本县短期或长远的发展规划，是否考虑到不同利益群体的需求，以及是否考虑到发展持续性、地区平衡性和社会的稳定性）。

宏观上，采煤沉陷区社会风险的影响因素包含各个方面，在对风险进行评估时，必须运用整体性、系统性的原则，将宏观社会风险先进行多维度分解，然后再进行统一综合，从各个角度，相对完整地反映出被评估对象的主要风险因子，全面、系统地反映出沉陷区社会存在的风险种类、程度及范围，在确定各类风险指标基础上，将系统与层次相结合。采煤沉陷区的治理是涉及多学科、多行业、多部门的系统工程，因此，其社会运行风险的评估也涉及多因素、多层次的系统性评价。传统上采煤沉陷区社会运行风险评估的着眼点在于是否发生群体性事件和沉陷带来的直接经济损失，实际上应从更广的角度，比如采煤沉陷区突发公共事件、社会负面影响、居民未来生活保障等层面，充分运用新媒体、大数据等现代科技应用手段，依据风险社会理论、社会冲突理论、社会转

型理论、社会运行理论等多种理论模型，充分结合社会转型期的现状和特点来设计指标体系，从实际出发，全面评估沉陷区可能引发的社会运行风险。除了直接地经济损失外，当地居民未来各方面的生活保障和心理需求不容忽视，居民的心理承受能力、长远利益和现实利益应纳入沉陷区社会运行风险的评估指标。

（二）动态评估原则

引发采煤沉陷区社会风险的因素不是单一的，是多方面相互激发的结果，社会风险的评估应坚持及时跟进、动态更新的原则。如果评估一直死守固定框架和模式方法，就会导致日益僵化，造成社会风险治理决策失误，从而引发不必要的后果和损失。所以社会风险应采取动态评估原则，促进采煤沉陷区的可持续发展，将评价目标与评价指标有机结合起来，科学反映采煤塌陷区资源要素和环境要素的可持续利用程度，降低中低等次的社会风险。

采煤沉陷区的沉陷范围和程度与上覆岩层的物理力学性质、采空区煤层埋藏条件、开采方法以及地质构造有关。以上几种因素，任何一个因素不同，都会导致沉陷区范围及程度的改变。因此，采煤沉陷区存在的风险影响因素具有复杂性、多变性，它是一个复杂的动态发展过程。采煤沉陷区社会运行风险的评估工作是为了全面而真实地了解沉陷区存在的社会风险，以服务于沉陷区的综合治理工作的展开。国内外关于社会风险指标体系的研究较多，但对社会风险预警指标体系的研究才刚起步，在设计采煤区社会运行风险指标体系时，在考虑指标体系整体性原则的同时，动态把握指标的灵敏度，指标的一点细微变化就能直接映射出某个或某类社会风险的发展变化情况，采煤沉陷区潜藏着自然风险与社会风险，这些风险也是动态发展的过程。不同社会、同一社会的不同阶段都有不同的社会风险，所以在指标的设计上，不仅要反映某一社会和其在某一阶段的社会风险，更重要的是要体现出动态性，能够反映出经济发展的状况和规律，尽最大可能做到贴近客观现实和力求全面、完整、充分，其指标的选择必须要有科学性，采用的选取方法也必须规范，不能模棱两可，所选取的指标要能够客观准确地提供有效性评估的内容与相关原则尽可能规范而实用，并根据沉陷区具体的动态情况把握风险与制定社会运行风险的评估指标。

（三）相对普适性原则

在设计采煤塌陷区发展指标体系时，要充分调查目标区域的资源利用现状和环境现状，在区域环境和资源容量可承载前提下提出生态重建和具体实施方案。另外，设计时要尽量寻求具有相对普适性的指标，这样设计出来的体系才能适用于其他采煤塌陷区，也便于该指标体系的推广实施。此外，具体单项指标的描述要简捷、准确，含义要明确、清晰，避免指标之间出现重复现象。

同时，在设计指标时，还要避免盲目追求指标体系的"万能"，在不影响指标系统性原则下，要尽可能缩减指标数量，尽量提高指标的操作性和可行性，从实际出发，突出重点。定性指标相对于定量指标来说，界定往往比较笼统和宽泛，不易于评估，而设计采煤沉陷区社会运行风险的指标主要还是为了最大程度反映治理情况，以利于工作的开展。因此,在设计指标体系时,应采取定量指标和具体数据,提高指标体系在实际应用中的可操作性,确保指标原始数据可以搜集到,便于计算,能全面反映沉陷区存在的社会风险状况,使得最终构建的指标体系具有普适性及操作性,同时最大限度呈现采煤沉陷区面临的真实情况(韩科明和李凤明,2008)。

二、采煤沉陷区社会运行风险评估指标

采煤沉陷区社会运行风险评估涉及众多因素,是一个较为复杂的体系。对采煤沉陷区社会运行风险进行全面、客观、真实的评价,首先要建立一套采煤沉陷区社会运行风险评估体系,这套评估体系要包括对沉陷区运行风险的评估指标。采煤沉陷区社会运行风险的评估体系主要包括土地塌陷的直接风险、搬迁安置风险、失业与再就业风险、社会保障风险、社会稳定风险五大评估指标。

(一)土地塌陷的直接风险

露天开采和地下开采的初期,会对矿区的水源、土壤、大气等自然生态环境产生破坏,而采煤区沉陷则是对自然生态环境的二次破坏。采煤沉陷区是地表或地下煤层开采到一定程度时形成的采空区或地表下沉的区域,这种沉陷区对自然生态环境最直接的影响就是破坏了地下岩层的平衡状态,一是导致地质结构发生变化,即:沉陷区上层岩层消失,原有地表状态被打破;二是形成下沉盆地。土地塌陷的直接风险主要可以细分为自然资源的损害、生态环境的破坏、基础设施和配套设施的破坏以及沉陷区居民人身财产安全四大指标层。

(1)自然资源的损害指耕地资源的损害,主要表现为水土流失、植被破坏、肥力下降、面积减少等现象。因为采煤沉陷区的水文、地质环境的改变,土壤肥力降低,进而使得土地生产力下降,甚至逐步丧失。煤矿开采往往还会造成大面积地表沉陷和产生大量裂缝,原本平坦的土地变得高低不平,原来的结构被打破,从而不能再进行正常的农林耕种,湿地也变成了旱地,由于对地表土地的破坏十分严重,无法再利用。

(2)生态环境和地下水资源遭受破坏。因为采煤沉陷区内的水文地质条件被破坏,矿区内污水横流、杂草丛生,不仅打破了原有的生态平衡,还导致沉陷区内水资源受到不同程度的污染。另外,由于两淮矿区存在煤炭埋藏浅、煤层厚等特点,一旦发生沉陷,就很容易破坏地下水系统,使地下水均衡系统被打破(胡友彪等,2018)。

(3)地面构筑物损坏不仅造成直接的经济资源损失,也使采煤沉陷的地表土变成旱薄地,房屋开裂甚至倒塌、公路路面凹陷甚至断裂、桥梁桥台下沉,供电、通信和给排水等管线路等基础设施下沉、杆路移位。大量的钢筋混凝土等材料的堆积与覆盖,地表的清理工作在短时间内无法完成,甚至无法恢复原来的土地状态。沉陷区农民失去耕地,就意味着失去了收入来源,其以后的生活必然面临着贫困的风险。

(4)沉陷区内原有的生态平衡被打破,新的生态体系短期内又难以建立起来,导致沉陷区有成为污染区的风险。在煤炭开采过程中,随着矿井内资源的大量外运,地下水水位会迅速下降,而未经处理的矿井水下渗回地下,导致地下水受到污染。采煤还会造成当地水井干枯、地下水矿化度、总硬度大幅度超标。另外,还会因废弃煤层自燃对大

气环境造成影响，矿区地面裂缝如果发育严重，容易在采空区形成复杂的漏风供氧管道，通过采空区与地面裂缝的相互导通而输出有害气体（唐孝辉，2016）。

（5）如果采煤沉陷区域位于居住区之中，随着煤炭开采沉陷，居住房屋和其他地面建筑物随之开裂、倾斜甚至倒塌，对群众生命财产安全构成严重威胁。采煤沉陷严重的会诱发山体滑坡、泥石流、地震等一系列地质灾害，2012年山西省平定县冶西镇尚怡村全村受采煤引发的山体滑坡的影响，全村的房屋受到不同程度的损害并造成部分人员受伤或死亡。

（6）采煤沉陷也会对居住区原有的公共基础设施，如道路、电力、水源都会造成破坏与污染，干扰到当地居民的正常生产生活，降低当地居民的生活水平。采煤区伴随着大面积的塌陷，使矿区周围的居民失去赖以生存的基本条件，当地水资源、土地资源及大气资源的破坏与污染不可避免地影响当地居民生活质量。

（二）搬迁安置风险

搬迁安置风险主要可以细分为补偿政策的透明度和公正性、补偿和安置方式的选择、安置房质量三个指标层。

（1）补偿政策的透明度和公正性是指由于沉陷区居民因"地矿分离"模式较少得利却要承受采煤沉陷带来的不利后果，政府在制定搬迁安置政策时要充分保障其利益。同时，政府在制定搬迁安置政策时要广泛征求沉陷区居民的意见，让沉陷区居民参与到政策的制定中。政府要积极宣传搬迁安置政策（如采取公示的方式），对沉陷区居民存在疑问的，政府要积极答疑解惑。否则，搬迁安置政策就存在不透明、不公正的风险。采煤沉陷涉及当地人的居住区域，在对居民造成生命财产的直接风险的同时，必然影响到当地居民的搬迁工作。因此，政府制定的搬迁政策必须以维护群众自身利益出发，将相关的补偿政策落实到位。

（2）补偿和安置方式的选择。政府在进行失地农民搬迁安置时要充分考虑到安置居民的实际情况和困难，在坚持大的原则前提下，根据不同情况灵活处理。具体来说：一方面，政府在安置过程中应考虑居民原有房产等财物的现实情况，实事求是，避免采取"一刀切"。在进行住房安置时，政府要考虑到居民家庭人口数量和原住房面积，不能简单地以户口为基础进行安置。另一方面，安置方式要多元化，充分尊重居民意愿，让居民有多种选择，不能仅局限于房屋补偿。沉陷区的居民存在对搬迁政策的抵触及消极配合的情况，毕竟居民突然要搬离长久生活与居住的区域，其心理排斥必然影响政府的拆迁工作，基于此，政府必须充分考虑和综合搬迁工作潜在的各种社会风险，从居民的根本利益出发，创新安置方式，促进沉陷区的搬迁安置工作逐步走向制度化、法治化。

例如，淮南市采用的"集中式搬迁、发展式安置、开发式治理"的模式。具体而言，集中式搬迁指在全市范围内划分若干个安置点，对未来10～20年沉陷区的居民进行集中搬迁，由小、近、散到大集中。发展式安置则按照城乡资源进行市场运作、投资代建的方式，建设一批规模大、层次高、公共服务配套的新型社区（李松和秦元春，2013）。开发式治理是指政府采用财政资金引领，吸纳社会资金对沉陷区水土资源进行开发利用。

（3）安置房质量关系着搬迁安置居民的人身财产安全，直接影响着采煤沉陷区居民搬迁安置工作的成败。但是，沉陷区居民搬迁安置房建设工程往往采取公开投标的方式，一旦缺乏对施工方的监督，出于利润的考虑，施工方可能会有意偷工减料，从而导致安置房的质量问题存在着一定的风险。政府出于社会福利和财政支出的负担，依托开发商与社会搬迁政策的辅助指导安置房的建设，但开发商企业成本投入远远超过政府的财政补贴，出于资本利益的角度，用低成本的建筑材料建设安置房必然给移住居民带来生命安全的隐患。因此，相关政府部门应充分发挥其行政监督的职能，针对采煤沉陷区安置房的建设成立专家组监督施工方的工作流程，明确其相关责任并安排工作小组严格执行。

（三）失业与再就业风险

失业与再就业风险可以细化为失业与职业转换风险、就业培训风险、再就业风险和就业适应风险四大指标层。

（1）种地是农民的主要职业技能，采煤沉陷导致沉陷区农民失去赖以生存的土地，其面临着失业与职业转换的风险。采煤区的塌陷，首先造成农业耕地面积减少，减少居民的农业收入，如果沉陷面积过大，则可能导致居住地农民失去赖以生存的土地基础，面临无土地耕种的情况。沉陷区的农民长期依靠土地收入为生，其所获得的生存技能与生活经验更多围绕土地展开，一旦耕种土地的权利或机会被自然风险所剥夺，当地农民即将面对生存困境。

（2）就业培训在所有的职业培训中都是一个十分重要的环节。在失地农民的职业转换中，职业培训更显得重要，但也存在更大的风险。政府虽然能够最大限度组织相关培训机构帮助失地农民再就业，但"隔行如隔山"，失地农民的文化素质普遍不高，职业培训的难度较大。原本依托土地生存的当地农民自身的科学文化素养有限，并受长期环境、年龄等因素的影响，接受新事物、新知识的能力远远不如城市中的年轻人。其原本掌握的生活与生存技能主要在农村的大环境下生成，处在沉陷区的农村，受地势及环境影响，相对比较闭塞，通信手段、对外信息沟通也比较落后，失地农民长期以来养成的思想观念、风俗习惯难以在短期内发生改变。职业培训涉及的不仅包括相关职业技能的传授，还包括外界思想观念的引入。

（3）失地农民的再就业是存在着较大的风险的，并非所有的失地农民都可以顺利地完成再就业。比如，年纪较大的失地农民身体素质难以满足体力劳动的需要，同时他们的学习能力也较差，即使进行就业培训也难以从事其他具有技术含量的工作。采煤区的塌陷意味着失地农民还需再社会化，其再社会化所取得的效果却因人而异，不同于跟随社会发展潮流的年轻人，失地农民往往受困于身体素质和学习能力。

（4）对于已经顺利完成再就业的失地农民来说，失地农民是从田里上岸的职业劳动者，要从务农职业转向非农就业，这种职业转换的跨度很大，他们可能还面临着就业不适应的风险。不同于年轻人职业适应的速度，失地农民可能需要相当长的时间甚至无法彻底适应。沉陷区的农民可能世代都从事农业种植并在潜移默化中形成对土地的依赖甚至土地情结，现代化社会中，职业间的垂直流动越来越频繁和广泛，失地农民自身的局限和高跨度的职业转换使其在心理和生理上承担巨大的阻碍与风险。

（四）社会保障风险

因为历史和国情的原因，我国长期以来存在城乡二元格局，社会保障在城乡也明显存在着制度上的分割，即分为城市社会保障制度和农村社会保障制度两个相对独立的部分。相对于优越的城市社会保障，农村社会保障往往条件更差，而矿区一般都位于农村。这种社会保障制度上的分割现实导致采煤沉陷区居民的社会保障面临着事实上的困境和尴尬的窘境。从理论上看，沉陷区失地农民一旦失去作为其身份象征的土地，就意味着其应转变为法理上宽泛概念的城市居民。但是，实际上农民的真实身份并没有发生明显的变化，因为失地农民经济收入、工作技能和社会适应能力等方面在整个社会中处于相对弱势，也并没有被真正纳入到城市社会保障的体系中。在我国当前的失地农民社会保障制度建设的摸索实践中，普遍存在着保障内容缺失、保障水平较低、动态调整欠缺、参保各方责任不明确等问题，导致采煤沉陷区居民的社会保障存在风险。沉陷区居民社会保障风险可以细化为医疗服务、养老服务、子女教育三大指标层。

（1）医疗保障尤其是农民的医疗保障问题一直是我国社会保障体系建设中存在的重难点问题。本来农村的医疗资源就稀缺且薄弱，而农民群体中普遍存在的"小病扛、大病拖、病到不行再看病""住上一次院，一年全白干"等落后观念导致部分生病农民往往小病拖成大病、重病，加深、加重了部分农民"因病致贫""因病返贫"的恶性循环。面对农村存在的这种医疗保障现状，农民依靠土地的农业产出所得的相对稳定的收入，加上政府的农村社会保障政策和健全而有力的农村基层组织，可以为广大农民提供最低标准的基本医疗保障。随着我国医疗体制改革的不断深入，新农村合作医疗的逐步完善，农民的医疗保障问题也得到稳步改善，但国家在医疗卫生公共支出上侧重对城市的资源倾斜以及强者恒强、弱者恒弱的效应，使得农民的医疗保障问题并未从根本上得到解决。因此，即使沉陷区失地农民都参与了新农村合作医疗，但考虑到覆盖的范围和报销的比例，沉陷区失地农民"看病难、看病贵""一病回到解放前"的风险仍然存在。

（2）一直以来，居家养老一直是我国农村农民养老的主要形式，而居家养老的主要经济来源是土地产出和农业收入，可以认为土地是农村村民居家养老或者社区集体养老的经济基础。在没有其他就业机会和因为年老体衰、家庭条件贫寒没有其他外部收入时，土地则成为农民赖以生存的重要保障，尽管有限的土地收不能使农民致富，却可以保障农民的基本生存。伴随着城市化的深化发展和农村的逐步空心化和日益凋敝，农村的家庭养老保障模式正受到越来越大的冲击，农村人口尤其是困难人群对政府提供养老保障的需求越来越迫切。但是，完善的体系建立是一个较为缓慢的过程（彭慧蓉和钟涨宝，2005），目前农村养老体系尚未完全建立，以土地承包权为主要依据的土地保障对农村社会稳定依然发挥着重要作用。因此，对于沉陷区的失地农民来说，他们面临着更加严峻的养老形势，养老保障存在着较大的风险。一方面，失去土地意味着失去了传统家庭养老的主要经济基础，在某种程度上就意味着失去了换取子女生活照顾和经济支持的物质来源；另一方面，国家对农村养老保障制度投入严重不足，难以承担起"两淮"沉陷区失地农民养老保障的重任。

（3）沉陷区居民大规模的集聚式搬迁安置必然会对搬迁安置点原有社会环境的承载

能力提出较高的要求，原有的有限教育资源难以满足大规模搬迁安置居民子女教育的需求。受到沉陷区搬迁安置的影响，一部分适龄儿童可能面临着无学可上的风险。如果政府前期的搬迁安置工作未全面、综合考虑，沉陷区的居民突然涌入新社区，就会导致社区资源分配不均，包含住房、娱乐、教育各个方面，搬迁的同时，沉陷区居民的子女需要相应的转移。此时，搬迁居民子女的教育需求往往超过搬迁地的教育资源或承载力，短期间若未得到妥善解决，必然影响搬迁居民子女的受教育状况。

（五）社会稳定风险

稳定是和谐的前提和基础，推进和谐社会的建设，必须保持社会的平安、稳定、有序。采煤沉陷区社会稳定风险可以细化为干群矛盾、居民矛盾、社区治安和遗留矛盾四个方面，无论以上哪个方面出现了问题，都可能会造成社会稳定风险，影响和谐社会的建设与发展。

（1）采煤沉陷区综合治理工程是一项综合性、系统性的工程，涉及面广，情况复杂，工作难度大。在我国目前的采煤沉陷区综合治理的过程中，政府往往起到主导作用，负责沉陷区综合治理具体事项的官员或多或少存在着居高临下的心理。沉陷区居民作为利益相关主体，不可避免地要维护自己的权益。然而，沉陷区居民往往不了解政策参与的途径，倾向于采取非理性的方式进行表达。因此，在实际的交往过程中，负责沉陷区综合治理具体事务的干部同志想维护自己权益与沉陷区居民之间难免会产生摩擦，相关职能部门若缺乏相关的责任心，忽视沉陷区居民的社会诉求，将逐步演化成干群矛盾，而干群矛盾进一步激化又会加大社会稳定的风险。

（2）沉陷区居民进入安置地区可能会对当地原有秩序造成影响，因为利益格局的变化也可能会诱发新型矛盾冲突。毕竟，当地居民原来所享有的公共空间和教育、医疗等有限资源会因搬迁安置被稀释和摊薄。因此，搬迁安置居民和安置点原住民之间存在着发生冲突的风险。采煤沉陷区的搬迁工作涉及方方面面，哪一环节出现问题都有可能影响社会的稳定。安置区的群众由农村进入城市，不可避免地在一定程度上会遭受原住民的排斥，身份地位的差异不仅给双方带来交往沟通的困难，也带来社区公共资源的分享不均问题。农民工及子女进城遭到城市居民的排斥已是事实，其造成的社会影响可想而知。沉陷区居民进城也同样面临可能被排斥的情况，并且适应城市生活需要耗费较长的时间，期间居民的心理可能会遭受来自原住民以及周围环境的压力。

（3）一般来说，政府只关注搬迁安置这一行为，较少关注沉陷区居民搬迁安置后的社区管理和社会服务。因此，安置小区后续的管理和社会服务往往处于无人问津的境地，社区治安存在着较大的风险。搬迁安置是采煤沉陷区综合治理过程中的一项涉及面广的复杂工作，需要综合考虑搬迁地点的选择、搬迁居民自身的各种情况以及搬迁后的社会服务与社会保障问题，往往政府的工作重心倾斜于沉陷区居民的搬迁的顺利完成的硬性指标，而容易忽略搬迁后居民的是否真正享受到社区公共资源、社区医疗服务等相关设置。搬迁居民的切实利益如果迟迟未得到实际补偿与供给，容易引发社区治安风险与矛盾。

（4）沉陷区居民之间发生在搬迁安置前的矛盾，也可能会因为搬迁安置这一行为重新显露出来，甚至进一步激化，从而对社会稳定产生影响。比如，在搬迁安置前素有争端的两个村庄由于搬迁安置住到了一起，相互之间低头不见抬头见，两个村庄的遗留矛盾可能会因为搬迁安置进一步激化并在新的环境内释放矛盾和不满情绪，从而影响到搬迁安置社区的社会稳定。实现搬迁安置区的长治久安在很大程度上取决于搬迁居民和原住民的矛盾、搬迁之前遗留的矛盾、政府工作与搬迁居民的矛盾的解决，搬迁工作作为一项处理沉陷区居民的大工程，隐藏着各类风险。

三、采煤沉陷区社会运行风险的防控体系

采煤沉陷区社会运行的风险问题不仅会对当地居民的生活生产造成负面影响，也不利于沉陷区域的经济社会发展，成为影响沉陷区社会稳定的重要因素。因此，对采煤沉陷区社会运行风险的防控是沉陷区综合治理工作的根本性问题，事关沉陷区综合治理工作的成败。采煤沉陷区社会运行风险的防控体系包括两大方面：构建采煤沉陷区社会运行风险预警监控机制和构建采煤沉陷区社会运行风险治理机制。

（一）采煤沉陷区社会运行风险预警监控机制的构建

将社会风险控制在一定范围之内，确保社会发展成本与代价不超出社会承受力，维护社会的相对稳定，需要建立健全社会风险预警机制。对社会发展过程中出现的危及社会稳定的各种风险进行及时监控，并根据监控结果采取相应的政府干预、社会行动，化解风险，排除警情。从这个意义上说，社会风险预警机制其实是社会稳定机制的重要组成部分，它是实现社会动态稳定的必要条件。它对于社会风险、社会动荡的发生具有不可或缺的预见、监测、防范与缓解的功能。健全的沉陷区社会风险预警机制要回答：沉陷区社会运行面临着哪些潜在的社会风险、导致风险的原因、风险发生的可能性，一旦沉陷区相关社会风险被激发，沉陷区的社会组织和成员会遭受怎样的损失或者面临着怎样的负面影响。

社会预警的认知过程最初以"神迹预示"的形式出现，伴随着人们对自然界、社会的层层认知，它由感性体验上升到一定的理性分析。人们将风险定义深化的同时，对风险的意识和认知也在不断提高，由于科技水平的不断提高，风险在科技的帮助下发生的概率越来越小，受社会各方面的影响，人们可以感知来自不同的风险。在采煤沉陷区社会运行风险的防控体系中，对风险的识别与发现不仅是风险治理的前提，也是风险治理的基础。因此，建立有效、快速、精确的风险预警体系是沉陷区社会运行风险防控体系建设的重要内容。采煤沉陷区的综合治理工作风险与机遇共生，当地政府作为沉陷区综合治理的主导力量，也应该是沉陷区社会运行风险预警监测机制的建构者。我国建立起社会风险预警系统具有现实性、可行性和操作性。因为风险的产生、爆发乃至消除具有可追踪认知的动态发展规律，可以通过充分的调查研究进行深入分析。同时，社会风险从产生、发展到爆发直至最后的解除是一个过程，因此，只要把握好介入的准确时机，就能够在风险爆发之前采取各种手段对风险进行转移、消弭。风险在爆发前往往都是有征兆和有迹可循的，只要能够准确地排查和追踪到这些征兆和迹象，并对其进行精准分析，一般就能够提前监测到危机萌芽，从而做到未雨绸缪、防患于未然。

　　首先，沉陷区综合治理的相关党委、政府领导干部特别是一线基层干部，应自觉提高沉陷区运行风险意识，加强学习社会风险防范知识，通过各类已发案例和现实工作中的经验教训总结提升风险防控能力。做到既提前预防，又有效治理。坚持预防为主，预防为主就是将预防放在防范和化解社会风险的主要地位和优先位置，采取各种预防手段，构建起较为完善的风险评估、风险预测、风险甄别、风险防控等各类协同协调机制，减少社会风险的发生，促进社会和谐。同时，应广泛征求基层群众和社会各界人士的意见，准确把握沉陷区居民和社会各界对评估事项的心理动态和认知情况。对存在较大争议、专业性较强的评估事项，按照有关法律法规要求，组织专家和有关群体代表进行论证和听证，为评估提供科学、客观、准确、全面的真实资料。最后，综合汇总各方面渠道收集上来的资料情况，对评估事项实施的前提、时机以及可能引发的社会影响、后续配套措施和方案等进行大胆预测分析和小心科学论证，形成严谨的专项研究课题报告，做出确定的评估结论，并提出政策建议和实施意见（张秋利，2013）。

　　其次，重大事项决策前风险预测流程。在出台沉陷区综合治理的相关政策之前，要坚持统筹兼顾的原则，站在顾全大局的高度立场，协调处理各方利益关系，并通过缜密而充分的调研论证，全面预判可能存在的社会风险，尽最大可能减少人为因素造成的风险。在进行采煤沉陷区综合治理相关的重大决策时，要严格规范评估的程序，而且要邀请第三方进行公正评估，还要切实提高评估的时效。对重大决策实施未评估或评估不到位引发重大社会风险或造成重大影响的，必须对相关责任人进行问责和追责。与此同时，风险评估系统还应保持动态开放性，通过不断调整、检验和修正，以适应不断变化的环境和要求。另外，还要对沉陷区社会运行风险的警示指标，即群体性事件的发生原因、动态变化以及沉陷区居民对群体性事件的反应和态度加以关注，采取积极应对措施，做到防患于未然。

　　最后，创新采煤沉陷区社会运行风险相关信息的收集方式和研判机制。建立起一整套网络舆情、大众心态、社会安全、环境状况等指标的监测系统，对可能影响社会稳定的各种风险进行实时动态监测，及时、提前、准确地进行风险预警，积极防范各类风险事件发生。一方面，建立采煤沉陷区社会风险信息收集网络，充分利用现代信息技术手段和开展经常性社会调查等方法建立起多层次、全方位的沉陷区社会风险信息收集和跟踪反馈制度，有助于相关政府职能部门能及时掌握第一手信息资料。整合各类信息资源，快速、有效地收集各类风险信息，是做好防范、化解、治理社会风险工作的重要前提。因此，必须综合采用各种手段，充分调动各方力量，建立健全完善的风险信息收集系统。同时，在快速、有效地收集风险信息的基础上，建立完善的风险评估系统、风险预测系统、风险甄别系统。另一方面，及时创新风险研判机制，依托大数据等现代科技手段，有效汇总碎片化信息，根据动态发展变化分析识别、预判风险，增强风险发现机制的准确性和科学性。完善社会预警指标体系，在指标确定的衡量方法上，区别对待，毕竟不同的指标对于风险的诱致程度不同。相关权重的确定，一方面需要各个专家结合突发情况进行反复论证，另一方面，需要借鉴成熟的预警系统。预警指标可以通过一定的程序获得相关数据，从而对不同的采煤沉陷区做出具体的参考（西林，2003）。

（二）采煤沉陷区社会运行风险治理机制的构建

采煤沉陷区社会运行风险预警机制发现风险之后，要想及时有效地解决风险问题，就必须提前建立相应的治理机制。而沉陷区社会风险治理机制的构建主要包括治理主体、治理原则、治理方式选择三个方面。

1. 治理主体

政府作为治理的主心骨，存在政策宣传不到位的现象，采煤沉陷区众多居民反映"补偿政策不透明，知情度低"。同样作为主体的个人也存在一味寻求政府和企业补偿的现象。尤其是沉陷区的失地农民，在失去耕地后，对政府和企业提供的工作岗位以年纪大、身体不好、收入低等原因进行推辞。政府、企业和个人在治理过程中存在的不足，可能演化为整个社会的公共风险（李太启和高荣久，2015）。有鉴于此，应建立由政府、企业、社区、个人等主体共同参与的采煤沉陷区社会运行风险协同治理机制，力求为沉陷区社会运行风险的解决探索出一条可行之道。有效建立采煤沉陷区社会风险预警的相关监测部门，促进社会与政府之间，政府内部各部门之间，不同地区政府之间的联系，设立专门的预警联络部门，以实现互通有无，经验分享。

现代社会更需要全方位的社会风险预警机制，在各个层面上社会风险都具有复杂性，只有全方位的社会风险预警机制，才能将各部门、各行业企业等社会主体都融入整体的风险预警系统中来，形成以当地政府为中心，其他主体为辅助的全方位治理局面。在风险爆发后，也能建立起以联络部门为纽带，充分发挥各部门在化解风险中的作用，由政府、企业及其他社会主体所构成的这样一个资源互补、信息共享的治理系统（李殿伟和赵黎明，2006），通过系统内不同主体之间的相互合作与协同协调，解决单个组织不能解决或者不易解决的问题（罗伯特·阿格拉诺夫和迈克尔·麦圭尔，2007）。

2. 治理原则

由于地矿分离的模式，采煤沉陷区居民并没有因为煤炭开采而直接受益，却因为采煤沉陷面临着一系列的社会风险。

一方面，采煤沉陷区社会运行风险治理要以解决群众最关心、最直接、最现实的利益问题为重点，统筹兼顾各方利益，协调好不同社会利益主体的利益诉求，让改革发展所带来的增量"蛋糕"能够为大多数人所共享。此外，政府与群众之间也必须建立起一种良性互动的关系，通过疏导、帮扶、危机处理等多种方式，把社会风险置于理性的基础上并控制在社会可承受的范围之内。加强多元联动，加强政府和企业、社会团体、公民之间的协同与配合，确保人民群众对社会风险的知情权、风险治理的参与权，加强人民群众对风险治理的参与力度，在风险治理问题上确保能够实现政府与企业、社会团体、公民之间有更多的共识，形成整合各类社会资源的风险治理系统。

另一方面，沉陷区的基础设施损毁给当地居民生活带来了极大的不便。在不涉及或者暂时不涉及搬迁的生活区，需要进行适当必要的基础设施修复工作，保障基本用水、用电、道路、通信等生活基本设施。对沉陷区的基础设施修复建设可由矿业部门出资，政府进行补助，由各乡镇政府部门和矿业部门共同执行。在道路工程方面，优先对受影响严重的道路及主干道进行修复和维护，受影响道路采取维护加固等方式进行综合治理。对于其他的基础设施建设，比如供电、供水、通信设施、绿化、水系水利及排灌系统等，政府牵头，与采煤企业划清责任，整体规划，确保当地居民的生产生活不受影响或将影响程度降到最低。

3. 治理方式选择

运用社会力量确保受保障对象免受风险影响的具体方式有社会援助、政策支持、社会疏导、市场调节等。弱势群体是社会稳定木桶上的短板，他们的风险抵御能力决定了社会整体的抗风险能力是高是低。采煤沉陷区的居民虽然没有构成真正意义上的弱势群体，但他们的背后却隐藏着很高的自然风险和社会风险。因而，公正的社会风险分配制度应优先化解沉陷区居民所承担的风险。同时，基于科学发展和可持续发展的要求，公正的风险分配制度还应关照到未来子孙后代的发展，尽量减少后代同胞的发展风险，保护他们今后的发展权利。风险所造成的后果不仅由风险本身所决定，也受到社会公众如何获得和处理有关风险信息的深刻影响（李建国和周文翠，2017）。这就要求当地政府不断改进风险沟通机制，让风险信息在社会主体之间实现良性传播和得到妥善处理，以最大限度控制、减轻乃至最终消除风险及其带来的危害。风险沟通本质上是多元社会主体间充分交换信息的互动过程，交换的信息内容主要包括和风险相关的各类信息，比如：决策者应对风险所做出的决策决定，社会对风险的态度、认知、关注度、意见建议等。逐步完善多元主体双向互动的常态化风险沟通模式，比如：定期举办信息发布会，开设信息发布专门网站，常设并维护公共论坛等多种方式的公共交往形式，搭建起良性互动的对话空间，让各类利益相关者，主要包括政府、企业、社会组织、专家、普通大众等，通过开放讨论、平等对话、理性论辩，合法、合理、合情地表达各自的利益诉求，并在充分协商和有效沟通的前提基础上形成一致认可的决策和治理共识。这种双向互动的风险沟通，确保了各方对风险信息的正确解读，增进了相互间的理解和信任，促进了决策的科学化，有利于减少决策失误、失真。对于采煤沉陷区社会风险的治理来说，一方面，要建立并完善采煤沉陷区社会运行风险治理机制，形成多元主体参与治理的局面，建立风险共治机制。作为多元社会治理主体中的引领者和管理者，政府无疑是走向"善治"的关键角色和力量。应从构建风险源头预防机制，完善协作治理机制，改进权力运作机制切入，通过治理创新实现社会风险的预防和化解。同时，在沉陷区社会运行风险的治理中，要充分考虑到不同社会主体拥有和掌握社会资源的不同情况，尽力做到扬长避短，在平等对话的基础上通过协调合作更好地进行风险治理。另一方面，要把依法治理和多渠道化解结合起来，完善沉陷区社会风险调处化解综合机制。补充调解、仲裁、行政裁决、行政复议、法律诉讼等有机衔接、相互协调机制，推进基层群众调解、行政调解协调联动，警调、诉调、检调有机衔接，进一步完善多种主体参与、多种手段运用、多种方式解决的立体化、全方位、无死角的化解社会风险有效机制，构建完善多元化风险解决的体系和能力。此外，拓宽第三方参与沉陷区社会运行风险化解的制度化渠道，对于技术领域的风险要尊重并充分吸收有关专家参与，提高沉陷区社会运行风险化解的权威性、公信力、科学性、合理性。

第三节　采煤沉陷区社会治理模式

采煤沉陷区各项社会风险的治理是一个系统性问题，涉及政治、经济、生态以及当地风俗人情。因此，要做到有的放矢的全面研究就必须对沉陷区内多重关系的耦合网络从多个视角和维度进行梳理。立足于社会学的方法论，连同经济学、生态学和法学等交叉学科视域，重点剖析具有代表性的社会风险治理困境，并因地制宜地构建综合治理模式，以期探索出具体风险的化解路径。

一、采煤沉陷区社会风险治理的综合困境

地下煤炭资源一旦被开采殆尽，几乎无法避免地会发生不同程度的沉陷危机。当前我国绝大多数采煤沉陷区在治理过程中都面临着若干共性问题，它们常常并不是只在某一个方面增加治理难度，而是形成错综复杂的层级"障碍"，引发一系列后续治理工作中的多重瓶颈。煤炭资源作为我国经济发展过程中极其重要的基础能源，对国民经济的发展起到了不可替代的促进作用。但是在早期"重开采，轻保护""重效益，轻环境"的传统思路之下，由煤炭开采产生的一系列问题，如地表沉陷等问题并没有引起相关部门的重视，在我国具有多处采煤沉陷区，而且每个地方尤其自身的特殊性，无法一概并论。生态环境恶化、地表严重积水、房屋建筑损坏、水土流失、地面出现裂缝、地表塌陷等问题在采煤沉陷区屡见不鲜，严重损坏了我国的国土资源与水资源，严重威胁到人民群众的财产与安全（郑飞鸿和田淑英，2018）。

（一）失地农民基本生活权益失衡与贫困危机

采煤地区的大面积沉陷最直接也是最棘手的治理困境就在于大量农村居民失去赖以生存的土地，无法开展农业生产，导致收入锐减，进而失去基本生活收入，陷入举步维艰的贫困境地。

一方面，中国长久以来的小农经济将农民牢固地束缚在土地之上，在农村大部分居民还是依靠农业生产进行生存，虽然现在产业发展多元化趋势加剧，但是农产品收入仍是农村家庭中的"主力军"。耕地就是农民基本生活的底线保障。但是随着沉陷区面积的扩大，越来越多的农民失去土地或因土地沉陷而诱发的水土流失和土壤肥力下降，极大地影响到农民日常收入。另一方面，土地沉陷伴随的还有房屋破裂与倒塌、人民群众人身安全和饮用水安全危机以及基础设置损坏。这些风险点都会加重原本就已经羸弱不堪失地农民的生活负担，加之农村固有的社会保障体系漏洞，无法解决基础性养老、医疗等民生问题，贫困潜在发生率居高不下。

安徽淮南在全国是个典型的资源型城市，其煤炭开采产业为国家经济的发展做出过突出的贡献，也推动着城市化进程的快速发展。但是相对也带来严重的土地资源流失，生态环境破坏，产生多片集中的采煤塌陷区。加之城市化向农村的推进，建设道路和基础公共设施、农村改造占用大量土地，使农民渐渐失去土地。土地是农民赖以生产和生活的资料，失去了土地就失去收入来源，老有所依成为他们必须面对的问题。淮南市的

城镇化进程也在缓和的发展中，近五年来的城镇化发展情况如图 6.1 所示。

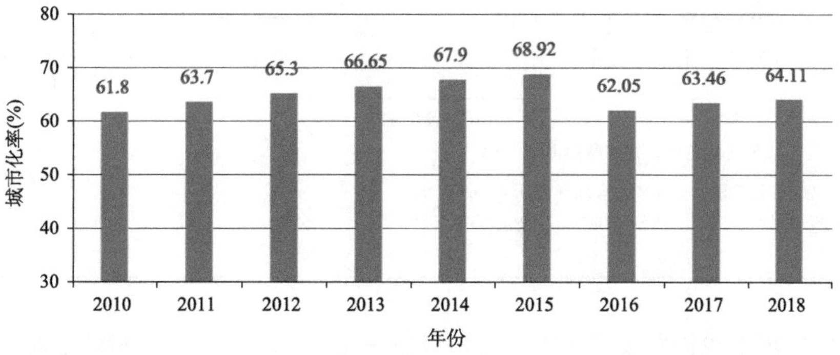

图 6.1　淮南市 2010～2018 年城镇化率变化示意图

失地农民的养老问题是指那些退出劳动市场、失去劳动能力或有劳动能力的老人，他们在失去土地后无法获得必要的生活来源保障基本生活需要，继而养老面临严重的问题。通过实地调研淮南市潘集区采煤沉陷区，统计到全区 6 个乡镇、42 个村、182 个自然村（庄），累计产生 8.4 万余亩（1 亩＝$\frac{1}{15}$ hm²）沉陷面积，占全区耕地总面积的 20% 以上，失地居民近 2.75 万户和 9.2 万人，占全区农村总人口近四分之一。这部分群众中有效劳动力可以通过外出务工改善生活质量，但是相当一批老弱病残群体只能通过政府兜底的方式维持最基本生计。对于他们的帮扶是整体采煤沉陷区风险治理中的重点和难点。

在淮南这样的一个农业产区，土地是农民重要的生活来源，土地保障了农民的日常生活的饮食和需求，保证了最基本的生活，是农民最为宝贵的财富之一。失去土地后的农民失去每年农作产品的销售收入和剩余农产品的自给自足，他们需要去市场上支付远高于自己种植的成本的价格再获取农产品。农民本来就没有固定的收入，生活水平大多仅处于温饱，随着物价的不断提高，他们的日常生活花销就会成为一项较大的开支。各种现实压力下，农民依靠土地养老的传统思想在现实面前渐渐成为不可能。

淮南失地补偿政策根据《安徽省人民政府关于调整安徽省征地补偿标准的通知》（皖政〔2015〕24 号）规定，征收土地的土地补偿费、安置补助费按区片综合地价补偿标准执行。农民被征地后通常可以获得政府和用地单位支付的补偿费，补偿款数低，只维持农民近期生活，难以保持以前的生活水平。淮南市征地补偿标准如表 6.3 所示，按照行政区域的范围，综合标准 49000～68000 元，其中土地补偿费 19000～27000 元，安置补助费 30000～41000 元，综合标准差值高达 19000 元（张怡，2016）。

表 6.3　淮南市征地补偿标准

编号	井区		征地补偿标准/（元/亩）		
	行政区域划分		综合标准	其中	
				土地补偿费	安置补助费
一级	田家庵区安成铺镇，大通区洛河镇胡圩村		68000	27000	41000
二级	谢家集区唐山镇、望峰岗镇，八公山区八公山镇，大通区洛河镇其他村		60000	24000	36000

续表

编号	井区		征地补偿标准/（元/亩）		
		综合标准	其中		
	行政区域划分			土地补偿费	安置补助费
三级	田家庵区三和乡，大通区九龙岗镇，八公山区王镇大通区上窑镇，谢家集区其他乡镇	52000	20000	32000
四级	田家庵区曹庵镇、史院乡，大通区孔店乡，谢家集区孤堆回族乡、杨公镇、孙庙乡，八公山区李冲回族乡、大山镇	49000	19000	30000

在调研过程中我们发现，失地农民与城镇居民的养老保障具有明显差别，失地农民的土地在土地被征收以后，再也无法获得依靠土地赚取养老金的养老保障，农民身份的主要内涵从此消失，但在养老待遇政策上也没有给予同城镇居民一样的养老保障。每位失地农民的基础养老金每月提高了95元，由165元上升到260元，补充养老保险保持不变。城镇居民养老金包括两大部分，第一部分为个人账户养老金，金额为个人达到领取养老金年龄时个人账户累计储存额除以139，第二部分为基础养老金，每位城镇居民每月75元。失地农民养老待遇水平待遇远远低于正常的生活所需，他们依靠补偿款维持生活，但是补偿款也是有限的。失地农民的养老难题需要社会和政府各方面的关注解决。

在我国，农民的文化教育程度普遍不高。通常来讲，劳动者的文化水平越低，工作就越不稳定，工作的竞争力也就越大。我国的大部分农村地区，教师资源缺乏，教育基础设施等硬件设施落后，农民的文化教育程度较低，其就业机会无法与文化程度较高的城镇居民相提并论。由此提高了失地农民的失业风险，增加了就业的不稳定因素。失地农民早前从事的只有种地这一单一劳动，多数农民并无专业技能。我国的农村劳动力中接受过初级职业技术培训或教育的占3.4%，接受过中等职业技术教育的仅占0.13%，而没有接受过技术培训的竟高达76.4%。缺乏专业技能的失地农民，达不到现代化企业的要求劳动力具备专业技能的用工标准，大大增加了其就业难度（杜曦，2011）。

（二）治理时机和治理成本权衡间的进退维谷

由于早期发展的盲目性，很多政府及矿产企业一味追求经济效益而大规模性发展粗放型资源产业，造成前期的环境污染和生态破坏。近年来在生态文明建设的大环境下，被迫大力关闭及整治相应企业并拿出大量人力、物力和财力进行后期治理。通过走访鄂尔多斯市采煤沉陷区治理了解到，该地政府2014~2018年5年间累计耗资近10亿元用于沉陷区综合治理，各级财政压力较大，且每年呈现递增趋势。此外，如果将更多的综合治理项目纳入治理规划体系中，全面评估煤炭开采活动带来的固体废弃物等对地表植被、水源、大气等造成的环境污染和地质地貌的毁坏，在当下经济转型背景下，煤炭开采活动因没有进行及时治理等所衍生的代价甚至会超过其对经济总量的贡献。

全国各地采煤沉陷区类似的情况十分普遍，这与之前缺乏完善的"经济-生态"评估密不可分。从时机上看，早治理不仅早受益且所耗用成本相对较低；治理及时，沉陷区各类危害发生的概率会下降，房屋建筑及基础设施不会大面积破坏、耕地可以重新利用。反之，治理时间越迟，治理难度越大，成本越高，沉陷所带来的各方损失也会越严重。换句话说，资源依赖型企业在发展早期，有资金有能力在采煤沉陷区进行治理，再等到资源耗尽之时，沉陷区越来越多，既无资金亦无能力从事治理工作，因此最佳治理措施是治理沉陷与开采煤炭同时进行。

（三）治理阶段和治理主体权责判定间的模棱两可

通过走访淮南、淮北以及鄂尔多斯市，目前沉陷区社会治理普遍存在治理主体上的模糊不清，大部分地区采煤初期阶段治理主体由企业来承担，但当资源趋于枯竭、经济效益不佳时，治理的责任企业又想转嫁予政府。实际上即使是治理初期阶段，企业从利润角度出发也不愿意投入过多资金进行治理，但迫于外界压力和国家要求必须要采取一些措施。也正是因为企业治理的滞后性和敷衍性，沉陷区的问题近年来才会愈加突出。

进入资源衰竭期后，由于环保和经济两方面的重压，原本产销两旺的许多企业经营越发困难，无法依靠自身负担起治理全部职责，但鉴于生态整治和民生民计现实工作开展的必须性，政府不得不接纳起绝大多数的治理责任。探根溯源，各级政府虽然一直坚持"谁开发谁负责""谁破坏谁治理""谁利用谁补偿"的原则，但是由于缺乏实质约束力和有效监督力，又或是为了追求当地经济生产总值的增加默许企业无节制开发行为，结果就会导致企业把资源开采一空后，留下"烂摊子"交由政府接盘。因此，全盘看来，无论是国企还是民营企业都应当是沉陷区治理最主要的主体，矿产资源的采掘与否应当是企业衡量前期资金投入和后期治理花费综合利润后进行的经济行为。政府可以作为协助治理主体之一，但不应当畸形演变为当前的第一治理责任主体。

（四）异地搬迁安置强化潜在社会矛盾集中爆发

采煤沉陷区不仅覆盖单纯的农业耕地，同样会波及居民日常生活区域。由于塌陷对原住民房屋等生命财产安全造成威胁，各级政府不得不开展异地搬迁安置工作。据实地调研的不完全初步统计，淮南市受到采煤沉陷而失去原本居住地的人口达32.1万人，占全市总人口8.7%，根据淮南市采煤沉陷区综合治理办公室预计测算最终会达到61.1万人，占全市总人口16.5%。沉陷区居民的异地搬迁是一项涉及经济、生态、民生等诸多领域的难题，如果处理不当很容易造成社会矛盾的集中爆发，严重影响社会秩序稳定。

一方面，居民搬迁活动重在自愿，应尽可能尊重个人意愿，如果确实因为不可控因素需要政府出头组织管理居民的搬迁活动，各级政府也应综合全面考虑迁入地与迁出地之间的经济、政治、社会、环境发展差异，仔细研究居民在搬迁途中可能会出现的风险点。对于各项问题的解决尽量运用市场化机制和民主化商议，减少政府"一言堂"现象的出现；另一方面，政府不仅要在经济上帮扶，更要在政策和人文关怀上出谋划策，采取各种柔性举措缩短迁入居民和当地民众间的融合时间，引导搬迁群众尽快适应安置地点的风土人情，避免因为文化或习俗差异诱引的社会冲突。此外，政府在具体执行安置工作中应对安置与补偿方式的选择、政策执行的公平性以及工作进度进行透明化公示，让人民群众切实观察到异地搬迁的透明性和安全感，降低因政府公信力失衡引发的沉陷区群众聚众上访等群体性事件。

（五）财政支持资金总量与使用效率间的双向乏力

采煤沉陷区的综合治理是项庞大且复杂的工程，涉及生态环境修复、土地复垦、异地搬迁、水资源分配等各个方面。要想真正实现沉陷区的可持续发展，必然需要投入大量资金，这对于原本就处于转型阵痛期的资源枯竭型城市往往不堪重负（陈浩和方杏村，2014）。当前治理资金的投入面临总量少和效率低的双向掣肘，主要集中表现在三个方面：

首先，全国各地采煤沉陷区或多或少都面临着资金来源渠道单一的情况，简言之就是过度依赖各级政府财政拨款，企业和居民自身离开资源开发和使用后"造血"功能锐减。由于缺乏大量配套资金，沉陷区内各项事业的补偿标准偏低，这就容易导致集中安置新村和基础设施建设进度缓慢并且居民基本生活保障难以为继。由于长期承受建设资金缺口和维稳重担，基层特别是乡镇政府工作开展难度较大，部分工作人员产生畏难情绪，治理积极性和主动性受挫。其次，政府拨款的财政资金的使用效率也影响了矿区治理过程中成效的高低。以我国面积较大的采煤沉陷区的治理情况为例，财政资金的缺失、越位及使用不当等问题仍较为普遍，调度制度仍不健全。财政资金的使用过程与三大产业的再分配过程密切相关。以淮南、鄂尔多斯等资源枯竭型城市现状，应逐步淡化第二产业的发展比重，着力于替代产业的发展。政府有限的资金可以倾斜发展第一产业中的特色农业以及与之相关的旅游业和服务业等附加值较高的产业，产生资金的循环使用链。最后，财政生态环境不佳影响治理成效的产生。所谓财政生态环境涉及地区内宏观经济环境、信用环境、市场环境和政策环境的公开度、透明度以及发育程度。当下国内采煤沉陷区整体经济运行环境不佳、法制环境不够健全、诚信征用体系规划迟滞无形中拖累治理成果进一步显现，因此，加强区域内财政生态环境建设是推进经济发展的内在要求，也是实现治理过程中财政、经济互相促进和适应的必然要求。

（六）失业危机与再就业保障间的左右为难

采煤沉陷区内的塌陷客观上会激增职业转换与再就业适应风险发生的概率。一方面，如果沉陷区域为耕地，就会致使相应农户的耕种土地面积减少，农业及附属产品带来的收入锐减。当下我国经济结构由粗放型向集约型调整的同时，沉陷区农村居民就业率却呈现下降趋势，其内在原因便是经济结构的转变需要具有职业技能的人才，但大部分失地农民普遍是简单的劳动力，缺乏高级职业素养，加之农村地区本身就业岗位有限，对于大部分农民来说，失去土地就是失业。其中，中老年和文化素养不足的农民由于年龄偏大、知识劣势等因素，城镇里可选择岗位匮缺，就业面狭窄，只能从事体力劳动和零工，一旦出现健康问题，再就业极其困难，潜在的失业风险较大。

另一方面，如果采煤沉陷区涉及的是企业或个体工人，当沉陷发生时，该地无法再进行资源开采及其相关工业生产，他们同样会面临下岗的危机。目前我国绝大多数采煤企业是出资主体，场站业主与采煤企业对于这部分工人补偿协商十分困难，特别是窑厂、养殖场等大型场站补偿需要大量资金，该类工作推进尤为缓慢，有的场站甚至停产停业数年都无法得到合理经济赔偿。因此，沉陷区治理应当将需要把"安居"和"就业"两项任务相结合，政府部门和采煤企业应为沉陷区下岗人员提供更多的再就业条件。避免出现，某些人员再就业不顺，导致其心理的不平衡或受挫感，进而激化群体性事件。

二、采煤沉陷区社会风险治理的模式选择

现今，我国对于采煤深陷区主要采取塌陷稳沉后的修复治理，分为四个过程。首先是采煤塌陷，继而补偿损失，再后为塌陷地闲置，最后以治理结束。治理成本大，效果却不明显。最佳的治理模式应为提前预防、事前控制，次理想的是边沉陷边治理，成本最高的是事后补救。采煤沉陷区的治理模式的选择应遵循具体问题具体分析的原则，农、林、渔、牧、建依当地具体条件发展：在我国西北部较为干旱的地区，以挖深垫浅的农业复垦或开发城镇建设用地为主；在东部高潜水位区以水产养殖和生态环境建设为主，并创新发展方向，如大力发展光电能源等。具体来说采煤沉陷区社会风险治理的模式包含以下几类：

（一）农林复垦模式

采煤沉陷区地表大部分是耕地和农田，并伴有部分养殖业和畜牧业用地，大面积的塌陷导致耕地严重受损或者土壤肥力下降，促使农民赖以生存的土地渐趋荒废。考虑到稳定农民收入和农业生产继续进行，其综合治理首要措施就是尽可能保护和恢复耕地种植业。固体废物充填法、挖深垫浅法、覆土法和就地取土法是我国使用广泛的复垦方法。其中固体废物充填法是利用矸石回填、粉煤灰回填及其他固体废弃物或客土进行土地填充，以使土地修平，最后再种植作物。针对农业耕种条件较差的地区，可以用林业种植代替农业种植。这样一方面优化了种植环境，另一方面使沉陷区得到了有效治理。此模式的优点在于可以极大程度上恢复耕地面积，保证农业生产和农民生活的持续性不被破坏，缺点在于复垦成本较高、周期性长且容易出现二次塌陷，很难从根本上解决沉陷区的农业发展瓶颈。

在开展农林复垦模式建设时，需要注意三方面的问题。首先，复垦区的选定与可垦性分析要精益求精。全面了解矿区土地现状基础上，制定详细科学的矿山开采和年度复垦总规划，同时综合考虑复垦施工的难易便捷程度。其次，根据后续可能出现的沉陷预估结果对复垦区进行超前设计。对沉陷已经较为严重和积水地区优先复垦，而塌陷面积较小且可控的地区进行及时预防。最后，施工过程和后期养护实时跟进。这主要包括及时维护水土流失、保持塘埂稳定以及复垦可能由于施工期间的压实、沉陷过程中的季节性积水、土壤侵蚀等因素使得肥力较原来大幅下降的耕地等。工程施工完成后，还需要进一步对新恢复的耕地进行适当的生物复垦。待沉陷地稳沉后，复垦耕地产量稳定后，所有复垦工作才能告一段落。

以鄂尔多斯市为例。截至 2012 年，鄂尔多斯市废弃居民点和工矿废弃地复垦调整利用实施规划经自治区政府批复，调整利用总规模为 4314.20 hm²，涉及 6 个旗区。2013年底，按照《内蒙古自治区国土资源厅关于做好旗县（市区）废弃居民点和工矿废弃地复垦调整利用实施规划调整变更有关问题的通知》（内国土资字〔2013〕650 号）文件精神，组织准格尔旗、鄂托克旗、乌审旗、伊金霍洛旗 4 个旗开展了实施规划调整变更工作，全市复垦区总面积变更为 3411.0440 hm²。截至目前，完成复垦 2537.2236 hm²

（不含坑塘水面），累计投入资金 5882.3625 万元，使用调整利用指标上报建设用地 26 个批次，面积 1532.97 hm^2，自治区政府已批复 13 个批次，面积 726.32 hm^2。各旗区具体情况如表 6.4。

表 6.4　鄂尔多斯市工矿废弃地和废弃居民点报件上报批准情况及复垦情况统计表

序号	旗区	已上报自治区国土厅批次数量、面积		已经自治区国土厅审批批次数量、面积		已完成复垦并通过验收面积/hm^2	已完成复垦面积/hm^2	复垦区总面积/hm^2	复垦率	备注
		已上报数量	面积/hm^2	审批批次数量	面积/hm^2					
1	鄂托克旗	11	611.4949	4	215.579	0	754.0598	844.1488	89%	复垦区总面积，不包含坑塘水面
2	鄂托克前旗	1	34.4772	1	34.4772	34.4772	70.4638	104.941	67%	
3	乌审旗	9	545.992	7	433.51	0	1113.59	1113.59	100%	复垦区总面积，不包含坑塘水面
4	伊金霍洛旗	1	65.88	1	42.75	0	129.68	346.94	37%	批准时自治区核减面积
5	准格尔旗	0	0	0	0	0	56.54	115.57	49%	
6	达拉特旗	0	0	0	0	0	0	0	0%	
7	杭锦旗	4	275.1279	4	275.1279	0	412.89	1151.25	36%	
	合计	26	1532.972	17	1001.4441	34.4772	2537.2236	3676.4398	69%	

（二）水产养殖与水库建造模式

东部矿区普遍具有叠加沉降地表、储量大、多煤层、潜水位高等特征，矿区开采又损坏了大批优良土地，众多塌陷坑不断出现，同时在地下潜水外渗、大气降水等多方面作用下，积水在塌陷坑内不断贮存，历经几十年重复开采，大片开采沉陷区形成地表塌陷塘，不再适宜居民生活，对塌陷区原有的生态系统造成了严重破坏。以两淮矿区为例，截至 2015 年底，已形成的塌陷区面积达 508 km^2，且仍以近 20 km^2/a 的速度扩散。同时受到高潜水位和地表降水的综合影响，塌陷区形成大量水域，原有陆生生态系统发生颠覆性变化，转变为水生生态系统和水陆复合生态系统。显然农林复垦模式并不是此类地区治理的首选，而是应当利用积水区水源充足的特点，进一步形成水质优良的封闭水域，以发展养鱼、虾、鸭、鹅等水产加工及养殖业，做到合理配置与综合开发。既改善矿区生态环境，又可以形成经济效益较高的新型农业模式，更安置了大量农村富余劳动力。

与此同时，针对高潜水位地区水资源时空分布不均的现象，东部相对缺水地区可以建设水利工程，建设蓄水调节水库，在地势平缓的地区，利用废弃河床和洼地，筑坝建库，从水源充足的地方引水灌溉。目前，安徽淮南、淮北以及山东济宁等地都进行了采煤沉陷区平原水库建设的工程实践探索。将废弃河床和洼地改造为具有蓄洪防旱灌溉多重功能的平原水库，这一采煤沉陷区治理措施既具有创新价值，又能保护当地生态环境，发展农业生产的现实价值。

（三）立体化生态发展模式

煤炭资源的集中开采早期带来经济效益的同时，对当地生态环境带来巨大破坏，沉陷区的形成造成水土流失严重、土壤肥力骤减、空气污染加剧等一系列负面影响，采煤沉陷区的生态修复已经成为迫在眉睫的重要工程。如何合理高效地恢复不同类型（旱区、高潜水位区）采煤沉陷区的自然环境，应尊重当地原始生态系统，采取不同的治理思路。

针对我国西部和北部旱区的沉陷区生态建设，应以植树造林种草、植被自然恢复为主，加强管理自然保护区、保护生物多样性、加强建设防护林及全面治理水土流失等多种措施并举，使森林、草地及植被不断恢复，生态系统功能不断加强。与此同时，可以通过创建"生态文明示范乡镇"为契机巩固治理效果，形成村矿一体化发展示范村和产业转型发展示范村，通过样板的探索逐步将行之有效的生态治理模式推广开来。

针对中东部高潜水位采煤沉陷区特殊地形生态环境保护可以"变害为利"，充分利用当地相对丰富的水资源，重点发展湿地结构为核心的立体化生态农业。一方面，结合高潜水位地势低洼和水资源充足的特点，巧妙使用水中大量的营养物质极易产出藻类等水生植物，打造人工或半人工湿地景区，从而既做到降解污水、调节气候、改善空气，又能够结合周边基础设置建设和发展规划，将沉陷湖泊与周边河湖相连，组成生态湖泊群，开发湿地公园和生态园林，大力发展休闲旅游业，促进三产间的融合发展；另一方面，对于地形不适宜湿地的沉陷区，可以因地制宜发展水产及相关养殖业，构建生态农业基地。尝试建设鸡、鸭、鹅等家禽养殖场，构成"禽畜+鱼虾"的一体化养殖。立足生态立体农业的发展规律，利用植物秸秆喂养动物，再用家禽粪便肥田喂鱼，通过塘中污泥垫浅肥田，促使生态系统不断循环发展，综合效能产出不断提高，因地制宜，建设各具特色的农业、林业、渔业、养殖业的立体农业示范区，有效提高当地居民收入，就地实现产业升级与转移。

（四）新能源产业创新模式

在采煤沉陷区发展国家先进技术光伏发电等新能源产业，这是响应国家"把可再生能源作为能源发展的重要组成部分"的重要举措。传统意义上以煤炭为主的资源型城市，有效发挥太阳能、风能、土地等资源优势，在采煤沉陷区重新高效利用废弃土地，通过发展光伏产业着重改善生态环境的同时，社会效益也能日益凸显。而主导产业和相关带动产业总产值的大幅叠加，可以实现综合治理效益的最大化。换言之，在沉陷区发展各种新能源产业，不仅符合国家环境保护和可持续发展的要求和趋势，还可以促进产业转型升级和地方经济增长，实现采煤沉陷区有效修复与新能源开发的双赢目的。

2016 年 5 月出台的《国家发改委、国家能源局关于完善光伏发电规模管理和实行竞争方式配置项目的指导意见》(发改能源[2016]1163 号)中，明确鼓励"各地区可结合采煤(矿)沉陷区生态治理、设施农业、渔业养殖、工业废气地、废弃油田等综合利用工程，以具备一定规模、场址相对集中、电力消纳条件好且可统一实施建设为前提开展光伏发电领跑技术基地规划"。在国家政策引导和城市转型发展实际需要双重背景下，当前安徽两淮地区、山西大同及阳泉市率先开始尝试新旧能源的积极转化工作：其中淮南市在塌陷湖上采用农光互补模式，初步建立起规模不等的漂浮式光伏发电站，在治理沉陷区的同时，促进淮南市经济发展的新路径；而山西阳泉市结合沉陷区内丰富的太阳能资源发展光伏产业，启动"阳泉市采煤沉陷区国家先进技术光伏发电示范基地"建设，积极配合电力消纳和接入等工作，加强各专业协同分工，全程跟踪项目的实施过程和成效；鄂尔多斯市立足当地地势开阔、海拔较高的特点，在沉陷区内建设风力发电站，通过风能与电能间的转化解决当地电网建设和电力供应，在很大程度上减少传统煤炭发电带来的高能耗与高污染。位于山西大同的"林光互补"的国家先进技术光伏示范基地是我国新能源技术发展的典例。大同光伏基地采用了"光伏+林业"的发展模式，是我国大规模实施其模式的首例。在发展早期，大同要求参与规划发展的企业在建设好光伏电站的同时，使林木在光伏板上也要健康生长。大同市光伏基地总共有 13 个项目，项目完成后，4.95 万亩的基地绿化覆盖率由基地未建之前的 26.3%变为 90%以上。"光伏+林业"的发展模式重新高效利用了废弃土地，一方面解决了大面积光伏项目建设的用地难题，提高了废弃土地资源的再利用率；另一方面扩大了绿色植被的覆盖面积，在推动光伏产业建设和带动林业发展方面发挥了关键示范作用。此外，山东新泰在采煤沉陷区也开创全国首例"农光互补"的光伏示范基地。

(五)新型城镇化建设模式

采煤沉陷区不仅会对耕地面积产生影响，塌陷的地区同样包括农村居民住宅与生活用地，推动了当地居民的转移搬迁。合理的移民搬迁促进了农村地区优势资源和生产要素向城镇及周边集中发展，加快了农村地区城镇化发展过程，也是实现城镇化的主要方式之一。目前，我国大多数城市在沉陷区搬迁工作中主要采取两种模式：新建回迁安置和就地城镇化。近年来按照国家采煤沉陷区综合治理和棚户区改造政策，矿工居民住宅新区大批建成，居住条件明显改善，特别是大型企业建成了规模庞大、集中成片的居民住宅新区。从规模上讲达到了城镇水平，形成了集生活、后勤、服务等于一体的范围经济圈。如将其列入新型城镇建设，不仅在配套设施、行政管理、公共服务等方面有巨大的完善、提升空间，而且对带动地方投资、促进就业、拉动区域经济增长方面起到积极作用。但新建安置成本往往较高且迁入居民的适应融合程度存在较大疑虑。因此，很多地方为了尊重人民群众意愿，结合当地实际条件选择移民就地城镇化安置方式。这种安置方式具有其特殊作用，不仅与当前我国的新型城镇化发展要求相符合，而且满足了当地居民的发展需求。但是农村原本基础设置常常较差，即便是发展成新型城镇化农村，其发展水平与速度也会远远落后于大城市发展，因此在采煤沉陷区居住的大部分居民仍然会涌入大城市务工，新农村仍难逃"空心村"的命运。这就要求沉陷区的移民工作一方面要立足本地的经济水平、风土人情和地理条件，挑选合适的城镇化模式，另一方面，安置地区的基础设施和公共服务建设要力争高水平和标准化，相应硬件配套充沛。

三、采煤沉陷区社会风险治理的路径选择

采煤沉陷区社会风险的治理不仅是单纯从经济角度进行干越，而是要在公平合理基础之上惠及全体社会成员，保障沉陷区内地质、人居以及生态环境全方位得到改善和恢复。要想做到治理成果能够被广大人民群众共同享有，可以从科学治理体系建立、出台配套法律法规、完善煤炭开发生态补偿机制、拓宽治理资源来源渠道、巩固民生工程、扩大社会保障等维度出发，形成合力共同摆脱转型升级的诸多困境。

（一）规划领头：制定健全治理控制体系，推动科学管理模式成型

采煤沉陷地区的治理工作是一项庞大的系统工程，既要立足当下又要放眼未来，既关系到地区中群众的基本生活又牵涉区域内经济社会发展，要实现兼顾各方利益、维护可持续发展，一整套科学的规划方案是开展综合治理前的必备"脚本"。

（1）建立完备的治理决策体系。这一体系至少要包含市级主要干部、相关职能部门领导、土地管理与生态修复领域专家学者、采煤企业负责人和沉陷区利益受损群体代表，形成指挥部机制负责制定沉陷区治理的长短期规划，决定相应治理的配套政策和大型治理工程的决策论证，保证各项治理措施出台之前能够听取多方"声音"，照顾到各方利益诉求。

（2）统筹考虑采煤沉陷区的土地利用。应先将采煤沉陷区土地根据当地地理、气候等实际因素进行恢复后再另行规划。与此同时，政府部门牵头积极引导废弃土地再利用，专业化发展，规模化经营，坚持绿色发展理念，将沉陷区土地再利用与村庄生态化建设、规模化经营协调发展，将沉陷区生态治理与农村转型发展有机结合，真正实现采煤沉陷区综合治理效益产出最大化。

（3）学习先进治理经验，完善现有管理体系。一方面，利用国际国内最新研究成果和新技术，探索更加科学高效的治理方式，更新治理过程中的知识结构，减少治理手段的盲目性和滞后性。另一方面，弹性化和民主化进行各项管理工作，需要各级政府主导，政府承担对应职责，需要交由市场、企业和个体，积极动员各方主体参与管理。

（4）严格实施治理考核机制。将采煤沉陷区治理进程纳入各级政府和官员的正极目标，建立科学有序奖惩体系。每年年初根据塌陷地治理规划和年度实施计划，市政府与各县市区政府签订采煤塌陷地治理目标责任状，年终落实考核目标。对于治理卓有成效的部门和个人进行表彰并鼓励将其优秀经验大范围推广，而对敷衍塞责的群体进行不同程度的问责，坚决避免"伪治理、实推诿"的情况出现。

（二）政策主导：出台配套法律法规，精准维护多方利益

采煤沉陷区治理需要综合运用经济、法律、行政等多种手段排除治理过程中的各类

潜在阻力。法律具有国家强制力,在规范社会关系、调节利益分配、解决矛盾纠纷方面具有最为直接的干预力量。当前我国关于采煤沉陷区的政策性法律法规相对较少,这就容易导致治理主体模糊化和治理过程被动化,沉陷受害方利益无法得到有效维护。因此创造性开展采煤沉陷区社会治理法律的立法工作,推动采煤沉陷区资源保护和生态修复刻不容缓。

(1)积极推动采煤沉陷区社会治理地方立法进程。目前国内各项采煤沉陷区生态治理工作只是零星散见于《环境保护法》《土地复垦条例》《煤炭法》《自然资源法》等相关法律法规之中,并没有制定专门针对采煤沉陷区治理的法律法规。但是采煤沉陷区的综合治理过程较为复杂,需要政府部门、企业单位、社会组织、居民个人的共同努力,如果没有专门针对采煤沉陷区治理的法律法规的约束与保障,难以明确各方的职责,难以顺利将采煤沉陷区治理环节具体落实下去。针对法律匮乏的问题,安徽省尝试性地走在前列,在2017年,将《安徽省采煤沉陷区管理条例》提上立法日程,根据淮南、淮北两市的煤炭行业建设发展的实际情况,积极制定或修订淮南、淮北两市采煤沉陷区管理或生态补偿及修复的地方性立法,加快推进采煤沉陷区相关法律法规的出台与实施,以规范量化采煤沉陷区居民补偿标准、土地置换条例等相关条例和制度。

(2)通过立法事项引导市场化的沉陷区治理模式逐步建立。市场化的治理模式不仅有助于减少煤炭开采相关企业治理采煤沉陷区的压力与成本,而且通过市场发挥作用治理可以集中各方治理力量,整合治理资源,提升生态修复的专业化水平和修复效果。因此,各级地市县政府应当加快通过立法事项引导市场化的沉陷区治理模式建立的步伐,不断推进关于采煤沉陷区综合治理和生态修复法律法规出台与实施。建立通过立法事项引导市场化的沉陷区治理新模式,明确沉陷区治理主体间的义务与责任,努力培养采煤沉陷区综合治理有机共同体。

(3)强化采煤沉陷区治理执法工作力度,提高依法治理标准化程度。今年来由于环保要求、去产能和新旧能源转换升级等原因,煤炭行业整体开采力度大幅减弱,但由于过往挖掘过度和治理不善,沉陷区面积仍在扩散。因此,今后必须严格按照《煤炭法》《矿产资源法》《地质灾害防治条例》等法律法规,加大对采煤沉陷区治理的监督执法工作和加强矿区规划管理,确保矿区生态环境的可持续发展;明确责任单位,落实到个人。另外,地市县政府也要对当地的煤炭企业加强监管,严格把控每个在采煤区进行的工程建设活动,严禁煤炭企业为了眼前利益越界开采。

(三)环保优先:完善煤炭开发生态补偿机制,促进资源型城市绿色转型

采煤沉陷区除了面临资源枯竭和经济萧条等发展困境外,煤矿挖掘过程中对大气、水体、土壤以及生物多样性等方面带来的污染严重影响一个地区的生态质量,该地区民众的生活居住环境每况愈下。因而,采煤沉陷区的社会治理要格外重视生态格局的恢复与重构。

(1)明确矿区煤炭开采的生态补偿标准。科学合理的生态补偿标准是建立生态补偿机制的核心。但就我国现今的采煤沉陷区实际治理情况而言,并没有一套国内统一且公认的关于生态服务和社会服务价值的评估体系,因此难以确立科学合理的生态补偿标准。

另外，我国不同采煤沉陷区具有不同特点、不同程度的生态环境污染与损坏，也很难制定出"放之四海而皆准"的生态补偿标准。所以生态补偿机制的确立应结合各地实际采煤沉陷区的生态环境损坏程度、当地居民经济发展损失情况等具体因素，量化分析煤炭开采的生态补偿标准，使煤炭资源开发生态补偿机制具有较强的实用性与可操作性。

（2）充分运用市场和社会参与机制，扩展煤炭沉陷区生态补偿的治理方式。一方面，激励社会组织、民间企业、居民个人等建立独立的煤矿环境治理与生态恢复投资公司，改变以往各级政府部门主导投资治理的主要方式，引导将环境治理与生态恢复的补偿方式引入市场；另一方面，将生态保险机制引入矿区开发，划定生态破坏责任保险范围和明确赔偿标准，保险公司按市场标准承担生态破坏责任保险业务，不仅降低煤炭企业的经营压力，而且通过矿山环境事故发生后由保险公司理赔的这一途径，保障了矿区生态补偿资金及时到位。

（3）大部分资源枯竭型城市当前都面临经济与生态的双重重压，发展后劲不足和产业升级间的矛盾愈发显著。绿色可持续发展是符合其转型的必选道路。首先，根据采煤沉陷区类型，因地制宜地开展土地复垦或水域治理：旱区大力发展种植业，加快优质粮、特色蔬菜的产出，而高潜水位区则发展特色水产养殖业和花卉苗木种植，延长现代农业产业链。其次，针对开采受损区域进行再利用，有条件的区域可以借助沉陷的地理构造建设水库和湿地景观，重点推进旅游兴和休闲观光业发展，既促进经济增长，又有效修复生态环境。最后，充分利用沉陷区土地开阔、光照条件良好或风力资源丰富等优势，积极签约光伏项目，通过市场化运作开展光伏发电、风力发电、能源互联网、城市供热等新能源建设，形成农光互补综合开发模式，成功完成经济与民生、产业与生态的良性互动。

（四）财政支持：拓宽资金来源渠道，创新资本合作方式

治理资金的严重匮乏仍然是当前采煤沉陷区治理工作有序进行的最大瓶颈。时下我国对于治理所需支出仍以各级财政补助为主，这种方式依赖性较强且对基层（县乡镇）政府造成的资金缺口压力过大。因此，如何实现多元化的筹资模式应当成为关键议题。

（1）面对企业资金短缺，综合治理工作停滞等由于支出不足造成的各种障碍，一方面，政府要积极与所涉主体企业协调，尽快落实各项专项资金到位，扎实推进治理工作进度。另一方面，面对目前煤炭市场下滑，主体企业出资困难的大环境，中央政府应酌情考虑加大补助比例，鼓励采煤沉陷区通过项目申报和技术研发获得国家开发银行、农业发展银行的支持。此外，尝试倡导社会组织和个人为沉陷区治理贡献资金，通过前期社会力量的共同开发来均分治理后生态景区、立体农业的盈利分配。

（2）逐步推进政府和社会资本合作（public-private partnership，PPP）模式。PPP模式，即政府与社会资本在基础设施和公共领域建立一种长期合作关系。一般来讲，设计、建设、运营、维护基础设施等工作环节由社会资本承担，并由"使用者付费"及必要的"政府付费"得到合理投资回报，从而实现利益产出的最大化。逐步推进运用PPP模式是促进我国经济体制转型升级和深化财税体制改革，构建现代化财政制度的创新方式之一。在该模式下的鼓励下，更多私营企业、民营资本与政府可以就采煤沉陷区治理工作

进行合作，参与公共基础设施建设。各级政府和部门在沉陷区内推广 PPP 模式过程中需要及时转变理念，合理界定政府职责，尽可能尊重各类资本主体的意愿，因地制宜建立起共赢的投资回报机制。而在具体合作过程中，政府与资本主义要诚信守约，利益共享。一方面，双方在相对公平的环境下探讨沉陷区治理工作的具体思路、步骤和开发风险点，政府尽可能帮助企业、社会组织和个人分担部分困难；另一方面，各出资主体利用资金、技术和人才优势制定先进科学的治理方案交由政府审阅并对民众进行适当公示，保障合作过程中的透明性，最终促使治理工作达成政府财政支出更少、企业投资风险更轻的理想目标。

（五）民生稳固：妥善完成移民安置工作，探索群众再就业途径

采煤沉陷区的治理不仅是一场经济方式转型、基础设施修葺和生态环境恢复的浩大工程，更是一场保障人民基本利益、安抚群众生活与工作的民生任务。其中，由于土地塌陷造成的非自愿搬迁和农民被动失业是最为突出的两大社会风险，如果处置不当很容易激化社会矛盾，造成群体性社会冲突。因此，这两方面工作的开展要兼顾各方利益和细节，做到稳中有进、以进固稳。

（1）目前依据非自愿移民安置模式的弊端和我国煤炭资源所有权与使用权分离的特点，为了煤炭沉陷区移民安置工作的正常进行，第一，要稳定煤炭资源收益，使迁出区政府对非自愿移民的补偿资金得到保障。由于煤炭价格近年来周期性波动较大且呈现持续走低趋势，为了保证沉陷区内移民安置工作的资金稳定，应提高资源产品的市场化水平，积极与国家能源市场对接、并轨，并依据国内外煤炭资源市场的发展规律和煤炭资源的供需变化及时调整煤炭产量和销量，以防止市场弊端带来的恶性竞争与降低投资风险，实现相对稳定的矿业资源收益。第二，政府充分考虑沉陷区居民多种需求，提高迁入区公共服务水平。在"双主体"补偿模式下，迁入地的地市县各级政府部门负责外来移民的迁入，承担包括教育医疗、水电通信、道路交通、房屋搭建在内的基础设施建设工程，以满足移民在迁入区长期生产生活的需要。第三，建立健全各治理主体的长效沟通制度。为避免各级政府部门对移民安置工作出现职责推诿的现象，各级政府应建立指挥移民安置工作的指挥部门，沟通协调迁出区与迁入区当地居民、企业单位及政府部门之间的关系。就市场主体而言，应由当初矿区资源开发的相关企业来负责移民的后期支持，相关企业要专门设立负责移民安置的工作机构，以负责开发投资资金的正常运作，并与政府部门和移民就移民安置问题进行积极的沟通协调。社区负责移民团体利益分配，并为移民与政府及企业间的沟通搭建桥梁。权责明确的三个主体要不断加强沟通、协调和交流，通过合法合理沟通交流的方式，平衡各方的利益诉求，稳固推进移民安置搬迁工作。

（2）沉陷区移民工作的目的不仅在于地址上的物理安置，更在于搬迁后人民群众能够"稳得住""有事做""能致富"。因此，具有"造血"功能的就业能力应是广泛关注的焦点。首先，政府要为沉陷区失地农民提供再就业的政策支持。综合考虑到本地区的实际情况和当地居民过往就业传统与习惯，因地制宜地制定符合本地区失地农民的就业政策和措施。如果能恢复农业及其副产品生产工作，就尽可能动员各方力量进行还原，

不破坏农民乐于耕种及养殖的意愿；如果迁入地不适宜发展农业，就吸引食品包装、电子机械组装、衣物代加工等劳动密集型产业落户安置社区附近，为失地农民再就业提供岗位。其次，企业各取所需，协助政府解决居民再就业。企业可以根据自身经营现状，出资对沉陷区土地进行流转开发，对于能够复垦的土地，企业可以按照循环经济模式，发展立体生态农业和休闲旅游业。对于土地价值已经不大的地区，可以充分利用人口红利优势出资设厂，既可以借助相对性价比较高的大量劳动力减少企业生产成本，又帮助居民实现就地就近再上岗。最后，个人要改变就业观念，主动提升就业能力，完成社会资本积累。沉陷区群众要想尽快再就业一定要改变就业观念，积极寻找一切就业机会，坚决避免"等、靠、要"的消极观念。一方面，要持续增加自身再就业素质与技能，提高就业能力，适应市场需要；另一方面，失业群众要树立"先就业再择业"的正确思想，先主动融入进岗位之中，学习到一定本领和专业能力后再根据个人需要进行工作岗位的转换。

（六）保障覆盖：扩大各类保险帮扶力度，弱势群体权益得到维护

当前我国采煤沉陷区内群众社会保障体系建设存在一定漏洞，立足区域内弱势群体生活需求，可以从最低生活维护、养老、医疗等维度出发，量身构建符合当地群众基本权益的社会保障体系。

（1）合理分类低保对象，透明准确落实救助政策。鉴于长期保障户（孤寡老人、残疾人等）属于无固定经济来源和监护人、赡养人和劳动力的最底层群众，对他们的救助要格外细致和稳定，社会保障资源要适当倾斜，尽可能实现全员兜底；而短期保障户由于没有完全丧失劳动力，可能由于各种原因只是短期失业或暂时性无法获得收入，对于他们的保障应是临时性的，在通过财政力量临时帮助他们解决眼前的困难后，应鼓励其自力更生进行再就业，由一味经济资助尽快过渡为综合帮扶。

（2）专项救助与社会救助相结合，养老、医疗、教育多个方面解除群众后顾之忧。要想促进沉陷区居民生活水平整体改善，幸福感得到提升，仅仅依靠单一的财政社会救助困难重重，必须把各种专项救助与长期社会保障体系建设相融合。首先，城乡医疗救助是当前专项救助的重点，对于农村居民需要降低救助门槛、扩大救助范围、切实提高医疗救助水平，减轻失地农民的医疗费用重担，保证困难群众能够看得起病、看得上病。其次，重视养老保险投保覆盖面。由于我国老龄化程度日趋加速，所以必须把对困难老年人群体的救助纳入核心保障层面。沉陷区养老保险的推行不仅要靠家庭和政府的力量，还应推行社会化养老。政府可以给予养老机构和企业政策优惠或补贴，牵头引进市场化组织，以合理的价格为沉陷区内有条件的老人提供养老服务。最后，对于沉陷区内贫困群体子女的教育问题，应提供阶段性教育补助，减免部分学费；对于贫困大学生可以动员社会力量，牵头慈善组织给予助学贷款或提供勤工俭学岗位帮助其完成学业。

丰富的煤矿资源曾是推动我国经济发展的支柱产业，但是前期过度开采和治理不当，导致大量沉陷区的形成。随着沉陷区数量逐步递增、波及范围逐渐增广，已经在区域内产生大量的社会风险隐患，对于沉陷区集中暴露出的问题需要开展行之有效的综合治理。本节立足结构功能主义、社会冲突理论、理性选择理论和社会风险理论等视角，坚持因

地制宜的科学性、可持续发展、系统协调性（李秋峰和党耀国，2012）和多元主体合作等原则对沉陷区内失地农民基本生活权益失衡与贫困危机、治理时机和治理成本权衡间的进退维谷、治理阶段和治理主体权责判定间的模棱两可、异地搬迁安置强化潜在社会矛盾集中爆发、财政支持资金总量与使用效率间的双向乏力、失业危机与再就业保障间的左右为难等具体治理危机，尝试探索农林复垦、水产养殖与水库建造、立体化生态发展、新能源产业创新、新型城镇化建设等治理模式，力图从科学治理体系建立、配套法律法规出台、完善煤炭开发生态补偿机制、拓宽治理资源来源渠道、巩固民生工程、扩大社会保障等路径出发，制定出缜密合理的治理规划，以期能够快速、高效地解决沉陷区存在的问题，重新修复地区内"生态-经济-社会"多维关系。

第四节　采煤沉陷区社会风险治理：以淮南市为例

本节将以安徽省淮南市为例，对生态与经济约束下的采煤沉陷区社会治理进行探讨。之所以选择淮南市为例，最主要原因在于其是典型的高潜水位煤矿区，具有煤层厚度大、煤层数量多以及地面相对平坦、潜水埋深小的特点。煤层厚度大、数量多代表着煤炭开采导致土地沉陷的程度相应较高，土地的稳沉期较长。地面相对平坦、潜水埋深小则意味着沉降的土地很容易积水。由于其特殊的自然与地质条件，"两淮"沉陷区土地在沉陷后往往形成深水面。稳沉期较长的深水面不仅对当地居民的人身财产安全有潜在威胁，还制约了采煤沉陷区的社会治理。

一、淮南采煤沉陷区的社会风险识别

淮南市作为典型的采煤沉陷区，因地表沉陷带来的社会运行风险主要有以下几项：

（一）直接风险

采煤地域沉陷带来的直接风险主要体现在自然资源和生态环境的破坏、基础设施的损坏等。一方面，土地由于其自然环境的破坏，从而出现土地沉陷，减少并损害了采煤沉陷区内的自然资源。例如，土地沉陷的现状使当地耕地资源锐减，加剧了人地矛盾。在淮南市已沉陷的土地中，80%以上为耕性良好的耕地资源，这加剧了原本就较为紧张的人地矛盾。如果采煤沉陷区域位于农地之中，就会改变土地形态，使耕地失去功能，且难以恢复。耕地是农民赖以生活的根本，是生活的最低保障。中国自古以来都是小农经济，农民扎根于耕地，依靠土地过活（亨利，2015）。虽然现在经济有所发展，农业收入在家庭收入中占比大幅度较少，但耕地是农民生活的保障，一旦耕地资源遭到破坏，农民的生活必将处于风险之中。另一方面，土地沉陷损害了沉陷区内的生态环境。淮南沉陷区内污水横流、杂草丛生，原有的生态平衡被打破，新的生态体系短期内又难以建立，沉陷区已成为程度不一的污染区。由于淮南矿区煤炭、岩性等条件，采煤沉陷容易造成地下水的水层破坏。

以淮南市凤台县为例，截至2015年底，当地的沉陷面积已达11.4万亩，除100%影响全赔外，绝大多数沉陷区农民都存在着 80%、60%、40%、20%及完全不受影响的零

星土地，完全不受影响的零星土地基本上成了一个个的"孤岛"（地下无煤炭不开采，采煤企业不予补偿）。随着采煤沉陷区整村搬迁，这些未完全赔付的土地及零星"孤岛"仍然需要耕种，这部分土地周边生产道路损毁，水系破坏严重，生产成本骤增，农民在往返耕作中存在着交通安全隐患等，给当地农民的生产和生活带来极大的困难（罗林峰，2019）。

除了对沉陷区生活居民的日常生活造成影响之外，基于空间社会学的理论，随着沉陷区地表沉陷面积的不断扩大，受到沉陷影响的地区逐步从点状分布扩大到面状分布。据预测，到2025年淮南市境内的采煤沉陷总面积将达到222 km^2，积水面积将达到130 km^2，城乡空间随着地表沉陷面积的增加将日趋减少。物理空间上，当地居民的耕地空间与活动空间急剧减少，同时，公共空间在此背景下日益衰竭，很多当地居民的生活方式发生改变，生活结构也随之发生变化。

（二）"以租代征"的耕地补偿风险

根据我国《土地管理法》的第47条规定：征用土地的，按照土地的原用途给予补偿。征用耕地的补偿费用主要包括土地补偿费和安置补助费以及地上附着物和青苗的补偿费。然而，根据我们的实际调查研究发现，沉陷区对于耕地的补偿还是采取"以租代征"的方式，也就是说居民每年只能获得相应耕地的青苗费。以淮南市为例，2013年前，居民每年获得的青苗补偿费为1300元/亩，2013年至今为每亩1800元。显而易见，只有青苗费的耕地补偿价格是一种失真的价格，这种补偿方式没有考虑到市场经济条件下的增值收益，补偿水平较低，极大地侵犯了沉陷区居民的合法权益。更加让人担心的是，煤炭企业效益的好坏，直接影响到居民较低水平的青苗费能否足额及时发放，这就说明居民权益的保护存在着巨大的潜在风险。在淮南市凤台县，国投新集公司在凤台县境内的一矿和三矿每年应付新集镇、刘集镇沉陷区群众青苗费共3665万元（新集镇3000万元、刘集镇665万元）。2016年8月赴凤台县调查时，了解到国投新集公司从2015年秋季开始已经拖欠新集镇沉陷区群众秋季青苗费1487万元，经多方协调努力，于2016年5月28日补齐。然而2016年第二季青苗费还没有着落，得不到及时补偿的农民，情绪波动，引发上访。随着国投新集公司一矿停产、三矿关闭，该问题愈加敏感。及时发放补偿款是失地农民最关心的问题之一，一旦失去土地，他们的生活很容易陷入贫困。在短期内或者没有寻求到稳定收入的工作之前，这笔赔偿款将是他们生活开支的主要来源，因此，需要更加重视农民赔偿款发放的及时性。

（三）拆迁安置风险

如果采煤沉陷涉及居住区域，已然对原住民生命财产安全产生威胁，就必然会涉及居民的搬迁安置工作。据初步统计，淮南市因采煤沉陷受到影响的人口达32.1万人，占全市总人口的8.7%，并预计最终涉及人口约61.1万人，占全市总人口的16.5%。当前，淮南市提出"集中式搬迁、发展式安置、开发式发展"的综合治理创新模式，居民安置取得了一定成效。但在搬迁安置过程中，也存在部分居民权益得不到保障的情况，居民二次搬迁、搬迁安置工作滞后等问题频频出现。目前在淮南采煤沉陷区搬迁安置过程中，易造成风险的问题主要集中在以下几点：安置房建设落后；搬迁安置政策不完善，安置方式缺乏灵活性；基础设施和相应的配套设施不足，后续管理和服务不到位；社会适应和社会融入存在困难。

淮南沉陷区搬迁安置房建设落后主要是因为搬迁安置用地报批难，导致选址难。安徽省国土资源厅在分解规划指标时，主要依据：一是各地国民经济和社会发展五年规划和长远目标；二是市、县域资源环境与经济社会状况；三是需要解决的土地利用问题和需要落实的重点任务等基本要素。而淮南市现行规划指标包括耕地保有量、基本农田保护面积、城乡建设用地规模、建设用地总规模、城镇工矿用地规模，土地规划指标分解未体现煤炭城市压煤村庄新村用地问题。采煤沉陷村庄的搬迁新村建设选址不但要避开基本农田保护区，还要避免新村址的二次压煤，同时也要考虑人民群众的对于耕作、出行、居住等生产生活方式的需求，搬迁新村建设选址难度之大可想而知。针对淮南沉陷区居民搬迁安置选址难的问题，2014 年国土资源部同意安徽省采煤沉陷区村庄搬迁用地采取"先使用后复垦"方式报批。然而，由于淮南煤田处于高潜水位，沉陷地多为水面且稳沉期长，基本上不具备土地复垦条件，"先使用后复垦"政策在淮南沉陷区难以实施，选址困难的问题仍未得到解决。2016 年 8 月通过前往淮南市凤台县调研，了解到：凤台县除了 2009～2010 年村庄搬迁应急工程规划建设的 14 个安置区完成土地报批工作，2011～2014 年村庄搬迁安置项目规划建设的 9 个安置区土地至今未能报批。一方面，受采煤塌陷的影响，需搬迁村庄出现危房亟待搬迁，特别是遇到汛期，严重影响到塌陷区群众生命财产的安全；另一方面，却因为用地得不到及时批准，安置工程不能按期开工，沉陷区群众不能按时搬迁，安全隐患大。

安置政策造成的搬迁安置风险主要体现在两个方面。一方面，淮南沉陷区居民缺席搬迁安置政策的制定，缺乏利益诉求的表达途径，存在发生群体性事件的风险。目前淮南沉陷区居民参与搬迁安置政策的程序设计还不明确，甚至现在的安置程序还存在着很大的问题。正如课题组在实际调查中得到的数据，90%的调查对象对"您认为采煤沉陷区居民能否参与到安置政策的制定中"持否定回答，大多数居民认为政府只在形成安置方案后进行了告知，自己没有参与到方案的制定中。因交流不畅所致的民怨及民众的不满，使情感成为主导群体性事件发生与演进的最重要机制。低价购得安置房的居民却认为自己未获得任何补偿（陈欣和吴毅，2014），安置居民的不满很大程度上是由于不了解补偿政策。而他们对"您所在的采煤沉陷区居民是否发生过因安置不妥而导致群体性事件"，大多数的回答则是听说过甚至是参与过。他们不了解政策参与的途径，对自己的低政策参与度也不以为然，有着采取群体性事件的倾向。正如蒋俊明和阎静（2004）所认为的那样："对于那些在利益分化中处于不利地位的阶层来说，他们就倾向于用非理性的方式进行表达。"另一方面，安置政策本身的不完善使得淮南沉陷区居民搬迁安置面临着失败的风险。在调查中，淮南沉陷区居民普遍反映政府未能考虑到他们的实际困难，安置工作简单"粗暴"，缺乏灵活性，安置措施缺乏多样性，可选择性较低，部分地区甚至采取统一标准。淮南市的李奶奶就反映："政府以户口基础统一分配安置房。我们交 31000 元可分配一间 70m² 的安置房，超出部分按 1500 元／m² 计算。虽然价格便宜，但是我家有 6 口人，安置房只有 70～80 m²，根本住不下，我们提出现金补偿去别处买房子的要求也没得到满足。"沉陷区居民搬迁安置工作错综复杂,统一甚至"粗暴"的安置方式与政策看似公平正义(爱德华,2016),可以减轻安置遇到的阻力,但却不利于居民权益保障的充分实现,导致搬迁安置面临失败的风险。

调查问卷显示:您对"在目前的搬迁安置工作中,您最不满意的是哪个问题?"的回答,主要集中在社区的水、电、路等基础设施跟不上,社区医疗、教育休闲等生活配套设施跟不上和社区管理与服务不到位上,分别占比 17%、33%、31%。搬迁安置小区的选址一般是靠近城镇,但原有经济活动不活跃的开阔地区,原有的基础设施和配套设施并不完善。而搬迁安置这一行为对安置地社会环境的承载能力又提出了额外的要求,导致原有社会环境难以满足数量众多的安置居民的需求。水、电、路等基础设施属于硬件设施较容易解决,但大规模的迁入人口带来的医疗、教育、休闲等软性需求短期内却较难弥补。

淮南市 M 小区的李大爷在访谈中就说道:"小区周围没有小学,我家小孙子天天回来都要个把小时。小区的文化娱乐设施也太少了,我们年纪大了,平时没事干的时候只能打打麻将。"在调查中我们了解到,很多安置小区不存在物业公司,考虑到居民的经济条件,由政府出资聘用保洁人员对安置小区进行清洁。因此,这些安置小区的后续管理和服务往往无人问津。淮南市 J 小区的刘阿姨就反映:"小区路灯太少,我们楼下的门禁一来就是坏的,到现在也没人管,存在安全隐患。"

搬迁安置使居民从"熟人社会"进入到"陌生人社会",其社会适应和融合难免遭遇困境。对移居城镇的居民来说,情况更加糟糕。他们缺乏必要的技能,失地也就意味着失业。一方面,农民的交往主要基于血缘和地缘关系,带有浓厚的乡土性。费孝通先生在《乡土中国》中说道:"乡土社会的生活是富于地方性的。地方性是指他们活动范围有地域上的限制。在区域间接触少,生活隔离,各自保持着孤立的社会圈子。"搬迁安置使居民孤立的社会圈子被打破,圈子所提供的社会支持功能也就不复存在。另一方面,居民进入安置地区必然会对当地原有秩序造成影响,就像一块石子投入湖中必然会引起波浪。居民的进入导致原有利益格局发生变化,可能会诱发前所未有的新型矛盾冲突。社会圈子的破坏、失业的风险以及同原有居民可能的矛盾冲突都对居民的社会适应和融合提出了挑战。

(四)失业与再就业风险

采煤沉陷区的区域沉陷会平添职业转换风险和再就业适应风险。沉陷区地域为耕地,就会使得对应的农户减少耕种面积,减少经济收入。如果沉陷面积过大,可能导致农户失去赖以生存的土地基础,面临无地耕种的境况。沉陷区涉及其他单位、个体的情况也时有发生,由于采煤企业是出资主体,场站业主与采煤企业协商十分困难,特别是窑厂、养殖场等大型场站补偿工作推进缓慢,有的场站甚至停产停业几年至今都未补偿,势必造成部分人员的失业,或者原工作人员职业转换,中间平添了风险。

根据我们的实际调查,淮南沉陷区居民搬迁安置后再就业状况普遍不佳。

(1)就业较为困难的主要是中老年和女性居民,相当一部分居民在搬迁安置后长期处于非自愿的失业或半失业状态。小部分中老年居民由于缺乏必要的再就业技能,在体力竞争中又比不上青年人,适合他们的工作岗位较少,就业面过窄,只能在当地打零工甚至是待业在家。不少沉陷区居民在当地乡镇企业就业根本没有办理规范的招工手续,未签订劳动合同,未参加社会保险,对就业前景也是一无所知,他们的收入受外界因素影响较大,无法掌控今后的生活着落。然而,他们却往往是一个家庭的中流砥柱,"上有老下有小"的现实压力使得他们不堪重负。在农村社会保障体系不完善的现状下,很多家庭甚至出现了搬迁致贫的怪象,成为农村社会不稳定的隐患。而对于女性居民来说,就业情况更加糟糕。她们不仅缺乏必要的再就业技能,还面临着在求职过程中可能存在的性别歧视现象。尽管随着男女平等思想的普及和男女性别比的失调,女性的社会地位不断提高,但毋庸讳言,由于女性的生理特点导致女性在求职过程中就业机会不均等、就业范围狭窄,即使同样的工作岗位,女性劳动收入明显低于男性,并且女性在就业结构中的地位明显低于男性。

(2)小部分居民主动放弃就业。这部分居民并非丧失劳动能力不能再就业,而是主观上不愿意再就业。由于受到好吃懒做思想的影响,在有了大笔的补偿款后,便开始依靠补偿款生活,每天无所事事甚至沾染上吃喝嫖赌等不良嗜好。

(3)已经完成再就业的居民情况也不容乐观。这部分居民大多年纪较轻,由于身体条件较好,很容易找到新的工作,但新工作的技能要求和报酬都较低,再就业质量不高。由于这类工作的可替代性较强,他们随时都可能面临着失业的风险,很容易形成再就业不稳定的现象。居民可能从事的职业难以支持他们在搬迁安置后的生活,他们的生存能力不强。除了居民自身技能观念等方面的问题外,淮南沉陷区居民再就业困境也是社会排斥现象导致的必然结果。由于现有的体制,搬迁安置后的居民在一定程度上与原住民之间在资源分配上存在一定差异,淮南沉陷区居民搬迁安置后的相对弱势地位必然会对其再就业产生不利影响。

(五)社会保障风险

在中国,农民的社会保障水平普遍较低,这是不可回避的社会问题。目前,城市已经逐步建立较为完善的社会保障体系,受到采煤沉陷影响的城市居民拥有比较健全的社保体系,即便失去原工作,也能保持较农民高出一截的生活水平。而农民实际上是处于中国社会保障制度边缘的群体,而沉陷区农民又失去了赖以生存的土地,意味着农民失去了最后的社会保障手段,即便有些居民能够进入到城市工厂工作,但因为其缺乏竞争力,成为下岗的主要对象,又会回到失业状态。这里说的还是拥有劳动能力的适龄劳动人口,无劳动能力的老人、残障人士情况更不容乐观。因采煤沉陷仅淮南市下辖潘集区就涉及全区共计6个乡镇、42个村、182个自然庄,累计造成沉陷土地8.4万余亩,占全区耕地总面积的1/5,需搬迁群众2.75万户,9.19万人,占全区农村总人口近1/4。仅是一个区就有这么多的人口面临社会保障问题,更遑论淮南市。这部分人的医疗、养老、子女教育、社区公共服务等社会保障问题不能得到有效的解决,势必会带来严重的社会问题。

采煤沉陷区住房保障制度因其特殊性,在构建时要兼顾共性与特性,这是一项政策性、涉及面广的系统工程,在具体实施过程中应遵循以下主要原则。公平原则,公平泛指机会选择的平等性。由于被保障对象原有居住条件存在差异，在建立住房保障体系时，因将差异作为一种客观影响因素加以考虑，促成公平原则的存在。动态调整原则保障性住房是一种保障性很强的公共产品，其广度和深度与矿区经济发展水平、各级政府的保障承受能力、居民的可支配收入等相关联，因此各采煤沉陷区应根据保障范围、经济环境的不同而进行调整，实行分层次、多形式保障原则。所谓分层次是指根据采煤沉陷区内居民居住环境、居住现状等方面的差异，分层次制定保障模式。所谓多形式是指根据采煤沉陷区内居民收入差异，多形式提供保障性住房。不同的住房发展阶段、不同的居民保障需求、不同的保障方式对企业、政府财力的要求，对保障的公平性都各不相同，呈现出多样性特点，应当多种形式并存。我国大型矿区覆盖面较广，地区之间的经济水平、住房状况、财政能力差异相对较大，在建立住房保障制度的具体方式上，应该根据各地的具体情况，因地制宜，逐步推进。坚持统筹规划，分步实施的原则，根据矿区经济社会发展规划进行统筹考虑。按照改造规划和计划，优先改造破损程度严重，影响居民居住安全的区域，在采煤沉陷区住房保障模式构建过程中，发展持续性原则，要时刻本着可持续发展的原则进行规划，为安置区创造一个良性的发展空间。

（六）社会稳定风险

新农村建设中，加大了基础设施建设的投入，国家投入和农民集资相结合，农村建设的大量如电灌站、防渗渠、水泥路、通讯、水利等基础配套设施，这些都得不到合理的补偿，严重侵害农民利益；沉陷区群众没有公平的享受到煤炭开采带来的收益，且补偿没有达到心理预期，致使其心理极不平衡；老矿区自建房及危房户安置工作进展缓慢，居民上访不断；即使得到搬迁安置，但是大规模的聚集安置，必然带来一系列的社会管理问题。如何使安置区群众由农村进入城市，由农民变为市民，创造和谐安定的生活居住环境，实现搬迁安置区的长治久安，关系到安置区群众的切身利益和社会安定。如果这些遗留矛盾、干群矛盾、社区治安矛盾处理不好，就很可能会激发社会、政府与沉陷区原住民的矛盾，导致上访等群体性事件，干扰社会的良性运行，影响社会的稳定。有学者指出征地补偿分配、征地监督是冲突风险控制的主要环节（肖建英，2017）。征地补偿分配应确保失地农民原有生活水平不降低，逐步让农民共同享受到土地增值收益（柴国俊，2019）；消除征地补偿款分配不公平导致的冲突；不断探索和完善征地补偿模式，充分考虑失地农民的就业和养老等社会保障问题。为提高征地监督实效，要完善和健全征地监督具体实施细则，以便于征地监督有法可依。加强社会媒体等社会力量对征地活动的监督，借此促进征地活动的规范化、公开透明化与文明化。

（七）原住民发展前景风险

①生存环境的依赖性。原住民由于其本身的对原生存环境的依赖性极强，与那些外来居民相比，有更弱的抵御风险的能力。在采煤沉陷区形成并扩散的过程中，这些原住民的生活受到极大的影响，他们原本的生活习惯、生活爱好、生活规律被外界所打破，而这种打破是突发性且严重性的，所以他们往往承受更多的压力。②变通困难。原始居民多是依靠传统农业、简单的加工业或者是零工来维持生活各类开支，但是沉陷区的出

现，他们不得不移民，远离故土家乡，但是他们传统的生活方式不得不发生变化，这与他们的生存技术是难以匹配的，低生存技术与高生活压力相互碰撞使他们面临着极大的生存困境。③文化驱动力。对于长期生存在同一个地方的这些原住民来说，文化早已根深蒂固，突然转变生存领域对他们来说是极其痛苦且难以转变的，所以在文化传承与思维方式上存在极大的障碍。

二、淮南采煤沉陷区社会风险的治理措施及经验

将淮南市采煤沉陷区综合治理工作进行相关的完善，确保有效治理沉陷区，有效减缓因土地沉陷而导致的社会变动带来的不利影响和规避沉陷区域社会运行风险迫在眉睫。根据实际情况，淮南市已在科学开采煤炭资源的基础上，采取因地制宜的综合治理方式，从单一对塌陷地综合治理模式转变为塌陷地治理、塌陷区的多方向利用及塌陷区居民生活保障等多维综合治理模式。不过，治理工作中也出现了短板。在淮南市采煤沉陷区治理既有成果基础上，真正实现矿区的地质、人居、生态环境进一步改善和恢复，有效促进淮南市经济发展，稳步提高淮南市居民生活质量，促进社会和谐稳定运行，可以从以下几个方面来完善沉陷区的综合治理工作。

（一）国家进一步出台关于沉陷区综合治理的各项政策

淮南市采煤沉陷区治理计划资金 18.6 亿元。资金主要来自中央政府、安徽政府、淮南市政府及企业和受灾居民自筹。因此要加大对煤炭资源型城市采煤沉陷区的财政支持力度，尤其要增加对失地农民土地补偿、搬迁、安置、再就业及社会保障等方面的专项资金补助。

现有状况下，国家并没有关于采煤沉陷区综合治理的专项法规，综合治理工作的有关规定散见在《土地管理法》《矿产资源法》《土地复垦条例》等条文中，专项法律的缺乏使得出现了诸如缺乏法律监督机制和实施细则，治理主体责任履行不到位、"以租代征"大隐患、安置用地报批难等问题。这些问题在实际治理过程中并不少见，一定程度上阻碍了采煤沉陷区综合治理的进程。这些现实中亟须解决的问题要求国家统一出台具体可操作的采煤沉陷区综合治理政策，具体来说，一是对采煤沉陷区居民搬迁用地指标计划单列，解决搬迁工程建设用地报批难的问题；二是细化、统一沉陷区综合治理中具体的做法、标准和依据，保障有所依据地开展沉陷区综合治理工作。

（二）建立健全采煤沉陷区综合治理控制体系

采煤沉陷地区的治理工作是一项庞大的系统工程，既是当务之急，又是久远之策，不仅关系到采煤沉陷区群众的生活，而且关系到整个地区的经济社会发展。完备的综合治理体系是治理工作顺利开展的基础。

首先，建立健全采煤沉陷地治理的决策体系，这一体系至少要包含市级领导干部、土地管理专家、职能部门负责人以及采煤企业代表和沉陷区利益受损代表。其次，建立健全沉陷区治理资金投入体系，促进治理资金来源渠道的多元化，可以适当考虑吸收社会团体和个人资金来进行开发。无论是集中式搬迁还是发展式安置，都是需要大量的补

偿、拆迁和安置资金，除了财政大力支持、企业按责承担以及个人自筹外，要创造性地拓宽资金筹集方式。作为"按人口补偿"试点的淮南市潘集区潘北新村，是潘集镇政府统一规划建设的采煤沉陷区搬迁安置点，一期占地 65 亩，拟安置搬迁居民 180 户。潘集镇政府通过引进开发投资公司代垫先期建设资金，建设两个功能小区。这种集中化建设和规模化搬迁的建设方式，既节约了土地面积、降低了安置住宅房价格，给群众生产生活带来实惠，又解决了搬迁安置建设资金缺口问题，同时合作的企业公司也取得合理经济盈利。这种做法为沉陷区搬迁安置资金的筹集做了创造性的尝试。再次，建立专门的拆迁安置的社会治理研究体系，利用先进的研究成果和技术支撑寻求更加合理高效的治理方式。最后，建立健全沉陷区治理考核体系，将采煤沉陷区治理绩效纳入政府年度考核目标，实行严格的考核奖惩制度。从治理决策体系、资金投入体系、治理研究体系和治理考核体系四个方面全力推进，共同发力，将会对下一步的深入治理大有裨益。

（三）对沉陷区基础设施进行修复

沉陷区的基础设施损毁给当地居民生活带来了极大的不便。对于整个淮南市而言，受采煤沉陷影响，涉及人口 32.1 万人，搬迁安置人口 15 万人，还有相当部分的人口滞留在沉陷地，这部分人的生产生活还要继续进行，沉陷区的基础设施修复工作显得尤为迫切。

根据开采沉陷学理论，地表沉陷会呈现一个波动式的渐进过程，所以只要及时着手，完全可以实现滚动式的动态治理。由于滚动式动态预复垦是一种"化整为零"的复垦方式。采取由矿区负责复垦规划，并由复垦专业的技术人员提供技术指导，然后再承包给矿区农民进行复垦施工的一种链状方式。这样，一方面可以增加矿区农村农民的再就业机会，另一方面又可以极大地调动矿区农民参与、参加复垦的积极性。

首先，根据矿区土地已沉陷情况、复垦规划和开采计划，选定滚动式动态预复垦区域，经过可垦性分析后，按该区域煤层赋存情况、地质条件、开采方式等进行开采沉陷预计，绘制复垦区沉陷地稳沉后的下沉等值线图，划分复垦分片。根据科学施工与科学复垦的原则，应注意以下三个方面的问题：一是分片的规模不要太小；二是分片复垦规模的确定要利于动态预复垦总体规划的实施；三是复垦时机的选择要把握好，从而有利于复垦施工。

其次，制定详尽的、具体的复垦规划设计。包括总平面布局设计、复垦分块设计、复垦时机的选择、复垦标高的设计、复垦工程的设计和施工工艺的设计等，具体可参照动态预复垦的规划设计。

最后，要适当合理划分设计中的复垦分片，并注意做好各分片复垦之间的衔接，争取各分片复垦在实施时不冲突，做到"互惠互利"，努力避免造成不必要的"重复工程"。

（四）提高失地农民耕地补偿标准

对历史遗留的因为采煤造成沉陷且不能恢复为耕地的土地，申请依法核减耕地保有量和基本农田保护面积。对新增的因采煤造成沉陷且不能恢复为耕地的土地，由采矿企业依法办理农用地转用和土地征收手续，依法予以征收。沉陷期间内由采矿企业足额补偿农民损失费，使失地农民养老保险的集体和个人出资部分资金来源有保障，切实做到以土地换保障，保障沉陷区失地农民的合法权益。淮南市政府在如何提高失地农民补偿等问题上要求淮南矿业集团尽快提高并落实青苗补偿费与招收更多失业的失地农民。一是要尽快解决补偿问题。主要就是搬迁安置问题与经济补偿问题，目前还是依靠政府与企业的双向合作，政府主要是利益的协调方与政策的制定者，重点监督农民的利益诉求与企业的赔偿力度与速度，而企业在"谁获益、谁赔偿"这一主要原则之上，担任着重要责任，如何将失地农民的失去利益弥补回来，矿产企业责无旁贷。二是要解决失地农民再就业的问题。不论是数据显示与调研访谈，我们发现，再就业或者稳定的工作一直是失地农民十分关心的话题。例如靠种植或者养殖的农民们，在失去土地、离开故土的情况之下，他们的职业不得不发生变化，如何让他能够获取一份稳定且收入不低的工作亟须解决。政府在面对这些问题上，一方面要保证他们享有最低收入保障，解决他们最基本的生活问题，不能让他们由于采煤沉陷等问题而陷入贫困之中，另一方面，企业作为大型矿产公司，在移民安置等问题上必须以社会效益为首要原则，优先为失地农民、失业农民提供救助，最好的办法就是提供就业岗位，必须是适合他们的岗位，并且不得以其他理由拒收农民的岗位申请。

（五）搬迁安置工作为化解矛盾的关键

采煤沉陷区综合治理工作最终要落脚到搬迁安置工作上来，这是缓解社会矛盾的关键所在，重中之重是解决沉陷区群众的住房和赔偿问题。搬迁安置政策制定及实行关系到沉陷区群众的切身利益。首先，政府应充分考虑沉陷区居民多种需求，提供多项安置政策，尽可能做到完全安置。安置房建设中，充分考虑拆迁居民的年龄、就业和现有住房结构、家庭结构，提供不同面积的住房供选择。其次，将沉陷区村庄搬迁安置与新农村建设相结合，与小城镇建设相结合，因地制宜地推进村庄搬迁工作。他们也是真正意义上的贫困人口，搬迁安置可以与扶贫攻坚相互配合，扶贫资金中的危房改造金可以用来支付购房款，解决其住房难题。再次，及时公开搬迁安置过程，确保透明，做到"六个清楚"，即让群众对补偿标准清楚、安置面积清楚、操作程序清楚、实施方案清楚、居住环境清楚和发展前景清楚。此外，赔偿政策标准要及时公开，确保搬迁安置居民对政策明晰，避免因政策标准不清而引发干群信任感缺失，继而促发社会不稳定。最后，大规模集聚式搬迁安置，必然会带来一系列的社会管理问题，关系到安置区群众的切身利益和社会安定。因此，政府既要重视基础设施建设和文化建设，同时也需要加强对社会治安的治理力度与治理强度。完善社区治理机制与治理制度，为安置区的居民营造良好的生活环境，提高居民幸福感与稳定感。

（六）妥善解决沉陷区居民的再就业问题

解决好沉陷区的赔偿和搬迁安置问题仅仅是实现了淮南沉陷区群众的基础保障，更需要解决他们之后的发展问题，即沉陷区群众的就业问题。政府要着重帮助有劳动能力的失地农民实现就业，以家庭为单位解决淮南沉陷区居民安置后的生活问题。政府可以适当地提供优惠性政策，吸引食品、电子、机械、服务等劳动密集型产业落户安置社区附近，为失地农民再就业提供岗位；加快安置小区周边基础设施建设尤其是城市公共交通建设，相应的公共交通营运路线应加开夜班车，增加安置小区居民到主城区再就业的机会；政府的劳动保障部门应联合各级人才市场建立安置小区居民的再就业服务平台，准确、及时、完整地向信息相对较为封闭的沉陷区居民提供就业信息，为安置居民提供就业咨询服务并免费发布求职信息；政府要将采煤沉陷区居民技能培训纳入民生工程，以市场需求为导向，结合企业的用工需要，不断加大对沉陷区安置居民的就业培训力度，建立分年龄层次、分性别的完善的就业培训体系；鼓励机关、企事业单位在用工时优先录用沉陷区居民，争取在城市绿化、卫生、交通、环保等公共事业中优先使用安置居民；倡导多元化的再就业路径，既要把劳务输出作为解决沉陷区安置居民再就业的一条重要渠道，也要积极鼓励安置居民自主创业，为安置居民创业提供资金、技术和场地等支持；政府要建立就业扶持政策效果评估与反馈机构，寻找政策本身或者政策执行过程中可能存在的问题，通过完善政策的制定与实施达到促进沉陷区安置居民再就业的目的。

农民作为就业的主体，不能全靠政府或者企业"全盘买单"，也不能靠政策的"全盘救济"。塌陷区失地农民的民生问题是沉陷区综合治理的关键与核心问题。在不破坏生态环境的前提下，要积极鼓励失地农民以多种方式增加收入。失地农民收入增加了，一方面有利于拆迁安置工作的进一步开展，另一方面也能够减轻财政的压力，有利于社会的稳定和和谐发展。鼓励失地农民在政府、村委会等的帮助下，通过各种方式增加收入，减轻财政的压力。淮南市潘集区泥河镇后湖村创造性地发展了"公司+合作社+农户"这一治理经营模式，解决了采煤沉陷区的大量历史遗留问题，环境修复的同时，也增加了农民的收入，保障了失地农民的利益，维护了社会的和谐与稳定。

（七）加大社会保障的覆盖范围

首先，建立多方参与的利益表达机制。农民往往是各种社会力量互动过程中的利益受损的一方，缺少话语权的农民往往会通过"信访不信法""事情闹大""非正规途径"等反映自己的困境。利益表达机制的缺失是重要的原因，因此需要建立有效的利益表达机制，保证农民的利益不会受到侵犯，就要求政府在公共利益得以实现或保障的基础上，重点考虑农民的利益获得和受损问题。保证农民利益不受侵害，赋予农民充分的知情权、参与权与监督权。亟须建立有效的利益表达机制，尊重煤矿企业、施工企业在改造和建设中的主体地位，以政府为沟通协调核心，充分考虑各方利益诉求，以此作为合理调节利益的基础。

其次，建立利益调节机制。这里的利益调节，指的主要是政府及其主要部门、在场施工企业、煤矿企业、失地农民等四者之间的矛盾场域保持在一个可控的范围之内，并在可控的基础上尽可能减少冲突的可能性以追求利益的最大化。县级政府及其部门是决策改造项目的组织者与主导者，因此，在利益调节机制框架下必须发挥其主导作用。采煤塌陷区生态改造中的利益具有特殊性，无论是经济利益、社会利益还是生态利益，大多都具有明显的公共性。

最后，建立合理科学的利益补偿机制。其方式主要有两种：一种是直接补偿，即将原本属于政府的直接利益和矿产企业不应获得的直接利益"分一杯羹"给失地农民；另一种是间接补偿，完善社会保障体系，即政府通过额外投资，再加大对项目区周边农村医疗、教育等的建设力度，间接弥补其损失，增强其发展能力。而在间接补偿中，对于采煤沉陷对原居民的影响，在农村地域影响将会更大一些。城镇居民本身可以享受较为完备的社保体系，即便失去原工作也能保持较农民高出一截的生活水平，而农民则不然，本身扎根于土地，祖祖辈辈生活在这片土地，失去了土地即意味着失去了最基本的保障，生活状况并不乐观。对于原享有各类社保的城镇居民，继续发挥社保体系的作用。而对于因采煤沉陷搬迁而进入城镇生活的村民，要推进搬迁群众户籍改革，逐步将搬迁居民转为城镇居民，纳入城镇社保体系。

三、淮南高潜水位采煤沉陷区特色治理模式

淮南市是两淮地区的典型煤炭城市，对于采煤沉陷区的治理工作也开展较早，在采煤沉陷区的治理过程中，积累了资源枯竭矿井土地盘活的"泉大模式"、农业产业结构调整的"后湖模式"、发展三产的"鑫森模式"、发展循环经济的"创大模式"、现代农业的"绿馨园经验"等具有本地特色的成功模式。课题组一行实地考察了这些治理效果较佳的典型案例，试图通过对典型治理案例的研究，总结并推广相对成熟的治理模式，为其他地方的采煤沉陷区综合治理提供经验支持。

（一）生态修复同资源枯竭矿井土地盘活相结合的"泉大模式"

在淮南市大通区采煤沉陷区域，由于不稳定的地面塌陷、植被破坏以及水土流失，采煤沉陷区、废弃的采石场以及周边区域，环境恶劣，形成大面积的"城市荒地"，严重影响着城市形象。"泉大"资源枯竭矿区南倚舜耕山、北临洞山路景观大道，是淮南市政治、经济和文化中心，也是新中国成立前开采并已报废30年的老矿区，面积22.2 km²。在"泉大"生态环境修复过程中，淮南矿业集团公司坚持大空间、大尺度的治理思路，遵循环境自然恢复规律，因地制宜、因势造景，宜林则林、宜草则草、宜水则水，变修复废地为公园绿地。

"泉大"模式将资源枯竭矿区土地盘活和建设生态宜居城市相结合，采用"中医调理式"，宜林则林、宜水则水，不仅解决了因为采煤沉陷造成的资源和生态环境破坏问题，更为当地居民提供了休闲娱乐的好去处。坚持新矿区治理与老矿区修复协同推进，启动了"泉大"资源枯竭矿区环境修复工程。

（二）生态修复同农业产业结构调整相结合的"后湖模式"

安徽省淮南市潘集区在对该区泥河镇后湖10000亩采煤沉陷区的治理中，高起点编制总规和控规，目前已完成5360亩沉陷地的整理与利用，已建成农业试验、水产养殖、花卉苗木、果蔬采摘、设施园艺等六大功能区，新增耕地2800亩。预计到今年底，将全面完成治理任务，实现沉陷土地不荒废、失地农民不失业、生态环境得以恢复、土地产出明显提高、农民收入明显增加的良好绩效。淮南市在采煤沉陷区综合治理的过程中，将生态修复同产业结构调整相结合，创造出沉陷区治理的"后湖模式"。后湖生态园位于

淮南市潘集区泥河镇西部，北与怀远县以黑河为界，南跨泥河可至古沟乡，西北与袁庄接壤、与潘集镇相邻。园区在淮南矿业集团潘二矿采煤沉陷区域内兴建，园区中心位于后湖村内，距离镇政府约 2 km，距潘集区政府约 8 km，距淮南市约 25 km。该项目累计投入资金 3600 余万元，治理面积一万余亩。治理后的后湖生态园形成了六大园区，成为人工生态花园。而采煤沉陷区农户以沉陷的土地入股，组建农业合作社，探索出"公司+合作社+农户"的治理模式。生态修复与农业结构调整相结合的"后湖模式"，既实现了利润提高，农民的权益也更好地得到保障。

（三）生态修复同发展三产相结合的"鑫森模式"

2007 年初，南市鑫森物流商贸有限公司对甲峰岗镇境内的沉陷区域进行回填，大规模平整废弃地建园。至今先后投资近 2500 万元，对淮南市谢家集区望峰岗镇境内的沉陷区进行回填，大规模平整废弃地。鑫森物流园成立了淮南市再生资源物流中心，建成了安徽省西北部最大的再生资源集散中心，一期产值 4.5 亿元。

同时，物流园区经过后期改建也渐具规模，仓储面积达 2.6 万 m^2。蒙牛奶品等企业相继入园，50 多家企业加盟仓储。紧接着又凭借自身优势承接城市物流产业的转移为仓储企业提供安保、物业及配套服务。由于淮南沉陷区土地持续沉陷，为利用带来困难，而鑫森物流园均是轻钢结构的板房，易拆易建，十分适于非稳沉区。

鑫森模式的典型意义不仅在于探索出一条对非稳沉区利用的新路，还在于创造性地将外来企业引入到采煤沉陷区综合治理的过程中去。政府可以通过招标的形式将沉陷区土地流转给有需要的企业，利用引入的企业来协助解决沉陷区综合治理面临的困境。

（四）煤矸石再利用与发展循环经济相结合的"创大模式"

煤矸石是采煤过程和洗煤过程中排放的固体废物，是在成煤过程中与煤层伴生的一种含碳量较低、比煤坚硬的黑灰色岩石。煤矸石多用于充填沉陷区和铺垫损毁道路，其余的则需要占用大量的土地进行堆存。而由于煤矸石含有大量的重金属和有机物，大量堆存极容易对周围的环境造成污染。淮南市史上最大堆存量近 4000 万 t，2010 年全市排矸量近 2000 万 t，其中除去可利用的 1200 万 t 洗矸，还有 700 多万 t 的岩矸。

2007 年以来，创大公司实施了 3000 亩塌陷区综合治理工程，在复垦的土地上发展林木种植、疏散种植、水产、畜禽养殖等生态循环经济项目和休闲旅游项目，安置了大量失地农民就业，取得了较好的生态效益、社会效益和经济效益，探索出了采煤塌陷治理的创大模式。截至 2015 年底，创大公司复垦面积 9085 亩，三期复垦工程目前基本完工。不久的将来，创大生态园将打造成集生产、加工、销售一体的绿色食品生产基地，形成"基地+农户+公司+物流"的商业模式，将安全食品销售到全国各地。推动煤炭产业链向绿色循环经济产业链转型，实现多元化经营，形成具有市场盈利能力，充满活力，持续发展的沉陷区治理循环模式。

（五）生态修复与现代农业相结合的"绿馨园经验"

2010 年 10 月，在各级政府和相关部门的指导支持下，淮南市绿馨园采煤沉陷区综合治理有限公司成立，这是一家集土地综合治理、农、林、牧、渔生产、加工、销售、生态观光旅游于一体的大型综合性民营企业，公司注册资金 1690 万元人民币，同时又在国家工商总局成功注册了"绿馨园"商标。绿馨园处在国投新集一矿、二矿采煤沉陷区之间，在《淮南市采煤沉陷区土地综合整治规划（2009～2020）》范围内，未来几年仍处于缓慢沉降过程中。绿馨园的发展以修复土地、恢复生态为主题，以发展相关产业、高效农业为基础，努力为采煤沉陷区的治理探索一条新的模式。绿馨园从 2011 年 3 月开始动工，结合生态园功能要求，针对不同地形特点，实施"一带、一核、二翼、十大功能区"。

"一带"为绿色长廊，"一核"以一期规划布局为核心，形成绿馨园采煤沉陷区综合治理生态农业观光园主体核心架构，"二翼"分别在生态园东部与西部，布局"生态林业生产观光片"和"生态农业生产观光片"。同时，"绿馨园"模式做到了让采煤沉陷区农民"失地不失业"。项目按照循环经济的原则"资源-产品-资源"的物质福循环再生模式，核心是物质多次、多级、多梯度的循环利用，将废弃物利用和清洁生产融为一体，实现废弃物的减量化、资源化和无害化，建设资源节约型、环境友好型农业，推动项目区内的可持续发展。

公司现已流转沉陷区土地近千公顷，涉及陈集村、朱岗村、王相村 3 个村 5000 多人。同时，还有 120 名农民在公司工作。绿馨生态观光园以后湖生态园的建设和发展为参考，以发展现代生态观光农业为切入点，形成淮南市采煤沉陷区综合治理"绿馨园经验"。该经验利用生态循环理念，合理处理畜禽养殖、农药化肥大量使用等带来的农业污染问题，变废为宝，降低农业生产能耗，提高资源产出率，生产绿色、有机农业产品。既解决了环境污染问题，又提升了项目区农业可持续发展能力。沼气是清洁的生活燃料，项目区和附近农户使用沼气作为生产生活燃料，不仅可以减少农户在商品性能源方面的消费，还可避免因为缺乏燃料而导致出现乱砍滥伐的现象发生。使用沼渣有机肥可代替化学肥料，能有效改良土壤，提升农田土壤肥力。园区的蔬菜基地、苗木基地使用有机肥氮替代化肥氮肥达到 30%以上，使生产成本下降 10%～20%，农产品优质品率达到 95%以上。增施有机肥，不仅增加土壤的通气性、透水性、蓄水性，还能改善根系生长环境，增强土壤保水保肥能力。因此，该项目不但不污染环境，还能更好地保护环境。

"泉大模式""后湖模式""鑫森模式""创大模式"和"绿馨园经验"等模式样本的形成体现了淮南市在采煤沉陷区治理上的积极探索和智慧。但沉陷区综合治理模式无定式，因地制宜是关键。对这些已经取得成绩的模式、经验要进一步深化、完善和改进，并推广。此外，针对现有治理模式的不足，寻求新的治理模式，努力探索"边开采边治理"等动态复垦技术以及其他有效的治理新路，变被动治理为主动治理，实现在利用中保护、在保护中开发。借此既实现淮南地区的经济发展，又能避免采煤沉陷带来的社会稳定风险，实现社会的良好运行。

采煤区域的沉陷所带来的影响是全方位的，使得当地居民、整个社会处于各类风险之中，严重影响沉陷区居民的生产生活、发展轨迹和社会稳定。深入开展采煤沉陷区的综合治理工作，对于解决沉陷区环境、人口、土地、社会稳定问题具有重大的现实意义，是一项长期性的工程。在沉陷区的综合治理工作中，运用社会学的视角来考虑治理工作，以社会稳定和良性发展为目标，尤为关注因采煤区域沉陷所引发的次生社会性问题。在进行沉陷地环境治理的前提下，有效规避沉陷带来的各类社会风险，保障沉陷区群众的利益和沉陷区社会的稳定。而课题组通过对淮南市治理模式的考察，对其仔细的研究，总结并推广相对成熟的治理模式，也可为其他采煤沉陷区综合治理提供经验支持。

第五节　基于"生态-经济-社会"互动的社会治理运行方式

一、采煤沉陷区社会风险治理的运行方式

在了解采煤沉陷区社会风险治理的运行方式之前，首先应识别采煤沉陷区"生态-经济-社会"多维关系发展面临的社会风险。本节主要从生态环境、耕地面积、社会稳定性等方面探讨采煤沉陷区的社会风险。

（一）采煤沉陷区社会治理的关键领域

1. 生态环境恶化

随着自然资源开采量以及开采步伐的加快，导致开采资源逐渐走向枯竭，从而引起地表塌陷、植被破坏、水土污染、水土流失等一些灾害。

采煤沉陷不仅污染了水资源，还改变了水温地质条件，由于采煤用水、采煤塌陷等造成煤矿区杂草丛生、污水横流，不但打破了原有的生态平衡，而且还污染了水资源。同时煤炭开采也造成了大面积的地表塌陷和裂痕，破坏了原来的土地结构使得水土流失、植被破坏、土壤肥力下降、耕地面积下降的情况愈加严重。由此，采煤沉陷区的地质、水文的巨大变化使得当地的土地肥力下降，土地生产力大不如从前，甚至面临水田变旱地、土壤肥沃地变为土壤贫瘠地等风险。由于采煤造成的沉陷面积较大，涉及范围较广以及耕地面积下降，更加剧了人与地的矛盾、煤炭业与农业的矛盾（张烨，2014）。

在煤炭开采的过程中，对采煤区的水文环境也造成了巨大的影响。一方面采煤用水量巨大，基本是直接抽取地下水，矿井大量外排，造成地下水水位快速下降；另一方面使用过的矿井水未经处理直接下渗回地下，使得地下水遭到污染。通过调查了解到很多采煤沉陷区在当初采煤过程中造成地下水位以年平均米的速度下降，同时部分水井已干枯。经相关部门检测，地下水总硬度、有害物质超标，所以在采煤沉陷区的居民容易生重大疾病。为了身体健康，就需要采煤沉陷区的居民花较高的费用购买饮用水，无疑增加了其家庭的经济压力。

同时在对煤炭开采的过程中，还会因废弃其他煤层而对环境，尤其是大气环境造成影响。据调查了解，很多采煤矿区地面裂缝较多且愈发严重，采煤区由于开采不当或自然因素引发的地面裂缝恰巧与采空区形成连接并相互导通，最终形成复杂的漏风供氧通道，有害气体借此通道不断侵蚀，相对于房屋受损更具危险性。另外，在煤炭开采的过程中，众多的煤矸石因未及时处理而堆积如山，无疑对当地的生态环境造成一定程度的破坏和污染。

2. 耕地面积减少,经济损失严重

采煤塌陷区的土地已不能继续耕种,随着塌陷区的扩大,耕地也逐渐减少。采煤沉陷区的农田丧失了原本的功能,且是难以恢复的。居民赖以生存的根本是土地,它是维持其最低生活的保障。中国自古以来都是小农经济,居民扎根于耕地,依靠土地过活。尽管现在经济迅速发展,大部分居民家庭收入增加,家庭副业也逐渐增多,农业收入在家庭总收入中占比逐渐减少,但耕地依然是其生活的保障,是其身份的象征。由于土地塌陷造成的土地肥力下降、植被破坏、水土流失等必然会影响塌陷区居民的耕种,所以,采煤沉陷区的居民生活处于风险之中。根据实地调查可知,淮北煤炭开采的历史已有四十多年,根据煤炭开采进度与结果而建立的十几个矿区分属淮北矿业集团和皖北煤电集团管理(杨程和范和生,2017)。然而,伴随着矿区新井的不断建立与煤炭生产规模的扩大,矿区地表沉陷面积和深度不断增加,部分沉陷区受降雨和地下水出露的影响而形成常年积水区域,由此,淮北每年因采煤沉陷土地约为 5 km^2。根据 14 个矿区的平面分布,淮北的采煤沉陷区划分为东(东湖片)、南(南湖片)、西(西湖片)、北(朔里片)和西南(临海童片)五大片区(杨程,2018)。其中,以临涣矿沉陷区为例,作为常年积水区域,总面积共计 175.46 hm^2,同时,沉陷区域的平均水深 3.45 m 左右,最大水深高达 9.0 m。除此之外,还有多处塌陷,不可避免地给当地的居民和相关企业造成众多困扰和损失。

3. 社会不稳定因素增加

在对采煤塌陷区进行治理的过程中,无论哪一个环节都至关重要,稍有不慎都有可能引起社会的不稳定。由于采煤塌陷使得新农村建设遭到破坏,如水泥路塌陷、通信受阻,部分水利设施遭到破坏,这些浪费了国家、社会、居民等的人力、物力、财力的投入,使居民的权益受到了极大的损害。部分采煤沉陷区的居民不仅没有公平地享受到煤炭开采带来的益处,而且相关的补偿也没有达到其心理的预期,引起其心理不平衡,极易造成社会不稳定。老矿区在对于自建房及危房户的安置工作进展缓慢,居民上访事件不断,尽管得以搬迁安置,但大规模的聚集安置,必然带来一系列的社会管理问题。在身份角色转变方面,如何使安置区居民由农村进入城市生活,由居民变为市民身份,创造和谐安定的生活居住环境,实现搬迁安置区的长治久安,关系到安置区群众的切身利益和社会安定。具体包括:

1)拆迁安置方面

采煤地域沉陷造成房屋破裂与损坏、危及居民人身安全、基础设施损坏等。如果采煤沉陷区域位于居住区之中,随着煤炭开采沉陷,居住房屋和其他地面建筑物随之开裂、倾斜甚至倒塌,采煤塌陷必然会对塌陷区的居民生命、财产、安全等造成威胁,势必要对塌陷区居民进行搬迁安置。

鄂尔多斯市拆迁补偿采取按人口数补偿为主,并对土地附着物(房屋、牛羊圈等)进行评估后,按市场价格进行补偿。但是多数补偿不足够满足牧民在城市生活所需。牧民土地上所附着的文化和生活价值无法评估,这部分的损失是无法用金钱来衡量的。

煤炭开采和在开采过程中造成的塌陷势必会使当地的居民搬迁，这一搬迁工程将会关乎人民群众的权益、经济的发展、社会的稳定等，是国家、政府必须解决的难题。但由于资金、技术等各方面的原因，这些问题一直遗留至今都没有得到很好的解决，往往使采煤沉陷区的居民在搬迁安置的过程中出现很多问题，权益得不到保障。安置补偿标准低，安置工作难度大，失地农民利益缺乏有效的保障机制。

部分居民还需要二次搬迁，造成资源浪费、搬迁安置工作滞后等问题频频出现。在搬迁安置工作中，安置方式、补偿方式的选择、政策执行的公正性、透明度等本就属于敏感话题，沉陷区群众对相关政策有一定的抵触心理，搬迁安置工作难度更大，极易引发沉陷区群众的聚众上访等群体性事件，扰乱社会秩序。

2）就业方面

采煤沉陷对部分居民的职业发展产生了巨大的影响，会平添职业转换风险和再就业适应风险。采煤沉陷区对涉及其他单位、个体的情况也时有发生，有的单位甚至停产停业多年，至今都未补偿，也导致了部分人员失业，或者原工作人员职业转换，中间平添了风险。在对采煤沉陷区的治理过程中，应把"安居"和"就业"相结合，政府有关部门应为沉陷区下岗人员的再就业创造便利条件。而如果再就业的工作没有原来的薪资高、条件好等，就会使其心理不平衡或受挫感，自动地投射到政府行为上，认为是政府的责任，而易引发群体性事件，更甚者会使其成为社会闲散人员，影响到社会稳定和发展。

为了促进塌陷区居民的就业，淮南市出台了《关于进一步做好塌陷区居民就业工作的意见》等相关政策，并在2013年组织开展招商引资，就近解决塌陷区居民的就业问题。例如，有场招聘会现场有160多家用人单位，提供就业岗位多达6189个。据初步统计，当天进场求职的城乡劳动者有5000余人，求职登记2500余人，达成就业意向1200余人。但是这远远没有达到塌陷区居民对就业机会的需求，从访谈调查结果来看，85%以上的塌陷区居民都不知道有或者没有参加招聘会。

随着我国经济结构的调整，由粗放型经济转变成集约型经济，经济在增长但是就业率却在下降，其原因在于大部分塌陷区居民缺乏职业技能、文化水平不高，对新环境的适应能力和学习能力较差，难以适应经济结构转变的要求，再加上就业信息比较闭塞。对于大部分居民来说，失去土地就是失业，生活水平受到严重影响。

塌陷区居民的就业问题主要是中老年居民和纯居民，他们占整个塌陷区居民的40%。其中，中老年居民，年龄比较大，缺乏职业技能，适合他们的工作岗位较少，就业面较窄，找到工作了也是极不稳定，极易下岗。纯居民，他们以土地为生，职业技能基本上都是和土地有关，失去土地就意味着失业，很难再找到真正合适的工作岗位，而外出务工，需要从头学起，难度较大。

3）社会保障问题

采煤沉陷涉及农村居民和城市居民，以农村居民为主。城市居民基本具备完善的社会保障，即使失去工作、搬迁等，其生活水平仍旧高于农村居民。农村居民社会保障体系不健全，且保障标准较低，再加上失去赖以生存的土地，无疑对其生活雪上加霜。

过去塌陷区居民居住在村庄，种植蔬菜、养殖家禽家畜自给自足，还能为家庭创造一定的经济收入，现在由于居民失去土地，有些搬到城市，再加上缺乏职业技能以及无法适应新的就业环境等因素,仅靠不到 2000 元/亩的青苗费补偿维持日常生活,长远生计得不到保障。2003 年九三学社对塌陷区居民的生活水平调查,发现约 10%的塌陷区居民生活水平在失去土地得到提高,保持和征地以前差不多水平的占 30%,而有 60%以上的塌陷区居民感到生活水平下降了或者基本没有其他收入来源。淮北市 2005 年之前的塌陷区居民,由于塌陷区补偿制度还不完善,塌陷区居民养老保险没有保障,给社会埋下了隐患,仅濉溪县因采煤上访的案件占全县上访案件的 50%以上。

同时,还有一些没有能力搬迁的"弱势群体"生活在塌陷区,由于塌陷区水深坡陡,又无安全措施,加之塌陷造成道路、房屋开裂,极易对周边群众造成人身安全隐患。而且塌陷区的饮用水还存在问题,调查了解到在淮北市相山区红星社区最近几年得脑梗、偏瘫以及癌症的人数较多。虽然塌陷区居民参加新型农村合作医疗缓解了塌陷区居民医疗保险问题,但由于滞后的医疗改革体制、医院的药贵、器材价格不合理等就会使居民本来就不多的可支配收入一扫而空,其不仅增加了塌陷区居民的家庭负担,还容易导致塌陷区居民因病致贫。

4)后续发展方面

在采煤沉陷的影响下,部分居民的生活发生了翻天覆地的变化,其人生的生活轨迹可能也会跟随采煤沉陷治理而发生或大或小的变化。农村居民可能失去耕地,转而外出务工,但是由于自身的文化技能水平较低,只能从事技术含量相对较低的工作,缺乏竞争力,处于社会的最底端,收入较低,生活水平止步不前。同时外出务工也只是适龄劳动人口,受到各方面的限制,他们没有能力把老人、子女随迁到工作地,老人就会变成留守老人,儿童就会变成留守儿童,本身中国的"三留守"就是一项难题。采煤区的沉陷,无疑会加剧此类问题的严重性;城镇居民因采煤塌陷失去工作后,可能迫于生计,寻求不到合适工作机会,选择外出发展,致使家庭成员不能生活在一起,需要重新进行地域和经济上的构建。这种无法彻底解决搬迁安置工作中群众的后续发展问题,将会使得搬迁群众的生活轨迹较之前产生不稳定性风险。这些都会给社会长久发展埋下隐患。

5)征地风波

在调研的过程中,了解到中湖二期涉及相山区采煤塌陷土地面积约 1.55 万亩,共涉及 5 个社区,人口 1 万余人。其中,淮矿集团办理征用、征收手续不足 4000 亩,其余 1.15 万亩土地未办理征用、征收手续。未办理征用、征收土地的居民约占治理区涉及群众的 75%。在开展矿山地质环境治理前,由矿山企业每年按 1700 元/亩等标准支付居民青苗补偿。该补偿标准超过居民正常耕种土地的亩均收入,居民基本可以接受,但居民长远生计存在隐患。一旦矿山企业破产关停等,对居民的影响往往也是致命的。然而,多数居民只注重眼前利益,不考虑长远发展,再加上在这种权益博弈中,居民往往处于弱势群体和无奈接受一方,因此,只要眼前利益能得到满足,也就只好被动接受。

对未征未补和未征已补涉及的居民,虽然都按照当前土地征收的标准进行了补偿,但并没有上报省政府履行土地征收程序。这是采煤塌陷土地这一特殊情况带来的,也是多方面和长期性累积而成的。开展中湖治理后,市区政府虽然想为居民办理生活保障,但由于没有征收批复,市人社部门因不符合相关规定而拒绝办理。居民虽一时获得了补偿,但由于彻底失去土地,长远生活得不到保障,造成了较大的社会隐患。

公共选择理论认为，政府是政治市场的理性经济人，也是政治利益和经济利益最大化的追求者。政府在征地过程中取得了政府收入来源的一部分。2013 年全国土地出让收入达到了 41250 亿，当年国家公共财政收入 129141 亿元，政府出让土地收入占公共财政收入的 32%。因此出让土地成为政府公共财政收入的一大部分。但是，在征地的过程中，一些居民的切身利益没有得到很好的保护，长期稳定发展的可能性缩小，风险危机性日益上升。

（二）采煤沉陷区社会风险治理方式

社会治理机制的运行注重社会各种要素、各部分之间的协调配合。生态环境的良性发展能够为社会治理夯实不可或缺的物质基础，经济行为的合理有序能够为社会治理提供源源不断的动力支撑。

1. 组织保障

针对在采煤沉陷区出现的社会风险，各省市的相关单位首先成立采煤塌陷区综合治理机构，争取在各级政府的领导下，对塌陷区进行行之有效的治理工作，保障塌陷区居民在搬迁安置、后续产业的发展等方面求助有门。以淮南市为例，一方面成立了淮南市采煤沉陷区综合治理机构和综合治理办公室；另一方面，相关的煤矿企业根据采煤沉陷区的各项工作设立专门机构，二者相互协同与配合，共同致力于采煤沉陷区的经济发展和社会稳定。

2. 制度保障

当然遵循法律法规是每个公民应尽的义务。在对采煤沉陷区的风险进行治理的过程中，也要有法可依。建立健全政策法规，明确治理责任，明确各级政府、煤矿企业、搬迁户等在搬迁过程中的责任与义务，明确治理工作中的责任主体等，确立采煤塌陷区综合治理的保障机制。如，淮南市政府相继制定了《淮南市采煤塌陷区环境综合治理机制》《淮南市采煤塌陷区农村集体土地居民补偿搬迁安置暂行办法》《关于采煤塌陷区加快村庄搬迁推进综合治理工作的意见》等政策。这些文件明确了治理工作的责任体系、组织体系，成立了市县区专门机构负责塌陷区综合工作，明确了相关主体在这一过程中的权利、义务、责任，完善了征地裁决制度。根据《关于加快推进征地补偿安置争议协调裁决制度的通知》（国土资发〔2006〕133 号）文件要求，成立专业性、技术性以及独立的土地征收裁判所，将征地合法性、征地程序、补偿安置等纠纷纳入裁决行为。完善征地法律法规，推进司法制度改革（高飞，2020）。制订《土地征收法》或完善《土地管理法》《土地管理实施条例》等法律法规以及相关程序法，做到有法可依。逐步完善司法机关财政经费独立制度，实现人事、事权与地方政府脱钩，实现司法机关独立，公正地行使征地纠纷案件的审判权和检察权。最后，加强社会监督救济功能。强化人大监督、政协监督、社会公众监督以及大众媒体监督的舆论监督能，有效纠正政府征地中的违法违规行为，降低失地农民权益受损的风险系数。

3. 多措并举

在搬迁安置过程中，采取"以人为本，加快搬迁"的理念。同时引入市场进行调节，创办工业园区、创业园区等解决搬迁户的经济收入问题。如淮南市政府为更好地落实搬迁安置工作，将综合治理工作列入市级民生工程，纳入相关县区政府年度考核目标，明确提出加快村庄搬迁、推进综合治理的工作任务，加大对搬迁工作的投入，开展塌陷地治理，建立土地收益共享机制。利用市场调节功能，对节约土地带来的收益，封闭运行，全部用于被征地拆迁居民安置以及居民创业园区建设。抚顺市就采用科学编制采煤沉陷区发展规划。改变过去单一的复垦、绿化等手段，创新采煤塌陷区综合治理理念，把沉陷区的环境生态修复与开发利用相结合，将沉陷区治理与城市规划、城市生态建设相结合，在确保环境生态效益的同时，统一规划，综合治理。

4. 资金保障

资金是进行采煤塌陷区综合治理的有效保障。为了解决采煤沉陷区综合治理的资金问题，建立采煤塌陷区综合治理发展专项资金。据调查部分省市采取多元化筹资路线。一方面，政府按年度下拨财政项用于塌陷区综合治理工作；另一方面，煤矿企业按一定比例从采煤成本中列支，对塌陷区综合治理进行投入。同时，沉陷区为能够进一步争取政府和企业投资的力度，加大了招商引资的力度，建立多元化的投资渠道，将专项资金用于采煤塌陷区综合治理的同时，进一步加强对塌陷区的产业发展支持力度。

5. 模式探索

在采煤沉陷区治理过程中，需要创新思路，探索治理新模式，比如淮南市的"泉大"模式、"后湖"模式等。尽可能地利用当地的特色，因地制宜地发展地方经济。同时加强引导居民生产的积极性，鼓励居民以入股分红的方式加入生产生活。在对塌陷地的回填利用的基础上，大力发展第三产业，调整当地单一的产业模式，解决塌陷区居民的再就业问题。比如，淮南市的鑫森物流园就是在对废弃塌陷区进行回填修复的基础上，与地方政府、企业合作，组建了一系列规模较大的集散中心，在进行塌陷区综合治理的同时，拉动了一方经济的发展。比如，淮北矿区塌陷地复垦规划的指导思想是：认真贯彻落实珍惜和合理利用每寸土地，切实保护耕地的基本国策，科学安排农、林、牧、渔、建设、交通、文娱等用地。一般情况下，采煤沉陷区的规划，应根据区域地理位置和积水深度进行。在实施中，坚持因地制宜，发挥优势，先易后难，多造耕地，以达到城乡经济配套协调发展，工农关系融洽。多年来，淮北市按照"宜水则水、宜农则农、宜林则林"的原则治理沉陷区，取得了显著的经济、社会和生态效益。

二、采煤沉陷区社会风险治理状况与评估

（一）采煤沉陷区社会风险治理的现状

在鄂尔多斯调研中，我们走访了 3 个矿区和 3 个完全搬迁村，并访谈了矿区负责人、

村干部、普通村民、搬迁居民等50人。在调研的过程中，我们发现当地矿区在开采与保护环境两者考量之中取得了不错的成绩，但是仍然存在植被流失、房屋破损、拆迁款不透明、居民不满意等情况。因此，采煤沉陷区社会风险治理的现状描述首先是对其风险治理较好的方面进行描述，如提高土地的重新利用率、加强生态修复、进行了产业治理等，其次不好的方面，如治理难度大、涉及范围广、缺乏资金等。

1. 采煤沉陷区社会风险治理的成果

1）提高土地利用率

采煤塌陷往往会形成较大的封闭性水域，且水域水深、水质较好。在此基础上，可以发展水产养殖业和水库蓄水模式。这种模式使生态效益与经济效益达到双赢，既有利于改善当地的生态环境，又有助于增加当地居民的经济。如在浅层沉陷区进行果蔬种植和发展养殖，在积水较深的深层沉陷区则发展水产养殖。另外，在一些地表积水较深、塌陷严重的沉陷区，采用地表沉陷区水库的治理方法对其再次利用。长久以往，这些严重塌陷区域还能发挥蓄水调节、防洪、供水的重要作用。

2）加强生态修复

由于"两淮"矿区大部分的采煤沉陷区域是当地居民的耕地、农田，而地表塌陷，耕地和农田荒废已不可利用，居民失去收入来源、基本的生活保障。因此在其治理过程中，根据塌陷的具体情况，可以利用固体废弃物填充和覆土法进行恢复耕地和农田。其中固体废物填充法主要是利用采煤过程中伴随的煤矸石进行回填，表面覆上一定厚度的可耕种土壤后进行农业种植，这样既避免了煤矸石的堆弃，也可有效治理采煤沉陷。而在依靠目前修复技术无法正常复垦的地段发展林业种植，最大化地发挥农林复垦效用。如，坐落于淮北矿山公园中心地带、原为相城煤矿沉陷区的任圩林场是农林复垦模式成功的典型，当时的任圩林场正是在煤矸石和粉煤灰表面上覆盖一层可耕种土壤进行植树，如今的任圩林场风景优美、林木茂密，当地的生态环境得到很大的改善的同时，也取得了良好的经济效益。现今，这种农林复垦模式已在全国沉陷区进行推广。

据调查，有部分采煤沉陷区城市的建设正是借鉴以往沉陷区治理措施，利用煤炭开采过程中遗留的废料煤矸石填充沉陷区土地，由此代替了城市建设用地的其他高成本材料。淮北市就曾利用煤矸石填充沉陷区进行工业项目建设。

当下人们不仅注重追求物质生活的富裕，同时也越来越注重生态环境的保护。如"两淮"矿区利用景观生态再造技术减少因采煤沉陷所带来的危害，努力将生态建设技术运用到采煤塌陷区的治理当中，最终打造成符合地区特点的山水特色生态城市。在调查的过程中，也了解到早期淮北市对煤炭资源的过度开采导致大面积的土地沉陷，在后期的综合治理后，发展出东湖、南湖等湿地景观，成为沉陷区综合治理的成功案例。再如安徽凤台县将生态修复工作与沉陷区综合治理相结合，打造出养殖业和林业为一体的湿地生态系统，由此实现了生态效益与经济效益的共同发展。

3）调整产业模式

采煤沉陷区在积极探索新的产业模式的同时，国家能源局也大力支持和鼓励建设新能源产业。在沉陷区治理上，主要包括两种模式：一是光伏发电和农光互补的多种新能源综合的产业模式；二是"林光互补"的国家先进技术光伏示范基地。大同光伏基地是我国第一个大规模实施"光伏+林业"模式的光伏基地，大同按照能源综合有效运用的原则，首先要求相关的中标企业必须建设好光伏电站，其次在光伏电站里的光伏板间种林木，这种"光伏+林业"的模式既破解了光伏项目开发的用地难题，又综合利用了土地资源，也为往后该模式的推广与开发起到重要的示范作用。

2. 采煤沉陷区社会风险治理存在的问题

1）建设费用不足

煤炭资源是煤炭城市经济发展的重要的能源支柱。但是随着煤炭的开采，造成大面积的土地塌陷，使地面下降、地面积水，土地难以耕种，人均土地存量减少。由于采煤塌陷造成的损害较大，涉及的村庄必须整个村庄进行搬迁，但是村庄搬迁建设用地指标缺口大，实际用于搬迁安置的建设用地相对减少，制约后期沉陷区综合治理工作的顺利开展与搬迁安置计划的正常实施。除此之外，已建成的搬迁安置点由于前期建设经费不足，其基础设配配套不齐全。据调查，部分塌陷区前期是对搬迁户进行一定额度的经济补偿，搬迁户也可选择自行建房。但实际上，搬迁安置房的前期由于缺乏资金投入，安置房的社会公共文化设施不健全，同时又缺乏政府统一的规划和布置，采煤沉陷区的综合治理效果不佳，虽已投入大量的资金，但从实际治理和搬迁安置整个流程来说，尚且存在较大的资金缺口。总而言之，对于采煤沉陷区综合治理的项目资金往往需要政府的配套资金先行到位，然后国家财政的下拨款才能正常发放。

2）涉及范围过广

由于采煤塌陷影响范围较广、涉及人群较多，很多居民"无地可种""无业可就"。大面积的塌陷土地使得本来就有限的人均土地存量锐减，塌陷区的居民被迫离开祖祖辈辈生活的土地，人地矛盾加剧。由于塌陷区居民就业和社会保障方面本就处于弱势地位，缺乏政策、资金支持，再加上其本身文化程度不高、缺乏职业技能等各种自身的局限，使得塌陷区的居民生活没有保障，就业也成一大难题，容易对社会稳定造成一定的影响，在一定程度上也会减缓采煤沉陷区综合治理工作的进度。采煤塌陷区的综合治理被淮南市视为全市最大民生问题，淮南市在实践和借鉴的基础上探索出"集中式搬迁，发展式安置，开发式治理"的科学综合治理新模式，并取得良好的成效。2015 年淮南市采煤塌陷区村庄搬迁任务共计 5300 户、15900 人，涉及 2 个县区、9 个乡镇（街道）、27 个自然庄（白蕾，2016）。其中，凤台县需搬迁 3305 户、9915 人，包括 6 个乡镇、18 个自然庄；潘集区需搬迁 1995 户、5985 人，涉及 3 个乡镇（街道），9 个自然庄。凤台县凤凰湖新城是淮南最大的"集中式搬迁"项目，东至淮河，西临风蒙路，北到合阜铁路，南接凤利路，总规划面积 24 km²，其中专设 2.8 km² 的采煤沉陷区移民安置社区，其规划建筑面积约 400 万 m²，能容纳移民约 8.3 万人。作为"煤电大县"的安徽省凤台县，着实改变沉陷区"小、近、散"的传统安置方式，结合实际，探索筑城、集中安置新路径，在安置人数和面积两方面达到全国之最，建成"大观园"，干出创业园，让失地农民进城当市民。煤电大县凤台的各个村庄正因采煤年沉陷数千亩的速度前行而被迫搬迁。因此，失地农民的就业问题和安置地点的科学规划成为当地必须迈过的"坎"。例如，凤凰湖新区安置工程又称 7438 工程（计划用 7 年时间建设安置房 400 万 m²），该工程安置群众 3 万户，总数达 8 万人。作为县城的拓展区，建成面积达 24 km²，相当于老城区 2 倍，用于沉陷区农民"进城"安置地，一次性集中安置的面积、人数堪称全国之最。该工程在安置时不仅解决沉陷区居民的居住问题，还综合考虑安置居民的就业、医疗、教育等问题，该工程的安置模式在全省乃至全国开创了首例。

3）治理难度大

针对采煤沉陷区的综合治理，需要依据本地区的特点对其进行治理，每个塌陷区情况各异，综合治理难度较大。具体而言，淮南市大多运用现代化技术对独特的煤层进行开采，然而却造成大面积的土地塌陷，并且塌陷的速度也明显高于全国其他地区，同时，塌陷的土地形成沉稳区的时间较长，由此加大了沉陷区综合治理工作的难度甚至影响后续治理工作的开展，并最终影响和制约沉陷区社会经济的发展和生态环境的恢复。在"十二五"期间，淮南市不断完善采煤沉陷区的综合治理体系，切实建立了 28 个采煤沉陷区综合治理工作机构；健全了村庄搬迁责任机制、资金项目管理绩效考评机制、工程建设督查巡查机制等；确立了按人口补偿政策，将搬迁工程列入市级民生工程实行"奖补"；实施了沉陷区农民培训就业援助行动，建立了市级采煤沉陷区发展专项资金，使采煤沉陷区村庄搬迁暨综合治理工作走向了制度化、规范化。但是，治理难度仍然很大，亟须出台相应的制度加以应对。

采煤塌陷区既有分布在农村，也有分布在城市的，而城市塌陷区自建房居民安置任务艰巨。在对淮南市采煤塌陷区进行调查了解的过程中发现，淮南市大部分采煤沉陷区分布在农村，只有小部分分布在城市的边缘地带。根据当地出台的安置政策，城市塌陷区包括公有住房和自建房两种，公有住房往往能够得到妥善和及时的安置，而在公有住房附近自建房屋的居民并没有得到当地政府的妥善搬迁和安置，自建房的居民生活艰苦，困难的经济条件和住房现状必然会威胁他们的生命和财产安全。伴随着搬迁安置工作的持续推进，大部分沉陷区居民得到安置但仍有少部分居民还未得到妥善安置而保留较为强烈的负面情绪，由此也加剧政府与当地居民之间的矛盾，更不利于社会的稳定发展。

（二）采煤沉陷区社会风险治理的运行评估

采煤沉陷区社会治理机制运行好坏的重要衡量标准是"综合性"原则，社会治理机制的运行状况最终要通过整体的运行方式体现出来。因此，采煤沉陷区社会治理机制运行的评价应该立足于"生态-经济-社会"多维关系的角度，将社会治理机制的运行置于动态的、可比较的综合性系统。

1. 生态环境

无论是露天开采还是地下开采，煤炭开采初期对矿区土壤、水资源、大气循环等生态系统的破坏是不可避免的，而采煤区沉陷无疑是对生态系统的二次破坏。采煤沉陷区是由于地表或地下煤层开采到一定程度时形成的采空区或地表下沉的区域。采煤沉陷区对生态系统最直接的影响就是破坏了地下岩层的平衡状态，导致地质结构的变化，这种变化表现出来一是沉陷地区上层岩层的消失，原有的地表状态被打破；另一显著的表现就是变成了下沉盆地。沉陷区对生态系统的影响还表现在大气更容易被矿区排出的废气和废弃的煤矸石自燃产生的一氧化硫、一氧化碳污染,这种污染随着大气循环传播地更为迅速和广泛。

但是采煤沉陷区通过对相关社会风险的治理,较大改善了生态环境。各矿区因地制宜,尽可能利用煤矸石复垦塌陷地,对塌陷地生态环境进行修复,同时加强对水利设施的配套建设,进一步优化土地环境,控制水土流失。对面积较大的塌陷区,利用其本身的自然环境及后期所形成的人文环境进行综合治理,促进生态环境与经济效益协调发展。

所以对采煤塌陷区综合治理环境效益评价是针对采煤塌陷造成的一系列环境问题,收集综合治理项目实施前后的一些数据进行对比,来衡量采煤塌陷区综合治理对环境的改善程度。采煤塌陷区综合治理环境效益具体包括:第一,采煤塌陷区综合治理对受损耕地修复的评价;第二,采煤塌陷区综合治理对修复区域地表植被的评价;第三,采煤塌陷区综合治理对水污染治理的评价;第四,采煤塌陷区综合治理对煤矸石综合利用的评价。

2. 经济发展

首先,采煤区沉陷会直接导致采矿区地面和地下工程损毁,从而造成矿区的经济财产损失,是矿区企业所需要承担的直接风险;其次,采煤沉陷区是在短期内迅速减少大面积的土地,造成土地塌陷,土地表面的附着物如经济作物、建筑物等无疑不能幸免,这就需要政府和矿区对它们的所有者进行安置和补偿,这是由实物的损失带来的客观双向经济损失。据调查,鄂尔多斯市的补偿主要是以人口为基准,对房屋等附着物进行评估后给予补偿,由于自治区行政体制及实地评估的困难,各地方(旗)在制定补偿标准时差异很大,补偿不公平容易引发不同地区居民的失衡心理。

同时,采煤沉陷进一步降低了土地资源的人均水平,所涉及的村庄大部分已不能居住,涉及的耕地已不能再进行耕种。采煤塌陷地使地表农田耕作平面出现断裂和陷落,地表坑穴众多,无法进行农田作业,被迫弃耕,造成绝产。

从长远来看,为修复沉陷造成的生态环境问题和社会问题,政府和企业还需要大量的资金投入。土地塌陷加大了地面坡度,扰乱了相对稳定的土壤结构,水肥沿倾斜地面和地缝渗漏流失,造成生产能力下降,收入减少,严重影响农户的生活生产,降低其生产积极性。据调查,被破坏的旱地,产量比正常水平低,被破坏的水浇地,产量减少一半以上。若遇干旱年份,减产程度更为严重,部分农户已不愿在对其进行耕种,在一定程度上造成了土地的浪费,这些问题已成为制约沉陷区农业经济发展的主要因素。

最后,随着耕地数量逐年减少,工农业用地数量受到限制,建设用地无法保证,采煤区沉陷加剧了农业用地、工业用地、城市建设用地以及非煤产业发展用地的紧缺矛盾,阻碍了当地经济的发展。但是随着未来城镇化发展,其发展规模不断扩大,而城镇在发展规划的过程中需要考虑如何避开采煤沉陷区,基础设施的建设也需要考虑到沉陷区的承载能力,采煤沉陷区将会影响城镇的发展格局,是当地社会经济可持续发展的一种隐形的威胁。而在未来城镇化规模不断扩大的过程中,市镇发展要避开采煤沉陷区,进行基础设施建设时,也要考虑采煤沉陷区的范围。因而,在未来相当一段时期内,城镇化发展过程中的土地利用将受到采煤沉陷的影响，影响着城市布局，并出现用地紧张的状况。

3. 社会发展

2015年，淮南市启动淮南市采煤沉陷区土地综合整治规划（2009～2020）中期修编工作，结合淮南市"十三五"规划编制要求，重点调整2015～2020年各年度沉陷区居民年度搬迁计划，充实居民搬迁、生态修复、地质灾害防治等综合治理项目库。当下，采煤沉陷区造成的生态环境破坏与污染很难得到完全修复，政府工作的重点还应放在采煤沉陷区带来的社会问题或对当地居民社会生活的损害问题上，才有助于发展和维护和谐社会。通过实际的调研了解到，采煤沉陷区沉陷的居民在沉陷初期就面临各种危险和问题，例如，因采煤房屋受损，部分墙面、地面等出现裂痕，自来水供应管道遭到破坏，水电设施供给短缺。这些问题很难及时解决，并且矿区企业对此并未采取有效的安全保护措施，因而，沉陷区的居民生活存在很大的安全隐患。另外，伴随着采煤规模的扩大与实际耕地面积的不断减少，原本靠土地种植为生的居民被割断了部分甚至全部生活来源，居民的家庭生活质量也随之下降，并且由于矿区的沉陷，曾经在矿区工作的众多职工也因此失去稳定工作，丧失了家庭主要收入来源，人地矛盾由此不断加深。"十二五"期间，淮南采煤沉陷区生态环境逐步好转，共投入环境修复资金24亿元，实施生态修复项目1万余个，以项目建设为载体，形成了生态治理同资源枯竭矿井土地盘活相结合的"泉大模式"、生态治理同农业产业结构调整相结合的"后湖模式"、生态治理同发展三产相结合的"鑫森模式"等，60余万居民受益于此。

说到社会发展，有必要提到可持续发展，可持续发展包含可持续和发展两方面。首先可持续强调事物的发展在相对无限的时间和空间中能够保持向上，而在这一过程中，并不会出现数量的减少和没有质量的衰退的局面。发展则包含经济的正向增长和社会的全面进步。伴随着当下社会经济和科学文化的发展，可持续发展虽然涉及社会、经济、资源、生态等多方面，但总体来说是在经济发展的前提下，并以生态和资源的协同为基础，追求社会的长足发展与进步。在生态文明社会建设的过程中，持续发展能力是衡量一个地区或城市发展的重要指标，该地区或城市能否保证经济、社会、资源的协调发展以及能否正确处理好人口、环境、资源之间的关系成为衡量其持续发展能力的主要标准。由此可以运用到采煤沉陷区的可持续发展能力评估中，具体而言，以采煤沉陷区的综合治理项目实施前后的区域可持续发展能力对比作为沉陷区综合治理可持续发展评价的主要指标与内容，同时也用来分析与了解综合治理项目对采煤沉陷区可持续发展能力的改善程度。结合本书的研究对象和研究重点，可持续发展是采煤沉陷区在综合考虑沉陷区自然和社会条件进行综合治理工作的基础上，以当地的经济发展为前提和社会的全面进步为最终目标，从而实现资源、环境、人口的长远发展。本书将采煤沉陷区的综合治理可持续发展评价分为经济、社会、环境以及管理保障四个方面。

第六节　采煤沉陷区社会治理运行保障体系

采煤沉陷区社会治理机制的良性运行离不开健全的保障体系的支撑。一般地，社会治理保障体系主要由保障对象、保障手段和保障过程构成。保障对象是社会保障的具体对象，具体是确保采煤沉陷区群众的基本生活需要；保障手段是对于保障对象实行保障方式的具体运用，例如援助、疏导等；保障过程则是采煤沉陷区社会保障治理功能发挥的动态过程。通过这些环节能够尽可能消除社会运行中产生的不安全因素，避免造成严重的社会动荡。

一、保障对象

（一）社会成员

结合塌陷区实际，根据立足现实、结合需求的原则，重点从医疗、最低生活保障、养老等方面来实施。具体过程中，主要面向两类人群：其一，老弱病残及未成年人人群，确保将符合条件的这类人群纳入最低生活保障之内。其二，农转非且迁入城市的人群。这类人群因生活上的客观困难，在符合相应条件的前提下可以纳入城镇居民最低生活保障之内。对于采煤沉陷区居民而言，最低层次的社会保障是确保基本生活的保障器，在生活安置过程中具有基础性的功能保障作用。对于这类人群而言，最低生活保障的作用是无可替代性的。在实际过程中，必须结合国家法律法规，因地制宜地制定符合自身实际的最低生活保障制度，为采煤沉陷区居民生活提供保障。一方面，从提高有效性角度，要加大制度落实工作，立足于采煤沉陷区最低生活保障制度，建立问责与监管机制，确保制度"走得好"，真正实现"兜底"作用。在这过程中，也要做好资格甄别工作，杜绝"骗保""乱保"现象发生。另一方面，从现实角度，考虑到采煤沉陷区居民尤其是失地农民的实际生活困难，尤其要做好政策的灵活性工作，适度降低最低生活保障标准。也就是说，对于采煤沉陷导致的失地农民或者是迁入城市的居民，国家或者省级相关部门要本着"以人为本"的原则，在最低生活保障与养老保险上，可以采取先行办理、应收尽收的方式，从源头上为这类居民生活保障保驾护航。当然，考虑到各地实际情况差异，在执行过程中也要结合各地的财力、人力等实际状况，而对于超出投保年龄的居民也不应在政策上讲究一刀切，也可以村庄集体发放生活补贴的方式予以救助（吕小锋等，2020；王俊秀等，2020）。

（二）社会制度

采煤沉陷区的治理涉及各个部门，建议采煤沉陷区建立专门的制度，类似于采煤沉陷区已建立的综合治理部际联席会议制度，其主要职能是：在国务院领导之下，针对采煤沉陷区治理，研究政策，指导与督促地方相应部门的政策落实，统筹协调治理中的各类相应问题。这类联席会议通常应由国家发改委牵头，民政部、财政部、人力资源社会保障部等若干相应部门构成。

建立动态会议制度。一方面，实行定期会议制度，针对采煤沉陷区存在的突出问题，以定期会议的方式研究政策，制定对策。另一方面，采取非定期会议制度，对于采煤沉陷区出现的临时性、突发性的各类问题，通过不定期召集成员单位召开会议的方式，研究相应对策。在实际过程中，各成员部门要紧密结合自身部门职责与优势，明确职责分工，集中资源与各自优势，确保相应问题及时有效化解，同时可以结合需要，邀请地方有关部门或者专家参加。此外，做好会议记录工作，形成会议纪要。

二、保障手段

对于因采煤沉陷而不得不搬迁进入城镇的村民，在户籍方面需要对其群体进行户籍改革，将其变为城镇居民的，纳入城镇社会保障体系的同时还应该加强对其后续生产、生活的帮扶。对于生活困难、符合城镇居民低保条件的，纳入城镇居民低保范围，加强对其社会救助；对仍保留农业户口的失地居民，建立失地居民养老保险，纳入当地社会养老保险、农村合作医疗保险和农村最低生活保障范围，由中央、省级财政提供专项转移补贴，确保每个群体安稳的生活。采煤沉陷区的居民大多是农民，由于其文化程度不高，缺乏职业技能等自身的局限性，政府部门要从再就业保障上提供支持。一方面，明确职责。对于自身工作职责，采煤沉陷区应对的重要性、特殊性，政府部门要有清醒认识，做好长期工作准备。将再就业作为搬迁安置的后续工作，加大就业技能培训，强化信息搜集与发布，完善后续的市场与社会融入工作。另一方面，加大资金保障。由于再就业工程涉及面广，需要使用的资金大，因此要加大资金筹措，通过诸如融资平台、引入民间资本等方式，千方百计拓宽资金保障。再就业工程要切实做到"两个实际"：一要结合当地实际，立足于当地的市场资源、产业情况与地方财力；二要结合人员实际，所传授的技能要考虑到失地农民的实际情况。

在此过程中，要尤其做好如下几点工作。一是体系建设，从平台建设、信息发布、市场对接等方面，统筹好再就业工程体系。既要建设并维护好信息化平台，也要加大日常信息发布与更新。尤其重要的是，要加大市场对接，强化一手最新就业信息的搜集与整理，紧密结合用人单位的市场需求，有针对性地加大就业技能培训。二是分类管理，加大人员的分类研究，结合失地农民的年龄、性别、需求等，开展面向市场、面向群众的再就业培训。三是注重创新，从内容与方法上加大创新，确保此项工作取得实效。例如，与企业合作，把培训任务落实到企业，政府负责出资，企业根据其生产内容进行培训。同时，在企事业单位用人方面，鼓励优先录用采煤沉陷区的符合用人标准的居民。此外，也可以鼓励自主创业并在政策上予以支持。

三、保障过程

首先，建立听证制度，拓宽采煤沉陷区的居民利益表达渠道。采煤沉陷区的居民在一定程度上属于弱势群体，要从利益与诉求表达上给予保障。从化解风险、解决问题角度，听证制度可以突出采煤沉陷区居民反映的各类问题处理的公开化，强化监督，确保征地拆迁、补偿安置等各项工作透明化、公正化。此项制度的开展，可以从事前、事中、事后保障采煤沉陷区居民的知情权、参与权和保障权等。

其次,完善监管制度。从政策实施、效果保障方面,加大监督与管理。一方面,要成立专门的监管机构,完善人员构成,明确职责划分,尤其注意村委会、政府部门相应人员的比例构成。另一方面,明确监管内容,监管工作的重点主要在于土地安置补偿费用分配的公平性、使用的透明性,居民安置中生活保障制度落实情况以及后续的再就业保障推进情况。

为了使责任更加细化,成立省、市、县、乡、企业各层次的综合治理实施机构;建立各层级高效的、立体的协调机制,强化工作协调和调度,加快工作处理时间;建立健全补偿搬迁安置办法、规划保障机制、用地保障机制、资金保障机制、失地居民生活保障机制等;建立健全监督考核体系,严格考核,加强事前、事中与事后的监管,使综合治理工作能够有组织、有计划、有步骤向前推进。

本节重点在于全面剖析"生态–经济–社会"互动中采煤沉陷区社会风险治理方式。首先,从采煤沉陷区社会治理的关键领域、社会风险治理的国内外研究动态、采煤沉陷区社会风险治理方式等三个维度出发,总结出采煤沉陷区社会风险治理的运行方式。其次,从生态环境、经济发展、社会发展三个方面全面评估采煤沉陷区社会风险治理状况。最后,从保障对象、保障手段和保障过程三个角度,探索采煤沉陷区社会治理机制有效运行的保障体系。

本 章 小 结

本章结合参与采煤沉陷区治理规划工作的体会与经验,根据具体研究对象和研究内容,在研究方法上灵活采用社会网络分析法、PEST 分析法、文献研究法和实地调查法(问卷法、访谈法、参与观察法)等研究方法。立足结构功能主义、社会冲突理论、理性选择理论和社会风险理论等学理视角,从采煤沉陷区社会运行风险及生态经济诱因、采煤沉陷区社会运行风险评估与防控体系、"生态–经济–社会"多维关系中采煤沉陷区社会风险治理、"生态–经济–社会"互动中采煤沉陷区社会风险治理的运行方式等四个方面辅以淮南市在生态与经济约束下对采煤沉陷区社会风险及其治理的具体例证,得出以下结论:

(1)当前国内绝大多数沉陷区面临社会运行风险主要集中在六大方面,即:生态环境恶化风险(水土流失、耕地锐减、空气水源污染、生物多样性危机等)、基础设施破坏风险(房屋塌陷、道路损坏、电力设施受损等)、拆迁安置风险(补偿政策透明度和公正性、安置方式选择、安置房质量等)、失业与就业风险(失业与职业转换、就业培训与再就业、就业适应程度等)、社会保障风险(医疗服务、养老服务、子女教育、社区公共服务等)和社会稳定风险(干群冲突、迁入地和迁出地居民矛盾、社区治安等)。

(2)由于沉陷区内涉及社会风险错综复杂且相互交织,因此其社会运行风险评估原则不能单一地进行选择,而是应遵从多方面的客观实际。首先,整体规划原则,即对沉陷区内社会运行风险的评估应兼顾已经发生或尚未发生的各种潜在风险进行整体性和综合性的认知,既包括人为因素造成的社会风险,也涵盖自然因素中不可避免的风险。其次,动态调整原则。这就要求对沉陷区内面临风险的评估保持与时俱进、实时更新。避免对风险的认知长期处于某种固定的框架限制下,而忽视各类新兴涌现出的危机与挑战。再次,代表性原则。在制订具体影响采煤塌陷区发展潜力指标体系时,综合考虑具有代表性区域的资源利用现状和环境质量状况及其发展规律,在区域环境和资源容量限制下提出生态重建策略和实施方案。所选指标应力求做到具备普适性、与社会经济发展中具有社会约束力的发展观念相一致的特点,这样所建立体系才便于在更多地方推广开来。最后,实际性原则。我国幅员辽阔,地势气候各不相同,伴之形成的采煤沉陷区类型也不尽相通。因此对具体区域进行风险评估应充分考虑当地生态、经济和人文等各项因素,做到因地制宜,不能生搬硬套和空想某种固定的评估细则。

（3）对采煤沉陷区社会运行风险的防控事关沉陷区内综合治理工作的成败。采煤沉陷区社会运行风险的防控体系包括两方面:构建预警监控机制和构建社会运行风险解决机制。

预警监控机制的关键点在于三个部分:其一,沉陷区综合治理的相关党委政府领导干部特别是基层干部,既要自觉提高沉陷区运行风险意识,有针对性地学习社会风险防范知识,通过各类案例和工作经验总结提升风险防控能力,又要在出台沉陷区综合治理的相关政策时统筹兼顾,顾全大局,协调好各方面的利益关系,并通过缜密充分的调研,全面预判可能存在的社会风险,尽可能地减少人为风险。其二,对沉陷区社会运行风险的警示指数,即相关的群体性事件以及沉陷区居民对群体性事件的反响,倍加关注,采取积极措施,防患于未然。其三,创新采煤沉陷区社会运行风险相关信息的收集方式和研判机制。不仅要利用传统载体和现代信息技术,开展常态的社会调查等手段,建立多层次、全方位的采煤沉陷区社会风险信息收集网络,更要创新风险研判机制,依托大数据平台等相关技术,汇总各方面提供的分散、碎片化的信息,根据趋势分析识别、预判风险,增强风险发现机制的科学性。

风险解决机制建构的核心包括治理主体、治理原则、治理方式选择三个方面。首先,就治理主体而言,应当建立采煤沉陷区社会运行风险多元主体协同治理机制,国家、政府、企业、社区、个体等多元主体各尽其能、各司其职。其次,就治理原则而言,要以解决群众最关心、最直接、最现实的利益问题为重点,统筹兼顾方方面面的利益,协调好不同利益主体的利益差别。最后,就治理方式而言,一方面,形成多元主体参与治理的局面,建立风险共治机制,在平等对话的基础上通过协调合作更好地进行风险治理。另一方面,要把依法处理和多元化解相结合,完善沉陷区社会风险调处化解综合机制,进一步完善多主体参与、多手段运用、多方式解决的依法调处化解社会风险的机制,构建多元化风险解决体系。

（4）在综合治理过程中,国内众多类型的采煤沉陷区面临六类共性困境,即:沉陷区内失地农民基本生活权益失衡与贫困危机（高焕清,2020）、治理时机和治理成本权衡间的进退维谷、治理阶段和治理主体权责判定间的模棱两可、异地搬迁安置强化潜在社会矛盾集中爆发、财政支持资金总量与使用效率间的双向乏力、失业危机与再就业保障间的左右为难。因而在具体治理过程中更加需要诸如因地制宜的科学性原则、可持续发展原则、系统协调性原则和多元主体合作等指导性原则进行辅助。

（5）采煤沉陷区的综合治理模式的选择应遵循因地制宜的原则,宜农则农、宜渔则渔、宜建则建。当前我国采煤沉陷区社会风险治理模式主要包含以下五种：

①农林复垦模式。其优点在于可以极大程度上恢复耕地面积，保证农业生产和农民生活持续性不被破坏，缺点在于复垦成本较高、周期性长且容易出现二次塌陷，很难从根本上解决沉陷区的农业发展瓶颈。②水产养殖与水库建造模式。该模式充分利用积水区水源充足的特点，进一步形成水质优良的封闭水域，以发展养鱼、虾、鸭、鹅等水产加工及养殖业，做到合理配置与综合开发。既改善矿区生态环境，形成经济效益较高的新型农业模式，又可以加强区域防洪除涝和旱季供水能力，提高农业生产效率。③立体化生态发展模式。针对我国西部和北部旱区的沉陷区生态建设应以植树造林种草、植被自然恢复为主，切实推进水土流失综合治理，积极加强防护林建设、生物多样性保护和自然保护区管理，定期调查恢复区的土壤指标，促进林草植被和自然生态系统恢复；针对中东部高潜水位采煤沉陷区特殊地形生态环境保护可以"变害为利"，充分利用当地相对丰富的水资源，重点发展湿地结构为核心的立体化生态农业和休闲旅游业，就地实现产业升级与转移。④新能源产业创新模式。在采煤沉陷区重新高效利用废弃土地，通过发展光伏等新型能源产业，不仅符合国家环境保护和可持续发展的要求和趋势，还可以促进产业转型升级和地方经济增长，实现采煤沉陷区有效修复与新能源开发的双赢目的。⑤新型城镇化建设模式。采煤沉陷区不仅会对耕地面积产生影响，塌陷的地区同样包括农村居民住宅与生活用地，移民搬迁势在必行。采煤沉陷区移民搬迁是人口移动的正常构成，合理的移民迁徙有助于生产要素与资源的科学配置，有利于进一步推进城镇化的发展。

（6）采煤沉陷区社会风险治理的路径选择不能单纯从经济角度进行设计，而是要在公平合理原则之上惠及全体社会成员，保障沉陷区内地质、人居以及生态环境全方位得到改善和恢复。因此，切实有效的治理安排须从整体规划、政策实施、环保打头、财政支持、巩固民生和社会保障覆盖等六个角度出发：制定健全化治理控制体系，推动科学化管理模式成型；出台配套法律法规，精准维护多方利益；完善煤炭开发生态补偿机制，促进资源型城市绿色转型；拓宽资金来源渠道，创新资本合作方式；妥善完成移民安置工作，探索群众再就业途径；扩大各类保险帮扶力度，切实维护弱势群体权益。而各类治理措施必须根据各地转型过程中财政支持、发展基础、民众意愿和施策能力等综合情况，仔细考量后有针对性地开展部署。

（7）采煤沉陷区社会治理机制运行好坏的最终衡量标准应立足于"生态-经济-社会"多维关系的角度，将社会治理结果置于动态的、可比较的综合性系统。从生态维度，采煤沉陷区综合治理要注重生态建设，尤其需要注意：其一，受损耕地修复方面的影响；其二，地表植被影响；其三，生态水资源的影响。从经济维度，采煤沉陷区综合治理要注重经济效益，重点包括：其一，居民收入带来的变化；其二，市场就业能力的提升；其三，区域经济发展与产业结构的变化；其四，经济结构升级的促进。从社会维度，采煤沉陷区综合治理要注重当地可持续发展的促进效应，需要重点提升经济发展、社会转型、生态保护、管理提升等领域的可持续发展能力。

第七章　采煤沉陷区"生态-经济-社会"协调发展的调控机制研究

本章从系统论角度出发，基于采煤沉陷区"生态-经济-社会"协调发展目标，为实现系统总体演进目标，生态、经济、社会各子系统之间相互协作、相互配合、相互促进而形成的良性循环态势。针对采煤沉陷区生态、经济和社会发展的系统性问题，揭示"生态-经济-社会"三维系统协调发展机理，设计采煤沉陷区"生态-经济-社会"协调发展的调控机制。

第一节　采煤沉陷区"生态-经济-社会"多维关系调控目标

依据淮南、淮北和鄂尔多斯三市采煤沉陷区的协调发展现状和演化规律的结果可以发现，2002~2016年各采煤沉陷区生态、经济、社会三个子系统协调发展均有较大程度的失调。尽管随着时间的推移，各系统间的失调程度有所缓和，但远远未能满足高质量发展对生态、经济和社会协调发展度的要求。为此，基于生态文明建设和采煤沉陷区可持续、高质量发展的内在诉求，分别从生态-经济子系统、经济-社会子系统、生态-社会子系统和"生态-经济-社会"三维系统的角度来提出采煤沉陷区"生态-经济-社会"多维关系的调控目标。

一、生态-经济子系统协调发展的调控目标

在经济发展过程中，人类与自然生态发生的联系主要表现在两个方面，一是人类从自然界中索取经济发展所必需的物质和能量，二是人类在经济发展过程中向自然界排放废弃物。无论是对自然界的索取，还是向自然界的排放，都会对人类自身所处的生态环境造成一定的破坏。采煤沉陷区是集中人类这种自然索取和排放行为的主要集聚区，为实现区域生态、经济和社会各系统的协调发展，其主要目标就是以最小的资源环境消耗获取最大的经济效益。这就需要降低自然资源消耗和废弃物排放，依靠产业的生态化升级和转型促进采煤沉陷区的生态环境改善，来实现区域的三维系统协调发展（方杏村和陈浩，2015）。

（一）节约资源消耗

降低资源消耗强度是采煤沉陷区协调发展的必经之途。降低资源消耗的途径主要有三种，一是尽可能地用可再生资源替代不可再生资源；二是降低每单位产品所消耗的资源，节约资源使用数量；三是提高资源的利用程度，减少资源浪费，尤其是缓解经济建设中的重复项目导致产能过剩、设备闲置、产品供过于求的浪费现象。

（二）减少废弃物排放

为实现采煤沉陷区生态与经济协调发展，必须大幅降低向自然环境中排放的废弃物。虽然自然界对人类排放的废弃物有一定的吸收和降解能力，但是如果人类废弃物的排放超过了自然界的承受能力，就会导致环境恶化、生态破坏，结果必然影响人类自身发展。采煤沉陷区作为资源型城市，在资源开采、初级加工和资源输出等生产过程中，废弃物的排放显著。

（三）区域产业升级与转型

区域产业生态方向的升级和转型是促进采煤沉陷区生态与经济协调发展的有效途径。首先，调整区域主导产业和支柱产业发展方向，沉陷区煤炭资源的地下开采造成地表塌陷，引起农田破坏、房屋倒塌、道路桥梁损毁，影响人民群众的生产和生活。在区域煤炭开采相关产业的源头研发方面投入更多的资金，实现对生产周期的管控，引进、研发节能减排技术，降低能源消耗量，增加产业生态设计步骤，避免末端治理投资的过度增长。其次，拓宽和深化产业链条，促进产业生态化发展，实现产业的品牌化、集群化、高端化、融合化等，进而形成以高新技术产业为先导，战略型新兴产业为引领，先进高端制造业为核心，传统优势产业为支撑的现代工业体系，走新型工业化道路（方杏村和陈浩，2016）。

二、经济-社会子系统协调发展的调控目标

（一）协调发展速度与发展质量之间的关系，实现沉陷区高质量发展

经济-社会系统的协调发展所追求的发展质量是结构优化、生活水平高、人民幸福、生态良好。首先，经济发展速度是沉陷区高质量发展的重要保障。高质量发展不等于低速增长，经济发展质量的提升必须依靠一定的经济增长速度来支撑，如果没有一定的经济增长速度，就没有发展，增长速度始终是考核和衡量经济发展的重要指标。其次，高质量发展必须以"好"为前提，建立在发展质量的基础上。没有发展质量的速度，只会造成资源浪费、效益低下；离开发展速度的发展质量，肯定也不是真正的"好"，经济发展长期停滞不前，零增长或负增长，也就没有发展质量可言。经济发展中追求的发展速度，是稳健的增长、适度的增长、可持续的增长。实现高质量发展必须按照"又好又快"的要求，处理好发展速度与发展质量之间的关系。

（二）协调好代内公平和代际公平之间的关系，确保沉陷区社会公平

人类追求平等、自由的愿望是永恒的。协调发展的公平归根到底就是人类在分配资源和占有财富上的时间和空间公平，主要体现在"代内公平"和"代际公平"两个方面。"代内公平"强调的是要正确处理人与社会的关系，实现社会公平公正，保证人人拥有享受经济社会发展成果的平等权利。从空间角度看，经济社会发展成果应该惠及整个社会从而实现区域公平，通过统筹城乡区域发展，消除贫困、缩小贫富差距，实现"代内公

平"。从时间角度看，当代人的发展不能以损坏后代人生存的自然资源和生态环境为条件，当代人要节约资源，保护环境，给后代创造永续健康发展的良好生态环境，以实现"代际公平"。最终，通过兼顾当前利益和长远利益、局部利益和整体利益、个人利益和集体利益，协调好"代内"和"代际"利益之间的关系，从而使代内公平与代际公平之间相互促进、相互协调，真正实现采煤沉陷区经济社会的协调发展。

（三）处理好为了人民与依靠人民之间的关系，实现沉陷区以人为本的发展

采煤沉陷区的经济社会发展必须坚持为了人民，而不能"以物为本"，更不能"以GDP 为本"。以人为本的发展就是要在不同层次上满足人的基本需要和发展人的能力，核心是坚持以人为本，根本目的在于满足人的需要，促进人的自由而全面的发展。发展目的要以增进最广大人民根本利益为出发点和归宿，使发展的成果归全体人民享有，要把人民满意或不满意作为衡量和检验发展的最高标准，真正做到发展是为了人民，而不是为一部分人，更不是为少数精英和富人群体。同时，采煤沉陷区经济社会发展也必须依靠人民，人民既是实现发展的主体，也是推动发展的动力。人民群众的积极性、主动性、创造性和聪明才智，是一个国家和地区实现可持续发展的动力之源、力量之本。采煤沉陷区要实现可持续发展，必须紧紧依靠人民群众，充分调动和激发人民群众的积极性、主动性、创造性，最大限度地集中全体人民的聪明才智，最广泛地动员和组织人民群众投身到采煤沉陷区的综合治理中来。

三、生态-社会子系统协调发展的调控目标

（一）建设绿色化城市景观

随着人们生活水平不断地提高，人们对美好生态环境的要求也越来越高。建设全方位绿色化已是城市居民的迫切需要之一，恢复采煤沉陷区被污染的绿色空间，让出被挤占的绿色位置，是建立生态与社会协调发展的前提。绿色系统建设包括防护绿地和公共绿地两大内容。防护绿地的主要功能是为了阻止风沙侵袭、隔离污染源和涵养城市水土，包括防风固沙林、水土保护林、河岸维护林、效能沿线隔离林、水源涵养林等。公共绿地主要是为了给城市人提供休闲游憩用地、美化城市景观等，主要以花园草坪、公路沿线的树木等为主。大力建设绿色化城市使采煤沉陷区回归到绿色时代，从而达到改善美化城市、丰富人民生活的目的。

（二）建立高效益环保体系

由于过去自然资源的大量耗用和各种废弃物的大量产出，采煤沉陷区引起了一系列城市生态问题。为了避免和减轻采煤沉陷对生态环境的负面影响，首先必须对采煤沉陷区城市的建设和开发制定严格的环保措施，建设高效环保体系。采煤沉陷区城市应建立符合当地实际的污染防控体系，大力推进循环经济，对传统产业实行生态化改造，实现清洁生产，让山水林田湖草等休养生息。其次，采煤沉陷区城市应建立健全的改善环境质量评价体系，适时修订污染排放标准。再次，采煤沉陷区应不断完善环境保护的

法律法规体系，坚决落实"谁污染谁付费原则"，对于一切扩建、改建和新建的项目，必须防止污染的项目和主体工程同时设计、同时施工、同时投产。最后，采煤沉陷区应构建全民参与的社会体系，在全社会形成关心环保、参与环保、开展环保的良好社会氛围。

（三）建立高效率流转系统

建立高效率流转系统，加速物质流、能量流、信息流、人群流和价值流的有效运转，减少和严格控制经济损耗对采煤沉陷区的生态环境保护十分重要。城市交通等基础设施和公共服务是物流、人流的转换渠道。因此，必须大力推动采煤沉陷区铁路、公路、水路、航空等联运发展，大幅降低物流、人流成本。信息流是城市的经济网络系统。信息作为现代社会的"特殊资源"，是城市最敏感的系统，现代人们的工作环境、生活环境都离不开完善快捷便利、畅达完备的信息网络系统。因此，必须进一步完善信息网络基础设施，提高信息网络管理服务水平，加快智慧化城市建设，营造良好社会环境，进而提高社会管理科学化水平。

四、"生态-经济-社会"三维系统协调发展的调控目标

（一）树立系统整体发展意识

在综合协调发展系统中，经济是协调发展的基础，生态是协调发展的条件，社会是协调发展的目的。"生态-经济-社会"协调发展是一项复杂艰巨的系统工程，需要各方力量共同努力，紧密配合，让全社会树立系统整体发展意识。特别是采煤沉陷区各级政府更应具备整体发展意识，树立一盘棋的观念，统筹好区域发展、经济社会发展、人与自然和谐发展等，及时将传统的经济增长视角向生态视角转变，不盲目追求经济总量，将生态和社会发展的风险意识纳入城市转型调控，实时监控经济、社会对生产、生活环境质量的效果和对系统协调的水平。同时，利用各种宣传手段，充分调动各方面的积极性、主动性和创造性，形成全社会参与"生态-经济-社会"协调发展的合力。

（二）完善协调发展预警体系

根据国外资源型城市转型发展经验，按照"生态-经济-社会"协调发展的要求，避免采煤沉陷区在协调发展中再次出现对某一资源的高度依赖，陷入失调衰退的发展阶段，必须建立和健全采煤沉陷区"生态-经济-社会"协调发展预警体系，开展"生态-经济-社会"的全方位监测，防患未然（白雪洁等，2014）。在此过程中，建立起多部门协调和社会共同参与的预警机制组织结构，根据不同采煤沉陷区的不同转型阶段，定期对各采煤沉陷区各子系统及整体进行系统协调发展评价，针对不同状态制定相应的预警播报和响应预案，科学地对失调衰退的风险进行评估预警，及时将监测结果与专家决策建议发送给相关政府、企业与社会公众，切实提升决策实施效率和效果，增强采煤沉陷区处理系统整体间矛盾的能力和弹性机制，提前化解各种危机。

（三）实现区域可持续发展

区域可持续发展不仅要实现采煤沉陷区内的协调发展和区际之间的协调发展，还应把生态与经济、生态与社会、经济与社会之间的协调发展包含在内，要坚持走生产发展、生活富裕、生态良好的文明发展之路，实现人与自然的和谐。具体而言就是要统筹采煤沉陷区发展的总体布局，全面推进经济建设、政治建设、文化建设、社会建设和生态文明建设，促进采煤沉陷区现代化建设中各个环节、各个方面相互协调，促进速度、质量、结构、效益相互协调，实现资源环境与经济社会之间的协调发展，努力建设资源节约、环境友好型社会，保证一代接一代地永续发展下去。

第二节　采煤沉陷区综合治理调控措施分析

研究已制定和实施的关于促进采煤沉陷区综合治理的各项调控政策和手段，主要内容可以分为公共政策、法律法规以及绩效管理等方面。对已有采煤沉陷区综合治理的调控措施和手段进行全面的梳理与评价，有助于发现现行调控措施的特点、与预期协调发展目标的差距，为沉陷区三维系统协调发展的机制设计提供政策基础。

21 世纪以来，采煤沉陷区经济、社会和生态各领域的问题不断涌现，各级政府开始重视采煤沉陷区协调发展的问题，并在政策、法律法规和管理等领域均采取了一定的调控措施，以促进采煤沉陷区的可持续发展，涵盖了如资源开发的补偿、城市衰退产业的援助、城市替代产业的扶植等方面，这些措施对推动采煤沉陷区协调发展具有重要意义。自 2007 年 12 月 24 日，国务院出台了第一个专门针对资源型城市可持续发展问题的文件以来，国务院及相关政府部门又相继制定了新的资源税暂行条例，对资源开发划定补偿标准；设立多个专项资金项目，扶持新能源替代产业；积极推动转移支付的落实并出台相应的资金管理办法，对资金的使用情况进行监督。

一、采煤沉陷区综合治理调控措施及特点分析

（一）调控措施的数据来源说明

采煤沉陷区综合治理文本的选择主要有两种方法：一是选择标题中含有采煤沉陷区及其近义词（塌陷区、采空区等）的政策文本；二是选择标题中含有资源型城市转型或矿山治理与规划等相近词汇的政策文本。对采煤沉陷区政策文本的数量发展、发文时间、发文机构、政策文种及类型进行系统的定量分析。具体指标和相关说明如表 7.1 所示。

（二）采煤沉陷区综合治理调控措施涵盖的领域

纵观国务院和相关部委颁发的各项法律法规和调控方案来看，对采煤沉陷区综合治理的调控措施分别从法律、公共政策和系统管理的视角切入，以寻求沉陷区可持续发展的综合治理。

表 7.1　变量与指标说明

变量名	指标和相关说明
政策数量	以项为单位
发文时间	以年为单位
权威部门	权威部门为市一级主要部门，主要包括市政府、市自然资源与规划局、市发展和改革委员会、市国土资源局、市人力资源和社会保障局以及市财政局等
政策文本	政策文本主要有"规划""通知""办法""方案""意见""计划"等
政策类型	政策类型划分为两类：一类是综合性政策文本，它是对煤炭资源型城市治理的整体性文件，如资源型城市规划、矿山治理规划等；另一类是专门性政策文本，这类文本通常是针对采煤沉陷区某项治理的具体政策，如针对搬迁安置、土地复垦等专项治理文件

　　1986 年，全国人大常务委员会批准颁发了《矿产资源法》，并于 10 月 1 日正式实施。该法对于矿产资源勘察权、开采权进行了规定，符合资质的企业要经过机关的层层审批，只有环境保护措施、安全措施、开采方法等合格的企业才予以批准，并且要求开采矿产资源的企业要缴纳相关资源税和资源补偿费。1996 年和 2009 年人大常务委员会先后对《矿产资源法》进行了一次和二次修正，明确矿产资源为国家所有，完善了相应的法律制度。该法在我国矿产资源开采利用中具有里程碑的意义，此后我国也陆续制定出台了一系列矿产资源、煤炭资源的法规和部门规章，其中很多文件都明确涵盖了对于采煤沉陷区各类问题的治理，部分文件如表 7.2 所示。

表 7.2　2000 年以来有关采煤沉陷治理的主要文件一览表

法规规章名称	年份	颁布机构
《关于加快开展采煤沉陷区治理工作的通知》	2004	国家发展改革委
《关于规范煤炭矿区总体规划审批管理工作的通知》	2004	国家发展改革委
《矿山生态环境保护与污染防治技术政策》	2005	生态环境部自然资源部卫生健康委员会联合发文
《国务院关于全面整顿和规范矿产资源开发秩序的通知》	2005（已废止）	国务院
《关于逐步建立矿山环境治理和生态恢复责任机制的指导意见》	2006	财政部自然资源部生态环境部联合发文
《关于加强煤炭矿区总体规划和煤矿建设项目环境影响评价工作的通知》	2006	生态环境部
《关于促进资源型城市可持续发展的若干意见》	2007	国务院
《关于做好矿山地质环境保护与治理恢复方案编制审查及有关工作的通知》	2009（已废止）	自然资源部
《矿山地质环境保护规定》	2009	自然资源部
《关于开展首批资源枯竭城市转型评估工作的通知》	2010	国家发展改革委
《关于开展第二批资源枯竭城市转型评估工作的通知》	2011	国家发展改革委
《中央对地方资源枯竭城市转移支付管理办法》	2012	财政部
《煤炭矿区总体规划管理暂行规定》	2012	国家发展改革委
《关于印发全国资源型城市可持续发展规划（2013~2020 年）的通知》	2013	国务院
《矿山地质环境恢复治理专项资金管理办法》	2013	财政部自然资源部联合发文
《矿山生态环境保护与恢复治理技术规范（试行）》	2013	生态环境部
《国务院关于进一步加强棚户区改造工作的通知》	2014	国务院

续表

法规规章名称	年份	颁布机构
《国务院关于进一步做好城镇棚户区和城乡危房改造及配套基础设施建设有关工作的意见》	2015	国务院
《国务院办公厅关于加快推进采煤沉陷区综合治理的意见》	2016	国务院
《关于加强矿山地质环境恢复和综合治理的指导意见》	2016	自然资源部工业和信息化部财政部生态环境部国家能源局
《矿产资源权益金制度改革方案》	2017	国务院
《关于取消矿山地质环境治理恢复保证金建立矿山地质环境治理恢复基金的指导意见》	2017	财政部自然资源部
《关于探索利用市场化方式推进矿山生态修复的意见》	2019	自然资源部
《中央对地方资源枯竭城市转移支付办法》	2019	财政部

资料来源：各政府网站资源整理而成。

从表 7.2 可以看出，改革开放后，随着计划经济向市场经济的转变，经济建设和社会主义法治化都得到了快速发展，国家越来越注重保护生态环境和自然资源，注重提高人民生活的幸福感。对于采煤沉陷区的综合治理以及沉陷区上基础设施的恢复等都接续制定相关规章，如 2014 年和 2015 年都颁发了关于沉陷区上棚户区搬迁改造的相关文件；2017 年颁发的《关于取消矿山地质环境治理恢复保证金建立矿山地质环境治理恢复基金的指导意见》，取消了原有的矿山企业保证金制度，规定退还给企业的保证金，企业应转存为基金，用于已开采矿山的环境修复，而对不再退还的保证金，由政府统一支配并专项用于环境治理。此规定落实了企业对于矿山环境的治理责任，而政府只需建立相应的动态监管机制，对于不符合规定的煤矿企业进行责罚改正或严令其退出。放权、责于企业，与企业合作共同治理环境等问题，也使政府能独立出来更好地对企业进行管制。

我国现阶段对采煤沉陷区的城市管制政策主要包括：一是改变原有的"先污染，后治理"的思想，转为"先预防、治理结合、综合治理"；二是遵循"谁污染、谁治理；谁破坏，谁恢复；谁开采，谁保护"；三是"加强环境管理"，由于煤炭开采造成的塌陷等不能也无法在短期内利用高投入解决，因此国家提出要加强对采煤沉陷区管理的政策，加强治理过程中的立法和执法，健全资源型城市管理机构及制度。此外，地方政府利用管制政策约束企业选择，倒逼企业升级技术或产业转型，促进采煤沉陷区的产业优化升级，既包括产业结构的合理化，也包括产业结构的高度化，从而改变资源型城市单一煤炭产业独大的现象，从根本上实现采煤沉陷区的良性发展。

（三）采煤沉陷区综合治理调控措施的特点

梳理 2004～2019 年中央部委有关煤炭资源型城市的专门政策文本，共 56 份。对这些文件分别从政策文本形式、颁布时间和政策颁布部门发文频数等角度进行分析。

1. 形式上的特点

在收集的有关我国煤炭资源型城市治理相关的 56 份政策文本中，主要有"通知""意见""办法"等 8 种形式。如表 7.3 所示，"通知"和"意见"形式的政策文本数量最多，分别占总数的 33.93%和 32.14%，两者总和超过总数的一半以上。其次占比较高的为"办法"形式的政策文本，占总数的 21.43%，且"办法"形式的政策文本中有一半也是通过"通知"形式发布的。"规定""公告""规划""批复""方案"形式的政策文本颁发数量较少，共占总数的 12.51%。

表 7.3　我国煤炭资源型城市政策文本统计情况

序号	1	2	3	4	5	6	7	8	合计
政策文本类型	通知	意见	办法	规定	公告	规划	批复	方案	
数量/份	19	18	12	2	2	1	1	1	56
百分比/%	33.93	32.14	21.43	3.57	3.57	1.79	1.79	1.79	100

2. 颁布时间

图 7.1 显示出 2004～2019 年我国颁布的有关煤炭资源型城市政策文本的年度发展趋势，我国相关权威部门在 16 年间共计颁发 56 份关于煤炭资源型城市治理的政策文本，平均每年颁发政策文本 3.5 份。除 2008 年未颁发相关政策外，每年基本都颁布了相关政策，其中，2017 年相关政策颁布最多，达到 8 份。

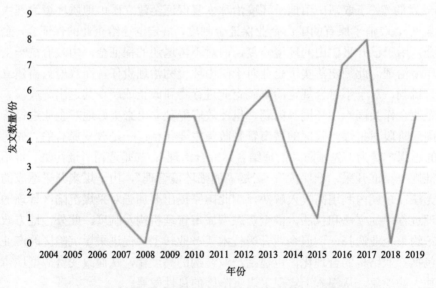

图 7.1　2004～2019 年我国采煤沉陷区治理政策的年度发文数量

3. 政策颁布部门发文频数

首先，整理 2004～2019 年间我国煤炭资源型城市政策发文主体数量及对应颁发的政策数量（表 7.4），可以发现：在我国制定的所有治理政策中，各权威部门联合制定的共计 20 项，占全部政策文本数量的 35.71%。其中以 2 个部门和 5 个部门联合发布为主，各颁发 7 份和 6 份政策文本。同一项应对资源型城市治理政策联合发文的权威部门数多达 6 个之多，体现出对于煤炭资源型城市发展以及采煤沉陷区的治理等涉及多个领域，需要政府部门之间的合作与协调（常江等，2019）。

表 7.4 政策发文主体数量及对应的政策文本数量

发文主体数量/个	1	2	3	4	5	6	合计
政策文本数量/份	36	7	4	2	6	1	56
百分比/%	64.29	12.5	7.14	3.57	10.71	1.79	100

其次，观察考察期政策颁布参与单位设计两个及以上的情况（图 7.2），可看出：2010 年以前，政府部门的联合发文数量较少，近十年以来政府部门联合发文数量迅速增长，如 2013 年、2016 年和 2017 年联合发文数量都多达 4 项。以上数量的变化趋势说明，近些年我国政府在制定有关资源型城市治理政策的过程中有加强合作的趋势。

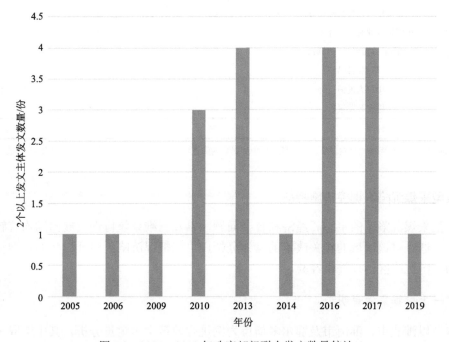

图 7.2　2005～2019 年政府部门联合发文数量统计

最后，从各权威部门参与的发文数量的统计结果来看（表 7.5），可以单独制定并发布治理政策的政府部门有财政部、发改委、国务院办公厅、自然资源部以及生态环境部等（陈旭升和綦良群，2003）。以第一发文单位颁发政策数量最多的 3 个部门依次是财政部、发改委和国务院办公厅，以非第一单位颁发政策数量最多的 3 个部门依次是自然资源部、财政部以及工业、工业和信息化部，参与所有政策发布总数量最多的部门依次是自然资源部、财政部和发改委。这表明财政部、发改委以及自然资源部参与资源型城市治理政策颁发的数量较多。另外，也表明在资源型城市可持续发展过程中，政府非常注重对于环境的治理、生态的修复及治理过程中的资金调配。

表 7.5　各发文单位具体发文情况统计

序号	发文单位	以第一发文单位	以非第一发文单位	数量统计
1	财政部	15	6	21
2	发改委	14	1	15
3	国务院办公厅	12	—	12
4	自然资源部	8	14	22
5	生态环境部	4	5	9
6	国家能源局	2	2	4
7	住房和城乡建设部	1	1	2
8	国家税务总局	—	1	1
9	卫生健康委员会	—	1	1
10	科学技术部	—	4	4
11	工业和信息化部	—	6	6
12	国家质量监督检验检疫总局	—	1	1
13	中国银行业监督管理委员会	—	1	1
14	中国证券监督管理委员会	—	1	1
15	国家统计局	—	1	1
16	中国人民银行	—	1	1
17	国家开发银行	—	4	4
	合计	56	50	106

注：2018 年国土资源部更名自然资源部；环境保护部更名为生态环境部，本表统一按照更改后的部门名称进行统计。

二、典型采煤沉陷区调控措施特征

典型采煤沉陷区的生态、经济和社会问题，以及三维系统协调发展问题均有较强的代表性。通过对该区域的相关政策的具体分析，更能把握沉陷区治理现状的典型特点，从而为全国沉陷区治理提供经验。

（一）数据来源说明

本节以淮北市、淮南市及鄂尔多斯市为例进行政策文本定量分析，其中选取采煤沉陷区综合治理的文本仅限于市级层面，即由市政府、市自然资源和规划局、市发展和改革委员会以及市国土资源局等市级权威部门发布的治理文件，而不包括县区或旗区发布的有关文件。本节中收集的政策文本主要来源于政府网站，共计 88 项。

（二）调控政策数量的时间变动趋势分析

将所得数据进行整理、录入，对三市共计 88 项有关采煤沉陷区综合治理的调控政策文本，进行时间纵向分析。

1. 淮南市政策文本数量趋势分析

针对淮南市市级各政府网站上对采煤沉陷区综合治理的政策文本进行搜集,搜集的有效政策文本时间跨度为2009～2019年。2009～2019年淮南市相关权威部门颁布的治理采煤沉陷区的政策数量大体呈稳定趋势,变化幅度不大,平均每年颁布的政策文本数为2.64份。其中2016年淮南市颁布的政策数量达到峰值,为6份,如图7.3所示。

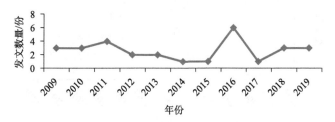

图7.3　淮南市采煤沉陷区综合治理政策文本年度变化趋势图

2016年淮南市采煤沉陷区综合治理相关政策的迅速增加,可能与2015年国家发改委开始将采煤沉陷综合治理工作作为单独类别进行立项密切相关。2015年,国家发改委对全国采煤沉陷区基础数据进行了全方位摸排,而淮南市抓住此机会从国家发改委成功申报了8个项目,国家的大力投资和专项资金补助都为随后淮南市发布的政策文件提供了有力的资金支持,使淮南市更好地投身于采煤沉陷区治理过程中。

2. 淮北市政策文本数量趋势分析

图7.4显示出2008～2019年淮北市颁发的关于采煤沉陷区综合治理的政策文本年度发展趋势。可以看出:2010～2019年淮北市颁发的政策文本数量总体上比较平稳,除个别年份无政策颁布外,每年都有相关政策颁发,平均每年颁发的政策数量为2.83份。淮北市在2009年颁发的政策数量最多,多达10份。

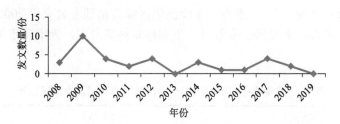

图7.4　淮北市采煤沉陷区综合治理政策文本年度变化趋势图

通过研究可以发现,自2008年起,安徽省先后颁布了《安徽省人民政府办公厅关于进一步做好采煤沉陷区居民搬迁安置补偿工作的通知》《关于加快皖北和沿淮部分市县发展的若干政策意见》等文件,并制定《安徽省两淮地区采煤塌陷区综合治理总体规划》,这些文件都为淮北市治理采煤沉陷区提供了政策指导和理论依据。

3. 鄂尔多斯市政策文本数量趋势分析

自 2007 年以来，鄂尔多斯市颁布的治理采煤沉陷区的政策文本数量变化趋势如图 7.5 所示。近些年来，鄂尔多斯颁布的采煤沉陷区政策数量有轻微波动，个别年份无治理政策颁布，但总体有上升趋势，平均每年颁布的政策数量为 1.92 份。

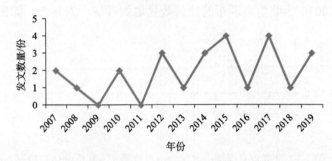

图 7.5　鄂尔多斯市采煤沉陷区综合治理政策文本年度变化趋势图

综上对三市颁布的采煤沉陷区综合治理的政策数量分析，可以看出：除极个别年份外，每年市相关权威部门都会颁布采煤沉陷区治理的相关政策，说明在国家及省的政策法规指导下，各煤炭资源型城市非常注重对自身的矿山治理与生态修复，这也契合了"绿水青山就是金山银山"的发展理念。

（三）调控政策颁布部门的分布特点

1. 淮南市相关政策颁布部门情况

淮南市共有 6 个权威部门颁布过有关采煤沉陷区综合治理的政策文本。从表 7.6 可以看出，淮南市人民政府颁布的文件数量最多为 11 份，占总数的 37.93%；其次为市自然资源和规划局、市采煤沉陷区综合治理办公室颁布的文件，各占总数的 20.69%；最后为市财政局和市人社局。其中，淮南市采煤沉陷区综合治理办公室于 2009 年由安徽省政府设立，简称沉治办，下设搬迁安置科、生态修复科等科室，为淮南市采煤沉陷区治理提供专项管理。

表 7.6　淮南市采煤沉陷区综合治理政策各部门发文情况统计

权威部门	政策文本数/份	所占百分比/%
市人民政府	11	37.93
市自然资源和规划局	6	20.69
市采煤沉陷区综合治理办公室	6	20.69
市发展和改革委员会	2	6.90
市财政局	2	6.90
市人力资源和社会保障局	2	6.90
总计	29	100.00

2. 淮北市相关政策颁布部门情况

淮北市共有 5 个权威部门颁布过采煤沉陷区治理相关文件。表 7.7 显示，市人民政府共计颁布了 22 份政策文件，占总数的 64.71%，为颁布数量最多的部门；其次分别为市自然资源和规划局、市发展和改革委员会；最后市国土资源局和市环境保护局各颁布 2 份治理文件。

表 7.7 淮北市采煤沉陷区综合治理政策各部门发文情况统计

权威部门	政策文本数/份	所占百分比/%
市人民政府	22	64.71
市自然资源和规划局	5	14.71
市发展和改革委员会	3	8.82
市国土资源局	2	5.88
市环境保护局	2	5.88
总计	34	100.00

3. 鄂尔多斯市相关政策颁布部门情况

鄂尔多斯市采煤沉陷区综合治理的政策发文主体只有 3 个，分别为市人民政府、市发展和改革委员会、市国土资源局（如表 7.8 所示）。市人民政府颁发的政策文本数量最高，为 20 份，占总数的 80%；而市发展和改革委员会、市国土资源局颁发的政策数量分别占总数的 4%和 16%。

表 7.8 鄂尔多斯市采煤沉陷区综合治理政策各部门发文情况统计

权威部门	政策文本数/份	所占百分比/%
市人民政府	20	80.00
市发展和改革委员会	1	4.00
市国土资源局	4	16.00
总计	25	100.00

综上所述，通过对三市颁布治理采煤沉陷区政策的权威部门进行统计，不难发现，各市人民政府是颁布采煤沉陷区治理政策的主力军，颁布的文件总数平均占到一半左右，而其他市级各部门颁布的相关文件则较少。

（四）调控政策类型分布情况

1. 淮南市政策文种类型分布

通过对淮南市各部门发布的采煤沉陷区综合治理政策的类型进行统计，得到的政策文种分布类型如表 7.9 所示。淮南市颁布的政策类型分为 5 种。2009～2019 年，淮南市政府出台的各类政策中,"规划"和"办法"最多,其次是"通知""意见""方案"。

表 7.9 淮南市治理采煤沉陷区政策文种类型分布

政策文种类型	规划	办法	通知	意见	方案	合计
数量/份	7	7	6	6	3	29
百分比/%	24.14	24.14	20.69	20.69	10.34	100

2. 淮北市政策文种类型分布

表 7.10 中显示出了淮北市采煤沉陷区综合治理的政策文种类型分布。在淮北市出台的 6 种治理政策文种中,"规划"形式的政策文本发布数量最多,占 38.24%,紧随其后的是"通知",占 23.53%;最后市依次是"办法""批复""方案""意见"。

表 7.10 淮北市治理采煤沉陷区政策文种类型分布

政策文种类型	规划	通知	办法	批复	方案	意见	合计
数量/份	13	8	5	4	3	1	34
百分比/%	38.24	23.53	14.71	11.76	8.82	2.94	100

3. 鄂尔多斯市政策文种类型分布

对 2007~2019 年间鄂尔多斯市发布的采煤沉陷区综合治理的政策类型进行统计,如表 7.11 所示。鄂尔多斯市发布的 25 份治理政策可以分为 7 种文本类型,颁布数量在前两位的为"方案"和"通知"形式的政策文本,分别占总数的 36%和 20%,共占总数的一半之多。其次分别是"办法""规划""计划""意见"和"批复"。

表 7.11 鄂尔多斯市治理采煤沉陷区政策文种类型分布

政策文种类型	方案	通知	办法	规划	计划	意见	批复	合计
数量/份	9	5	4	3	2	1	1	25
百分比/%	36	20	16	12	8	4	4	100

综上分析,三市治理采煤沉陷区的政策文种类型是多种多样的,其中都包括了"规划""办法""意见""通知"和"方案"。不同的政策文种类型体现出了各市在治理采煤沉陷区的过程中,为解决所面临的问题以及达到所要完成的目标而采取的具体措施。这些具有一定强制性的措施不仅为已存采煤沉陷区治理和生态修复以及资源型城市顺利转型提供了坚实的制度基础,也为现有煤矿的挖掘生产和生态保护提供了明确的制度指引与约束。

（五）调控政策涉及领域的情况

1. 淮南市政策类型分析

表 7.12 显示，在淮南市所有颁发的采煤沉陷区治理政策中，专门性政策文本多达 22 项，占总数的 75.86%；综合性政策文本为 7 项，占总数的 24.14%。

表 7.12　淮南市政策类型年度分布

年份	政策类型		年份	政策类型	
	专门性	综合性		专门性	综合性
2009	3	—	2015	1	—
2010	3	—	2016	3	3
2011	4	—	2017	—	1
2012	2	—	2018	2	1
2013	1	1	2019	2	1
2014	1	—	总计	22	7

2. 淮北市政策类型分析

表 7.13 显示，在淮北市颁发的所有治理政策中，专门性政策占一半以上，为 61.76%；而综合性政策共颁发 13 项，占总数的 38.24%。

表 7.13　淮北市政策类型年度分布

年份	政策类型		年份	政策类型	
	专门性	综合性		专门性	综合性
2008	2	1	2015	1	—
2009	8	2	2016	—	1
2010	3	1	2017	4	—
2011	1	1	2018	—	2
2012	—	4	2019		
2013	—	—	总计	21	13
2014	2	1			

3. 鄂尔多斯市政策类型分析

表 7.14 中显示了鄂尔多斯市 2007～2019 年颁发的所有采煤沉陷区治理政策的类型分布。其中，综合性政策数量高达 14 项，占 56%；而专门性政策数量为 11 项，占 44%。

表 7.14　鄂尔多斯市政策类型年度分布

年份	政策类型		年份	政策类型	
	专门性	综合性		专门性	综合性
2007	2	—	2014	2	1
2008	1	—	2015	1	3
2009	—	—	2016	—	1
2010	1	1	2017	—	4
2011	—	—	2018	—	1
2012	1	2	2019	2	1
2013	1	—	总计	11	14

综上所述，淮南、淮北两市针对采煤沉陷区治理而颁发的专门性措施均占总数的一半以上，而鄂尔多斯市颁发的综合性治理政策占比达一半以上，专门性治理政策少于综合性政策。

第三节　采煤沉陷区"生态-经济-社会"协调发展的运行机理与调控机制解析

由于采煤沉陷区"生态-经济-社会"公共政策实施绩效尚存在诸多问题，为全面而有效地落实改进措施，必须厘清"生态-经济-社会"协调发展的运行机理，解析"生态-经济-社会"协调发展的调控机制。

一、采煤沉陷区三维系统协调发展的运行机理

采煤沉陷区"生态-经济-社会"的三维子系统既相互支持，又相互制约，从而构成三维系统的协调、循环发展，如图 7.6 所示。采煤沉陷区的生态子系统既是经济和社会

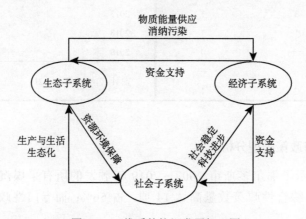

图 7.6　三维系统协调发展机理图

子系统运行的资源和环境基础，同时有限的生态承载力在很大程度上制约经济和社会子系统；经济子系统既要为生态和社会子系统的发展注入动力，又要充分保障生态和社会子系统的和谐稳定；社会子系统是经济和生态子系统健康、稳定发展的基础。

（一）生态子系统和经济子系统的协调机理

采煤沉陷区生态和经济二维子系统之间相互促进、相互制约。采煤沉陷区的生态环境是其经济发展的基础，为经济发展提供物质和能量，并消纳了其生产和消费所带来的污染；经济发展对生态有反馈作用，可以主导生态的变化，依靠较高水平的经济实力和先进科学技术实现生态资源的可持续利用，增强生态系统的自然再生能力，维持生态与经济协调发展。

从生态文明建设要求和环境经济学的角度来看，采煤沉陷区的生态问题，如地表状态变化、矿区废弃物污染等是经济成本的一部分，因此采煤沉陷区的生态治理也是提高经济效益的途径之一。经济发展速度的持续性和稳定性，依赖于自然资源的丰富程度和持续生产能力，为保护和改善生态环境提供了经济稳定持续发展的物质基础和条件。生态文明理念中所提出的生态环境保护，是在保护的前提下，对生态环境进行合理的开发和利用。因此，生态与经济协调发展不仅不会使经济停滞，可持续发展的经济还可以为生态保护提供物质和技术条件。

（二）经济子系统和社会子系统的协调机理

采煤沉陷区经济高质量发展是其社会高效可持续发展的基础，社会发展是经济发展的必要条件和最终目的。采煤沉陷区由于地面沉陷导致的矿区企业经济财产损失、受灾群众赔偿安置、失地农民就业等经济社会问题的解决，都离不开经济支持。同时，采煤沉陷区的经济发展也需要和谐稳定的社会环境和健全的社会保障体系。新时代社会主要矛盾的变化要求采煤沉陷区优化其经济结构、转换经济增长动力，需要科技、教育、文化等方面的社会发展作为支撑。社会和谐可以减少采煤沉陷区治理中的社会成本，社会发展也有助于提高采煤沉陷区经济发展效率，进一步促进其经济繁荣。因此，只有采煤沉陷区经济与社会协调发展，才能满足人们日益增长的物质文化需要。

（三）生态子系统和社会子系统的协调机理

采煤沉陷区社会发展和生态文明建设相辅相成。采煤沉陷区治理后良好的生态为当地的社会运行提供了基本的资源环境保障。随着社会发展进步和人口素质的提高，生态保护意识的觉醒和生态保护行为的增加，生态文明建设也逐步推进。

采煤沉陷区的社会可持续发展离不开稳定的生态系统作为保障；各项决策需要有生态化的公共服务体系来科学引导；完善公众参与机制和监督体系中的生态板块有利于实现对有关部门的监督等。物质文明生态化，推进生态科学技术在城市治理中的运用，发展循环经济等环境友好型发展模式，弥补目前资源消耗型、环境污染型产业过多所带来的危害；政治文明生态化，有助于在各社会系统间建立相互和谐、整体生态的机制，促进社会进步的同时为生态环境的保护和合理利用提供各项资源支持，有利于采煤沉陷区生态治理的推进，更有助于解决因生态问题而导致的社会矛盾；精神文明生态化，生态的发展理念可以促进采煤沉陷区科学、文化、教育的进步，更有助于人们生活方式的进步，维持采煤沉陷区协调良好的自然生态和社会生态，实现社会稳定。因此，采煤沉陷区的生态发展可以促进社会发展，而社会发展也要求建设生态文明。

二、采煤沉陷区"生态-经济-社会"协调发展的调控机制

基于采煤沉陷区"生态-经济-社会"三维系统相互协调发展的调控目标、政策评价和运行机理，下面将重点解析实现采煤沉陷区三维系统协调发展的具体调控机制，分别立足于政策供给机制、法制保障机制和绩效管理机制，并从公共政策需求与设计、法制保障与建设和绩效评估与管理体系构建等途径为全面构建采煤沉陷区"生态-经济-社会"协调发展的调控机制奠定理论基础。

（一）公共政策促进三维系统协调发展的政策供给机制

1. 产业政策引导三维系统协调发展

1）衰退产业援助政策

衰退产业援助是指政府通过财政税收优惠政策、资金和项目支持等方式，减轻企业的负担，或通过出台政策来引导衰退产业转型以及建立健全社会保障体系进行间接援助，由产业衰退预警、资源企业反哺、生态环境补偿、接续产业援助等构成。

（1）产业衰退预警。建立采煤沉陷区评价指标体系，按照资源开发过程的成长期、鼎盛期、衰退期，以绿、黄、红确立预警级别，分别施以不同的宏观政策。在资源开发进入衰退期后，要确立援助机制的起动时间表，以及援助的大致周期。

（2）资源企业反哺。对于成熟型采煤沉陷区，通过从资源企业实现的利润中提取一定比例，建立资源开发补偿基金，用于保护和恢复生态环境，发展替代产业，支持资源型企业生存发展。

（3）生态环境补偿。建立采煤沉陷区绿色制度，落实开发与保护并重、谁污染谁治理、谁治理谁受益等政策。对不适宜耕种的土地，国家应将其纳入退耕还林、还湿、还草规划，并在资金和项目上予以重点支持。通过征收资源开发建设费以及中央转移支付等方式，增加采煤沉陷区环境保护综合治理的专项资金。

（4）接续产业援助。国家财政资金通过增加对资源型城市基础设施建设和公益性项目等方面的投入，大力支持发展资源精深加工和非资源型产业。国家和地方主要通过建立替代产业发展基金和加大转移支付力度来扶持资源地区替代产业的发展。资源型城市可从上缴国家的矿产资源补偿费中提取部分留以自用。通过处理好经济增长与就业增长的关系，建立政府再就业资金，同时在开发公益性岗位、再就业培训、劳动力市场建设等方面给予必要的资金支持。

2）替代产业扶持政策

采煤沉陷区实现生态、经济与社会协调发展的最主要动力就是替代产业扶持。政府通过使用财政、税收、金融等政策，支持替代产业的发展，改变过去经济发展对资源消

耗的刚性依赖，使产业结构得到最大程度的优化，努力使采煤沉陷区逐渐发展为综合型城市。政府还通过在产业布局、项目审批、规模确定上放宽政策条件，减少审批的程序，深入挖掘市场销售能力、提升招商引资的吸引力、拓宽融资渠道，通盘考虑选择符合本地区实际的产业作为支柱产业。大力促进第三产业的发展，转移城市经济活动的重心，促进采煤沉陷区成功转型。

2. 政府管制政策引导三维系统协调发展

政府管制，也称之为"政府规制""政府监管"，最早来源于"regulation"一词，是指政府通过颁发法律、规章等手段以改善和纠正市场机制中存在的市场失灵等问题，调控资源配置，维护市场秩序，增进社会福利。

环境作为一种公共产品，无法清晰界定其产权和归属，而煤炭企业在开发过程中往往都以自身利益最大化为目标，忽视开采带来的生态破坏等一系列的问题，将生产过程中产生的环境污染成本转嫁给了广大群众。群众是采煤沉陷区的最终受害者，而群众与煤炭企业直接进行谈判解决是不现实的，即市场无法有效解决，必须政府出面进行有效管制，建立完整产权，管理现有的煤炭资源。此外，政府作为广大人民群众的利益代表，应切实维护人民利益，解决采煤沉陷区问题，承担起相应职责，落实自身执行者和监督者的使命。对由信息不对称等问题存在而导致政府法无法确切得知煤炭企业的具体信息和行动状况，及时进行政府管制，制定相应激励和强制性政策、手段等。

3. 财政政策引导三维系统协调发展

财政政策是推动采煤沉陷区"生态-经济-社会"协调发展的重要组成部分，它贯穿于全过程，也是引导资源配置的重要工具。从政府与企业相互博弈的视角看，财政支出对资源型城市经济转型的作用机制可描述为：首先，地方政府根据地区经济转型目标，发出产业转型升级的信号，引导劳动力、资本、技术等要素结构调整，并将此信号传递给企业；其次，企业接收信号后，为配合政府政策导向，将改善现有要素投入，优化要素投入结构；最后，政府将会确认企业的调整是否符合目前的政策导向，决定是否通过财政政策向企业主体实现承诺。其作用过程可简单表示为：财政支出→支出总量、结构→发挥乘数效应、导向功能→影响企业投资行为、决策行为→影响协调发展。

1）财政支出规模引导协调发展

从财政支出规模上看，财政支出表现为政策力度大、乘数作用强的特点，可通过直接投资、补贴等间接方式产生乘数效应，发挥导向功能，引导劳动力、技术、资本等要素的配置，优化现有要素结构。财政支出总量的增加可直接带动劳动力、技术、资本等要素的规模和投向，实现要素在不同产业部门间的累加和重新配置，进而不断优化现有产业结构，通过产业更替和变迁，为采煤沉陷区协调发展提供动力支撑。

2）财政支出结构引导协调发展

财政支出政策除了通过总量效应外，还通过结构效应发挥作用，如：教育支出、科技支出、行政管理费支出、投资性支出分别占财政总支出的比重，反映政府在人力资本、技术研发、社会管理、物资资本四个方面的投入力度，以此代表财政支出的结构偏好。

采煤沉陷区通过财政支出结构的调整优化各方面要素配置，进而实现转型升级。具体来看，体现在：

（1）教育支出。根据人力资本理论，教育支出作为人力资本积累投入的重要组成部分，是增加人力资本的重要方式，具有生产性特征，是一项长期战略性支出，以未来的发展和收益为投资目的。不过其着重增加的是长期经济效应，短期经济效应并不明显，且从效果上来看具有一定的滞后性。采煤沉陷区由教育支出增加而带来的转型作用取决于其优质劳动力能够自由流动的程度和对人力资本的影响效果，具体作用表现为：一是教育支出增加，会带动当地劳动力整体素质的提高，增加劳动生产率。教育支出每增加一单位所带来的边际人力资本积累呈现递增趋势，间接推动当地产业结构升级，由高能耗的资源依赖型二产逐步向三产过渡。且劳动力受文化程度增加，将偏向于选择技术型和知识型岗位，促使劳动力要素逐渐过渡到高端产业。二是教育支出增加后的财政支出结构将促使社会要素在不同产业间发生要素积累与替代，影响劳动力供给，提高当地资源配置效率，推动其资源依赖型产业转型升级。

（2）科技支出。科技支出是提升社会技术水平的重要途径，科技创新一方面能催生新兴产业，另一方面可为资源依赖型产业带来新技术，在优化产业要素结构的基础上推进资源依赖型产业转型升级。根据新古典增长理论和内生经济增长模型，科技支出推进采煤沉陷区协调发展的作用表现为：①研发效应。通过作用于人力资本、技术进步等对地区经济增长有决定作用的内生变量，能逐渐增加生产要素的边际生产率，间接推动资源依赖型产业转型升级。②激励效应。科技支出可通过补贴等形式注入企业，尤其是企业的关键性、突破性研发活动中，解决研发过程中存在的风险大、难度大的问题，扶持企业技术创新行为，提高企业核心竞争力，推动资源型产业技术创新及应用。采煤沉陷区的科技支出是地区科技创新资金的主要来源，直接关系到企业的创新能力和地区产业结构调整，对推进地区转型升级，提高转型效率发挥关键性作用。

（3）行政管理费支出。行政管理费支出作为社会财富纯消耗的政府活动消费，具有非生产性。虽然对维护社会稳定具有必要性，但是过多的行政管理支出反映地方政府对经济社会的过度干预，不利于采煤沉陷区转型效率的提升。其作用主要体现在以下方面：合理的行政管理支出可以激发资源产业创新活力、改善市场机制、促进新兴产业的兴起，为地方转型升级创造良好发展环境。过度的行政管理费支出会对地方转型产生双重"挤出效应"。一方面，在既定的财政规模下，行政管理费增加必然挤占其他领域的支出，降低财政支出作用于经济转型的效率；另一方面，行政管理费的增加易引起地方政府开辟新的预算外征收方式，造成资源产业税费增加、利润降低、研发资金被挤占等问题，不利于提高企业转型动力。

（4）投资性支出。生产性资本对于经济结构调整关系重大，政府投资性支出通过作用于生产性资本要素来作用于采煤沉陷区转型。其积极作用主要体现在以下方面：一方面，投资性支出带来基础设施和公共产品增加，可降低区域内交易成本，增加需求，吸引生产要素进入，促进就业，形成产业集聚效应。另一方面，政府投资性支出具有显著乘数效应和导向功能，政府投资的规模和方向可引导社会资本，促进转型升级。但不合理的投资性支出会带来社会资本的"挤出效应"，影响企业行为，不利于结构调整。因此，调控政府投资性支出的规模和范围较为关键，是影响协调发展效率的重要方面。

4. 税收政策引导三维系统协调发展

税收作为一种重要的政府宏观调控手段，在促进采煤沉陷区"生态-经济-社会"协调发展中的作用越来越突出。税收政策通过引导资源合理开采、筹集财政资金、资源高效利用、环境保护等机理来引导采煤沉陷区"生态-经济-社会"协调发展。

1）税收引导资源合理开采

我国早在 1984 年就开始征收煤炭、原油、矿石等资源税，1994 年税制改革对所有的矿产资源开始征收资源税。2004 年以后多次上调了煤炭、原油、天然气开采企业的资源税税额。这样通过提高煤炭等资源税额，可以合理引导企业进行资源开采。

2）税收筹集财政资金

通过政府税收所筹集的财政收入，来满足采煤沉陷区基础设施建设、公共服务等所需的公共资金。

3）税收引导资源高效利用

在市场经济条件下，税收政策一方面通过征税或收费来调整资源价格，进而对资源的供求关系产生影响，合理配置经济资源，有效地实现资源的合理开发和利用。另一方面通过对矿产资源综合利用增值税、企业所得税等税收优惠，鼓励企业依靠科技进步和创新，提高资源综合利用水平。

4）税收促进环境保护

资源型城市的环境破坏难题是实现协调发展的主要障碍之一。目前，我国很多重要的税制特别是环保税等都有利于环境保护。例如，在增值税中给予以不少于 30%的煤矸石等废渣为原材料生产的建材产品以及利用废液、废渣生产的白银、黄金免税优惠。在消费税中，对不同排量的小汽车设定不同的税率，排量大的小汽车税率更高等。此外，我国现行的其他税种，如企业所得税等，也在保护环境方面发挥积极的推动作用，这样也必然有利于改善采煤沉陷区的环境质量。

5. 金融政策调节三维系统协调发展

金融是促进采煤沉陷区协调发展的有效经济调节手段，是当今国民经济发展的核心力量。金融主要从资本形成、资本导向、资本配置以及风险防范等方面来引导协调发展。

1）资本形成的促进作用

资本形成是指金融中介聚集金融资源的过程，它由储蓄积累机制和信用创造机制构成。金融中介是由于降低交易成本和解决信息不对称、流动性等问题而存在，并以此满足资金供求双方的需求，促进了社会闲散资金的集聚进而形成可以支持产业转型的资本。资本形成是金融支持采煤沉陷区协调发展的第一步。其中，储蓄积累是金融体系将吸收来的社会闲散资金汇集成资金池，并按需转换为资本，以此来带动转型和发展。信用创造是金融体系将有限的金融资源再次投放到采购和生产上，形成企业自有的产业资本，从而发挥更大的经济效能。

2）资本积极导向作用的发挥

采煤沉陷区协调发展需要将资源在各个产业部门间流动，进而实现资源的重新配置和组合。而完善有效的金融体系可以使得经济资源在跨行业、跨时间、跨空间之间的转移变得更为顺畅。在引导采煤沉陷区协调发展过程中，商业性金融需要政策性引导，并利用其保险和杠杆功效吸纳金融资源流向符合政策的领域。矫正补缺主要由政策性金融来实现。政策性金融通过利率手段、成立产业引导基金、信贷倾斜等方式，对金融资源从总量和结构上进行调节，以完成对市场失灵的矫正补缺。

3）资本合理配置的引导

资本配置主要表现为两个方面：一是随着金融程度的不断提高，货币形式成为金融资源的主要流动方式，资本流动也逐渐表现为金融工具和金融产品的市场化；二是产业资本和金融资本的联系更为紧密，金融工具和金融产品的价格能够反映实体经济的发展情况，也能反映出在金融资源市场上的供求关系。采煤沉陷区金融系统为了获得更高的经济收益，一般会将货币资金从低附加值的地方流向高附加值的地方。这样金融就能不断对产业进行筛选淘汰，使得生产力较高的高新技术产业快速发展起来，从而促进采煤沉陷区转型成功。

4）风险防范的保障作用

风险防范在采煤沉陷区"生态-经济-社会"协调发展中不可避免。金融体系中的中介金融避险产品可以规避风险。金融中介保险聚集风险，再通过交易来转嫁和分散风险，从而保证和推动协调发展过程中伴随的风险分散与化解。另外，金融中介还通过金融创新产品，促进金融资源的良性循环，保障采煤沉陷区顺利转型。

（二）三维系统协调发展的法制保障机制

1. 采煤塌陷综合治理立法的迫切性

生态环境破坏主要表现为自然资源领域的不合理利用、环境污染以及生态的破坏等。采煤沉陷区的生态环境破坏也主要表现在这些方面，这就带来了如下社会和经济问题。

1）保障民众生产和生活的需求

一方面采煤塌陷造成耕地的大量流失，使得依靠耕地获得经济来源的农民不得不改变原有的生产和生活方式。他们或搬迁到其他地区重新开垦，但这又加大了耕地资源的紧张状态；或转变以耕地为主要经济来源的生存方式，进入城市，加速当地城镇化，但这极大地造成当地城市社会问题，包括就业与失业问题、社会保险问题、居住问题等更为严重的城市发展问题。另一方面，采煤塌陷造成水体的污染，使得当地供用水矛盾突出。再一方面，采煤塌陷造成原有的地貌发生变化，由此引发景观环境的破坏，降低人们生活环境质量。最后，采煤塌陷引致的地表沉陷及地震时有发生，严重威胁着当地居民的生命和财产安全。

2）社会和谐与稳定的需要

正因为上述采煤沉陷区生态环境破坏对民众的生存产生重大影响，从而使得政府不得不加大对采煤沉陷区生态环境治理的力度，否则一方面塌陷区民众众多，极易产生群体性事件，处理不好后果不堪设想，这极大增加了维稳的成本；另一方面，人们生活质量的普遍降低也将影响人们对政府的信任和支持程度，造成新的社会不满，威胁政权稳定；再一方面，由采煤塌陷产生的地震威胁不及时消除，社会人心惶惶，难以恢复正常的生产和生活秩序；最后，相关法治的不健全，使得民众的相关权益得不到保障，再加上沟通渠道不畅，民众的怨气得不到及时地排解，对于社会不满情绪必将增加，这也极大地威胁到社会和谐与稳定，甚至政权的长治久安。

3）沉陷区经济发展的需要

煤炭是采煤沉陷区最重要的经济发展支柱。对一个采煤沉陷区来说，煤炭就是城市的第一生命。我国许多城市都是因煤炭而建市的，因此可以说煤炭是整个城市社会和经济发展的希望。当前煤炭资源开发行业也是我国经济发展的主要动力行业，未来很长一段时间也都将如此。因此，这就决定了许多城市必须一直开采煤炭以获得经济的发展动力和机遇。但是由于采煤塌陷的存在，煤炭开采与采煤塌陷以及经济发展三者之间产生严重的矛盾。要发展就要开采煤炭，而煤炭开采带来采煤塌陷，采煤塌陷迫使政府不得不投入大量财政治理生态环境，企业不得不投入一定的治理成本才能正常开采，从而产生经济发展瓶颈。周而复始，这种经济发展怪圈对现有城市经济发展模式带来巨大挑战。采煤沉陷区不得不转变发展模式，投入更好的技术进行煤炭开采和塌陷治理。但一直以来，这些城市在给国家发展做出贡献的同时却得不到有力支持，甚至被特意忽略，许多重要的采煤城市甚至不为人知。这种独自承担采煤塌陷治理主要成本，却得不到有力支持的城市在煤炭开采完毕之后留下一片狼藉。随着煤炭开采完毕，这个城市经济发展的能力也将随之降低，这对采煤沉陷区是不公正的，采煤城市的这种经济发展模式也是不合理的。

2. 采煤沉陷区综合治理立法的正义分配价值追求

1）采煤沉陷区综合治理立法实现社会公平

相对于正义而言，公平则较为朴素和具体。现代汉语中的公平包括两个层面的意思：一是指公正，不偏不倚；二是指对一切有关的人公正、平等地对待。这就是说采煤沉陷区综合治理追求公平的本质目的一方面在于使人类的发展与生态系统的平衡受到公正和不偏不倚的对待；另一方面则是使采煤沉陷区利益群体的权利维护得到公正、平等的对待。但从采煤沉陷区综合治理实践的过程来看，公平并没有受到足够重视。这种状况主要体现在当前经济发展过程中以及政策、立法尤其是环境政策立法过程中对于综合治理工作的忽视。例如，许多政策和立法只看到了环境污染的治理和生态环境的改善，没有注重维护相关群体发展机遇及其利益的弥补，并且这些群体在全局利益博弈中始终处于劣势，不论是在立法还是利益表达上，都处在不公正的地位。此外，他们也缺乏法治的保护，利益受到侵害时，得不到足够的救济。这些问题都是采煤沉陷区综合治理中公平理念及其机制构建中应当关注的。

2）采煤沉陷区综合治理立法实现区域公平

采煤沉陷区综合治理的实现是经济发展到一定阶段的必然要求，同时它也具有促进经济发展的作用。物质基础是开展一切活动的基础，而经济发展就是在为物质基础的积累提供动力。当前，采煤塌陷大多集中在经济发展中地区，不论在物质积累上，还是经济发展能力上，较之发达地区而言都是落后的，这主要是国家经济发展战略使然。我国经济的发达地区主要集中在东部沿海，而中部和广大西部地区则相对落后。但是发达地区的发展都离不开中、西部地区资源开发所提供的资源动力，可以说没有山西的煤和淮南的电，许多东部地区都要面对黑暗，可见中、西部地区资源开发对于东部发达地区的发展所做的重要贡献。但现在的问题是，资源开发地区，尤其是煤炭资源开发地区不仅生态环境受到严重破坏，资源开发所做的经济贡献也没有得到应有的回报，反而因为污染和生态环境问题受到发达地区一些人的诟病和指责，甚至是无理蔑视。没有资源，发达地区经济发展只能是笑谈和幻想，没有资源开发地区在生态环境上做的牺牲，就没有国家经济的飞速发展。有一点是毋庸置疑的，没有一个人，包括资源开发地区的人希望看到自己生活的家园被毁，自己赖以生存的经济来源受到前所未有的威胁。只要能够修复生态系统的平衡，从而使得资源开发地区经济获得公平的可持续发展的能力，就是有意义的。

因此，目前我们所面临的问题不是讨论如何限制资源开发产业的发展，或者说使资源开发地区政府和人民无端背负综合治理带来的巨大经济负担的问题，而是如何通过补偿和给予资源开采地区公平的经济发展机遇使其经济迅速发展，消除在物质积累上的巨大差距，从而使其获得更多平衡生态系统能力的问题。只有通过经济的发展获得物质的快速积累，生态环境的恢复和重建才有技术和物质基础，落后地区的经济发展才能获得可持续的动力以及公平的对待。而这些正是综合治理所不懈追求的目标之一。可见，采煤沉陷区综合治理是资源开采地区经济获得公平发展的重要手段。

3）采煤沉陷区综合治理立法实现分配正义

综合治理的正义并不是仅仅要求人类对生态环境本身的正义，而更要求通过分配来达到社会正义。从这种意义上，采煤沉陷区综合治理正义的实质也就是分配正义。而采煤沉陷区综合治理现有的实践已经表明实施综合治理工程的作用：一是实现了社会的和谐与安定，使得人们居有定所，生活和工作有了新的着落，例如，淮南市开展的搬迁安置工作以及相关的再就业保障政策等；二是使得受到影响的生态系统重新恢复原有的平衡，这表现为生态环境的恢复或重建以及环境污染的防治等。实际上这两个方面的作用体现出采煤沉陷区综合治理的目的：一是为了使得包括财富、权利在内的有价值的东西能够在较为公正的状态下进行有效的分配。采煤沉陷区综合治理要求利益获取者，包括政府和企业以及受益公众共同承担相应的义务，不论是进行生态系统平衡的修复义务还是社会可持续发展能力恢复的义务。通过采煤沉陷区综合治理相关的制度设定实现了受损地区人民重新获得生存与发展权利的可能性。社会问题得到根本性解决，实现了人们对于"居者有其屋，耕者有其田"的最基本需求。二是使得受损生态环境的利益以及人们的利益得到恢复和补偿。权利的赔偿和补偿是矫正正义的范畴，而矫正正义又是以分配正义的实现为前提的。没有权利义务的公平、平等分配就不可能衡量权利义务的划分标准，权利的损失就不可能通过义务的承担来补偿或赔偿。无论从哪方面来说，综合治理的目的都在于追求最大限度的正义，而这种正义追求在采煤沉陷区的整体环境下，最集中的表现还是基于不平等经济发展基础上的正义，即分配正义。

（三）合理引导三维系统协调发展的政府绩效管制机制

管制政策——改革"地质修复保证金"的管理办法，参考强制性管制与激励性管制各自适应范围的理论界定，根据生态环境开发与保护、基础设施建设、基础产业发展、社会民生事业等不同领域的公共管制特点，制定适宜于采煤沉陷区生态、经济和社会协调发展的管制政策。

1. 市场主导效应

竞争性市场结构有利于资源优化配置，提高效率。政府通过制定管制政策将行政干预转变为政府调控，增强政务透明度，提高依法行政能力，促进政府提高行政效率，这样就有利于找准政府角色定位，实现政府部门"各就各位"，杜绝"越位""缺位""错位"，减少了政府对市场特别是微观经济的直接干预，更好发挥政府作用，使市场在资源配置中起到决定性作用，达到建立完善市场机制的目的。

2. 产业结构升级效应

管制政策促进产业结构升级的内在机理，可以通过节能减排、进入壁垒、孵化高新三个方面发挥作用。其中，节能减排主要通过政府颁布管制政策倒逼企业改变能源结构，降低煤炭使用比例，扩大清洁能源使用范围，煤炭资源型产业发展将会受到一定抑制；进入壁垒是通过提高政府环境规制的强度来增加企业成本，促使一些高污染、高耗能企业退出市场竞争，进而达到限制或者淘汰污染产业的目的，实现经济高质量发展；孵化高新是政府在规制高进入门槛、淘汰落后产能的同时，也会极力鼓励或大力支持低能耗、高产出的绿色高新技术产业或服务业倾斜，进而促进产业结构优化升级。

3. 生态优化效应

政府通过出台环境法规，加强建设项目环保审批和验收，抓好污染物减排工程建设，从控制源头抓好污染防治工作；加大对违法企业的处罚力度，提高环保违法的成本；引导地方政府部门和政府官员树立生态价值观，摒弃以牺牲环境为代价的发展模式；引导公众参与环境保护和生态建设，使生态观念深入人心，形成政府部门主导、公众积极参与的环境保护机制，以及人人关心环保、人人爱护环境的良好社会氛围。

4. 社会服务效应

采煤沉陷区协调发展中强化政府管制政策，重点之一就是要提高政府对基础设施、基本公共服务的财政保障能力，增强社会服务供给能力。地方政府一要重视加强采煤沉陷区的基础设施建设，着力完善交通运输网络，提升城市发展水平，增强其辐射带动能力；二要承担起提供教育、卫生和社会保障等公共服务的责任和义务，提升社会教育水平，推动基本医疗卫生服务均等化，实现社会保障全覆盖，有利于构建完善的社会服务体系。

三、"公共政策-法制保障-绩效管理"综合调控机制框架设计

综上所述,采煤沉陷区"生态-经济-社会"系统协调发展调控机制的设计需要统筹三维系统协调发展的内在驱动,并通过构建三维系统的协调发展机制,有效消除三维系统协调发展障碍,保障生态、经济和社会子系统正向、积极循环推进,最终实现采煤沉陷区的高质量发展。接下来将基于公共政策的推进机制、制度法制化的保障机制和政府管制的引导机制三个维度,从公共政策需求与设计、法制保障与建设和绩效评估与管理体系构建三个层面来分别阐述采煤沉陷区"生态-经济-社会"协调发展调控机制的具体内容,以保证三维协调发展系统的有效运行。其中,制定有效、高效的政策体系是三维系统协调发展的推动器,健全、完善的法制体系为三维系统协调发展保障护航,而政府适度、合理的管制手段则是三维系统协调发展方向的指南针,框架设计如图7.7所示。

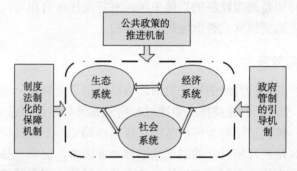

图7.7 采煤沉陷区"生态-经济-社会"三维系统协调发展的调控机制框架设计

第四节 采煤沉陷区"生态-经济-社会"协调发展的公共政策需求与设计

公共政策机制是采煤沉陷区"生态-经济-社会"三维系统协调发展的推进器。有效可行的公共政策体系能诱发沉陷区三维系统协调发展的内在动力,促进沉陷区三维系统协调发展的良性循环。一方面,公共政策具有多元、多样性,促进沉陷区协调发展的政策涉及产业、政府管制、财政税收和金融政策领域;另一方面,公共政策又具有差异性,存在协调发展度差异的不同采煤沉陷区对于公共政策的需求也会不同。为此,基于沉陷区各领域政策的实际需求和政策现状,发现政策设计和调整的可行路径,并针对不同协调发展水平的沉陷区开展有针对性的公共政策组合设计,更有利于公共政策设计的可行性和可操作性。

一、产业政策需求与设计

(一)采煤沉陷区产业政策需求

产业政策主要是产业结构的平衡与升级,并以引导产业结构升级使经济达到可持续

发展为目标，促进人民生活水平不断提高。

采煤沉陷区主要是以本地区的煤炭开采和加工为主导产业的煤炭资源型城市。这类城市长期以来依赖对煤炭的大量开采发展本地区的经济，城市的发展状况多与煤炭资源有着紧密的联系。由于以往对煤炭的粗放式开采使得煤炭日益枯竭，城市后续发展失去动力，并且在开采的过程中伴随着大量的煤矸石、粉煤灰的产生，生态环境遭到严重破坏，地表的大量塌陷使得沉陷区的居民面临住房安全、失业等一系列的问题。采煤沉陷区亟须在政府的引导下进行产业转型。

1. 优化产业结构，提升采煤沉陷地区发展竞争力

采煤沉陷地区长期以煤炭开采和加工为主导产业发展本地区的经济，单一的产业结构现象随着煤炭资源的日渐枯竭变得更加失衡，往往出现经济效益低下、持续增长乏力等现象。传统产业的"一枝独秀"阻碍了其余产业的发展，也使得采煤沉陷区抵抗市场风险的能力较差，如在2012年时煤炭价格开始暴跌，使得煤炭产量急剧下降，煤炭产业面临着巨大压力。提升采煤沉陷区产业结构，大力发展现代农业和第三产业的同时对第二产业进行优化，减少发展对煤炭资源的依赖性，才能够增强采煤沉陷地区的市场竞争力，促进采煤沉陷区产业的顺利转型。

2. 产业转型是改善民生，维护社会稳定的需要

煤炭资源的日益枯竭以及煤炭企业的日益萧条使得大量煤矿工人失业，煤矿工人长期处于同一工作环境下，技能单一，再就业能力差；煤炭大量开采产生了大面积的地区沉陷，基础设施如公路、水、电毁损，房屋倒塌，居民不仅受到住房安全的威胁，还面临着失地、失业的困境，生命财产安全受到威胁，基本生活难以为继，并且采煤沉陷地区多为社会保障机制不健全的农村地区，这些必然导致社会不稳定的因素增加。要改善这些民生问题，维持社会稳定，必须对"一业独大"的产业结构进行扭转，才能从根本上改善这一不利局面。

3. 产业转型是采煤沉陷区改善生态环境的迫切需要

我国煤炭多为小矿山，且长期以来多以成本较高的井工法进行粗放式开采，不仅资源浪费严重，也很少采用填充方法控制上覆地层变形，煤炭开采导致的采煤沉陷区严重破坏了当地的生态平衡。大面积的地面塌陷不仅毁损了地面上的基础设施，还破坏了地表的森林植被、污染水体环境、造成大面积的水土流失。此外，煤炭开采过程中会产生大量的煤矸石，虽有部分被用于制砖、铺路，但煤矸石的总量一直在增长，堆放在煤矿旁的大量煤矸石经过雨蚀、风化后，其表面的物质会随风力进入大气，严重污染大气环境，并且燃煤电厂每年也会产生大量的粉煤灰。因此，发展壮大清洁生产产业、清洁能源产业以及节能环保产业也是当前产业转型的导向之一。

4. 产业转型满足采煤沉陷区可持续发展的要求

采煤沉陷区即资源型城市中出现的一些问题主要源于没有意识到资源的不可再生

性,违背了煤炭资源可持续发展理论的要求,导致采煤沉陷地区面临可持续发展的问题。十九大报告中指出:"必须坚持节约优先、保护优先、自然恢复为主的方针,形成节约资源和保护环境的空间格局、产业结构、生产方式、生活方式,还自然以宁静、和谐、美丽。"因此,采煤沉陷地区要实现可持续发展必须对现有产业结构进行转型,改变现有煤炭资源过度依赖的现状,向依赖人力资源的发展模式过渡。

(二)现行产业政策存在的问题

1. 政府对产业转型扶持的定位有偏差

采煤沉陷区的产业转型涉及"生态-经济-社会"等内容,具有系统性和复杂性,转型过程需要经历漫长的时期。在采煤沉陷区产业转型的过程中,不仅需要政府的积极引导与支持,更不能忽视市场的自发调节作用,但在这一过程中政府往往会出现缺位或越位的现象。

我国多数煤炭企业从计划经济时期发展起来,受政府影响较大,政府为了自身业绩以及本地区的经济发展,在转型的过程中往往会采取税收减免、补贴等一系列措施,防止煤炭企业的破产或重组,使企业的存量转移过程一推再推,致使煤炭产业的整改或退出步伐缓慢。而对于一些本该由政府解决的如基础设施建设、社会保障体系建设等基本问题,却出现了严重的缺位现象。政府对中小企业的重视程度不够,缺乏完善的转型政策,而推动城市发展的中小企业,往往抗风险能力较弱,不能及时跟上整个国家甚至是当地的经济变动,因此,迟迟无法进行产业转型。

2. 科技创新不足与人力资源结构不合理,新兴产业起步艰难

新兴产业尤其是高新技术产业的兴起与发展需要科技资本和人力资本的驱动,缺乏技术与人才支撑的城市产业转型将会失去市场竞争力。目前看来,采煤沉陷区由于长期以来受只要开采资源就能发展经济的惯性思维影响,对创新活动尤其是技术创新活动的重视程度明显不足,作为创新主体的企业缺乏长期战略和创新机制,主体地位未能充分发挥;产学研的合作数量较少,且创新成果难以高效转化。政府只有明确认识到科技是发展生产的第一生产力,而人才是创新科技、运用科技的根本,才能更好地制定产业转型相关政策。

3. 产业转型中的保障机制不够规范

采煤沉陷区的政府应为当地的产业转型提供坚实有力的基础保障。采煤沉陷区的基础设施建设,整个城市的教育体系、医疗体系以及社会保障体系有待完善与补充;采煤沉陷区失业农民的住房和再就业等基本生存问题必须解决。采煤沉陷区的产业转型从某种角度来说是煤矿企业的经济转型,因此,应健全中小企业及新兴企业发展的保障机制,营造良好的制度环境。

（三）产业政策优化建议

市场对于产业转型的调节可能会产生"市场失灵"的现象，政府政策的制定须将这些现象考虑在内。通过科学严谨的论证制定产业转型政策，并在产业政策的制定过程中，需将政策全面有效地实施考虑在内，防止出现政策落实的步伐跟不上政策计划内容的问题，阻碍采煤沉陷区的产业转型顺利开展。

1. 制定合理产业发展规划

首先，制定主体性产业即煤炭产业的发展政策。对传统煤炭资源型产业进行"加宽""拉长"，即提高煤炭资源的开发效率、利用效率以及对煤炭进行深加工延长煤炭资源的产业链条。同时对需要直接退出的衰竭企业进行政策援助，做好落后企业的破产重组以及解决具有较强外部性的职工下岗和社会安定等问题。

其次，制定产业转型中支持性产业的发展政策。大力开发绿色的、技术高度集中的、有特色的现代农业；发展新兴产业，加强第三产业特别是现代服务业，如商贸物流业、旅游业、金融保险业等行业的政策援助，缓解采煤沉陷区在转型过程中带来的社会矛盾和风险。

2. 优化项目完善与审批流程

对于采煤沉陷城市重大产业规划项目布局，特别是对采煤沉陷区经济有较强推动作用的高新技术等非煤产业，进行大力支持；地方政府应完善一站式项目服务中心，强化部门间的联动机制，缩短审批过程的中间环节，简化办事流程，为转型项目提供更便捷、优质、高效的服务；采煤沉陷区政府可设置相应的产业转型办公室，负责制定本地区产业转型规划并实施相应政策支持等。此外，政府应为企业搭建信息化综合服务平台，利用现代先进的信息技术，及时发布中央、省政府出台的有关促进产业转型优化的专项扶持政策，使企业及时掌握最新政策信息及相关行业的最新动态，引导企业正确规划产业转型，加快转型升级。

3. 加强产业扶持力度

首先，制定实施中小企业配套扶持政策，转变以往对中小企业的忽视，促使中小型企业成为沉陷区产业转型中的重要推手，鼓励中小企业勇于创新、敢于转型；成立中小企业产业园区，搭建中小企业与高校、科研机构之间的交流平台，推进产学研深入合作。其次，可设立地区开发奖金、工业现代化基金，通过所得税、资源税等的减免吸引多元投资主体，积极引进省内外、国内外的投资资金。最后，应注重改善投资环境，建立透明公正的经济大环境，通过加强建设文教科卫等基础设施和公用事业来改善当地的投资环境。

二、政府管制政策需求与设计

（一）采煤沉陷区政府管制政策需求

根据管制对象的不同，政府管制可分为社会性管制和经济性管制。社会性管制主要是针对生态环境保护、生产安全及消费者健康等问题实施管制；而经济性管制是在追求利润最大、保证经济运行高效的同时，针对企业进入、定价、退出制定相应的管制政策，制约垄断企业等的不正当竞争。

具体到采煤沉陷区的管制：社会性管制主要是针对采煤沉陷区上的土地塌陷、森林植被破坏、水资源污染、煤矸石堆积等环境治理的管制；经济性管制主要是防止"先污染，后治理"的现象再次出现而对煤炭企业的进入、开采、退出等进行的管制。对采煤沉陷区的经济及社会管制应不仅包含传统的强制性管制，也应包含引进了竞争机制的激励性管制：即通过鼓励被管制煤炭企业的竞争来提高企业的技术水平和开采效率等，并对表现优异、注重环保治理的煤炭企业给予税收优惠等激励性政策，而对未达标的相关企业采取惩罚措施等，从而推动煤炭行业的进步和社会福利的增加。

自 1978 年改革开放后，我国多采取粗放型增长方式，无节制、无效率地开采、使用煤炭资源，致使现今煤炭资源的日益枯竭和采煤沉陷区生态环境的普遍恶化。采煤沉陷区问题是伴随着我国经济、社会的发展而产生的，外部性明显，特别是历史遗留的采煤沉陷区，由于当时没有明确的管制，使得煤炭企业在开采过程中造成的大量环境成本均由社会进行承担，而没有体现在市场交易中。只有政府出面进行有效管制，建立完整产权，管理现有的煤炭资源，如对煤炭企业进行征税弥补社会成本，实现资源最优配置，顺利地解决采煤沉陷区上的相关问题。

（二）采煤沉陷区政府管制政策存在的问题

近年来，政府管制机构综合运用经济性管制政策和社会性管制政策，同时结合适当的激励性管制和强制性管制，在规制采煤沉陷区治理中取得了明显的佳绩，采煤沉陷区建设逐渐走向正轨。然而多年来煤炭的粗放开采带来的采煤沉陷问题依然严峻：生态的损失、环境的污染以及产业结构不合理带来的风险，因此政府亟待解决管制失灵。沉陷区管制政策存在的问题主要是由于政府管制失灵造成的，而管制失灵可能由多种原因导致，可能是管制过度，即对于沉陷区问题治理插手过多引起比原先更大的负面影响，也可能是管制过少，即对于沉陷区问题管制力度不够，问题无法得到有效及时解决。

1. 政府管制机构设定不完善

当前我国政府管制机构缺乏独立性，表现在采煤沉陷区地方政府一般缺少统一的、权威的管制机构并且管制机构的财权、事权等一般都受制于地方政府。管制机构无法独立、客观地行使其职权，也就无法在采煤沉陷治理过程中起到应有的关键作用。对于涉及采煤沉陷治理的相关机构主要包括发改委、生态环境部、自然资源部等，对采煤沉陷区的治理往往需要多部门联合管制。但这种共同管理模式往往造成权责不清晰、部门交又执法、多头管理的现象,难以形成政府管制的合力;共同管理的模式也容易造成部门之间责任互相推脱、监管不力等问题。

2. 政府管制中部分制度不完善

无论是国家层面,还是地方政府层面,特别是从采煤沉陷区的政府层面出发,政府管制架构的设计不尽合理,法律法规缺乏一定的可操作性。其内容上,仅包括财政收支、转移支付、资源税费、生态补偿等,关键是对政府管制政策和法律法规的分工和结构还不够完善,未区分主要政策和次要政策,管制缺乏科学性、合理性。

此外,我国采煤沉陷区治理的政府管制政策明显落后于资源型城市的经济社会发展现状和沉陷区治理需要,存在脱节现象。我国以 GDP 衡量经济发展水平,地方政府特别是采煤沉陷区的政府官员为达到相应的指标,提高地方政府收入,往往会忽视煤炭开采对环境的影响,不断加大对煤炭企业的投资,虽实现了 GDP 的显著增长,却积压了大量环境甚至社会问题,加重了沉陷区治理的成本。这是由于 GDP 增长带来的激励明显大于保护环境的激励,因此政府应改变激励现状,优先保护环境、治理沉陷区。

3. 地方政府对管制政策重视不足

采煤沉陷区多来自地级市城市,长期以来多重视自身发展而忽略煤炭过度开采带来的危害,而且认为环境等管制政策会抑制本地区煤炭产业的发展。因此,地方政府往往会忽视管制政策的制定与实施,造成地方环境日益恶化。此外,一些城市对自身发布的管制政策缺乏严格监管,管制机构执法不严格,甚至出现管制者和被管制者"利益共谋",管制者为自身利益充当被管制者的"保护伞",管制政策有名无实,沦为走过场的形式。

(三)改进采煤沉陷区政府管制政策的建议

1. 优化采煤沉陷区专门管理机构

应建立具有独立性的沉陷区管制机构,确保管制机构的权威性。只有建立独立、权威、统一的管制机构,才能有效治理采煤沉陷区问题。目前我国中央政府出台了多项促进资源型城市转型发展、采煤沉陷区治理等相关的政策规范(陈妍和梅林,2018),地方政府负责具体实施,但有些政府为了提高本地的财政收入,促进地区经济增长,往往会对煤炭企业"睁一只眼,闭一只眼"。采煤沉陷区的治理往往是多部门联合治理,各部门权责界定不清晰,一旦出现问题容易互相推脱,不利于采煤沉陷区的治理。因此,建立独立的采煤沉陷区治理管制机构,此机构不受地方政府的约束,制定煤炭企业准入、运营、退出机制,结合当地特色、考虑生态环境治理等问题,制定相应管制标准;确保管制机构能自由合理支配人、财、物,减少其对地方政府的依赖,真正投身到采煤沉陷治理当中(陈妍,2019);中央管制机构应将分散在外的权利进行清理和收回,解决多头治理现象,保证管制机构权利的统一性。

2. 加强对采煤沉陷区管理机构的考核和监督

煤炭开采带来的环境破坏较严重，市场失灵，需要政府及时管制。政府有职责为公众提供舒适安全健康的生活生存环境，但同时政府也是由政府官员组成，若不加以监督考核，很容易滋生腐败，影响政府管制的效率和质量。首先对于沉陷区管制机构自身，应完善内部考核机制，对于为沉陷区治理做出突出贡献的工作人员或部门不要吝啬相应的奖励，而对于治理中以权谋私、贪污腐败的人员或部门要加以严惩，特别是要打击机构官员与煤炭企业相互勾结的不良风气。从内部提高管制机构工作人员素质，举办采煤沉陷治理相关培训班，在加强监督的同时也要注重提升工作人员的能力。

其次，政府的管制角色也少不了外部的监督。政府应建立完善的信息公开制度：及时将国家颁发的采煤沉陷治理政策、标准以及结合本地情况的具体实施细则，如塌陷区村庄搬迁、土地复垦、青苗补偿、环境治理等通过政府网站、电视台等媒体向大众公布，方便公众参与本地采煤沉陷区的治理进度，监督政府的进展效率和质量。同时也应完善采煤沉陷公益诉讼制度，允许沉陷区的受害农民、企业提出诉讼，同时政府可给予其相应的诉讼补贴或提供相应的法律援助等。

因此，不仅要建立采煤沉陷区管制机构，还要对管制机构进行管制，建立相应的管制监督机构审查管制质量、倡导管制改革，并为管制机构提供相应的指导建议等，使管制者能够在约束和激励下更好地履行职责。

3. 完善采煤沉陷区综合治理的政府法律法规体系

法制是采煤沉陷区治理的有力保障，我国对于采煤沉陷区治理的相关管制政策还不够完善，应及时出台相关管制政策弥补空白。对于已有的环境管制政策，应加以修订完善，加大对具体细则的修正，同时应结合实际适应地区发展的现状。政策的制定、实施、再到效果的产生，需要经过漫长的时间，而我国对于沉陷区治理尚未处于前端，应学习西方采煤沉陷区治理的先进经验，研究本国本地区沉陷区治理规律，在治理现有问题的同时，做好预防控制的管制政策，避免环境管制总落后于实际政策。最后，采煤沉陷区特别是煤炭资源枯竭的城市应加大执法管制力度，对于违法建矿、开采、破坏环境的煤炭企业或机构进行严惩严罚，也可适时引入刑事问责，扭转政府规制不力，沉陷区治理不到位的现象。只有这样煤炭企业才会做到"有法必依"，采煤沉陷区问题才会得到有效根治。

三、财税政策需求与设计

（一）采煤沉陷区财税政策需求

财政，即公共财政，是指政府为弥补"市场失灵"，满足社会公共需要，将一部分社会资源集中起来用于提供公共产品和服务的经济行为或分配活动。政策即为国家政权机关、组织和其他社会政治集团，以其权威规定的在一定历史时期内应达到的行动目标、行动遵循的原则、完成的明确任务、实行的工作方式、采取的一般步骤和具体措施。财政政策就是指政府部门为实现充分就业、抚平经济波动、防止通货膨胀、稳定经济增长以及平衡国际收支等目标所采取的策略及其措施。财政政策包括对财政收入和财政支出的运用调控，其中财政收入主要来源于税收收入，是政府资金支出的保障，政府通常以税率和税率结构的变动对税收收入进行调节；财政支出主要包括直接在市场上对商品和劳务的购买支出和转移支付支出，生产公共产品以及提供公共服务。财政政策在国家政策中具有重要的地位，政府可利用投资、补偿、税收等政策实现财政的有序合理发展，进而促进经济、社会、生态的协调发展。

采煤沉陷区的治理涉及生态、经济、社会等多个方面的协调与发展，沉陷区中需修复的生态环境、建设的基础设施等多具有明显的非排他性、非竞争性的特征，因此必须政府出面才能顺利解决，财政政策在采煤沉陷区的治理中具有不可动摇的地位。政府应通过制定、实施一系列的财政政策保护沉陷区自然环境、修复已破坏的生态环境、帮助沉陷区摆脱"资源诅咒"的现状，实现城市向非煤产业转型，避免采煤沉陷区走向衰落，实现沉陷区的可持续发展。一方面，采煤沉陷区的治理涉及个人、企业和政府；另一方面，微观主体的经济行为可通过政府合理财政政策引导。总之，采煤沉陷区的治理与发展离不开财政政策的支持，既需要财政支出资金的保障，也需要各项税收优惠政策的调节。

（二）采煤沉陷区现行财税政策存在的问题

采煤沉陷区多面临着资源日渐枯竭的问题，并且在煤炭资源价格下滑的大环境下，采煤沉陷区的经济发展日益衰弱，沉陷区政府所能获取的税收收入受煤炭资源的变动影响较大。另外政府要处理沉陷区中繁多杂乱的经济、社会、生态问题，财政支出面临着巨大压力。资金制约着采煤沉陷区的治理，政府应发挥财政政策的主导作用。为促进资源型城市的可持续发展，国家相继颁发了资源税暂行条例、资源开采补偿标准、转移支付资金管理办法、扶持替代产业专项资金项目等政策（陈振明，2005）。在国家政策的积极引导下，政府现行有关采煤沉陷区治理的财政政策涉及生态修复、搬迁居民安置、资源开采补偿、新兴替代产业扶植等多个方面的内容。各市都通过加大财政支出建设基础设施、扶植替代产业园区、治理沉陷区和堆积煤矸石的废弃土地以及对失业居民的培训和安置等，使本地区的生态治理、民生改善以及产业转型都在朝着好的方向发展。

以淮南市现行财政政策为例，淮南市政府创建采煤沉陷区治理基金，综合整治沉陷区的生态环境、农民搬迁安置等问题。为恢复沉陷区生态环境，首先设置物业管理资金补贴沉陷区的居民搬迁安置，为生态环境的修复打好基础性工作。其次向省级政府申请"以奖代补"资金推进综合治理进程。此外对于农林牧渔业、水利、基础设施等分项目行业进行大力投资，减少对采矿业的投资，这些差异的投资力度不仅利于淮南市的综合治理，还为淮南市的煤炭产业转型升级提供了契机。除了上述的补贴、投资等财政性支出，淮南市政府的财政收入（主要是税收收入）也影响着沉陷区的治理。受全国煤炭资源税由从量计征到从价计征改革的影响，淮南市矿区针对各种情况的矿区分别制定了具体的减税规定，特别是对绿色矿区的开采减税幅度更大。淮南市财政收入受煤炭价格大幅下降、税收大幅减收、煤炭资源税改革等综合性的影响出现较大幅度的下滑。一方面，淮南市财政收入的收缩会相应减少投入采煤沉陷治理中的资金；另一方面由于煤炭资源税的减少会相应减轻煤炭企业的负担，也激励了煤炭企业的绿色开采和对环境修复的积极性。

事实上我国现行的分税制并没有统一规范的税种和立法权划分，虽然中央和地方的固定税种有相应的划分标准，但地方政府并不享有税收自主权，这种税权的不统一阻碍了地方政府对税收收入的调节积极性，不利于地方政府依据地区发展的实际情况和产业结构状况制定相应的财政政策。在采煤沉陷区中，大型国有煤矿占据垄断地位，煤矿将除企业公积金外的所有剩余所得以净利润和税费的形式直接上缴中央，并且税收在转移分配的过程中更为侧重直辖市和省级政府，地方政府分成相对较少，采煤沉陷区财政资金短缺的现象较为普遍。由于地方政府从煤炭产业中获取的财政资金较少，无力负担城市衰退后相应的社会保障、人员再就业等社会责任，较之普通城市，采煤沉陷区失业率、贫困率更高，所以完善相应的税权保障并对采煤沉陷区进行必要的财政倾斜和产业援助迫在眉睫。

（三）完善采煤沉陷区财税政策的建议

完善政府对采煤沉陷区的财税政策，必须深入研究采煤沉陷区财政体制和税收制度，使财政支出和税收收入同时发力，促进沉陷区的"生态-经济-社会"协调发展。

1. 对资源税进行适当改革

我国现阶段的资源税无法从根本上抑制日渐枯竭的煤炭资源，不符合当前国家可持续发展的理念，也无法从根源上进行采煤沉陷区治理，因此对资源税的改革是大势所趋。参照国际上的资源税设计，大都是针对本国国情、通过特定的税制制定的资源税，从而在资源价格的形成过程中使得税收能够及时参与进来，使税收与煤炭资源能相互适应协调，及时制止采煤沉陷区中对煤炭资源的大肆采伐和生态环境的破坏，使采煤沉陷区维持现有的生态平衡，为采煤沉陷区可持续发展提供明确的经济动力。

我国应对现行的资源税进行改革，以构建和谐社会、改善生态环境为前提，体现出对沉陷区社会成本损失、后代获取煤炭资源能力损失等外部性成本的补偿，制定符合我国沉陷区治理的煤炭资源税，补偿过度开采带来的消极影响，从而使沉陷区的经济、社会和生态建设能够真正实现可持续、平稳发展。

2. 对采煤沉陷区开征煤炭相关生态环境税

2011 年 12 月我国财政部同意适时开征环境税，2018 年 1 月 1 日颁发《中华人民共和国环境保护税法》，环境税正式开征。环境税也被称为绿色税、生态税，至今还未有广泛被接受的界定。环境税是将生态破坏、环境污染的社会成本内部化至生产成本，并最终反映在市场价格中去。该税利用税收杠杆调节环境污染行为，促进生态环境优化，筹集环境保护资金，但值得注意的是环境税的主要目的不是获取税收收入，而是为降低污染、保护环境。

跟随国家环境税法的相关政策，采煤沉陷区在对本地区进行治理过程中，应适时开征煤炭环境税,制定适合本地区煤炭环境税的计税依据、税率、税收减免及税收管理相关具体细则。将以前征收的排污费等进行费改税,对企业或个人在煤炭开采过程中造成的如采空区、土地毁损、堆积煤矸石、污染水源等一系列对环境、生态造成破坏的行为,按相应的税率征收环境税。引导煤炭企业积极升级改进煤炭开采方式,绿色开采,提高煤炭资源开采率和利用率,保护矿区的生态环境。此外,通过对采煤沉陷区企业开征环境税,不仅可保护本地区的生态环境和资源环境,政府还可通过收取的税收收入用于恢复以往治理主体不明确的采煤沉陷区。

3. 加大采煤沉陷区财政支出规模并优化财政支出结构

采煤沉陷区面临着资源枯竭,一旦资源枯竭煤炭产业崩塌,政府税源将消失并伴随居民失业数量的激增,地区经济会急速下滑。此外,长期且不合理的煤炭开采造成的土地塌陷、环境破坏也制约着沉陷区经济发展,沉陷区的治理是漫长的过程,需要政府财政的大力支持。

首先,为解决沉陷区居民失地失业的问题,政府应加大社会保障与就业支出。将财政收入投向城市低保、失业保险等,为农村社保体系不健全的农民提供最低生活保障,为失业失地的居民提供专业技能培训和相应的财政补贴,增加就业渠道并向为塌陷区居民提供工作岗位的企业给予财政补贴或税收优惠。

其次,政府应加大教育支出力度,提高城市整体劳动力素质。政府应加强校企合作,设置助学金和奖学金,鼓励继续教育,为高校学生提供就职岗位,留住本地人才;建立完备的人才激励制度,为高科技人才、硕博士毕业生、专业技术人员提供住房、薪金等各方面的优厚待遇,同时采取优惠政策并营造舒适的生活环境,吸引人才的驻留。

最后,政府应加大农林水利支出。一是加大环保支持力度,以政府主导同时吸引民间资本参与投资,增加对环境保护的支出;二是抽取资源税、矿产补偿费中的部分设立煤炭开采基金,专项用于沉陷区的生态恢复治理;三是加强对沉陷区的采空区、塌陷区、矿坑进行治理,防止农田毁损、道路破坏、房屋坍塌的进一步扩大,并对采煤沉陷区进行土地复垦和绿化,打造绿色矿区;四是转变环境保护治理观念,对城市生态环境进行事前预防,投入部分财政资金研发针对煤炭开采以及使用过程中产生废料的先进环保技术,并对一些研发节能环保的公司和企业给予税收优惠。

4. 加大税收优惠力度

除了运用财政支出手段,政府还应充分发挥税收的杠杆作用,向有利于环境保护与修复的方向倾斜税收优惠政策,调节沉陷区的可持续发展。第一,对积极投资购买、升级绿色环保设备和增加固定资产提升煤炭深加工的煤炭企业,适当降低增值税和企业所得税的税率。第二,对本地区从事清洁能源产业、绿色种植产业、医药行业等新兴环保产业,大力实施税收优惠,鼓励扶持这些环保产业的建设、运营,保证企业的成本优势。最后,对于采煤沉陷区的基础设施建设项目、生态治理项目等实施优惠,适当在建设期间减少企业所得税。同时,对新兴产业建设、绿色环保产业建设、资源深加工建设等有利于采煤沉陷区治理的项目需用的房产、土地等同时减征房产税、土地使用税、契税等,充分调动企业生产建设的积极性。

5. 拓宽资金获取渠道并建立资金使用效率评估机制

采煤沉陷区的治理涉及生态、经济、社会多方面的复杂问题。生态修复、搬迁安置、基础设施维护修建、居民社保和再就业等每项问题都需要大量资金的支持，只靠政府的财政支持是远远不够的，且政府的财政收入还受制于沉陷区的经济发展，因此政府在积极向上申报获取采煤沉陷区治理资金的同时，可引入PPP治理模式，与企业、民间资本共同合作，鼓励社会资本以特许权或经营权的方式参与本地区采煤沉陷区的治理，并遵循"谁治理，谁受益"的原则给予投资者合理的回报。同时，按照"谁开采，谁治理，谁污染，谁治理"的原则，煤炭企业也应承担相应的治理资金，政府除向企业征收土地复垦外，还应收取生态补偿费用，建立沉陷区治理可持续发展基金，专款专用。

6. 加强资金监管

采煤沉陷地区政府受本地特殊情况的影响往往会出现财政收入下滑但支出持续上升的现象，为更好把握现有资金对沉陷区的治理，沉陷区政府应加强资金监管，提高资金使用效率。第一，可建立信息披露制度，构建环保资金使用信息平台，将资金从申请到投放、使用的各个阶段以及企业信息、相关环保产品信息全部公开化、透明化，尊重群众的知情权。第二，沉陷区的治理会给城市居民带来良好的居住环境，促进生活环境的改善。因此应鼓励群众参与到沉陷区资金使用效率的监管过程中去，减轻本地区政府的工作强度。第三，严格财政资金审计。结合披露制度对财政资金进行定期和不定期审计工作，防止徇私和挪用资金等不当行为的出现，及时掌握资金运转状况和资金对沉陷区治理的承载情况。第四，地方政府可考虑引入第三方评估，建立专业智库，从智库中抽取专业人员或团队对资金流向进行严格监督管理，提高政府的工作效率，减轻工作负担。

四、金融政策需求与设计

（一）采煤沉陷区金融政策需求

金融是现代经济的核心。金融在调节资源优化配置、调整资源型城市经济及产业结构和促进城市可持续发展中具有至关重要的作用。地方政府应充分发挥金融政策在采煤沉陷区可持续发展中的支撑作用，助推采煤沉陷区的生态治理与稳定发展。

以下分析所提到的金融政策不是过去所指的央行发布的以货币政策调节市场货币供应量的狭义上的金融政策，而可理解为政府为实现社会发展政策，融合国家特定的经济目标，同时基于自身信用，直接或间接地运用多样独特的融资方法进行资金融通。这些资金融通行为在国家法规的规定范围内进行，能够充分表明一国或地区政府的政策意向。在此要注意区分市场对于金融的支持作用：市场可以推动金融以支持产业的发展，但是对于采煤沉陷区这样经济优势不明显、市场化程度较低的采煤沉陷区来说，由于资金具有趋利的性质，仅依靠市场性的金融支持会造成资金外流的严重现象，这将使得沉陷区的经济进一步恶化，因此在采煤沉陷区实施政府性金融政策是必不可少的。

（二）采煤沉陷区现行金融政策存在的问题

1. 煤炭城市的金融锁定，信贷投向过于集中

采煤沉陷区凭借对传统煤炭产业开采、初加工得以兴起繁荣，但煤炭无节制的开采和使用破坏了城市的生态环境。煤炭企业在开采加工过程中会堆积大量煤矸石等污染物，部分使用煤炭提供能源的电厂等行业的污染物排放也超出国家规定标准，与国家产业标准相差甚远，阻碍了信贷支持。

煤炭城市单一的产业结构造成整个城市对煤炭资源和煤炭产业的严重依赖，金融机构也受煤炭产业长期发展的影响，投向调整存在较大困难，造成金融锁定的约束。采煤沉陷区金融机构经营业务较为单一，金融资源和服务多对煤炭等第二产业高度集中，而对环保产业、高新技术等第三产业的投资比例较低；在贷款周期上，占比较高的为中长期贷款，这也增加了中小企业的贷款难度。产业锁定导致的金融锁定，使得采煤沉陷区的产业结构严重失衡的现状难以改变，不利于采煤沉陷区的治理和发展，需要政府金融政策的指导与支持。

2. 金融发展环境欠佳

煤炭产业具有投入高、周期长等特点，且受当前节能减排政策的实施和经济增长方式的转变，煤炭数量供过于求，价格持续下滑，这一大环境下增加了煤炭产业的风险、降低了企业收益，使得信贷资金在煤炭企业沉淀，威胁了银行的稳健经营发展；为促进采煤沉陷区的可持续发展，政府多引进新兴替代绿色产业，但总的来说，这些产业规模较小，发展前景未卜，金融机构难以预计和控制这些产业的信贷风险，在风险担保机制的约束下，金融机构缺乏对新兴产业进行投资的主动性；金融发展与经济繁荣具有密切关系，政府以及金融机构等运用各种金融工具推动地区经济发展，相反，发达地区经济也推动着金融的增长，但采煤城市独特的经济现状和产业构成也制约了当地金融的发展、创新；针对采煤沉陷区的金融政策缺失，法制环境不健全，对银行等金融机构的保护不足，这往往会导致银行提高信贷条件，不利于采煤沉陷区治理发展中的大量资金需求且需要政府或金融机构明确的金融政策推动有趋利性质的金融资源在新旧产业之间有序流动；多数采煤沉陷区信用体系建设落后，亟待改善，若按照严格的授信标准，许多企业都无法满足信贷投放条件，因此，信用环境制约金融环境发展的作用还很突出。

3. 融资渠道狭窄，中小企业融资困难

目前，虽然大多数采煤沉陷区的金融机构数量、种类逐渐增多，但是对中小企业的贷款要求较为苛刻，扼杀了许多发展潜力大的新兴环保产业的发展机会，不利于沉陷区产业结构的多元化发展，阻碍了采煤城市的可持续发展。此外，采煤沉陷区的治理需要大量资金的投入，但由于沉陷区金融环境发展的不健全、不完善，所能吸收的外来资金投入很少，仅依靠本区域的资金存量难以达到沉陷区治理的资金要求。

4. 符合沉陷区治理的金融服务模式和产品创新仍不够

一是融资以间接融资占比较高，直接融资占比低，融资渠道较为单一。沉陷区治理和城市可持续发展主要依赖银行的信贷资金为融资方式，而以直接融资方式如发行股票、债券、基金等金融支持方式的企业较少，这种单一不均衡的融资方式加重了融资成本的负担、制约了沉陷区治理的资金需求；二是信贷产品多"同质化"，新兴替代产业的发展需要金融提供更加灵活的信贷审批以及新产品和新业务，但多数金融机构复制粘贴严重，缺乏创新性，不能满足采煤沉陷区特有的发展现状。

5. 信贷审批权限过于集中，限制基层机构创新能力

采煤沉陷区的金融机构往往为防止风险，采取多由上级市、省级主管部门层层授权审批的授信管理模式。而采煤沉陷区中新兴替代产业的建设需要更加灵活的信贷流程和适应产业发展的金融新产品、新业务，但受管理体制的约束，金融机构创新能力不足。不论是政策创新、还是产品研发的资格和系统的设计、创新、推广等过程均需一层层上报审批，这需要经过较长时间的等待，操作不灵活。有的采煤沉陷严重的地区，所需治理资金巨大可能会超出市、省级审批权限，还需向更高级上报。这些原因都使得采煤沉陷区治理资金受限，需求难以得到满足。

（三）优化采煤沉陷区金融政策的建议

1. 制定金融支持采煤沉陷区治理与发展的政策

政府应加强采煤沉陷区中金融政策创新机制，为采煤城市可持续发展提供制度保障。首先，各市政府应研究学习国家、各省和其他采煤沉陷区出台的支持沉陷区治理和资源型城市经济转型的相关金融指导政策，配合各市相应的财政、税收政策共同发力；结合各沉陷区治理现状，制定金融支持城市发展的指导意见，并出台管理采煤城市发展专项贷款的具体政策以及贷款审批、发放、风险分担等方面具体有效的办法；完善风险补偿机制和金融市场竞争机制，引导并加大金融对采煤沉陷区和非煤产业的资金支持力度；政府应完善绿色信贷制度，支持环保部门和金融机构信息共享，制定和完善绿色信贷管理使用办法并推出相应的激励机制，支持采煤沉陷区的生态建设，最终实现采煤沉陷区的可持续发展。

2. 构建企业融资平台，拓展融资渠道，大力推动直接融资

首先，鼓励和引导企业扩展融资渠道，除申请政府资本外，引进民间资本以及国外资本等多种资本形式，政府可通过搭建企业信息平台，引导企业与银行等金融机构和融资租赁公司、小额贷款公司、投资机构等非银行金融机构以及创业风险投资基金、产业投资基金、私募股权基金等民间资本的信息对接，同时帮助企业筛选不正规、不合法的投资机构，拓宽企业的资金来源；其次，政府应鼓励支持企业直接融资，提高直接融资所占比重，减轻企业流动资金压力。鼓励企业通过发行债券、股票、短期融资券等直接

融资方式，扩充企业发展所需的大量资金，同时，鼓励有条件的企业借助证券市场进行上市融资，实现飞跃。建议地方政府以市场运行为主、财政补贴为辅的方式，设立和发行采煤沉陷区治理基金、财政贷款贴息等，推动采煤城市转型建设中信贷资金和社会资本的注入。

3. 加强金融服务及相关金融产品创新

采煤沉陷区的治理需要煤炭城市的产业转型与升级，新产业的起步和发展需要与之相适应的金融服务和产品。为满足不同产业、领域的资金需求，政府可设立专门的金融服务机构，如为重点项目和中小企业成立信贷服务中心，建立从产品研发、市场开拓到信贷审批、风险评估等职能为一体的高效、快捷、便利的金融服务机构；鼓励金融机构结合企业需求和市场变化，积极研发和推广知识产权质押、订单质押、供应链质押、股权质押、专利质押等科学、有效、绿色的新型金融产品；多元化的金融服务和产品才能更好地满足采煤沉陷区的经济社会发展，满足沉陷区治理中的大量资金需求。

4. 推进金融环境建设，完善社会信用体系

政府应主动带头加快推进采煤城市金融环境建设，与当地金融部门和工作领导小组协调配合，完善金融发展环境，支持采煤沉陷区的治理工作。首先，应加快本地区信用体系建设，颁布相关信用建设、评估等一系列法规文件，完善企业和个人的征信系统。进一步完善企业信息档案，建设企业信息查询、披露、评估系统，解决银行等金融机构与企业间的信息不对称问题，同时政府应对骗贷逃债行为进行严防，一旦出现立刻严惩，切实保护采煤沉陷治理中投资者和债权人的合法权益。其次，应积极向采煤沉陷区中的煤炭企业、非煤企业以及沉陷区居民等宣传金融知识，特别是本地区出台的特色金融业务，同时加强诚信宣传，逐步提升全社会成员对金融服务的认识并主动配合沉陷区治理中的金融工作，吸引更多实体资金，形成沉陷区中良好的金融发展氛围。最后，政府应大力鼓励培育和引进金融人才，搭建高校和企业沟通平台，向企业输送高素质金融人才的同时也提高了地区的就业水平；同时沉陷区的国有银行也应结合地区特点制定金融人才专项培养计划、学习国内外银行先进的人才培养制度，努力培养出适合本地沉陷区治理现状的高级金融人才，有效提高金融市场的创新水平。

五、匹配不同协调发展类型的公共政策组合设计

根据耦合协调度评价的结果，采煤沉陷区可划分为失调衰退类、过渡发展类和协调发展类。失调衰退类采煤沉陷区分为极度失调衰退类、严重失调衰退类、中度失调衰退类和轻度失调衰退类；过渡发展类采煤沉陷区分为濒临失调发展类和勉强协调发展类；协调发展类分为初级协调发展类、中级协调发展类、良好协调发展类和优质协调发展类。根据协调发展程度的差异性，分别设计差异性的公共政策组合，力求针对性、差别化协调三维系统，实现有效的"生态-经济-社会"的协调发展。

（一）失调衰退类采煤沉陷区公共政策组合设计

失调衰退类采煤沉陷区协调发展水平较差，主要表现为煤炭资源依赖性强、经济发展动力不足、民生问题比较突出、生态环境压力较大，是转变经济发展方式的重点地区和难点地区。针对此类采煤沉陷区，政府需进一步加大对经济转型宏观调控力度，加大财政转移支付力度，大力推进棚户区改造，调动各种社会力量，及时解决早期煤炭资源开发过程中的遗留问题；各种财税、金融、产业等优惠政策主要围绕产业结构转型升级进行调整，重点从绿色制造的角度去推进，以减少煤炭产业在生产过程中对环境的危害，改进生产技术，提高生产效率，从而推进绿色发展；高度重视生态治理和环境保护，加快采煤沉陷区等地质灾害的治理力度，及时出台各项生态保护的法律法规，将企业污染成本内部化。对于失调衰退类采煤沉陷区，各类支持政策不能仅限于补偿、优惠等作用，还应加强其法制监督管理作用，及时对整个发展过程进行有效评估，"给予"和"督查"功能并重。

（二）过渡发展类采煤沉陷区公共政策组合设计

过渡发展类采煤沉陷区协调发展水平一般，主要表现为随着煤炭资源日趋枯竭，经济结构失衡、失业和贫困人口较多、接续替代产业发展乏力、生态环境破坏严重、维护社会稳定压力较大等矛盾和问题日渐突出。针对此类阶段采煤沉陷区，政府支持在实现转型、促进协调发展的过程中依然发挥着较大的权限和管理作用，同时充分发挥市场在转型发展中的主导作用。政府继续利用财政转移支付资金、税收优惠等改造传统产业、培育接续替代产业，妥善解决失地农民生存问题，持续改善社会民生、环境整治与生态治理等领域；政府制定金融支持采煤沉陷区产业发展和生态治理的相关政策，为重点项目和各类企业与银行等金融机构搭建全方位交流平台，切实解决采煤沉陷区转型发展所需资金。对于过渡发展类采煤沉陷区，政府应该实行分类指导，对于经济社会发展突出的重点项目和重大企业进行重点关注和支持，及时帮助解决各类难题；对于经济社会发展一般的项目和中小企业创造良好环境，特别是引导金融部门在转型期内的市场作用，充分发挥市场主导作用，逐渐弱化政府的管制。

（三）协调发展类采煤沉陷区公共政策组合设计

协调发展类采煤沉陷区协调发展水平较高，主要表现为基本摆脱了资源依赖，经济社会生态开始步入良性发展轨道，经济社会发展后劲足，生态环境改善明显。针对此类阶段采煤沉陷区，市场发挥主导作用，政府不断减少硬性管理，保证市场的公正公平。政府主要工作是在遵循市场经济规律的基础上，立足长远可持续发展，科学规划，充分利用财政税收等政策进一步延伸产业链条，引导鼓励中小民营企业和接续替代产业发展，帮助企业建立现代企业制度，进一步推动产业结构优化升级，进而提高经济发展质量和效益。同时加大民生投入，提升生态环境、公共设施和公共服务水平，提高城市品位，使居民的安全感、获得感和幸福感进一步增强；搭建以政府支撑为后盾的各类金融平台，及时解决信息不对称问题，降低企业融资成本，构建新型的政府、企业和金融机构关系，进而实现三个子系统间更高水平的耦合协调发展，使综合协调发展效应达到最优。

第五节　采煤沉陷区"生态-经济-社会"协调发展的法制保障建设

生态文明法制建设任重而道远，制度法制化是"生态-经济-社会"三维系统协调发展的保障机制。在采煤沉陷区加强生态文明法治建设，通过立法、执法、司法、普法以及法律监督等领域建设，提升全社会生态污染预防和环境保护的法治意识，是采煤沉陷区实现"生态-经济-社会"三维系统协调发展的有力保障机制。

一、采煤沉陷区综合治理法制建设的问题及分析

通过对采煤沉陷区实地调研，可以看出现有采煤沉陷区法制存在诸多不足，但最重要的是对立法指导思想认识不清和立法的基本原则适用错误。这两个问题是造成现有法律制度难以适应采煤沉陷区社会发展要求的根本原因。一方面，立法指导思想的偏差使得根本性的采煤沉陷区法律制度——土地复垦法律制度，难以实现生态环境整体面貌的改善；另一方面，立法的基本原则适用错误使得立法难以从根本上建立较为公正的社会秩序，权利义务难以清晰，并没有实现法作为社会矛盾调节器的基本作用，因生态系统失衡造成的社会问题突显。

（一）现有的立法指导思想存在偏差需要矫正

通过对现有采煤沉陷区治理相关法律制度的考察，可以看出生态系统整体平衡修复的法律法规是缺乏的。现有的法律制度都是围绕某一种生态环境要素展开治理，例如，作为采煤沉陷区生态环境治理最基本法律制度——土地复垦法律制度，就仅仅以土地作为治理对象。然而土地只是整个环境要素的一个重要组成部分，不论从其物理属性还是社会属性来看，都只能带来生态系统某一个环节的平衡。

（1）土地及其附着物仅仅是所有生态系统的某一个或多个方面。土地是生命的重要起源，也是生命的重要承载体，但是土地不是生命的全部，更不能代表生命或者整个生态系统本身。虽然土地治理在一定程度上使生态系统平衡得到恢复，但是并不能用土地治理的好坏来衡量整个生态系统平衡与否（何艳冰，2017）。

（2）土地复垦相关法律制度仅仅从行政权的角度出发，调整的是众多社会关系的一部分，并没有实现对附着于土地上的公众私权的尊重。例如，物权法的颁布彰显了法律对于私人物权的承认，但是在土地复垦相关法律法规中，对于相关物权却体现了极强的公权属性，对于私权协商不予鼓励，反而助长公权介入物权，强制性安排或划定物权补偿或赔偿范围。这是我国现有法律制度中私权与公权博弈的通病，但是在采煤沉陷区治理的相关法律制度中却表现最为深刻。这种博弈也成为现有采煤沉陷区生态环境治理法律制度难以实现分配正义的根源所在。

（3）以土地复垦为主的立法理念从根本上偏离了法作为社会正义维护的基本功能。例如现有的土地复垦制度仅仅将义务主体限定在狭小的范围之内，使其不能调整综合治理的全部主体，实现不了采煤沉陷区之外义务主体承担义务的可能性。最主要的是土地

复垦制度并没有实现失地民众对于生存权和发展权的渴望，甚至否定了地区可持续发展的个体要求。

（二）现有法律原则没有体现法的分配正义价值

现有土地复垦制度中有一个最为重要的原则就是"谁损毁，谁复垦"的原则。这一原则乍看起来明确了复垦的义务主体，但是实际上是在为最广泛的采煤沉陷区社会治理意义上的义务主体开脱责任。当开采煤炭资源获取巨大利益时，都抢着来分享这些利益；当煤炭资源开发会带来巨大生态环境破坏，引发诸如采煤塌陷这些严重破坏生态系统的问题，以及由此带来的诸多社会问题时，人们又争相抛开包袱，将生态系统平衡修复义务和社会治理责任强制性压在煤炭开采地区的政府、企业甚至是普通居民身上。当然，如果煤炭企业始终在市场经济的条件下进行开采和经营，实行"谁损毁，谁复垦"，应该是可以的，但在长期的计划经济体制下，煤炭开采企业无权自定煤炭价格，无权决定投资方向和项目，煤炭所在地政府甚至也要为完成国家煤炭开采和调配任务配合煤炭开采，而煤炭消费者却享受着国家规定的资源低价格恩惠。当煤炭开采完后，反过来又让并无多少财富积累的煤炭开发地区的人民和政府承担复垦或者修复责任，显然是不合理的。这种权利义务的失衡足见该原则已经丧失了作为法律原则的正义属性。而正义最本质的表现就是分配正义，因此现有法律制度所规定的原则性条款从根本上否定了分配正义价值，迫切需要纠正。

二、采煤沉陷区制度法制化建设的路径设计

采煤沉陷区综合治理法制化建设是采煤沉陷区制度法制化的主要内容，也是综合治理工作的重点、难点之一。综合治理的制度法制化建设，对采煤沉陷区"生态-经济-社会"协调发展意义重大。在生态文明建设背景下，要实现生产发展、生活富裕和生态良好的文明发展道路，就要在生态保护的前提下，有序实现可持续发展，做到尊重自然、顺应自然和保护自然，最终实现统筹兼顾、系统修复和综合治理的高质量发展。为此，设计采煤沉陷区综合治理的制度法制化建设原则和建设路径，从制度上为沉陷区三维系统协调高质量发展提供强有力的保障。

（一）采煤沉陷区综合治理立法中的基本原则

1. 采煤沉陷区综合治理立法中的"预防原则"

采煤沉陷区综合治理立法中需要预防原则。环境资源法上的预防原则是指：对环境问题应当立足于预防，防患于未然。对开发利用环境的活动，应当事前预测与防范其可能产生的环境危害；同时也要积极治理和恢复现有的环境污染和自然破坏，以保护生态系统的安全和人类的健康及其财产安全。环境资源法预防原则是防与治的结合，是在治的目的下以预防促进治理与恢复的原则。采煤沉陷区综合治理就是一个以治，特别是以善治为目的的预防基础上更好地实现治理与恢复的过程。它不仅要求在开采煤炭资源之前进行综合的生态修复论证，并制定详细周密的实施方案，而且要求在煤炭开采过程与

实现实施方案目标的同时，及时改进城市发展乃至社会经济可持续发展的即时性需要，不断满足人们随社会经济发展而产生的新的利益需求。这种由规划到改进再到满足的过程就是一个长期的预测与防范结合、治理与恢复结合的过程。因此，预防原则是采煤沉陷区综合治理的基本原则之一。

2. 采煤沉陷区综合治理立法中的"协调发展（时效性经济优先）"原则

协调发展原则体现了采煤沉陷区综合治理法治化过程中生态环境目标、经济发展目标与社会建设目标的综合。环境资源法上的协调发展原则就是环境保护与经济建设和社会发展相协调原则的简称。采煤沉陷区综合治理立法是建立在实现生态的、环境的以及经济与社会发展相适应的目标之上。它的立法价值观选择以及在此基础上的目标和主要内容的选择都决定了生态环境、社会与经济三者之间的有效协调与结合。不论从环境伦理的角度还是法治建设的角度，协调都是一种社会良性运行的理想状态。社会总是在不断的矛盾中存在和发展的，但现代以人为本的社会条件下，协调是矛盾缓解到利益趋同实现社会和谐发展的有效途径，并且法治本身就是一个权利不断博弈、协调、妥协的过程。由此可见，采煤沉陷区综合治理立法中存在协调发展原则是重要的。但是对于当前采煤塌陷综合治理实际而言，协调发展应当加上时代性的限定特征，即时效性经济优先原则。不论是在多数发展中国家还是发展中地区，为了生存和摆脱贫困，在缺乏资金支持和没有一个更好的发展模式面前，传统的'先污染后治理'是实现发展的唯一方法，他们对经济发展的需求远远高于对环境保护的需要。历史规律也告诉我们："从世界各国的发展看，'先污染后治理'似乎是人类经济、社会发展的一个客观规律"。事实也是如此，我国煤炭资源开发城市多集中于经济相对落后地区，这些地区在现实中往往居于经济发展模式限定环境下，在没有更好的发展道路时，理解他们的发展意愿，允许他们完成其他发达地区已经完成的原始资本积累过程是一种对人最起码的尊重。协调的意义在于妥协，没有这一尊重就不再是妥协，也无法达到协调。发达地区或者整个国家要做的就是通过这种协调尽快帮助这些落后地区完成初级的发展阶段，这是协调发展原则最贴近环境发展实际的运用。因此，协调发展（时效性经济优先）原则是采煤沉陷区综合治理立法中最应当具备的基本原则之一。

3. 采煤沉陷区综合治理立法中的公众参与原则

公众参与原则是采煤塌陷生态修复立法体现环境民主的象征。当今世界民主趋势浩浩荡荡，这种进步是需要适应的。允许公众参与环境保护民主的进程就是环境保护法治的进步，是现代文明政府的表现。公众的良知或者说环境保护的公序良俗都是在其亲身参与过程中逐步培养和发展的，因此允许公众参与采煤沉陷区综合治理法治过程是环境民主进步的要求。采煤塌陷过程中公众是直接的受害者，允许他们参与跟其切身利益相关的综合治理规划的制定、方案的设定和实施、资金运作的监督以及管理者行政行为的监督，将有利于他们努力理解政府经济发展的需求，使得他们利益趋同并达成某种程度的顺从和妥协，社会才能和谐稳定。

4. 采煤沉陷区生态修复立法中"国家主导，资源开发风险共担"原则

不论是损害者付费，还是受益者负担原则，都已经不能满足采煤沉陷区综合治理的现实需要。由上述对采煤沉陷区综合治理实践的考察可以看出，综合治理的前提可以是损害的生态系统，也可能是没有损害生态系统而仅仅是破坏原有的生态系统，产生新的生态系统，例如，原有的依土地而存在的生态系统改变成多水网的湿地公园生态系统。就这两者而言在一定范围内对于人类社会来说都不是有害的，甚至后者还更有利于人类取得良好的自然环境享受。因此，对于损害者而言有失公平，也难以描述种种塌陷区的情况。受益者负担也是如此，开采煤炭资源的受益者可以是多方面的，甚至是开采者本身或者是受害者本身。笼统地说受益者负担容易产生误解，使得真正应当负担综合治理义务的责任人减轻或逃避责任。基于此，我们应该全面地看待这两个环境资源法基本原则在采煤沉陷区综合治理法治建设中的更新问题。

首先，对于采煤沉陷区综合治理所追求的生态环境目标而言，恢复或重建生态系统，使得生态系统能够恢复一定程度的均衡状态，以有利于社会经济的可持续发展，这是最主要的。而这种恢复或重建就必须有多重工程和技术措施甚至大量人员的投入才能够达成。这种恢复或重建成本有时候是巨大而惊人的，更是一个长期的过程。任凭损害者或受益者任何一方都无法依一己之力实现，所有造成塌陷的开发资源方、使用资源方又或是与之相关产业的利益链群体，甚至是国家或全社会都不能袖手旁观推卸自身责任。因而社会共担资源开采和利用资源的风险才是一个合理的责任承担原则。但这种承担未免过于扩大化，造成责任不明确等问题，这就需要社会层面的解决。

其次，对于采煤沉陷区综合治理所追求的社会的分配正义目标而言，上面责任者不具体、不明确的问题就会有所缓解。国家，特别是像中国这样处于发展中的大国，其具体国情决定了国家在资源开发风险负担问题上负有不可推卸的主导责任。中国从计划经济走向市场经济的过程中，逐步产生了各种环境问题，特别是采煤塌陷问题，并且这些问题也随具有行政垄断地位的煤炭集团的出现而继续发展。例如，淮南市"九大塌陷区"，那是倭寇侵华时掠夺民族资源造成的塌陷和生态系统失衡问题。再如，原有的国有矿区（实际上造成大面积塌陷需要进行生态修复的采煤沉陷区，也都是在国有矿区规划开采的范围内），那是计划经济的产物，国家是受益者也是损害者，这种双重身份锁定下又怎能撒手不问？当代造成实际生态系统失衡的采煤塌陷都是国有大型煤炭集团下属矿业企业所为，国家是隐藏的受益者和损害者，承担生态修复。当然，这里强调国家责任并不是说必须国家一己之力承担所有的生态修复责任，而是为了说明国家在采煤沉陷区生态修复责任中应起到主导作用。所有的损害者以及受益者都应当为其所作所为或所获得的利益向塌陷区承担生态修复责任，而这种承担是通过国家完成的。为此，我们将付费给国家专项用于采煤沉陷区生态修复的责任承担模式称为"国家主导，资源开发风险共担"。但是就国际经济交流而言，煤炭资源的开发也会涉及受益者为他国直接开发者或间接受益者，这就需要将社会共担风险的原则扩大到国际社会，具体来说就是将生态修复的费用核算为成本让国际社会共担我国煤炭资源开发风险。

综上所述，采煤沉陷区生态修复立法中应当确立"国家主导，资源开发风险共担"

原则。

（二）实现采煤沉陷区综合治理治度法制化的基本要素

1. 明确采煤沉陷区综合治理的主体

在现有的采煤沉陷区管理问题上，主要采取分工负责，多部门、多行业齐抓共管的管理方式。这种多头管理一方面能够有效制衡，产生共管的环境管制局面，但是另一方面却极大地扰乱了采煤沉陷区生态修复的整体性和全局性。目前，国土资源系统管理与矿业系统的管理仍然出现了较多的重复设置与重复管理现象；地方政府和行政性垄断企业之间也存在着这样或那样的管理纷争，虽然像淮南市有具体的地方政府与企业间的协调机制，但毕竟这种协调很大程度上是出于人的协调，是种不具有法律效力的管理。在矿区环境保护管理与农业环境保护以及土地资源保护和环境污染的治理工作中，环保部门又与其他部门之间存在较为复杂的职能交叉（陈忠全，2008）。因此，进一步明确管理主体之间的权利义务关系对于构建采煤沉陷区综合治理法制化建设而言至关重要。

2. 明确采煤沉陷区管理主体的权利义务关系

首先，应当建立由各级政府主导的采煤沉陷区生态环境综合治理机构，这一机构应当对同级人民政府负责，统筹采煤沉陷区综合治理的具体管理工作和执法工作。根据明确管理主体的要求，由各级地方政府成立专门的采煤沉陷区生态修复管理办公室，如果有的地方已经成立采煤沉陷区综合治理办公室（如淮南市），可以继续由其执行生态修复管理职责。采煤沉陷区生态修复管理办公室应当是对同级人民政府负责。办公室级别应当提升，以副地级为宜使其能够统筹各部门利益，协调各部门的统一工作。为此，可以考虑设主任一人、副主任若干，但不超过4人为宜；应当由副市长兼任办公室主任，办公室可以根据地方实际需要从各个职能部门中抽调专业人员组成相应的职能机构。办公室应当主要负责管理采煤沉陷区生态修复的如下事务：①贯彻执行采煤沉陷区生态修复工作方针政策和法律法规；②同有关部门拟订采煤沉陷区生态修复方面的政策规定，负责编制全市采煤沉陷区生态修复规划，指导、协调采煤沉陷区生态修复工作，分析和预测全市采煤沉陷区生态修复工作形势，发布采煤沉陷区生态修复工作信息，协调解决采煤沉陷区生态修复工作中的重大问题；③负责统筹安排采煤沉陷区生态修复管理委员会决议的履行和监督工作；④负责编制采煤沉陷区居民搬迁总体规划，指导、检查各级政府落实搬迁工作的具体措施，并对搬迁总体规划执行情况进行监督、考核；⑤负责采煤塌陷生态修复工程的监督和管理；⑥监督、检查采煤沉陷区生态修复各类项目建设的工程招投标、工程质量与进度，参与综合工程验收；⑦负责管理采煤沉陷区生态修复各项资金，加强对各项资金使用的监督；⑧承办地方政府或采煤沉陷区管理委员会交办的其他事务。

其次，应当建立现有部门间的协作机制，成立行政部门与企业之间以及各方利益代表组成的管理委员会，最大限度协调各方利益。委员会应当根据需要吸纳利益各方代表参加，并根据具体情况，临时或定期召开委员会议商讨采煤沉陷区综合治理的管理事宜。

同时,应当废止现有容易造成各部门间交叉管理现象的内部管理规则,制定统一的管理章程以及管理委员会议决事章程。为协调各个行政主管部门的关系,可以考虑建立采煤沉陷区综合治理管理委员会。在采煤沉陷区综合治理管理委员会的职能划分上,管理委员会可以分为临时委员会和常任委员会,其中临时委员会应负责处理在采煤沉陷区综合治理工程进行过程中临时出现的需要各方协商解决的事务;常任委员会主要负责听取各部门及利益代表的意见,听取采煤沉陷区综合治理管理办公室的工作报告等,并在此基础上讨论采煤沉陷区综合治理管理办公室等部门制定的下一年度工作计划,以及综合治理具体实施计划等,安排协调并明确各部门职责与分工。

在采煤沉陷区综合治理管理委员会成员的组成上,管理委员会应由采煤沉陷区各个利益群体按照适当比例派代表组成。临时委员会应由涉及具体需要协调事项的行政主体双方代表、涉事利益攸关方企业和公众代表以及专家三方代表组成,临时委员会应由采煤沉陷区综合治理管理办公室主任担任主席,负责召集和主持委员会会议。主任不能担任主席时,由常务副主任担任主席。常任委员会应由政府代表、各相关职能部门代表、利益攸关方公众代表以及企业代表组成。常任委员会委员应由固定人员组成。具体组成人数及组成办法应由各地根据实际情况制定相关规程。

在采煤沉陷区综合治理管理委员会的议事与表决事项问题上,应当依据本地情况制定相应的详细规则。临时管理委员会可以考虑规定:采煤沉陷区生态环境工作过程中,任何利益攸关方都可以提议采煤沉陷区综合治理管理办公室召集并主持临时管理委员会会议,但必须是涉及部门协调问题的事项;临时委员会在议事过程中应当对相关议事事项进行表决,表决的结果记录在案并依法由采煤沉陷区综合治理管理办公室负责监督执行。拒不执行决议的应当承担相应不利后果。常任管理委员会可以考虑规定:对有关部门所做的工作报告进行审议表决,对审议表决未能通过的部门工作情况的报告,应当提出工作完善建议并记录在案,作为部门或相关人员工作绩效考核依据;对下一年工作规划以及协调相关部门工作安排情况进行表决,表决的结果应当由采煤沉陷区综合治理管理办公室负责监督实施。此外,在专家问题上,管理委员会应建立专家库,可以规定临时委员会必须有 1/3 专家,常任委员会必须有 1/5 专家担任委员。最后就是要将管理章程的执行列入法律法规规定的范畴,使之具有法治特性。①健全采煤沉陷区行政管理监察监督制度。不论是监察机关的监察行为,还是权力机关抑或是公众媒体等对行政主体的监督行为,都能够将行政权力置于阳光之下,限制和约束行政权力。因此监察监督制度对于整个采煤沉陷区综合治理行政管理工作极其重要。对于行政系统的监察行为而言,我国相应的制度构建已经很全面,也能够适用于对采煤沉陷区综合治理的行政管理问题。而对于公众监督而言,则相对存在缺陷。首先,采煤沉陷区综合治理整体工程用俗话讲就是一个广泛"用钱"的工程,不论是修复工程本身,还是在其基础上的移民搬迁安置工程,抑或是景观环境重建工程,无不与资金相挂钩。然而在这些资金的获取和使用过程中最容易出现这样或那样的问题。为了保证公众平等享受工程带来的实际经济利益,也为了减少和杜绝腐败,同时也为了证明行政主体的"清白",建立严格的采煤沉陷区资金管理公众监督制度尤为重要。其次,修复工程规划与实施标准都是涉及社会整体利益与公众个人利益的大事,规划不到位,实施标准不具体不公正,都会妨害社会与个人利益的实现。因此，在修复工程规划中，应当设立规范的公众监督规划实施、参与规划制定的相关制度；在修复工作实施标准的订立及其施行中应当听取公众的意见，考虑公众利益并接受公众监督。这就要求建立采煤沉陷区综合治理规划公众参与监督制度以及修复标准事项公众监督制度。②完善采煤沉陷区行政管理公众参与制度。采煤沉陷区综合治理行政管理行为所涉及的公众利益是最广泛的。允许公众参与到采煤塌陷综合治理行政管理中去，充分维护公众最基本的利益诉求，对实现社会和谐稳定至关重要。公众参与采煤塌陷综合治理管理制度应当包括"三个过程"、"两个制度"的具体参与。三个过程主要是从修复规划的制定到实施再到修复成果的评估，具体来说主要包括：一是对修复规划和相关标准制定过程的参与；二是对修复工程实施过程和标准执行过程的参与监督；三则是对修复工程实施效果评估的参与。两个制度主要是资金运作制度和搬迁安置制度，这两个制度是关乎民众切身利益的根本制度，因此允许公众参与并予以广泛监督是保障其切身利益的最重要措施。

（三）采煤沉陷区综合治理制度法制化的路径设计

1. 采煤沉陷区综合治理资金运作法律机制的构建

资金问题不仅是采煤沉陷区综合治理工程本身顺利开展的保障，也是采煤沉陷区综合治理法律机制中激励机制有效运行的关键，更可以说是采煤沉陷区所有具体制度能够顺利实施的最关键因素。因此，建立完善的采煤沉陷区综合治理资金运作法律机制有其现实必要性。而按其主要来源，采煤沉陷区综合治理资金分财政投入和社会融资。从各国激励机制构建的成功经验以及我国现有的制度基础来看，财政转移支付、税费征收和使用以及设立专门的综合治理基金都是较为合理路径。

1）构建采煤沉陷区综合治理财政转移支付法律制度

财政投入是采煤沉陷区综合治理资金的主要来源，也是国家承担采煤沉陷区综合治理主导责任的体现。所谓政府间的财政转移支付，即：一个国家的各级政府之间在既定的事权、支出范围和收入划分框架下财政资金相互转移，包括上级财政对下级财政的拨款，下级财政对上级财政的上解，共享税的分配以及不同地区间的财政资金转移。政府间财政转移支付制度是解决中央与地方财政纵向不平衡和地区间财政横向不平衡的矛盾、规范中央与地方财政关系的有效途径。就环境治理方面的财政转移支付制度而言，我国有关制度尚存在不少问题，其中最主要的就是地区间，特别是经济发展差距较大的地区间缺乏有效的环境财政转移支付制度。由于财政转移支付制度包括纵向的财政划拨和横向的财政支付，而中央对地方的环境治理财政转移支付的制度有些已经成熟，在横向地区间的资源利用补偿以及综合治理财政支付制度上却存在不少空白。我国资源利用产生的补偿问题往往通过资源税来解决，但是在综合治理问题上，资源税并不能完整地实现对资源开发地区政府和人民发展权与生存权的经济弥补。就资源开发共担原则来说，较为发达地区对于相对落后的资源开发地区来说，只要利用了相关资源获取发展资本，那么就有义务在资金上给予这些地区以进行综合治理的财政补偿，这些补偿最好的支付形式就是建立完善的地区间综合治理财政转移支付制度。因此，建立完善的横向综合治理财政转移支付制度是保障采煤塌陷综合治理资金充足的重要措施。一方面建议涉及煤炭开发和使用的多地区设立采煤沉陷区综合治理工程建设合作机制，可以由获益方合作投资相关工程建设，或支付相应资金由塌陷区所在地人民政府负责代为履行相关工程建设义务；另一方面应健全专项财政支付资金的直接收取和监管制度；再一方面就是要制定相关法律制度，让转移支付制度有法可依，由此才能形成较为完善的机制。

2）构建采煤沉陷区生态修复专项税费法律制度

税与费存在着本质的区别，一般认为，税是国家依法无偿强制取得财政收入的一种特定分配形式，因而其具有无偿性和强制性的特征；而费则仅仅是指各行政事业单位、司法机关按照有关规定实施行政管理或提供有偿服务时所收取的各种费用，具有有偿性的特征。从二者的用途来看，税要纳入财政预算，根据"取之于民，用之于民"的原则，主要用于国家的各项建设，不直接对纳税人提供服务，而费则因提供各种有偿服务而生。因此，我国环境税与环境收费应当是两个概念，采煤沉陷区生态修复税与费制度也应当是两个制度体系的问题。

首先，对于采煤沉陷区生态修复税制度而言，之所以要建立该制度是因为，生态修复是环境保护治理的一部分，生态修复税也是环境税的一个重要组成部分。广义上的环境税是指为实现特定的环境保护目标、筹集环境保护资金而征收的具有调节与环境污染、资源利用行为相关的各种税及相关税收特别措施的总称。征收环境税一方面是通过引导、鼓励、调控企业与个人放弃或收敛破坏环境的生产活动或消费行为，实现环境保护的目标；另一方面是筹集保护环境与资源的公共财政专项收入，对可持续发展提供资金支持。而采煤沉陷区生态修复税一方面是为了促使矿业权人以及相关义务人能够自觉履行生态修复义务，实现生态修复的目标；另一方面，也是很重要的一个目的就是为了最大限度地依靠国家力量，利用国家承担主导生态修复责任的条件，获取专项财政收入为生态修复工作提供资金保障。我国目前环境税包括资源税、消费税等，这些法律制度的建立为生态修复税的征收提供了一定的立法基础，但是我国的环境税法律制度尚处于探索之中，并没有形成完整的体系，或并不能称其为环境税法律制度。然而，单项生态修复税制度的建立将为我国环境税法律制度的完善提供有利条件。需要讨论的是这些税的征收对象的范围如何界定。到底是所有直接或间接使用煤炭资源开发地各种形式资源的单位或个人，还是仅仅是直接利用煤炭资源本身的单位或个人呢？既然税是取之于民，用之于民，而且采煤沉陷区生态修复法治又基于风险共担原则，征收对象的范围应当尽量广泛。但塌陷区所在地政府或民众是直接受害者，他们也是采煤沉陷区生态修复的直接义务人。出于公平的角度，针对他们利用煤炭资源及其附属资源行为的收税应当区别对待，或者减轻，或者免除，这应当由当地社会经济发展的实际情况所决定。

其次，对于采煤沉陷区生态修复费制度而言，这里的收费较之于前述的税并不是一个整体概念，而是由多个收费形式组成的制度体系。我国已经有了较为完善的环境费制度体系，诸如污染费、资源费等，其中资源费又包括了矿产资源费、水资源费、草原植被恢复费等。甚至有些地方已经规定了环境资源补偿费或生态环境补偿费，在旅游景区一些单位还利用景区售票方式收取自然保护区等景区的相关费用。这些都为制定采煤沉陷区生态修复费制度提供了现实依据。采煤沉陷区生态修复费用应当包括采煤企业的生态修复费、搬迁安置费、因直接损害而产生的赔偿费以及使用煤炭资源及其直接相关资源，如电力资源、化工资源的地区所应当缴纳的生态修复费、搬迁安置费、生态修复补偿费等。这些费用应当计入煤炭开发成本，利用市场调节收取相应的费用。应当指出的是，这种成本的增加应当是逐步的，按照一定比例增加，而不能是直接地费用转嫁。费用成本的增加应当制定一定的标准，这种标准必须与各地实际情况相适应。同时，通过开发成本的增加也在一定程度上影响了煤炭开发业的发展，对于煤炭开发城市来说也是不利的，因此，在其减产的基础上国家应当提供激励政策，进行一定程度直接的补贴，通过财政转移支付制度弥补这种不利影响，也防止煤炭开发企业趁机转嫁成本负担给广大普通消费者。

此外，需要强调的是，生态修复补偿费绝不是现在已经征收或研究的生态补偿费用。生态补偿费用是以补偿利益受损方不开发资源或少利用资源而产生的生存权和发展权的损害。而生态修复补偿费用收取的目的是弥补塌陷区民众或政府所提供的资源开发服务带来的现实生态环境利益以及社会经济利益的减损。如果说生态补偿有一种预防意味在里面，多少有些想象成分在内，那么生态修复补偿费用在很大程度上是针对现实存在的利益减损或者是可以计划的煤炭资源开发利用范围内的利益减损。生态修复费用除直接用于生态环境的恢复和重建外，还要依据一定标准直接补偿给塌陷区特定居民，从这点而言，无论补偿对象的范围，还是客观程度，都比生态补偿更加明确。采煤沉陷区生态修复补偿费的收取目的不是在于使补偿对象逐步减少或完全放弃对于资源的开发利用，而是直接补偿其在开发煤炭资源以及继续充分、有效开发利用煤炭资源的将来会受到的经济利益的减损，这些都是可以准确核算的。但是这种充分、有效的利用也是有限定条件的，即实现自身社会经济的发达状态，实际缩小了与其他发达地区的经济发展程度上的明显差别。时效性经济优先原则中的时效就是对这一问题的严格限制。

3）构建采煤沉陷区综合治理基金法律制度

国外环境保护和土地复垦或者矿区综合治理的经验告诉我们，建立基金制度是确保采煤沉陷区综合治理资金充足的又一有力保证。在土地复垦中，应当建立相应的基金制度，这是一个最基本的资金保障，但是很遗憾的是，我国新的《土地复垦条例》颁布实施后，相应的基金并没有建立起来，也造成许多制度规而无用，无法付诸实施。与土地复垦制度相似，采煤沉陷区综合治理法律机制运行的最大问题也在于资金的问题，资金不到位许多涉及民生的工程就无法开展，社会治理就无法取得实效，社会保障制度也就无从谈起。因此，着力解决采煤沉陷区综合治理基金制度是一个很关键的机制构建环节。美国在建立土地复垦制度时，建立专门的土地复垦基金，其土地复垦工程以及在此基础上的矿区综合治理工程取得了实质进展。

我国汉语语义上的基金是指"为兴办、维持或发展某种事业而储备的资金或专门拨款，基金必须用于指定的用途，并单独进行核算"。我国2004年起实施的《中华人民共和国证券投资基金法》（以下简称《基金法》）第五条，将基金分为两种主要形式，"一是采用封闭式运作方式的基金（以下简称封闭式基金），主要是指经核准的基金份额总额在基金合同期限内固定不变，基金份额可以在依法设立的证券交易场所交易，但基金份额持有人不得申请赎回的基金；二是采用开放式运作方式的基金（以下简称开放式基金）

是指基金份额总额不固定，基金份额可以在基金合同约定的时间和场所申购或者赎回的基金。"但该条第四款却规定："采用其他运作方式的基金份额发售、交易、申购、赎回的办法，由国务院另行规定"，也就是为其他形式基金的存在预留了一定立法空间。鉴于对基金的理解以及我国立法对基金种类及其定义，采煤沉陷区综合治理基金应当具备两个基本特征，一是该基金专项用于与采煤沉陷区综合治理相关事务，并且应当单独核算；二是该基金不是《基金法》所规定的基金范围。这是因为，采煤沉陷区综合治理基金的募集范围是广泛的，其总额不应有所限制，并且该基金具有公益性，因此基金份额持有人不得申请赎回基金，故采煤沉陷区综合治理基金不是《基金法》意义上的基金，而是需要国务院根据采煤沉陷区综合治理的需要另行规定的基金制度。因此，采煤沉陷区综合治理基金制度不能够与综合治理其他制度同时详细规定在一个法律文件中，而应当单独立法，或者是通过层级更高的环境保护基金立法予以明确规定。

2. 采煤沉陷区生态移民安置法律机制的构建

采煤沉陷区综合治理工作中，一个重要的问题就是对塌陷区内原有居民或规划矿区内受影响居民的搬迁安置工作。这一工作与我国水库建设，尤其是三峡库区生态移民工作极为相似。生态移民是指为了保护某个地区特殊的生态或让某个地区的生态得到修复而进行移民，也指因自然环境恶劣，基本不具备人类生存条件或不具备就地扶贫条件而将当地人民整体迁出的移民。可见生态移民工作是为了生态或环境修复的需要而进行的。从三峡的生态移民工程可以看出，扶贫、保护生态环境以及促进城镇化建设是其进行生态移民所产生的现实作用。采煤沉陷区综合治理生态移民工作将有利于综合治理工程的顺利进行以及促进当地社会经济的发展，加快城镇化建设。在实践中，淮南市采煤沉陷区搬迁安置工作就起到了类似效果。淮南市采取集中式搬迁、发展式安置、开发式治理的思想方针统一进行搬迁安置工作，将搬迁安置与新城建设相衔接，推动塌陷区城镇化进程。同时在建设新城的过程中重视公共服务设施的兴建，形成集生态环境优美、商业聚集、学区集中、市政设施齐全的新型城镇，并建设农村创业园、工业园区，并与采矿企业协商解决部分劳动力再就业，着力解决搬迁人口的再就业问题，为其生活提供保障。此外，在法律制度建设上，淮南市还颁布相关的法规文件，从立法的角度保障和激励了搬迁安置工作。综上可见，采煤沉陷区生态移民工作能够形成一定的机制构建基础，并且在实践中也是切实可行的。一方面采煤沉陷区生态移民工作是整个综合治理工作的重要组成部分，也是重要步骤，要建立完整的采煤沉陷区综合治理法律机制就必须有相应的生态移民机制；另一方面，生态移民工作中最为关键的问题是保障移民能够享受到切实的搬迁利益，这就需要为其搬迁移居做好相应的社会保障工作。

综上所述，建立采煤沉陷区生态移民安置法律机制一是要构建搬迁安置的相关法律法规，为其提供相应的法治保障，使搬迁安置工作能够有序开展；二是建立搬迁安置新区的规划和建设工作，使新的安置点建设能够和新农村建设以及城市化建设相结合，形成设施完整、宜居、宜学、宜商以及生态环境优美的新型城镇，使移民的生活面貌发生根本性改变，实现综合治理生态、环境以及社会的目标；三是建立相应社会保障法律机制，不仅要创建新的就业和创业优惠政策，还可以形成企业吸纳移民工作的再就业机制，最大限度实现塌陷区居民的生活和发展问题。

3. 采煤沉陷区大规模环境侵权救济法律机制的构建

采煤沉陷区对于当地居民的财产和生命安全构成严重威胁,一旦发生损失,民众单独诉讼不但普遍承受不起诉讼成本的压力,在诉讼权益上也受到各方压力的胁迫。许多民众走上长期上访的道路,甚至采取其他极端手段来维护自身权利。据淮南市有关部门统计,淮南市矿区 2009 年以前矿区每年因采煤塌陷而发生的围堵矿区大门、道路的规模以上信访案件在 10 件以上,上访 1287 人次,严重影响社会的和谐安定。由此可见,现有的权利救济途径已经不能满足当地群众维权的需要,急需要建立一种新型的采煤沉陷区侵权救济机制。

大规模侵权是一个外来概念,大规模环境侵权是根据大规模侵权概念所做的具体化称谓。所谓大规模侵权,德国学者克里斯蒂安·冯·巴尔引用了其他学者的定义为其相关论述开篇:"大规模侵权并非法律概念。简单理解为:涉及大量受害人的权利和法益的损害事实的发生。在生态侵权领域,大规模侵权指对自然和环境造成重大损失的损害事实发生,它也包括对无主自然物质和资源,以及对生态关系链的破坏,置于个体司法上法律地位是否受到影响,在所不问"。我国有学者认为:"大规模侵权作为特殊的侵权类型,与传统侵权行为相比较,在受害人的数量上、侵权行为因果联系的复杂性、影响的范围等方面有着巨大的差别。所谓大规模侵权就是指,基于一个不法行为或者多个具有同质性的事由,如瑕疵产品,给大量的受害人造成人身损害、财产损害或者同时造成上述两种损害"。由此可见,大规模侵权行为的受害人是多数;侵权行为问题则是一个或多个违法行为,并且这些行为有同质性;从所谓的生态侵权领域看,大规模侵权是对整个生态关系链的破坏,使得生态系统失去原有的平衡。从这些属性来说,大规模环境侵权最能够准确描述采煤沉陷区发生的生态环境侵权行为。

现仅以大规模侵权研究较为典型的论点为据,讨论采煤沉陷区大规模环境侵权机制所应当具备的架构模式。大规模侵权的行政措施、法律规则以及建立侵权救济基金等措施,都适用于当前采煤沉陷区大规模侵权行为的救济。一方面行政救济可以最大限度集中并及时缓解社会对立情绪,化解社会不和谐不稳定因素,尽快给当事人以相关利益损失的赔偿或补偿。同时通过行政调解还可以增强协调和调解解决矿区纠纷的效率和执行可能;另一方面,行政措施也有其严重的局限性,这就需要利用民事调解的手段,鼓励矿业企业与民众之间进行公平协商,并由司法机关或行政机关出面协调,协调的结果可以作为今后执行或进行诉讼的依据;再一方面,设立大规模环境侵权救济基金,保障民众损失能够得到及时有效清偿。此外,可以进一步完善采煤沉陷区大规模侵权公益诉讼制度和支持起诉制度,保障民众的诉权;还可以进一步完善信访制度,广开言路,拓宽民主监督及了解和排解民意的途径。

第六节　采煤沉陷区协调发展的绩效评估与管理体系构建

行之有效的协调发展绩效管理系统,可以正确引导采煤沉陷区的发展方向。一方面,全面、合理且科学的绩效评价指标体系可以把握三维系统发展路径和协调发展方向的正确性；另一方面，科学有效的绩效管理系统可以提升管理体系的现代化水平，实现高效、科学的管理水平。

一、采煤沉陷区"生态-经济-社会"协调发展绩效评估指标体系构建

采煤沉陷区在生态、经济和社会层面已形成了一个不可割裂的整体，因此采煤沉陷区的综合治理、经济发展和社会进步必须协同推进，忽视系统间的相互干扰，从生态、经济和社会问题的某一侧面总结出的策略，并不能取得预期效果。为了有效评价采煤沉陷区协调发展的绩效，设计科学合理的采煤沉陷区三维发展的绩效指标体系，为实现采煤沉陷区"生态-经济-社会"三维协调发展绩效评估提供方法论基础。

总结各类创建活动的考核工作，可发现具有考核部门多而杂、考核程序烦琐、考核内容和方法大同小异等特点，相关考核呈现多头考核、重复考核的乱象。这明显与中组部 2013 年发布的《关于改进地方领导干部政绩考核的通知》中做出的要"规范和简化各类考核工作"的指示相悖。本节将针对采煤沉陷区三维发展的绩效考核体系构建，基本涵盖考核的主要内容，避免考核过多过滥等现象，提高考核效率。因此，基于党的十七大以及党的十八大精神，以及国内目前已经开展的关于三维发展的绩效指标体系，根据指标出现的频度分析进行初步筛选，首先形成备选指标库；以采煤沉陷区三维发展的绩效指标体系构建的总体目标为导向，同时设置指标筛选的技术标准，构建采煤沉陷区三维发展的绩效指标体系。最终，形成"自上而下、上下互动"式的各级行政区三维发展的绩效指标体系层次结构。综合对采煤沉陷区三维发展指标备选库、指标筛选标准、指标体系的"三位一体"构建模式，采煤沉陷区三维发展的绩效指标体系共三个准则层、7个子准则层、20 个要素层、35 个指标层，具体结果见表 7.15。

表 7.15　采煤沉陷区三维发展的绩效指标体系

目标层	准则层	子准则层	要素层	指标层	单位
采煤沉陷区三维发展的绩效指标体系	社会公平进步	居民生活水平	收入及消费水平	居民人均收入/人均 GDP	—
				恩格尔系数	—
			生活质量	基尼系数	—
				人均受教育年限	年
		社会服务水平	社会保障	城乡基本社会保险覆盖率	%
			公共服务	公共文化设施免费开放程度	—
	经济优质高效	发展状态	增长水平	人均 GDP	万元
			经济结构	第三产业比重	%
				无公害、绿色、有机农业基地面积比重	%
		增长质量	增长效率	土地产出效率	万元 GDP/km^2
				能源消耗强度	t/万元 GDP
				水资源消耗强度	m^3/万元 GDP
			企业绿色化水平	ISO14000 认证率	%
				循环经济试点企业比例	%

续表

目标层	准则层	子准则层	要素层	指标层	单位
采煤沉陷区三维发展的绩效指标体系	生态和谐安全	生态环境质量	自然生态状况	森林覆盖率	%
			人居生态环境	建成区人均公共绿地面积	m^2
			水环境质量	地表水环境功能达标率	%
				水源地水质达标率	%
			环境空气质量	二级以上空气质量天数比例	%
			声环境质量	声环境功能区达标率	%
			土壤环境质量	居住区土壤环境质量	—
				农田土壤环境质量	—
		污染控制	污染源控制	COD 排放强度	kg/万元 GDP
				SO_2 排放强度	kg/万元 GDP
				NH_3-N 排放强度	kg/万元 GDP
			废物资源化利用	工业固体废物综合利用率	%
				规模化畜禽养殖场粪便综合利用率	%
			环境基础设施	城乡生活污水处理率	%
				固体废物无害化处理处置率	%
		可持续资源利用	能源	清洁能源比例	%
				CO_2 排放强度	Kg/万元 GDP
				重点能耗企业能源审计率	%
			水资源	工业用水重复利用率	%
				农业节水灌溉技术普及率	%
			土地资源	非建设用地面积比例	%

二、采煤沉陷区"生态-经济-社会"协调发展的绩效管理系统设计

基于采煤沉陷区"生态-经济-社会"三维协调发展绩效评价的结论，科学构建采煤沉陷区"生态-经济-社会"协调发展的绩效管理系统是提高其协调发展绩效的关键。下面从采煤沉陷区协调发展绩效管理系统的构成、与政府管理系统的关联和制度保障等层面对绩效管理系统进行阐述。

（一）采煤沉陷区协调发展绩效管理系统的构成

采煤沉陷区协调发展绩效管理系统包括管理主体、绩效内容和绩效管理工具。

1. 管理主体

明确采煤沉陷区三维发展绩效管理系统的主体是构建绩效管理系统的基础和前提，生态、社会和经济耦合系统的提出是一个全新的课题，全民环境和社会意识的严重缺失，折射出生态文化和社会文化建设的滞后，同时也反映了推进生态和社会文化建设的迫切性和重要性。如何引导建立适合于当代经济发展的生态文化和社会文化，是我国面临的

重要挑战。

培育采煤沉陷区三维发展绩效管理系统的管理主体,必须加强政府、媒体、公民和企业四大主体的建设。

1)强化党政领导干部的生态、社会、经济文化意识

各级党政领导者是当地经济社会发展的主要推动者和管理者,对地区生态、社会文化建设起着关键作用。因此,在采煤沉陷区三维发展绩效管理系统的制度设计中,必须把生态、社会文化落实到政绩观,把保护生态环境和促进社会进步的绩效纳入领导干部考核指标之中。同时,通过这种综合性的引导制度推动领导干部更多地关注生态文化建设和社会文化建设,培养正确的生态价值观、社会责任感和科学的经济发展理念。

2)强化媒体的生态社会文化宣传责任

媒体对生态社会文化建设起着不可替代的作用,应该将更多的媒体资源投入到生态社会文化建设中。各类媒体要加大对生态社会文化建设宣传的强度,加大黄金时段、主要版面对采煤沉陷区形成生态文化、生态理念、社会文化和社会理念的宣传力度。同时,加大对环境污染、破坏生态、影响社会进步事件的曝光强度和深度。充分利用传播速度快、涉及面广的新媒体或自媒体,创新采煤沉陷区生态、社会、经济一体化文化宣传的形式和方法。

3)着力培育公众的生态社会文化理念

公众是生态社会文化建设的主体力量,公众生态社会文化素质的高低直接影响着他们对环保和社会的参与状况,直接影响着生态社会文化建设的进度和成效。生态社会文化素质的提高必须通过宣传、教育和制度规范来实现,宣传在于引导,教育在于养成,制度在于约束。建立和完善采煤沉陷区生态社会文化培育制度,实施全民生态社会教育,使生态社会教育覆盖家庭、学校、社会的方方面面。

4)强化约束,推动企业生态社会文化自觉

企业是生态社会文化建设不可缺少的践行者。近年来,我国企业的生态社会文化意识有所提高,但总体情况很不乐观。奥运蓝、APEC 蓝、阅兵蓝不能成为常态,背后是企业的生态社会文化尚未普及、生态自律和社会约束严重不足。实践表明,现阶段企业生态社会文化意识主要不是依靠内在培育,而是通过严格的法律、规范的制度、有效的处罚来规范行为,最终督促采煤沉陷区企业形成生态社会文化的内在自觉。

2. 绩效内容

采煤沉陷区三维绩效管理信息系统的内容设计重点应包括三方面:首先,实现数据共享,并持续有效地更新数据;其次,信息系统能够让决策者从不同层面迅速了解生态、经济和社会文明建设情况,为决策科学性提供保障;最后,信息系统要实现公开化和透明化。

1)三维绩效管理信息系统主体的需求分析

限于中国自上而下的管理体制,政府处于主导地位和中心位置,带动各主体共同参与绩效管理系统建设。因此三维绩效管理信息系统参与主体主要分为三类:第一类是各地方政府,可以在绩效管理系统平台上进行自评,以了解该地区发展的优势和劣势;第

二类是上一层级政府，其可以在绩效管理系统平台上考核下一层级政府，从宏观整体上进行约束和指导；第三类是企业、公众或第三方组织，其可以了解最新动态并反映实际，还可以把反馈意见交给政府，是一个自下而上的反馈过程。

2）三维绩效管理信息系统的功能模块

根据生态文明绩效管理的具体需求，可以将整个三维绩效管理信息系统划分为以下几个大的功能模块。第一，数据管理模块。可调用数据库中的基础信息进行编辑、输出与更新。第二，查询检索模块。对采煤沉陷区的环境保护、社会、经济、文化等信息进行查询，同时结合 GIS 技术可以进行空间上的各种信息查询。第三，图层控制模块。对采煤沉陷区的各种栅格地图、遥感影像及矢量图层的显示进行控制。第四，信息交换模块。一方面汇总生态、经济和社会建设各个方面的政策、消息，供政府各部门指导绩效管理信息系统建设，另一方面可以反映公众对系统建设过程中的看法。第五，模型管理模块。根据操作命令，通过模型字典库调用相关模型进行编辑与更新。第六，绩效评估模块。调用相应数据与评价模型，从多方面绩效考核进行评价，一是构建采煤沉陷区生态、经济和社会建设水平的差异指数，二是衡量采煤沉陷区生态、经济和社会建设程度的进步指数，三是衡量采煤沉陷区生态、经济和社会建设投入水平的投入指数，最后汇总、排名，对三维绩效管理信息系统做全面分析。第七，系统管理模块。主要进行日常维护和管理。

3. 绩效管理工具

绩效是一个多维度概念。常用的绩效评估方法从总体上大致分为：结果导向性，如关键绩效指标法、目标管理法和业绩评定表法；行为导向性，如关键事件法、行为锚定评价法和行为观察比较法；特质性的方法，如图解式评估量表法。其主要内容及优缺点见表 7.16。

表 7.16　绩效评估方法汇总

方法名称	方法内容	优点	缺点
业绩评定表法	利用所规定的绩效因素（例如，完成工作的质量、数量等）对工作进行评估，把工作的业绩与规定表中的因素进行逐一对比打分，然后得出工作业绩的最终结果	可以作定量比较，评估标准比较明确，便于做出评价结果	需要对该项工作相当了解的评定表制定者来确定标准，评估者可能带有一定的主观性，不能如实评估
目标管理法（MBO）	由下级与上级共同决定具体的绩效目标，并且定期检查完成目标进展情况，根据目标的完成情况来确定奖励或处罚	能够通过目标调动被评估者的积极性，改进工作，有利于在不同情况下控制员工的方向，被评估者相对比较自由，可以合理地安排自己的计划和应用自己的工作方法	目标设定时可能有一定的困难，目标必须具有激发性和实现的可能性，对被评估者的行为在某种程度上缺少一定的评价
关键绩效指标法（KPI）	把对绩效的评估简化为对数个关键指标的考核，将关键指标当作评估标准，比较被评估者的绩效与关键指标，在某种程度上可以说是目标管理法与帕累托定律的有效结合	标准比较鲜明，易于做出评估	对简单的工作制定标准难度较大；缺乏一定的定量性；绩效指标只是一些关键的指标，对于其他内容缺少一定的评估

续表

方法名称	方法内容	优点	缺点
关键事件法	通过对工作中最好或最差的事件进行分析，对造成这一事件的工作行为进行认定从而做出绩效评估	针对性比较强，对评估优秀和劣等表现十分有效	对关键事件的把握和分析可能存在某些偏差
行为观察比较法	对各项评估指标给出一系列有关的有效行为，将观察到的被评估者的每一项工作行为同评价标准比较进行评分，看该行为出现的次数频率给分，最后将每种行为上的得分相加，得出总分结果比较	具有比较有效的行为标准，可以建立有效的行为指导书	观察到的行为可能带有一定的主观性
行为锚定评价法	通过数值给各项评估项目打分，评分项目是某个方面的具体行为事例，也就是对每个方面的指标做出评分量表，量表分段是实际的行为事例，然后给出等级对应行为，将行为与指标对比做出评估。它主要针对明确的、可观察到的、可测量到的行为	评估指标有较强独立性，评估尺度较精确对具体的行为进行评估，准确性较高	评估对象一般是事物的某个具体方面，而对其他方面的适用性较差
图解式评估量表法	先列举出一些组织所期望的绩效构成要素（质量，数量等），再列举出跨越范围很宽的工作绩效登记（从"不令人满意"到"非常优异"）。在进行工作绩效评价时，首先针对每个对象从每项评价要素中找出最能符合其绩效状况的分数。然后将每个对象所得到的所有分值进行汇总，得到最终的绩效评价结果	适用广、成本低廉	针对的是某些特质而不能有效地给予行为以引导，不能提出明确又不具威胁性的反馈，反馈可能造成不良影响

综合以上对于行为导向以及结果导向的绩效评估方法的分析，不难看出，绩效评估不仅能客观地反映评价对象的行为结果（是否达到了预期目标，工作产生了怎样的效果，取得了何种进步），还能体现评价对象的行为过程（是否开展了某项工作，是否采取了实质性的手段以实现目标）。生态文明建设是一项长期的工作，需要建立长效的激励机制，以便各区域不断推进生态文明建设工作，提高建设水平。对生态文明建设进行绩效评价，能从结果与过程两方面科学客观反映各地区省政府生态文明的建设行为与建设结果，从侧面反映各地政府在生态文明建设中的努力程度，对于在生态文明建设当中所取得的成绩给予肯定，对于薄弱环节或需做而未做的工作进行指证，以引导生态文明的建设方向，明确下一步生态文明建设的任务及目标。

（二）采煤沉陷区协调发展绩效管理系统与政府管理系统的关联

政府绩效管理将以绩效为导向，以提高工作效能和公共资源使用效益为目标，以管理和服务对象的满意为标准，因此，采煤沉陷区协调发展绩效管理系统还需要加强与政府管理系统的协同效应，这有助于明确多元治理主体在绩效管理系统中各自的责任。

由于保护环境和促进社会进步的外部性特征，使其成为政府提供的公共产品之一。对政府管理效能进行有效评价，就应该把环境保护和社会进步作为重要参考，可以体现人们对政府绩效整体性、综合性和民本性的把握。

从理念上看，三维协调发展绩效管理系统与政府管理系统具有高度契合的价值取向。为实现经济发展，我们究竟可以承受多大的成本和代价？我们既不能为生态与社会利益而放弃经济利益，更不能为一时的经济增长而付出过重的生态与社会代价。这个代价需要几代甚至几十代人共担。从这个意义上说，缺乏生态保护和社会进步的评估体系必然是不科学、不完善、不客观的。

此外，从制度上看，绩效管理是推进生态与社会文明建设的重要抓手。生态与社会文明建设是综合性工程，需要充分调动各方面的资源和力量，当前仍然有一些地方存在不重视绿色环保、缺乏环保投入和忽视社会进步等现象，甚至为发展经济抵触环保要求，轻视社会进步。着眼于政策执行角度，除需要进一步加大宣传力度外，还要通过科学的制度设计、合理的考核机制和有效的评估方法，对有利于生态与社会建设的行为进行全面的鼓励，对危害生态保护和阻碍社会进步的行为进行彻底的惩罚，用倒逼机制推动政府等多元治理主体更加主动和积极地实现协调效应和全面发展。

（三）采煤沉陷区协调发展绩效管理的制度保障

落实采煤沉陷区三维发展绩效管理的制度保障，必须从改善生态环境、促进社会进步和转变当前经济发展方式入手，建立和完善采煤沉陷区三维协调发展绩效管理系统的绩效评价考核与责任追究制度，进而发挥其基础性作用。

1. 政府绩效问责制的责任结构与功能

政府绩效问责制的责任结构主要包括绩效角色责任、绩效回应责任和绩效改进责任。政府的三维发展绩效管理系统的绩效角色责任主要是指政府及其工作人员对其所管辖地区的环境保护、社会治理和经济发展状况要实现的绩效目标的要求。绩效回应责任是指政府有责任向问责主体进行说明和回应。第一，政府要把相关信息和报告向公众公开，对公众疑问进行解答，并接受其监督和批评；第二，下级组织有责任对上级组织和委托机关进行说明回应，要定期报告其职责履行情况。绩效改进责任是通过绩效激励和绩效约束的有机结合，有效保障绩效责任目标的实现与改进。

政府三维发展绩效管理系统问责制功能主要体现在三方面：一是加强政府三维发展绩效管理职能，这是衡量政府绩效水平的重要标准。二是确定政府的三维发展绩效管理目标的底线。目标底线为评估和问责对象需要完成的最基本指标和任务，也是政府需要承担否定性后果的条件。三是建立健全政府三维发展绩效管理考核的机制。主要是把生态、经济和社会效益等纳入评价指标体系中，增加生态与社会文明指标的权重，强化约束功能，逐步建立起科学有效的考核机制。

2. 绩效考核与问责制面临的主要问题

1）经济发展与生态文明绩效不平衡

由于地理环境及社会发展水平的原因，各地区生态文明与社会文明建设的基础有一定的差距，因此要根据实际情况开展绩效管理工作，而目前绩效评价考核与责任追究制度没有针对地域性差异做出明确的规定。

2）三维发展绩效管理绩效评价考核时间不明确

对于三位一体的绩效考评与责任追究制度的研究还处于探索阶段，建设三位一体的绩效考评与责任追究是一个循序渐进的过程。短期内政府面临的是选择快速增长的经济还是缓慢建设的生态文明，原因是部分企业的取缔对地方财政收入造成直接影响，而上级政府在对地方政府进行政绩考核时主要以经济发展水平为参考指标，能否转变政府官员理念，是三位一体的绩效考评与责任追究制度能否落实的关键。因而在考核三位一体的绩效考评时应充分考虑到生态与社会文明建设的周期问题和时间问题。

3）三维发展绩效管理评价指标设置有难度

一方面是选取指标内容的合理性，另一方面是各个指标所占的比重要有合理性，但要符合这个指标选取标准，就必须考虑到地区差异性、经济社会发展状况、生态文明建设见效慢、数据收集和核实难度大等方面，问题是基础数据的可靠性和相关性不高，因此在评级指标的设置上不可能进行统一。

3. 建立协调发展绩效评价考核与问责制的主要遵循

1）强化公众参与度，实现绩效管理主体多元化

借鉴国外管理考核经验，首先必须将考核主体与考核对象严格区分，重视职能替代，形成公众制约的多元化主体制度；其次，在提高大众参与度的同时，发挥社会评估机构和专家群体等专业团体的评价考核作用，增强考核的公信力和权威性；最后，充分发挥大众媒体的宣传功能，通过公益宣传、电视电台、网络通信等各种渠道及时有效地对绩效考核的结果予以公告、传播，强化大众环保意识。总之，要改变当前考核主体单一化的问题，应当将政府考核、专家考核和公众考核相结合，形成多元化的考核主体，充分发挥专家优势和公众智慧资源，以形成动态、多元的绩效考核管理体系。

2）转变考核观念，发掘绩效考核新视角

当前出现了将社会发展仅仅看作经济和生产的发展，甚至是数字 GDP 的增长，而忽视了发展的根本目标，不是数字而是人民群众幸福的生活、健康的身体、身心的自由。这就出现了以牺牲生态环境和社会进步为代价的"经济增长"。这种"只看重数字、不顾及后果"，仅在意片面的经济发展，而完全忽视生态环境和社会进步的观念已经给当地人民群众的健康和生活造成了严重影响。

3）加强责任追究，完善三维发展绩效管理系统的考核奖惩制度

根据采煤沉陷区生态环境考核结果，制定奖惩分明的责任追究制度是实现三维发展绩效管理系统稳定发展的有力保障。完善的生态文明考核奖惩制度应当是各区域之间相互合作、相互影响的协调机制，树立整体观和全面意识，以有效划分生态保护责任，制定奖惩制度。此外，严明的奖惩制度不仅包括对生态环境造成严重破坏的单位或组织给予严厉的惩治，还包括对生态文明建设做出突出贡献的单位或组织给予精神层面和物质层面的奖励。通过政府官网对违规企业进行公示，根据对生活环境的影响程度给予经济上的制裁，严重的给予法律处置，而对于先进单位和组织给予税收优惠、政府环保补贴等实质上的奖励。

4. 协调发展绩效管理问责与奖惩运行机制的构建

1）基于目标管理的协调发展绩效问责运行机制设计

依据采煤沉陷区当前三维发展绩效管理问责的现实和基础，采煤沉陷区当前的三维发展绩效管理问责的运行机制主要是由目标责任机制、目标评估机制、目标回应机制、目标奖惩机制以及目标改进机制等5个部分构成。

2）采煤沉陷区协调发展绩效管理问责的目标责任机制

通过目标责任制可以明确政府绩效问责的主体、客体、范围、方式和程序。第一，明确层次结构，主要分为三个层次，从高到低依次是战略性目标、策略性目标和任务方案性目标，战略性目标是治理的总目标，策略目标是为实现组织战略目标而设立的次一级目标，任务方案性目标是指因岗位职责而承担的具体目标。第二，细化目标内容。当前我国政府绩效问责的目标主要是根据政府职能和工作人员的分工来确定。

3）采煤沉陷区协调发展绩效管理问责的目标评价机制

目标评价机制是绩效问责制建设的可靠依据。第一，建立绩效评价指标体系。必须密切联系我国国情，立足于不同区域的实际情况和功能定位，建立分类分级评价指标体系，使得评价更加系统化和科学化。第二，完善绩效责任评价的主体。首先，必须将考核主体与对象区分开，借助媒体宣传来强化社会公众环保意识，形成公众制约的主体评价机制。第三，发挥第三方评价组织的作用，增强绩效评价的可信度和权威性。

4）采煤沉陷区协调发展绩效管理问责的目标回应机制

有效的目标回应机制，要注重回应的制度化、回应方式和路径的多样化。第一，加强回应机制的制度化建设。既要健全法律法规，还要注重回应程序的理顺和公开。第二，创新绩效回应的方式和路径。由于网络化信息社会的到来，回应路径应充分注重信息化和网络化建设，除了政府热线和信箱外，还包括官方网站的建设和畅通沟通反馈平台的构建。

5）采煤沉陷区协调发展绩效管理问责的目标奖惩机制

目标奖惩机制包括奖励和惩戒。第一，加强正向激励，引导管理行为。对政府进行绩效奖励要以生态环境治理和社会全面发展成效显著为条件，并遵循物质奖励、职级奖励和精神奖励相结合。第二，重视失责追惩，矫正管理失范。对政府进行惩罚要以绩效目标和任务未完成、环境保护与社会治理成效不显著、环境保护和社会经济发展矛盾突出以及生态环境事件频繁发生为条件，具体形式包括司法惩罚和行政惩罚，当然还要坚持惩戒和教育相结合的原则。

6）采煤沉陷区协调发展绩效管理问责的目标改进机制

目标改进机制是实现采煤沉陷区三维发展绩效管理问责的目的和宗旨。第一，引入绩效改进计划。根据绩效目标实现程度，将绩效结果分为四种类型，即完全实现型、完全失败型、有限实现型和有限失败型绩效结果。根据不同的绩效结果引入不同的绩效改进计划。绩效改进计划是一定时期内完成的绩效目标和工作能力提高的系统性计划，主要包括两部分：一是根据评估结果，发现问题，拟定修改方案；二是针对现有绩效水平，提出进一步可提升的方案。第二，加强对绩效改进计划的追踪落实。首先，构建绩效改进责任制，加强主体责任的落实；其次，根据目标和条件的变化，适时调整改进计划，增强改进方案的可行性；最后，加强监督，开展绩效评估，并将绩效改进程度作为奖惩依据，确保绩效改进方案落到实处。

本 章 小 结

基于采煤沉陷区生态、经济、社会三者相互支持、相互制约，构建三维系统协调发展的调控机制，有效消除三维系统协调发展障碍，是本章的落脚点。本章主要基于公共政策的推进机制、制度法制化的保障机制和政府管制的引导机制三个维度，并以公共政策需求与设计、法制保障与建设和绩效评估与管理体系构建为主要内容，来保证三维协调发展系统的有效运行。具体而言：

（1）分析采煤沉陷区"生态-经济-社会"协调发展调控目标，系统梳理国家和典型采煤沉陷区的相关公共政策，并进行分析评价。发现生态与经济协调发展调控目标是降低资源消耗、减少废物排放、改善生态环境、实现产业生态化。经济与社会协调发展调控目标是协调发展速度与发展质量之间的关系，实现高质量发展；协调好代内公平和代际公平之间关系，保证社会公平；处理好为了人民与依靠人民之间的关系，实现以人为本的发展。生态与社会协调发展调控目标是建设绿色化城市景观、建设高效益环保体系、建设高效率流转系统。"生态-经济-社会"协调发展调控目标是树立系统整体发展意识、完善协调发展预警体系、实现区域可持续发展。

（2）基于对采煤沉陷区"生态-经济-社会"协调发展运行机理的剖析，发现采煤沉陷区"生态-经济-社会"的三维子系统既相互支持、又相互制约，从而构成三维系统的协调、循环发展。采煤沉陷区的生态子系统既是经济和社会子系统运行的资源和环境基础，同时有限的生态承载力在很大程度上制约经济和社会子系统；经济子系统既要为生态和社会子系统的发展注入动力，又要充分保障生态和社会子系统的和谐稳定；社会子系统是经济和生态子系统健康、稳定发展的基础。进一步分析发现，立足于政策供给机制、法制保障机制和绩效管理机制，并从公共政策需求与设计、法制保障与建设和绩效评估与管理体系构建等途径来全面构建采煤沉陷区"生态-经济-社会"协调发展的调控机制，形成"公共政策-法制保障-绩效管理"联动的综合调控机制。

（3）在厘清"生态-经济-社会"协调发展运行机理和调控机制的基础之上，基于公共政策促进三维系统协调发展的政策供给机制解析，立足于公共政策的推进机制构建，分别进行产业政策需求与设计、政府管制政策需求与设计、财税政策需求与设计、金融政策需求与设计，并针对不同协调发展类型采煤沉陷区提出了不同的调控思路和优化路径。针对失调衰退类采煤沉陷区提出采取政府调控为主、市场为辅的调控思路，进行系列公共政策组合；针对过渡发展类采煤沉陷区提出实行分类指导，政府在经济社会发展的重点行业、重点企业、重大项目上进行大力支持，而在经济社会发展的一般项目和中小企业发展中则负责创造良好环境，市场发挥主导作用，逐步弱化政府的管制的调控思路，进行系列公共政策组合；针对协调发展类采煤沉陷区提出采取市场主导、政府为辅的调控思路进行公共政策组合，共同推进采煤沉陷区"生态-经济-社会"协调发展。

（4）基于三维系统协调发展的法制保障机制解析，立足于制度法制化的保障机制构建与设计，剖析生态文明法制建设要求下，采煤沉陷区现有的立法指导思想存在偏差需要矫正、现有法律原则没有体现分配正义价值等现有法制建设的缺陷，分析了采煤沉陷区进行相关制度法制化的必要性及法制建设要求，阐述了采煤沉陷区综合治理立法中的预防原则、协调发展（时效性经济优先）原则、公众参与原则等基本原则，阐明了明确采煤沉陷区综合治理管理的主体和采煤沉陷区综合治理管理制度的完善等管理机制，构建了采煤沉陷区综合治理资金运作法律机制、采煤沉陷区生态移民安置法律机制、采煤沉陷区大规模环境侵权救济法律机制等法制保障。

（5）基于合理引导三维系统协调发展的政府绩效管制机制解析，立足于政府管制的引导机制构建与设计，在明确采煤沉陷区绩效指标体系构建的总体设计思路基础上，基于科学性、可操作性、动态性和层次性的设计原则，从社会公平进步、经济优质高效和生态和谐安全来全方位、多角度构建采煤沉陷区三维发展的绩效指标体系。立足于采煤沉陷区三维发展绩效管理系统的构成、绩效管理系统与政府管理系统的关联和绩效管理的制度保障等模块来完成对采煤沉陷区"生态-经济-社会"可持续发展的绩效管理系统的研究。具体而言，首先，从管理主体、绩效内容和绩效管理工具等层面来设计采煤沉陷区三维发展的绩效管理系统；其次，深入剖析将采煤沉陷区协调发展绩效管理系统嵌入政府绩效管理体系的机理，并多角度综合阐述绩效管理系统与政府管理系统的关联；最终，从绩效评价考核与问责制的主要挑战、内涵界定、主要措施、责任结构和具体功能以及奖惩运行机制的构建入手，形成采煤沉陷区三维发展绩效管理系统的制度保障体系。

参 考 文 献

爱德华·苏贾, 2016. 寻求空间正义[M]. 高春花, 强乃社, 等译. 北京: 社会科学文献出版社.

安东尼·吉登斯, 2000. 现代性的后果[M]. 田禾, 译. 南京: 译林出版社.

安东尼·吉登斯, 1998. 现代性与自我认同[M]. 赵旭东, 方文,译. 北京: 三联书店 .

白蕾, 2016. 淮南市采煤沉陷区综合治理的财政支持研究[D]. 合肥: 安徽大学.

白雪洁, 汪海凤, 闫文凯, 2014. 资源衰退、科教支持与城市转型——基于坏产出动态 SBM 模型的资源型城市转型效率研究[J]. 中国工业经济,(11): 30-43.

包亚明, 2001. 后现代性与地理学的政治[M]. 上海: 上海教育出版社.

鲍寿柏, 胡兆量, 焦华富, 2000. 专业性工矿城市发展模式[M]. 北京: 社会科学出版社.

卞子浩, 赵永华, 王晓峰, 2016. 陕西省生态足迹及其驱动力[J]. 生态学杂志, 35(5): 1316-1622.

曹慧, 胡锋, 李辉信, 2002. 南京市城市生态系统可持续发展评价研究[J]. 生态学报, 22: 787-792.

曹智, 闵庆文, 刘某承, 等, 2015. 基于生态系统服务的生态承载力: 概念、内涵与评估模型及应用[J]. 自然资源学报, 30(1): 1-11.

曹孜, 2013. 煤炭城市转型与可持续发展研究[D]. 长沙: 中南大学.

柴国俊, 2019. 新时代征地补偿模式考量: 逻辑、评估与保障[J]. 中国软科学,(10): 103-111.

常江, 姬智, 张心伦, 2019. 我国近现代煤炭资源型城市发展、问题及趋势初探[J]. 资源与产业, 21(2): 3-11.

陈浩, 方杏村, 2014. 资源开发、产业结构与经济增长——基于资源枯竭型城市面板数据的实证分析[J]. 贵州社会科学,(12): 114-119.

陈军, 2018. 采煤沉陷区生态修复地方立法研究[J]. 长沙大学学报, 32(4): 94-97.

陈凯, 2019. 东胜矿区浅埋煤层综采条件下岩移参数规律研究[J]. 煤炭科学技术, 47(3): 188-194.

陈利根, 童尧, 龙开胜, 2016. 采煤塌陷区生态改造利益构成及分配研究[J]. 中国土地科学, 30(10): 81-89.

陈欣, 吴毅, 2014. 群体性事件的情感逻辑——以 DH 事件为核心案例及其延伸分析[J]. 社会, 34(1): 75-103.

陈旭升, 綦良群, 2003. 资源型城市可持续发展的指标体系研究[J]. 科技与管理,(5): 13-15.

陈妍, 梅林, 2018. 东北地区资源型城市转型过程中社会–经济–环境协调演化特征[J]. 地理研究, 37(2): 307-318.

陈妍, 2019. 转型期东北地区资源型城市经济-社会-环境系统协调发展机制研究[D]. 长春: 东北师范大学.

陈英旭, 2001. 环境学[M]. 北京: 中国环境科学出版社.

陈振明, 2005. 公共管理学[M]. 北京: 人民大学出版社.

陈忠全, 2008. 关于矿区环境综合治理的实践和政策研究[J]. 当代经济(下半月),(7): 74-75.

成金华, 孙琼, 郭明晶, 等, 2014. 中国生态效率的区域差异及动态演化研究[J]. 中国人口·资源与环境, 24(1): 47-54.

程晓莉, 安树青, 钦佩, 2003. 鄂尔多斯草地退化过程中植被地上生物量空间分布的异质性[J]. 生态学报, 23(8): 1526-1532.

崔秀萍, 吕君, 王珊, 2015. 生态脆弱区资源型城市生态环境影响评价与调控[J]. 干旱区地理, 38(1): 148-154.

崔旭, 葛元英, 白中科, 2010. 黄土区大型露天煤矿区生态承载力评价研究——以平朔安太堡露天煤矿为例[J]. 中国生态农业学报, 18(2): 422-427.

戴华阳, 郭俊廷, 易四海, 等, 2013. 特厚急倾斜煤层水平分层开采岩层及地表移动机理[J]. 煤炭学报, 38(07): 1109-1115.

党晶晶, 姚顺波, 黄华, 2013. 县域生态-经济-社会系统协调发展实证研究——以陕西省志丹县为例[J]. 资源科学, 35(10): 1984-1990.

邓伟, 2010. 山区资源环境承载力研究现状与关键问题[J]. 地理研究, 29(6): 959-969.

董锁成, 李泽红, 李斌, 等, 2007. 中国资源型城市经济转型问题与战略探索[J]. 中国人口·资源与环境, 17(5): 12-17.

董小香, 2006. 焦作市产业结构演变的城市化响应研究[D]. 焦作: 河南理工大学.

窦睿音, 张生玲, 刘学敏, 2019. 基于系统动力学的资源型城市转型模式实证研究——以鄂尔多斯为例[J]. 干旱区资源与环境, 33(8): 18-25.

杜辉, 2013. 资源型城市可持续发展保障的策略换与制度构造[J]. 中国人口·资源与环境, (23): 88-93.

杜吉明, 2013. 煤炭资源型城市产业转型能力构建与主导产业选择研究[D]. 哈尔滨: 哈尔滨工业大学.

杜朴, 2008. 柴里煤矿开展塌陷地治理见实效[J]. 山东国土资源, (6): 10-11.

杜曦, 2011. 我国城市化进程中失地农民就业问题: 困境与出路[J]. 重庆理工大学学报(社会科学), 25(2): 31-36.

杜悦悦, 彭建, 高阳, 等, 2016. 基于三维生态足迹的京津冀城市群自然资本可持续利用分析[J]. 地理科学进展, 35(10): 1186-1196.

段瑞君, 2014. 基于可持续发展视角的煤炭经济发展对策[J]. 财经界(学术版), (7): 41-42.

樊占文, 郭永红, 杨可明, 2014. 煤矿开采地表移动与变形规律常规化研究模式[J]. 煤炭科学技术, 42(S1): 252-255.

范和生, 白琪, 2018. "两淮"采煤沉陷区失地农民权益保障的探讨[J]. 华北电力大学学报(社会科学版), (2): 17-22.

范和生, 罗林峰, 2018. 采煤沉陷区失地农民再就业路径探究——以安徽省"两淮"地区为例[J]. 北华大学学报(社会科学版), 19(4): 64-68.

方涧, 2019. 我国土地征收补偿标准实证差异与完善进路[J]. 中国法律评论, (5): 76-86.

方锦文, 2010. 佛山市社会、经济、环境协调度测度研究[D]. 广州: 暨南大学.

方恺, 2012. 自然资本核算的生态足迹三维模型研究进展[J]. 地理科学进展, 31(12): 1700-1707.

方恺, 2013. 生态足迹深度和广度: 构建三维模型的新指标[J]. 生态学报, 33(1): 267-274.

方恺, 2014. 1999-2008 年 G20 国家自然资本利用的空间格局变化[J]. 资源科学, 36(4): 793-800.

方恺, 李焕承, 2012. 基于生态足迹深度和广度的中国自然资本利用省际格局[J]. 自然资源学报, 27(12): 1995-2005.

方杏村, 陈浩, 2015. 经济增长和环境污染的动态关系及其区域差异——基于资源枯竭型城市面板数据的实证分析[J]. 生态经济, (6): 49-52.

方杏村, 陈浩, 2016. 资源枯竭型城市经济转型效率测度[J]. 城市问题, (1): 28-35.

方杏村, 陈浩, 王晓玲, 2015. 基于 DEA 模型的资源枯竭型城市旅游效率评价[J]. 统计与决策, (7):

55-57.

费孝通, 2015. 乡土中国[M]. 北京: 人民出版社.

高保彬, 王祖洸, 李化敏, 等, 2018. 瓦斯压力对煤样冲击倾向性的影响试验研究[J]. 煤炭学报, 43(S1): 140-148.

高飞, 2020. 征地补偿中财产权实现之制度缺失及矫正[J]. 江西社会科学, (2): 15-25.

高焕清, 2020. 户籍制、个体化与脱嵌: 农民工脆弱性贫困机理[J]. 中国矿业大学学报(社会科学版), (4): 1-11.

高瑞忠, 李和平, 格日乐, 2012. 鄂尔多斯市区域水资源与社会经济发展协调度分析[J]. 水资源保护, 28(2): 82-90.

葛亮, 2008. 资源型城市生态环境问题研究及政策建议[D]. 济南: 山东大学.

顾康康, 刘景双, 2009. 辽中地区矿业城市生态承载力分析与预测[J]. 地理科学进展, 28(6): 870-876.

郭存芝, 罗琳琳, 叶明, 2014. 资源型城市可持续发展影响因素的实证分析[J]. 中国人口·资源与环境, (24)8: 81-89.

郭海荣, 2001. 工矿城市功能定位转变的实证研究——以阳泉市为例[J]. 山西师范大学学报(自然科学版), 15(3): 102-106.

郭文兵, 邓喀中, 邹友峰, 2004. 概率积分法预计参数选取的神经网络模型[J]. 中国矿业大学学报, (3): 88-92.

郭星华, 曹馨方, 2019. 从农民的心态变迁看征地纠纷的根本化解[J]. 探索与争鸣, (12): 104-112.

郭哲, 2020. 中国征地制度的结构性和历史性变迁——基于历史制度主义的分析[J]. 求索, (2): 151-159.

哈斯·曼德, 穆罕默德·阿斯夫, 2007. 善治: 以民众为中心的治理[M]. 国际行动援助中国办公室, 译. 北京: 知识产权出版社.

韩科明, 李凤明, 2008. 采煤沉陷区稳定性综合评价指标体系的建立[J]. 中国矿业, (09): 42-45.

韩荣青, 郑新奇, 2002. 济南市农村土地整理模式与措施探讨[J]. 山东师范大学学报(自然科学版), (2): 31-34.

韩文文, 刘小鹏, 裴银宝, 等, 2016. 基于生态足迹的宁夏生态环境可持续发展研究[J]. 水土保持研究, 23(5): 285-290.

何艳冰, 2017. 城市边缘区社会脆弱性与失地农户适应性研究[D]. 西安: 西北大学.

贺改梅, 2007. 山西煤炭企业循环经济发展模式研究[D]. 太原: 太原理工大学.

贺璇, 2019. 中国农村地权冲突的类型比较与治理路径选择[J]. 江汉学术, (5): 5-13.

亨利·列斐伏尔, 2015. 空间与政治(第 2 版)[M]. 李春, 译. 上海: 上海人民出版社.

洪开荣, 2013. 中部地区资源-环境-经济-社会协调发展的定量评价与比较分析[J]. 经济地理, 33(12): 16-23.

侯新伟, 张发旺, 韩占涛, 等, 2006. 神府-东胜矿区生态环境脆弱性成因分析[J]. 干旱区资源与环境, (3): 54-57.

胡虹彦, 2019. 财政支出对资源型城市经济转型效率的影响研究——以中部地区为例[D]. 合肥: 安徽大学.

胡美娟, 周年兴, 李在军, 等, 2015. 南京市三维生态足迹测算及驱动因子[J]. 地理与地理信息科学, 31(1): 91-95.

胡清华, 伍国勇, 宋珂, 等, 2019. 农村土地征收对被征地农户福利的影响评价——基于阿马蒂亚·森的可行能力理论[J]. 经济地理, (12): 187-194.

胡友彪, 张治国, 郑永红, 等, 2018. 安徽两淮矿区采煤沉陷区综合治理现状与展望[J]. 中国煤炭地质, 30(11): 5-8.

胡振琪, 多玲花, 王晓彤, 2018. 采煤沉陷地夹层式充填复垦原理与方法[J]. 煤炭学报, 43(1): 198-206.

胡振琪, 肖武, 赵艳玲, 2020. 再论煤矿区生态环境"边采边复"[J]. 煤炭学报, (1): 351-359.

黄焕春, 运迎霞, 2011. 中国不同城市群的经济社会与环境可持续发展协调度分析[J]. 城市环境与城市生态, 24(6): 1-5.

黄金廷, 王文科, 侯光才, 等, 2011. 鄂尔多斯高原近 48 年降水及蒸发特征分析[J]. 干旱区资源与环境, 25(9): 145-148.

黄溶冰, 赵谦, 2008. 资源观城市经济转型的税收扶持政策探析[J]. 税务研究, (11): 99-103.

黄晓英, 郝晋珉, 张文选, 等, 2014. 资源型城市的城市综合承载力与可持续发展研究——以大同市为例[J]. 安徽农业科学, 42(4): 1123-1127.

黄艳丽, 乔卫芳, 2017. 焦作市人均三维生态足迹的动态分析[J]. 资源开发与市场, 33(2): 156-159.

贾海刚, 孙迎联, 2020. 失业与贫困: 失地农民自愿性失业问题研究——来自西部 A 市城郊 12 村的调研实据[J]. 新疆社会科学, (1): 135-143.

贾俊松, 2011. 河南生态足迹驱动因素的 Hi-PLS 分析及其发展对策[J]. 生态学报, 31(8): 2188-2195.

江维国, 李立清, 2019. 被征地农民发展不充分与美好生活需要矛盾研究[J]. 兰州学刊, (5): 176-183.

江维国, 2017. 新型城镇化中失地农民社会保障问题研究[D]. 长沙: 湖南农业大学.

姜磊, 柏玲, 吴玉鸣, 2017. 中国省域经济、资源与环境协调分析——兼论三系统耦合公式及其扩展形式[J]. 自然资源学报, 32(5): 788-799.

姜子敬, 2016. 转型期中国风险社会的政府治理研究[D]. 长春: 东北师范大学.

蒋建权, 马延吉, 伶连军, 2000. 东北区煤矿城市可持续发展问题探讨[J]. 地理科学, 20(3): 241-245.

蒋俊明, 阎静, 2004. 转型时期人民利益表达要求的变化及挑战[J]. 江苏大学学报(社会科学版), 6(6): 32-36.

焦华富, 许吉黎, 2016. 社会空间视角下成熟型煤炭资源城市地域功能结构研究——以安徽省淮南市为例[J]. 地理科学, 36(11): 1670-1678.

金建国, 李玉辉, 2005. 资源型城市转型中的政府管理创新[J]. 经济社会体制比较, (5): 134-137.

金贤锋, 董锁成, 刘薇, 等, 2010. 产业链延伸与资源型城市演化研究——以安徽省铜陵市为例[J]. 经济地理, 30(3): 403-408.

金悦, 陆兆华, 檀菲菲, 等, 2015. 典型资源型城市生态承载力评价——以唐山市为例[J]. 生态学报, 35(14): 4852-4859.

孔改红, 李富平, 2006. 采煤沉陷区环境保护与治理研究[J]. 河北煤炭, (1): 4-5, 60.

孔祥喜, 2007. 资源型城市经济发展的驱动模式[J]. 决策, (12): 34-36.

寇大伟, 2017. 中国区域协调机制研究[M]. 北京: 光明日报出版社.

兰国辉, 苟守奎, 2017. 供给侧改革下我国资源型城市发展转型研究[J]. 江淮论坛, (6): 44-48.

雷勋平, 邱广华, 2016. 基于熵权 TOPSIS 模型的区域资源环境承载力评价实证研究[J]. 环境科学学报, 36(1): 314-323.

黎丹丹, 2017. 历史文化资源与安徽省淮南市的城市形象重塑[D]. 武汉: 华中师范大学.

李博, 乔慧玲, 杨子涵, 2019. 环渤海地区资源型城市可持续发展能力评价研究[J]. 湖北师范大学学报(哲学社会科学版), (6): 72-83.

李崇明, 丁烈云, 2004. 小城镇资源环境与社会经济协调发展评价模型及应用研究[J]. 系统工程理论与实践,(11): 134-144.

李殿伟, 赵黎明, 2006. 社会稳定与风险预警机制研究[J]. 经济体制改革,(2): 29-32.

李帆, 王敏正, 江淑斌, 2020. 地权安排、土地流转与城乡经济[J]. 经济问题探索,(2): 51-60.

李凤明, 2011. 我国采煤沉陷区治理技术现状及发展趋势[J]. 煤矿开采, 16(3): 8-10.

李虹, 邹庆, 2018. 环境规制、资源禀赋与城市产业转型研究——基于资源型城市与非资源型城市的对比分析[J]. 经济研究,(11): 182-198.

李家瑞, 李黎力, 2020. 失地农民的"制度性损失": 困境与对策[J]. 兰州学刊,(2): 182-191.

李建国, 周文翠, 2017. 社会风险治理创新机制研究[J]. 中国特色社会主义研究,(1): 76-80.

李杰, 何云玲, 刘雪莲, 2016. 基于均方差决策法的区域资源环境承载力研究——以陆良县为例[J]. 云南地理环境研究, 28(5): 54-60.

李利宏, 董江爱, 2016. 新型城镇化和共同富裕: 资源型地区的治理逻辑[J]. 马克思主义研究,(7): 96-102.

李茜, 毕如田, 2012. 基于"两型"社会背景下资源型经济转型的资源环境经济协调发展[J]. 科学决策,(4): 56-68.

李茜, 胡昊, 李名升, 2015. 中国生态文明综合评价及环境、经济与社会协调发展研究[J]. 资源科学, 37(7): 1444-1454.

李庆强, 苗伟, 2011. 邹城市采煤塌陷地治理存在的问题及建议[J]. 山东国土资源,(4): 35-36, 39.

李琼英, 2020. 合作型参与: 失地农民乡城转型的理想路径[J]. 学术界,(5): 128-134.

李秋峰, 党耀国, 2012. 区域 3E 系统协调发展预警体系及其应用[J]. 现代经济探讨,(9): 70-74.

李绍平, 段庆苑, 王甲山, 2009. 基于东北资源型城市可持续发展的财税政策研究[J]. 哈尔滨商业大学学报(社会科学版), 2009(6): 82-86.

李树志, 鲁叶江, 高均海, 2007. 开采沉陷耕地损坏机理与评价定级[J]. 矿山测量,(2): 32-34.

李松, 秦元春, 2013. 淮南市采煤沉陷区失地农民安置现状分析及对策研究[J]. 淮南师范学院学报, 15(5): 15-20.

李太启, 高荣久, 2015. 采煤塌陷区综合治理问题分析与建议[J]. 金属矿山,(4): 169-172.

李天星, 2013. 国内外可持续发展指标体系研究进展[J]. 生态环境学报,(6): 1085-1092.

李伟, 2017. 习近平总书记协调发展重要思想的理论和实践意义[J]. 党建研究,(7): 24-27.

李星汐, 2019. 基于城乡一体化的煤炭资源型城市基础设施评价与规划策略研究[D]. 北京: 中国矿业大学.

李秀春, 2009. 论我国矿业资源型城市的可持续发展[J]. 中国科技产业,(3): 115-116.

李秀果, 赵宇空, 1990. 中国矿业城市可持续发展与结构调整[M]. 北京: 中国社会科学出版社.

李雪松, 龙湘雪, 齐晓旭, 2019. 长江经济带城市经济-社会-环境耦合协调发展的动态演化与分析[J]. 长江流域资源与环境,(3): 505-516.

李妍, 2019. 促进煤炭资源型城市"生态-经济-社会"协调发展的财政政策研究[D]. 合肥: 安徽大学.

李悦, 成金华, 席晶, 2014. 基于 GRA-TOPSIS 的武汉市资源环境承载力评价分析[J]. 统计与决策,(17): 102-105.

廖重斌, 1996. 论可持续发展的思想与概念[J]. 中国人口·资源与环境,(3): 33-37.

林伟丽, 2008. 煤炭产业循环经济科学发展的对策[J]. 中国煤炭,(4): 28-29.

刘超, 许月卿, 孙丕苓, 等, 2016. 基于改进三维生态足迹模型的张家口市生态可持续性评价[J]. 水土保持通报, 36(6): 169-176.

刘纯彬, 张晨, 2009. 资源型城市绿色转型内涵的理论探讨[J]. 中国人口·资源与环境,(5): 6-10.

刘海龙, 马小龙, 袁欣, 等, 2016. 基于多元回归分析的铬污染地下水风险评价方法[J]. 吉林大学学报 (地), 46(6): 1823-1829.

刘海燕, 程全国, 魏建兵, 等, 2017. 基于改进三维生态足迹的沈阳市自然资本动态[J]. 应用生态学报, 28(12): 4067-4074.

刘行芳, 2017, 社会情绪的网络扩散及其治理[M]. 武汉: 武汉大学出版社.

刘辉, 雷少刚, 邓喀中, 等, 2014. 超高水材料地裂缝充填治理技术[J]. 煤炭学报, 39(1): 72-77.

刘慧, 2017. 山西省资源型城市转型效果评价及影响因素研究[D]. 上海: 华东师范大学.

刘慧萍, 2010. 淮北市采煤沉陷区综合利用模式探讨[J]. 江淮水利科技, (1): 7, 9.

刘佳, 2010. 采煤沉陷区水资源综合开发模式研究[D]. 大连: 大连理工大学.

刘某承, 李文华, 2009. 基于净初级生产力的中国生态足迹均衡因子测算[J]. 自然资源学报, 24(9): 1550-1559.

刘某承, 2010. 基于净初级生产力的中国生态足迹产量因子测算[J]. 生态学杂志, 29(3): 592-597.

刘培功, 2018. 新型城镇化视角下边缘社区包容性治理研究[D]. 苏州: 苏州大学.

刘同山, 张云华, 2020. 城镇化进程中的城乡二元土地制度及其改革[J]. 求索, (2): 135-142.

刘小茜, 裴韬, 周成虎, 等, 2018. 煤炭资源型城市多适应性情景动力学模型研究——以鄂尔多斯市为例[J]. 中国科学: 地球科学, 48(2): 243-258.

刘晓丽, 方创琳, 2008. 城市群资源环境承载力研究进展及展望[J]. 地理科学进展, 27(5): 35-42.

刘晓平, 李鹏, 任宗萍, 等, 2016. 榆林地区生态系统弹性力评价分析[J]. 生态学报, 36(22): 7479-7491.

刘岩, 2008. 风险社会理论新探[M]. 北京: 中国社会科学出版社.

刘艳军, 李诚固, 董会和, 等, 2007. 东北地区产业结构演变的城市化响应: 过程、机制与趋势[J]. 经济地理, 27(3): 112-116.

刘耀彬, 李仁东, 宋学锋, 2005. 中国区域城市化与生态环境耦合的关联分析[J]. 地理学报, 60(2): 237-247.

刘勇, 2000. 关于资源性城市的可持续发展与再城市化问题[J]. 中国人口·资源与环境, (3): 54-56.

刘云刚, 2009. 中国资源型城市的职能分类与演化特征[J]. 地理研究, 28(1): 114-119.

刘子刚, 郑瑜, 2011. 基于生态足迹法的区域水生态承载力研究——以浙江省湖州市为例[J]. 资源科学, 33(6): 1083-1088.

鲁连胜, 1997. 唐山市采煤塌陷地复垦现状及其开发利用对策[J]. 中央民族大学学报(自然科学版), (1): 85-88.

路颖, 黄薇薇, 2018. 采煤沉陷区社会治理的成效与不足[J]. 内蒙古煤炭经济, (2): 84-86, 116.

罗伯特·阿格拉诺夫, 迈克尔·麦圭尔, 2007. 协作性公共管理: 地方政府新战略[M]. 李玲玲, 鄞益奋, 译. 北京: 北京大学出版社.

罗开莎, 束龙仓, 谭炳卿, 2011. 基于循环经济的淮南采煤沉陷区水、土地、煤炭资源同步利用模式研究[J]. 水利经济, 29(4): 13-16, 20, 71.

罗林峰, 2017. 补偿正义视角下采煤沉陷区居民的安置路径——以安徽省"两淮"地区为例[J]. 淮海工学院 学报(人文社会科学版), (6): 114-117.

罗林峰, 2019. "两淮"沉陷区失地农民权益保障机制研究[D]. 合肥: 安徽大学.

吕小锋, 朱政, 王田富, 2020. 征地补偿与农村减贫[J]. 南方经济, (2): 108-127.

吕玉梅, 2010. 我国采矿塌陷区生态修复法律制度研究[D]. 济南: 山东师范大学.

马立强, 2013. 采煤塌陷区复垦与再生利用研究: 国内外研究进展与发展趋势[J]. 中国林业经济(1):

47-50.

马丽, 金凤君, 刘毅, 2012. 中国经济与环境污染耦合度格局及工业结构解析[J]. 地理学报, 67(10): 1299-1307.

马世骏, 王如松, 1984. 社会-经济-自然复合生态系统[J]. 生态学报, (1): 1-9.

彭博, 方虹, 李静, 2017. 中国区域经济-社会-环境的耦合协调度发展研究[J]. 生态经济, 33(10): 43-47.

彭慧蓉, 钟涨宝, 2005. 论土地社会保障职能及对农地流转的负面影响[J]. 经济师, (3): 265-266.

彭潇潇, 2014. 淮南新型城镇化对策研究[D]. 淮南: 安徽理工大学.

齐建珍, 白翎, 2001. 煤炭城市应走综合发展之路[J]. 辽宁经济, (5): 12-14.

齐艳领, 2005. 采煤塌陷区生态安全综合评价研究——以唐山南部采煤塌陷区为例[D]. 唐山: 河北理工大学.

秦泗刚, 段汉明, 李正军, 2016. 资源型城市人口-经济-环境协调发展研究——以克拉玛依市为例[J]. 生态经济, 32(06): 93-97.

秦晓伟, 2009. 资源枯竭型城市可持续发展的金融支持问题探析[J]. 金融发展研究, (3): 55-58.

沈镭, 程静, 1998. 论矿业城市经济发展中的优势转换战略[J]. 经济地理, 18(2): 41-45.

石静儒, 2010. 基于循环经济模式的煤炭工业园区规划研究[D]. 石家庄: 河北科技大学.

舒婷, 雷思友, 2019. 安徽省新型城镇化与生态环境的耦合分析[J]. 中国环境管理干部学院学报, 29(4): 61-65.

宋超山, 马俊杰, 杨风, 等, 2010. 城市化与资源环境系统耦合研究——以西安市为例[J]. 干旱区资源与环境, (5): 85-90.

孙功, 2013. 淮南采煤塌陷区综合治理路径[J]. 环境保护, (17): 63-64.

孙龙涛, 2012. 资源枯竭型城市循环经济发展评价及实证研究[D]. 北京: 北京化工大学.

孙天阳, 陆毅, 成丽红, 2020. 资源枯竭型城市扶助政策实施效果、长效机制与产业升级[J]. 中国工业经济, (7): 98-116.

孙晓舟, 2010. 淮南市采煤沉陷区综合治理工程[J]. 科技创新导报, (14): 116-117.

孙毅, 2012. 资源型区域绿色转型的理论与实践研究[D]. 长春: 东北师范大学.

谭嵩, 聂梓, 李艳芬, 2014. 淮南市采煤沉陷区综合治理成本及补偿机制研究[J]. 重庆科技学院学报(社会科学版), (3): 70-71, 78.

唐孝辉, 2016. 山西采煤沉陷区现状、危害及治理[J]. 生态经济, 32(02): 6-9.

滕刚, 2014. 煤矿开采沉陷的环境效应和生态修复技术[J]. 资源节约与环保, (1): 143.

涂正革, 2008. 环境、资源与工业增长的协调性[J]. 经济研究, (2): 93-105.

万伦来, 杨峻, 周紫凡, 等, 2018. 煤炭资源型城市生态系统服务功能的时空变化特征分析——来自2006-2015 年安徽省淮南市的经验证据[J]. 环境科学学报, 38(8): 3322-3328.

汪安佑, 雷涯邻, 2007. 矿业城市经济转型与发展模式[M]. 北京: 地质出版社.

汪红, 陈龙乾, 李冬冬, 2008. 采煤塌陷地复垦投资机制研究[J]. 经济研究导刊, (3): 51-52.

汪劲, 2006. 环境资源法学[M]. 北京: 北京大学出版社, 162.

王福琴, 2010. 安徽省两淮采煤塌陷区的现状、存在问题及治理措施建议[J]. 安徽地质, (4): 291-293, 305.

王惠岩, 2007. 政治学理论[M]. 北京: 中国大百科全书出版社.

王佳洁, 鞠军, 2011. 徐州采煤塌陷地征收的现状、问题及对策[J]. 农村经济与科技, (6): 250-252.

王俊秀, 周迎楠, 刘晓柳, 2020. 信息、信任与信心: 风险共同体的建构机制[J]. 社会学研究, (4): 25-45.

王奎峰, 李娜, 于学峰, 等, 2014. 基于 P-S-R 概念模型的生态环境承载力评价指标体系研究——以山东半岛为例[J].环境科学学报, 34(8):2133-2139.

王亮, 宋周莺, 余金艳, 等, 2011. 资源型城市产业转型战略研究——以克拉玛依为例[J]. 经济地理, 31(8): 1277-1282.

王柳松, 佘延双, 2010. 国外煤炭循环经济发展对我国的启示[J]. 资源与产业, (S1): 143-146.

王鹏, 况福民, 邓育武, 2015. 基于主成分分析的衡阳市土地生态安全评价[J]. 经济地理, 35(1): 168-172.

王巧妮, 陈新生, 张智光, 2008. 我国采煤塌陷地复垦的现状、问题和原因分析[J]. 能源环境保护,22(5): 49-53.

王如松, 欧阳志云, 2012. 社会-经济-自然复合生态系统与可持续发展[J]. 中国科学院院刊,(3): 337-345, 403-404, 254.

王宇龙, 2012. 采煤沉陷区解决农牧民生产生活问题研究——以鄂尔多斯市伊金霍洛旗乌兰木伦镇为例[J]. 科技创新导报,(20): 3-4.

王芸, 2009. 采煤沉陷区住房保障研究[D]. 西安: 西安建筑科技大学.

温皓, 2006. 我国失地农民医疗保障刍议[J]. 长春理工大学学报(社会科学版),(6): 29-31,54.

乌尔里希·贝克, 2004. 风险社会[M]. 何博闻, 译. 江苏: 译林出版社.

乌兰, 2007 a. 煤炭矿区环境管理的创新发展[J]. 学术交流,(5): 127-130.

乌兰, 2007 b. 我国煤炭矿区可持续协调发展研究[D]. 青岛: 青岛海洋大学.

吴冲, 2008. 煤炭资源型城市产业转型研究——以大同市为例[D]. 南宁: 广西大学.

吴文洁, 程雪松, 2009. 资源型城市可持续发展评价指标体系构建研究[J]. 煤炭经济研究,(2): 108-110.

吴玉会, 殷蓬勃, 2009. 采煤沉陷的环境危害分类与对策分析[J]. 中国科技信息,(7): 25-26,24.

吴玉鸣, 张燕, 2008. 中国区域经济增长与环境的耦合协调发展研究[J]. 资源学,(1): 25-30.

吴跃明, 郎东锋, 1996. 环境-经济系统协调度模型及其指标体系[J]. 中国人口·资源与环境,(2): 47-50.

武强, 2005. 煤矿水害综合治理的新理论与新技术[A]. 第六次全国煤炭工业科学技术大会文集.

西林, 2003. 社会文化心理与维护社会稳定[J]. 新疆社科论坛,(5): 14-16.

夏永祥, 沈滨, 1998. 我国资源开发性企业和城市可持续发展的问题与对策[J]. 中国软科学,(7): 115-120.

肖建英, 2017. 征地冲突风险作用路径研究[J]. 华中农业大学学报(社会科学版),(4): 102-108,149.

徐杰芳, 田淑英, 占沁嫣, 2016. 中国煤炭资源型城市生态效率评价[J]. 城市问题,(12): 85-93.

徐秋实, 2006. 榆林市产业发展中城镇空间结构演化关系研究[D]. 西安: 西安交通大学.

徐向峰, 孙康, 侯强, 2008. 资源枯竭型城市社会保障制度的完善[J]. 长春工业大学学报,(5): 103-107.

许毅, 2017. 论马克思的协调发展理论及其当代价值[J]. 四川行政学院学报,(4): 71-74.

许悦, 2011. 采煤沉陷区棚户居民安置模式研究化[D]. 成都:西南交通大学.

杨承玥, 刘安乐, 明庆忠, 等, 2020. 资源型城市生态文明建设与旅游发展协调关系——以六盘水市为实证案例[J]. 世界地理研究,(2): 366-377.

杨程, 范和生, 2017. 采煤沉陷区社会运行的风险及其化解路径——以淮南市采煤沉陷区为例[J]. 华北电力大学学报(社会科学版),(3): 29-34.

杨程, 2018. 农村土地确权纠纷研究[D]. 合肥:安徽大学.

杨明基, 2008. 金融支持资源城市转型研究[J]. 中国金融,(22): 66-67.

杨青山, 李红英, 梅林, 2004. 改革开放以来东北区城市化与产业结构变动关系研究[J]. 地理科学, 24(3): 802-809.

杨雪冬, 2006. 风险社会与秩序重建[M]. 北京: 社会科学文献出版社.

杨屹, 胡蝶, 2018. 生态脆弱区榆林三维生态足迹动态变化及其驱动因素[J]. 自然资源学报, 33(7):

1204-1217.

姚德利, 孙文怡, 2012. 基于灰色关联分析的煤炭资源型城市可持续发展评价[J]. 企业科技与发展,(3): 46-48.

姚平, 梁静国, 陈培友, 2008. 煤炭城市人口-资源-经济-环境系统协调发展测度与评价[J]. 运筹与管理, 17(5): 160-166.

姚章杰, 2010. 资源与环境约束下的采煤塌陷区发展潜力评价与生态重建策略研究[D]. 上海: 复旦大学.

叶冬松, 2003. 促进矿业城市的可持续发展[J]. 资源产业,(12): 10-11.

尹铎, 高权, 杨梦琪, 2019. 城市失地农民"家"的重构与协商——以鄂尔多斯为例[J]. 地理科学,(12): 1849-1856.

于左, 李连成, 王雅洁, 2009. 资源枯竭型城市采煤沉陷区如何走标本兼治之路——阜新采煤沉陷区治理实践与启示[J]. 社会科学辑刊,(1): 75-80.

俞可平, 2002. 中国公民社会的兴起与治理的变迁[M]. 北京: 社会科学文献出版社.

岳大鹏, 张露露, 2010. 河南省 2000-2007 年人均生态足迹动态变化及其驱动力分析[J]. 资源开发与市场, 26(7): 612-616.

云光中, 2012. 资源型城市产业发展新模式研究[D]. 武汉: 武汉理工大学.

张凯, 2004. 循环经济理论研究与实践[M]. 北京: 中国环境科学出版社.

张米尔, 2003. 资源型城市产业转型的模式选择[J]. 西安交通大学学报(社会科学版), 23(1): 98-104.

张秋利, 2013. 第三产业发展对资源型区域经济转型的促进机制研究[D]. 北京:中国地质大学.

张天海, 刘刚, 唐立娜, 等, 2018. 基于时间序列计算的厦门市生态足迹动态研究[J]. 安全与环境学报,(2): 800-806.

张星星, 曾辉, 2017. 珠江三角洲城市群三维生态足迹动态变化及驱动力分析[J]. 环境科学学报,(2): 771-778.

张秀娟, 刘力, 2020. 长江经济带典型城市绿色发展耦合协调度测评——以九江市为例[J]. 环境生态学,(7): 21-28.

张秀生, 陈先勇, 2002. 中国资源型城市可持续发展现状及对策分析[J]. 华中师范大学学报(人文社会科学版), 41(2): 89-93.

张烨, 2014. 山西采煤沉陷区治理研究[D]. 太原:太原理工大学.

张怡, 2016. 城市化进程中失地农民养老的困境与出路——以淮南为例[J]. 时代金融,(32): 63-64.

张以诚, 1998. 矿业城市与可持续发展[M]. 北京: 石油工业出版社.

张玉泽, 张俊玲, 程钰, 等, 2016. 山东省经济、社会与生态系统协调发展及空间格局研究[J]. 生态经济, 32(10): 51-56.

赵洪修, 2006. 鲁尔矿区产业转型经验及与淮南矿业集团战略合作[J]. 煤炭经济研究,(1): 85-86.

赵计伟, 姜帅, 常江, 2010. 采煤塌陷区建设社会主义新农村实证分析[J]. 安徽农业科学,(5): 2637-2638, 2679.

赵敬民, 2006. 泰安市产业结构演变勾城市化发展互动研究[D]. 济南: 山东大学.

赵萍, 2014. 风险社会理论视域下中国社会治理创新的困境与出路研究[D]. 济南: 山东大学.

赵倩楠, 李世平, 2015. 煤炭城市的城镇化与生态环境协调发展量化分析[J]. 干旱区资源与环境, 29(9): 45-50.

赵天石, 2001. 资源型城市可持续发展战略问题研究[M]. 北京: 红旗出版社.

赵延东, 2007. 解读"风险社会"理论[J]. 自然辩证法研究,(6): 80-83, 91.

郑飞鸿, 田淑英, 2018. 论政府与市场关系理论的历史演变[J]. 华东经济管理,(4): 81-87.

中华人民共和国国务院. 全国资源型城市可持续发展规划(2013-2020)[Z]. 2013-11-12.

周敏, 闫士浩, 赵春阳, 2007. 资源型城市再就业的层次分析[J]. 统计与决策,(19): 57-58.

朱富强, 2016. 演化经济学面临思维转向: 从生物演化到社会演化[J]. 南方经济,(3): 86-102.

朱琳, 卞正富, 赵华, 等, 2013. 资源枯竭城市转型生态足迹分析——以徐州市贾汪区为例[J]. 中国土地科学,(5): 78-84.

庄友刚, 2005. 风险社会理论研究述评[J]. 哲学动态,(9): 57-62.

曾琬童, 2018. 基于 P-S-R 模型的湖南省土地生态安全评价[J].安徽农业科学, 46(17):219-222.

ADAMS I H, 1933. The fur trade in Canada: an introduction to Canadian economic history[M]. Toronto: University of Toronto press, 102-112.

ALTMAN M, 2003. Staple theory and export led growth: constructing differential growth[J]. Australian economic history review, 43(3): 230-255.

BARNES T J, BRITTON J N, WILLIAM J, et al, 2000. Canadian economic geography at the millennium[J]. The Canadian geographer, 44(1): 4-24.

BEN M, 1987. Continuity and decline in the anthracite towns of Pennsylvania[C]. Annals of the association of American geographers, 77(4): 337-352.

BRADBURY J H, STCMARTIN B, 1983. Winding down in a pubic town: a case study of Schefferville[J]. The Canadian geographer, 27(2): 128-144.

BRANDURY J H, 1979. Towards an alternative theory of resource-based town development in Canada[J]. Economic geography, 13(2): 147-166.

BURKHARD B , MÜLLER F,2008 . Driver-Pressure-State-Impact-Response[J]. Encyclopedia of Ecology, 967-970.

CAIRNS R D, VINCENT M, 2014. An environmental-economic measure of sustainable development[J]. European economic review, 69: 4-17.

CAMPOS P, GUILLERMO E, MORAN, et al, 2013. Ecosystem resilience despite large-scale altered hydroclimatic conditions[J]. Nature, 494(7437): 349-352.

CAO Y G, BAI Z K, ZHOU W, et al, 2016. Analyses of traits and driving forces on urban land expansion in a typical coal-resource-based city in a loess area[J]. Environmental earth sciences, 75(16): 2107-2114.

CHAPMAN E J, BYRON C J, 2018. The flexible application of carrying capacity in ecology[J]. Global ecology & conservation, 13.

CHEN W, SHEN Y, WANG Y N, 2018. Evaluation of economic transformation and upgrading of resource-based cities in Shaanxi province based on an improved TOPSIS method[J]. Sustainable cities and society, 37: 232-240.

DAVID A, ERIC R, SMITH A N, et al, 2016. The influence of environmentalism on attitudes toward local agriculture and urban expansion[J]. Society & natural resources, 29(1): 88-103.

DONELLA M, 2008. Thinking in systems[J]. Psychiatric interviewing a primer, 20(4): 595-596.

DONG S C, LI Z H, LI B, et al, 2007. Problems and strategies of industrial transformation of China's resource-based cities[J]. China population, resources and environment, 17(5): 12-17.

FORRESTER J W, 1989. The system dynamics national model: macrobehavior from microstructure[M]// Computer-based management of complex systems. Berlin, Heidelberg Springer, 3-12.

FORRESTER J W, 1961. Industrial dynamics[M]. Cambridge, Mass.: MIT Press.

FU B, ZHOU C Y, 2013. Smart city-a new mentality for resource-based cities' sustainable development[J]. Advanced materials research, 748: 1130-1134.

FU Z, 2012. Research on transition of China's resource cities: a case study of Pingxiang[J]. Chinese management studies, 6(1): 184-203.

GU Y Y, ZHOU D W, ZHANG D M, et al, 2020. Study on subsidence monitoring technology using terrestrial 3D laser scanning without a target in a mining area: an example of Wangjiata coal mine, China[J]. Bulletin of engineering geology and the environment, (prepublish): 1-9.

GUO G L, FENG W K, ZHA J F, et al, 2011. Subsidence control and farmland conservation by solid backfilling mining technology[J]. Transactions of nonferrous metals society of China, 21(s3): s665-s669.

HAYTER R, BARNES T J, 1990. Corporate restructuring employment change in a changing world economy[M]. London: routledge.

HENDERSON J V, 2005. Urbanization and growth[M]. Amsterdam: Elsevier Inc.

HENDERSON J V, 2005. Urbanization and growth[J]. Handbook of economic growth, 1: 1543-1591.

HOTELLING H, 1931. The economics of exhaustible resources[J]. Journal of political economy, (9): 234-245.

HOYOS D, MARIEL P, HESS S, 2015. Incorporating environmental attitudes in discrete choice models: An exploration of the utility of the awareness of consequences scale[J]. Science of the total environment, 505: 1100-1111.

KIELENNIVA N, ANTIKAINEN R, SORVARI J, 2012. Measuring eco-efficiency of contaminated soil management at the regional level[J]. Journal of Environmental Management, 109:179-188.

LI M Q, 2012. Peak energy, climate change, and limits to China's economic growth[J]. Chinese Econ, 45: 74-92.

LI N, WANG K F, 2016. Evaluation of coordinated development of regional resources and economy around Shandong Peninsula urban agglomerations[J]. Journal of groundwater science and engineering, 4(3): 220-230.

LI Q D, GUI Z X, 2012. SWOT analysis of the Fushun resource-exhausted city's transformation[J]. Canadian social science, 8: 539-539.

LI Y F, SHI Y L, SHI S Q, et al, 2014. Applying the concept of spatial resilience to socioe-cological systems in the urban wetland interface[J]. Ecological indicators, 42(7): 135-146.

LUCAS R A, 1971. Minetown, Milltown, Raytown: life in Canadian communities of single industry Toronto[M]. Toronto: University of Toronto Press.

MARKEY S, HALSETH G, MANSON D, 2006. The struggle to compete: from comparative to competitive advantage in Northern British columbia[J]. International planning studies, 11(1): 19-39.

MITRA S K, SUNDARAM R, MOHAN A R, 1999. Protective effect of prostane in experimental prostatic hyperplasia in rats[J]. Asian journal of andrology, (4): 175-179.

NEA K, RIINA A, JANNA S, 2012. Measuring eco-efficiency of contaminated soil management at the regional level [J]. Journal of environmental management, 109(109): 179-188.

NICCOLUCCI V, GALLI A, REED A, et al, 2011. Towards a 3D national ecological footprint geography[J]. Ecological modelling, 222(16): 2939-2944.

PENG J, DU Y Y, MA J, et al, 2015. Sustainability evaluation of natural capital utilization based on 3DEF model: A case study in Beijing City, China[J]. Ecological indicators, 2015(58): 254-266.

PROF M S, HUMMEL J, KLEIN N, et al, 2007. The limits of growth[J]. German research, 29(3): 16-19.

QU Y, ZHOU L N, 2017. Analysis of economic benefit of resource-based city's transformation based on the development of modern service industry[M]. Singapore: Springer, 829-835.

RANDALL J E, GEOFF I R, 1996. Communities on the edge: an economic geography of resource dependent communities in Canada[J]. The Canadian geographer, 40(1): 17-35.

RICHARD C, PARKINS R, THOMAS M, 2004. Resource, dependence and community well being in rural Canada[J]. Rural sociology, 69(2): 213-234.

ROBERT H,GRONES P,STEPANOVA A,et al,2013.Local auxin sources orient the apical-basal axis in Arabidopsis embryos[J].Current Biology Cb,23(24).

ROBINSON I M, 1962. Muriel driver memorial lecture 1981: the mists of time[J]. Canadian journal of occupational therapy, 48(4): 145-152.

SANTOS T M, ZARATAN M L, 1997. Mineral resources accounting: a technique for monitoring the Philippine mining industry for sustainable development[J]. Asian earth science, 15(2): 155-160.

STEPHEN G, RAFAEL M C, KIKERB G, et al, 2013. Evaluating ecological resilience with global sensitivity and uncertainty analysis[J]. Ecological modelling, 263(1765): 174-186.

STOKEY N, 1998. Are there limits to growth[J]. International economic review, 39(1): 1-31.

TAKEHIRO S, TAKUYA F, YUICHI I, et al, 2015. Perspectives for ecosystem management based on ecosystem resilience and ecological thresholds against multiple and stochastic disturbances[J]. Ecological indicators, 57(4): 395-408.

WANG H F, 2012. Advances in computer science and engineering[M]. Berlin, Heidelberg: Springer.

WEN B, PAN Y H, ZHANG Y Y, et al, 2018. Does the exhaustion of resources drive land use changes? Evidence from the influence of coal resources-exhaustion on coal resources-based industry land use changes[J]. Sustainability, 10: 56-67.

YING H, CHENG B S, MING S, et al, 2013. Research and counter-measures on human settlement problems in coal resources exhausted cities Heilongjiang Province[J]. Applied mechanics and materials, 361-363, 508-513.

YU C, JONG M D, 2016. Getting depleted resource-based cities back on their feet again–the example of Yichun in China[J]. Journal of cleaner production, (134): 42-50.

ZHENG D F, ZHANG Y, ZANG Z, et al, 2015. Empirical research on carrying capacity of human settlement system in Dalian City, Liaoning Province ,China[J]. Chinese geographical science, 25(2): 237-249.

ZHENG X, LIU X Y, 2015. Coal-based transformation of cities in Shandong Province, China[J]. Chinese Journal of population, resources and environment, 13: 358-364.

ZHU W B, CHEN L, ZHOU Z L, et al, 2019. Failure propagation of pillars and roof in a room and pillar mine induced by longwall mining in the lower seam rock[J]. Mechanics and rock engineering, 52(4): 1193-1209.

ZHU X J, GUO G L, LIU H, et al, 2019. Experimental research on strata movement characteristics of backfill-strip mining using similar material modeling[J]. Bulletin of engineering geology and the environment, 78(4): 2151-2167.

后　记

本书在国家社会科学基金重大项目的资助下，围绕采煤沉陷区"生态-经济-社会"多维关系及演化规律这一核心问题，遵循系统论的思想和方法，基于"理论—现实—解读—政策"的逻辑框架，按照"多维关系解析—三维视角探索—综合视角调控"这一线索展开阐述，得出如下几个重要结论：

（1）揭示了我国东西部采煤沉陷区的形成机理与特征。我国东部矿区地质采矿条件大多属于厚松散层矿区，采煤过程中不仅仅是覆岩裂隙再次发育，采空区空隙进一步被压密，导致地表下沉系数增大，而且有松散层裂隙增大，进一步失水压密固结产生的下沉空间，使得地表进一步下沉。所以导致初次采动地表下沉系数往往大于 1，重复采动时地表下沉系数先增大，当重复采动达到一定次数后，地表下沉系数不再增加，而是趋于稳定。在此基础上，采煤沉陷对我国东部矿区生态环境的影响，伴随着高潜水位厚松散层下煤层被相继开采，矿区地表生态环境将逐步产生变化，由原先的陆生生态逐渐转变为水生生态。而该变化过程表现在时间和空间上的分布规律取决于多个影响因素。同时，通过全面优化沉陷区结构分布，针对高潜水位采煤沉陷区特点，研发了"平整地设施蔬菜-斜坡地立体苗木-浅水区水生植被-深水区健康水产"生态环境治理关键技术。该技术工艺简单、成本低廉、高效全面。基于超高水材料基本性能测试成果，将超高水材料引入到地裂缝充填治理中，研制了适合野外作业的超高水材料地裂缝充填系统。该系统具有操作简单、方便实用、自动化程度高、充填密实等技术优点。采用超高水材料进行"深部充填-表层覆土-植被建设"的地裂缝治理三步法，为西部矿区生态建设及治理提供了理论依据及技术参考。

（2）解析了采煤沉陷区"生态-经济-社会"多维关系。淮南市"生态-经济-社会"的二维和三维系统均从失调衰退类逐渐向过渡发展类发展，可持续发展得到了支持，2021年除"生态-社会"二维系统，其余多维系统均可进入协调发展类，发展趋势良好。随着经济和社会子系统的发展，生态子系统无法持续性地为经济和社会的发展提供重组的资源和环境方面的支撑，导致无法与另外两个子系统保持同步发展。生态系统的进步和稳定发展将会对整体可持续发展产生积极影响。因此在淮南市的后期发展过程中，应当更注意生态子系统的发展。淮北市"生态-经济-社会"的二维和三维系统均从失调衰退类逐渐向过渡发展类发展，可持续发展得到了支持，发展趋势良好。随着经济子系统的快速发展对整体的协调发展水平起到了积极的带动作用，生态子系统也逐渐得到修复，而社会子系统的发展速度的降低造成了后期的社会滞后性发展。因此在淮北市的后期发展过程中，在注重生态子系统恢复的过程中也应当注重社会子系统的发展。鄂尔多斯市"生态-经济-社会"的二维系统均从失调衰退类逐渐向过渡发展类发展，可持续发展得到了支持，三维系统截至 2017 年仍处于轻度失调衰退阶段，预计"生态-经济-社会"在 2022年可进入协调发展阶段，发展趋势良好。随着经济和社会子系统的稳定持续发展，生态子系统无法为经济社会提供足够的支持，导致"生态-经济-社会"协调度不高，因此在鄂尔多斯市的后期发展过程中，应当更注意生态子系统的发展，促进鄂尔多斯市生态、经济、社会协调发展。

（3）揭示了采煤沉陷区"生态-经济-社会"系统多维关系演化规律。两淮地区（淮南、淮北）的经济子系统中，经济发展和经济活力准则层所占比重基本相似，自 2002 年起，两地经济子系统差距逐渐增加；在社会子系统发展水平中，两地准则层所占权重较高的 2 项指标均一致，随着淮南市对人民生活准则层各项指标的关注和提升，逐渐降低了两地之间的差距；在生态子系统发展水平中，淮北市污染控制指标层对生态子系统的推动作用更明显，且两地污染控制准则层所占权重较高的 2 项指标均一致，两地生态子系统的差距主要是由环境现状准则层发展水平的差距造成的。淮南市综合发展过程中，综合发展水平增加了 0.1155，生态子系统发展的波动对综合发展产生了明显影响，经济和社会子系统的较稳定增长带动了综合发展的进步；淮北市综合发展过程中，综合发展水平增加了 0.1957，经济子系统的快速发展和社会子系统的稳定发展削弱了生态子系统对整体发展的影响。淮北市综合发展水平逐渐超过淮南市，前期受低发展水平的生态子系统影响，后期靠经济子系统推动。鄂尔多斯市经济与社会子系统中两个准则层所占比重接近，生态子系统中环境治理对生态子系统的影响更大。在鄂尔多斯市综合发展过程中，综合发展水平增加了 0.1523，在后期发展过程中应当在维持经济和社会子系统发展水平的基础上，注重生态子系统各指标的稳定和发展，避免单项指标对综合发展水平的影响，以推动鄂尔多斯市整体发展水平的进步。

（4）辨识出煤炭资源型城市"生态-经济-社会"系统风险因素，构建了协调发展预警模型。两淮地区多维系统协调发展由 2002 年的巨警状态发展到 2015 年为轻警状态，近年来两淮地区多维系统协调发展水平不断提高，但是期间两淮地区多维系统协调发展的警度值下降速度逐渐缓慢，这表明推动两淮地区多维系统协调发展的内在动力不足。通过对淮南市生态、经济、社会子系统的指标分析可以发现，两淮地区多维系统发展过程中仍存在一些问题，主要表现为以下几个方面：①社会子系统自身发展动力不足，其发展依赖于经济子系统；②在"十二五"期间，面对煤炭价格下行、结构性矛盾等问题，经济增长速度明显降低；③生态子系统无法持续性地为经济和社会的发展提供重组的资源和环境方面的支撑，环境容量制约经济发展。因此，推动两淮地区多维系统协调发展的任务依然艰巨。2003～2016 年鄂尔多斯市多维系统协调发展警度值总体上呈不断下降的趋势，由 2003 年的巨警状态发展到 2014 年为无警状态，这说明鄂尔多斯市多维系统协调发展水平与目标水平的偏差越来越小，鄂尔多斯市多维系统协调发展水平不断提高。同时也可以看出，2003～2016 年间鄂尔多斯市多维系统协调发展警度值下降幅度较大，通过比较这几年鄂尔多斯市多维系统协调发展的主要指标可以发现，实际值与理想值偏差降低速度相对淮南淮北较大，鄂尔多斯市多维系统协调发展形势良好。总体上，淮南市、淮北市和鄂尔多斯市的警度值整体都呈现降低的趋势。

围绕采煤沉陷区生态风险与生态环境可持续利用研究这一核心问题，针对东西部采煤沉陷区的不同特点，采取的发展策略如下：

（1）鄂尔多斯市可持续发展主要存在以下问题：足迹广度与深度同时呈不同程度的

扩展和加深，治理的同时破坏也在不断加重；耕地人均生态承载力下降的同时还伴随着足迹广度和深度的不同上升，耕地总体质量不高且耕地资源不足；化石能源不论从所占面积大小还是增长幅度以及贡献率均在人均生态足迹中占据首位，经济发展中自然资本消费结构不合理；水资源指标对于生态弹性力和承载媒体的支撑力都有重要影响，水资源供给不足且不稳定已成为社会经济和自然环境发展的限制因素；不断增加的人口以及煤炭产业、工业等排放的污染物致使生态环境压力增加。因此，提出加强草原生态保护与建设实践、加强耕地保护、优化产业结构与能源消费模式、合理开发水资源、调整人口结构等可持续发展对策与建议。

（2）淮北市主要存在以下问题：耕地和建设用地是生态承载主要贡献者，化石能源用地对生态足迹的贡献最突出，受化石能源消费增加、耕地和建设用地的生态承载能力较低的影响，人均生态赤字逐年增长，经济社会发展始终是不可持续的且发展模式单一；人均生态足迹深度始终大于 1，需要消耗存量资本来满足经济发展的需求，自然资本利用在土地类型上具有差异性，流量资本的利用以耕地和建设用地为主，存量资本以草地和林地的消耗为主，草地的存量消耗远超于流量占用；在维持资源利用效率和保持较大发展潜力的同时，土地资源利用不均，生态适度人口数量较小，生态系统处于极不安全状态；生态承载力的研究结果表明，采矿业从业人员比重、第二产业占 GDP 比重、人口自然增长率、工业固废产生量、工业烟（粉）尘排放量是导致生态承载力压力的主要影响因子。针对以上问题，可采取增加流量资本的流动性、实现生态足迹在各地类上的均衡分配、提高水资源利用率、实施绿化提升工程、改善自然景观，提高生态弹性力等措施。

（3）淮南市主要存在以下问题：耕地和建设用地组分为首的生态承载力不断小幅波动增加，对应地类的生态足迹广度与足迹深度不断增加；化石能源为首的自然资本存量过度消耗，经济发展中自然资本消费结构不合理；人均生态足迹深度始终大于 1，现有的流量资本不足以满足社会经济发展的需要，主要以消耗草地及林地的资本存量来满足区域的发展；生态系统处于极不安全状态，生态足迹在各地类间的分配极不公平，生态适度人口数量较小；生态承载力研究结果表明，第二产业占 GDP 比重、工业废水排放量、居民人均生活用电量、人口自然增长率、采矿业从业人员比重是生态承载力的主要压力来源。因此，针对以上问题，提出淮南市应重点在保护耕地、发展有机农业、优化产业结构与能源消费结构和改善能源资源利用效率上下功夫。

围绕生态与社会环境约束下的采煤沉陷区经济发展转型研究这一核心问题，发展路径如下：

（1）经济转型的路径选择重点在于优化产业结构，培养接续产业，积极推动生态修复以及妥善处置沉陷区居民的安置等层面上。具体而言，优化产业结构，培养接续产业要大力推进"现代煤化工产业园"发展、发展安徽医药工业基地、发展电子产业和适度建设光伏发电站。积极推动生态修复，包括充填生态修复模式、农业用地模式、渔业用地模式、农林渔禽生态修复模式、生态旅游模式等。妥善处置沉陷区居民的安置要搭建移民搬迁服务平台、强化失地农民职业发展建设、加大金融支持力度、构建移民社区精神。

（2）针对经济转型战略选择，从投资政策、财税政策、人力资源体系建设、居民安置、生态补偿机制等层面提出较具针对性和可操作性的政策建议。具体而言，投资政策包括加大研发投入，利用现有资源生产高附加值产品。加大对资源绿色开发的投资。建立投融资渠道。财税政策包括调整各级资源开采的优惠政策、增加资源型城市综合开发和基础设施建设的投资比例。资源体系建设包括建立完善的人力资源体系，服务于人员的流动。着眼人才资源能力建设，优化人力资源结构。加快农村剩余劳动力转移。做好采煤沉陷区居民的安置工作包括广开资金渠道、充分保障居民住房质量、保证政策的公平性。加强对企业、棚户居民的利益协调和平衡。完善生态补偿机制，包括合理化生态补偿标准和有效利用生态补偿费等措施。

围绕生态与经济环境约束下的采煤沉陷区社会风险及治理研究这一问题，得出若干结论：

（1）六大风险：当前国内绝大多数沉陷区面临社会运行风险主要集中在生态环境恶化风险、基础设施破坏风险、拆迁安置风险、失业与就业风险、社会保障风险和社会稳定风险。

（2）四个原则：由于沉陷区内涉及社会风险错综复杂且相互交织，因此其社会运行风险评估原则不能单一进行选择，而是应遵从多方面的客观实际，具体包括整体规划原则、动态调整原则、代表性原则、实际性原则。

（3）两个内涵：采煤沉陷区社会运行风险的防控体系包括构建社会运行风险预警监控机制和社会运行风险解决机制。预警监控机制的关键点在于三个部分：其一，沉陷区综合治理的相关党委政府领导干部特别是基层干部，既要自觉提高沉陷区运行风险意识，有针对性地学习社会风险防范知识，通过各类案例和工作经验总结提升风险防控能力，又要在出台沉陷区综合治理的相关政策时要统筹兼顾，顾全大局，协调好各方面的利益关系，并通过缜密充分的调研，全面预判可能存在的社会风险，尽可能地减少人为风险。其二，要对沉陷区社会运行风险的警示指数，即相关的群体性事件以及沉陷区居民对群体性事件的反响，倍加关注，采取积极措施，防患于未然。其三，创新采煤沉陷区社会运行风险相关信息的收集方式和研判机制。风险解决机制建构的核心包括治理主体、治理原则和治理方式选择三个方面。

（4）六类共性困境：目前国内众多类型的采煤沉陷区在综合治理过程中面临沉陷区内失地农民基本生活权益失衡与贫困危机、治理时机和治理成本权衡间的进退维谷、治理阶段和治理主体权责判定间的模棱两可、异地搬迁安置强化潜在社会矛盾集中爆发、财政支持资金总量与使用效率间的双向乏力、失业危机与再就业保障间的左右为难等困境。

（5）五种治理模式：采煤沉陷区的综合治理模式的选择应遵循因地制宜的原则，宜农则农、宜渔则渔、宜建则建。当前我国采煤沉陷区社会风险治理模式主要包含以下五种：①农林复垦模式。②水产养殖与水库建造模式。③立体化生态发展模式。④新能源产业创新模式。⑤新型城镇化建设模式。

（6）六个治理视角：采煤沉陷区社会风险治理的路径选择不能单纯从经济视角进行设计，切实有效的治理安排须从整体规划、政策实施、环保打头、财政支持、巩固民生和社会保障覆盖等六个视角出发：制定健全化治理控制体系，推动科学化管理模式成型；出台配套法律法规，精准维护多方利益；完善煤炭开发生态补偿机制，促进资源型城市绿色转型；拓宽资金来源渠道，创新资本合作方式；妥善完成移民安置工作，探索群众再就业途径；扩大各类保险帮扶力度，切实维护弱势群体权益。

（7）四大评价：采煤沉陷区社会治理机制运行好坏的最终衡量标准应立足于"生态-经济-社会"多维关系的角度，将社会治理结果置于动态的、可比较的综合性系统。因此，可持续发展评价主要包括：第一，经济发展过程中的可持续能力评价；第二，社会转型过程中的可持续能力评价；第三，资源环境保护过程中的可持续能力评价；第四，管理保障体制升级过程中的可持续能力评价（曹慧等，2002）。

针对采煤沉陷区"生态-经济-社会"协调发展的调控机制研究这一命题，从实践和理论两个层面入手，提出应对措施如下：设定采煤沉陷区生态、经济、社会协调发展的调控目标；基于经验分析的结果，结合相关理论，揭示促进三者协调发展的调控机理；在此基础上，从政策、法律和行政三方面设计调控机制；基于实际调查，了解相关政策需求，进行政策设计，形成促进三者协调发展的公共政策体系；完善综合治理及协调发展政策有效实施的法律制度；设计科学的评估及管理机制，促进相关主体积极采取应对措施，形成强有力的制度保障体系。

鉴于沉陷区治理工作的复杂性和全局性，未来的研究在本书研究成果基础之上仍有值得重点关注的方面：

（1）采煤沉陷区综合治理措施应兼顾绿色发展，进一步满足国家生态文明战略的建设需要。以绿色发展为引擎的治理系统优化升级就是在"经济-生态-社会"三者复合互动的基础上，保障经济发展不掉队的同时，兼顾生态环境保护，最终形成生态改善与经济增长的良性循环，建构出经济、社会、生态协调发展的现代治理体系。总之，采煤沉陷区内整体发展模式应摆脱过往僵化负面的不可持续性粗放型经济增长方式，尽快转变为集约型生态发展模式，由高碳经济型向低碳经济型转变，由忽略环境型向环境友好型转变。最后，与时俱进实时更新风险治理手段和模式。在制定沉陷区内治理体系时应抓住当时治理过程中的主要矛盾，同时清楚意识到随着治理进展可能涌现的各类问题，做到对症下药，动态检验采煤塌陷区发展潜力指标。

（2）立足国内外治理经验和成效，进一步拓宽多维视角下采煤沉陷社会治理的研究视野和框架。目前，无论国内学者还是国外学界对社会风险的治理研究，落脚点往往都放在政治、经济、社会、文化中的某一点或者侧重探讨某一方面对于全部治理体系的升级作用。然而，事实上纵观采煤沉陷区的现实改造瓶颈，其影响范围较广且涉及的利益群体更是多样化，治理工作势必是一项涉及多学科的系统性、综合性工程。即在具体治理的过程中，将前期合理筛选资源性价比、后期污染排放治理所需成本考虑到完整的治理链中；同时利用技术手段降低资源消耗率，提高同等单位工业产值与资源消耗比例。其最终目的是根据当地有限的自然条件，用最小的成本最大限度地对采煤塌陷区进行综合治理，保证煤矿资源型城市经济社会发展利益的最大化和风险的最低化。

（3）采煤沉陷区社会风险治理方面，需要进一步聚焦沉陷区内代表性的民生问题及其社会矛盾解决途径。在过去相当一段时间内，各级政府、企业、社会组织将沉陷区的治理重心更多地放在经济振兴和环境恢复方面，对于塌陷区内潜在的民生问题关注不够或者说为了尽快体现治理成效，不当的行政指令式治理措施反而忽略人民群众实际利益，二次强化矛盾的爆发。简言之，采煤沉陷区的治理工作不仅是经济结构转型和自然环境调整的角力，更是一项保障人民基本利益、安抚群众生活与工作的核心任务。当前沉陷区三类民生问题尤其引人注意：一是土地塌陷造成的非自愿搬迁；二是群众被动性失业和再就业问题；三是安置居民社会保障体系的完善与再造。